SCHÄFFER
POESCHEL

Winfried Berner/Regula Hagenhoff/Thomas Vetter/
Meik Führing

Ermutigende Führung

Für eine Kultur des Wachstums

2015
Schäffer-Poeschel Verlag Stuttgart

Bibliografische Information der Deutschen Nationalbibliothek
Die Deutsche Nationalbibliothek verzeichnet diese Publikation in der Deutschen Nationalbibliografie ; detaillierte bibliografische Daten sind im Internet über <http://dnb.d-nb.de> abrufbar.

Print ISBN 978-3-7910-3465-2 Bestell-Nr. 20147-0001
EPDF ISBN 978-3-7992-7006-9 Bestell-Nr. 20147-0150

www.schaeffer-poeschel.de
info@schaeffer-poeschel.de

Umschlagentwurf: Goldener Westen
Umschlaggestaltung: Kienle gestaltet, Stuttgart
Lektorat: Elke Schindler, Spabrücken
Oktober 2015

Schäffer-Poeschel Verlag Stuttgart
Ein Tochterunternehmen der Haufe Gruppe

Theo Schoenaker gewidmet
in Dankbarkeit für seine Pionierarbeit
in Sachen Ermutigung

Inhalt

1 Einführung: Wozu »Ermutigende Führung«?

Noch ein Buch über Führung? Ist zu diesem Thema nicht längst alles gesagt? Was ist das Besondere, mit dem sich dieses Buch von anderen abhebt?

Das Besondere ist das Prinzip der Ermutigung.

»Ermutigend« ist nicht bloß ein hübsches Beiwort, das wir uns ausgesucht haben, damit der Begriff Führung nicht so kahl – und zugleich so übermächtig – im Raum steht. Ermutigung ist eine Grundhaltung gegenüber anderen Menschen und gegenüber sich selbst. Sie zielt darauf, sowohl andere als auch uns selbst dabei zu unterstützen, mehr Selbstvertrauen zu entwickeln, sich Herausforderungen mit Zuversicht zu stellen und so im Laufe der Zeit immer mehr von unserem Potenzial zu verwirklichen. Ermutigung heißt beispielsweise, jemanden, der von den Schwierigkeiten einer Aufgabe eingeschüchtert ist, dazu anzuregen, sich ein Herz zu fassen, den nächsten Schritt zu machen, die aktuelle Hürde zu überwinden, wenn nötig, noch einen zweiten und einen dritten Versuch zu wagen – und so Schritt für Schritt immer mehr aus seinen Möglichkeiten zu machen.

Das Prinzip Ermutigung ist nicht unsere Erfindung. Es ist ein alter, bewährter Leitgedanke der Individualpsychologie, der zurückgeht auf deren Begründer, den Wiener Arzt und Psychotherapeuten Alfred Adler (1870–1937). Aufgrund vieler Beobachtungen bei der Behandlung von Erwachsenen, Kindern und Jugendlichen kam Adler zu der Überzeugung, dass hinter vielen störenden Verhaltensweisen und psychischen Problemen letztlich mangelnder Mut (= Entmutigung) steht: Die Befürchtung – oder sogar die innere Überzeugung –, bestimmten Herausforderungen des Lebens nicht gewachsen zu sein. Diese Angst veranlasst Menschen dazu, bestimmten Aufgaben auszuweichen und sich in ungeeignete Handlungsstrategien zu flüchten, von Unentschlossenheit und Versagen über Ausflüchte und Alibis bis hin zu dem Versuch, andere dafür einzuspannen, die betreffenden Aufgaben für sie zu lösen.

Nach Adlers Überzeugung verschwänden alle diese Probleme, wenn die Betreffenden den Mut fänden, sich ihren Lebensaufgaben zu stellen und sie zu lösen, so gut es eben geht. Heilung hieß für ihn deshalb vor allem Ermutigung: Menschen Mut zu machen, sich jenen Herausforderungen zu stellen, um die sie bislang einen Bogen gemacht haben.[1] Der Erfolg gab ihm Recht – oft mit erstaunlich schnellen Behandlungserfolgen.

---

1 Schon lange vor Alfred Adler haben zahlreiche Schriftsteller und Philosophen auf die Bedeutung des Mutes für eine erfolgreiche Lebensführung hingewiesen. Aber den Zusammenhang von Entmutigung

Vor allem Adlers Meisterschüler Rudolf Dreikurs (1897–1973) erkannte die Bedeutung und den Nutzen des Mutes und der Ermutigung für sämtliche Lebensbereiche und wandte das Prinzip systematisch auf Erziehung, Schule, Partnerschaft und Beratung an. Theo Schoenaker (geb. 1932) schließlich machte die Ermutigung zu seinem Lebensthema. Er entwickelte auf Basis der Arbeit von Adler, Dreikurs und anderen das *Encouraging-Training* und machte es im deutschen Sprachraum sowie den Niederlanden bekannt. Heute wird seine Arbeit von zahlreichen Encouraging-Trainern und -Instituten fortgeführt.

Das Spannende daran ist: Im Gegensatz zu vielen anderen psychologischen Schulen ist Ermutigung nicht in erster Linie eine Behandlungsform für geistig oder seelisch Kranke, sie ist sozusagen eine Therapie für Gesunde, ein Programm, das ganz normale Menschen nutzen können, um sich selbst und ihre Mitmenschen weiterzuentwickeln. Sowohl im Bereich der privaten Lebensführung als auch in der psychologischen Beratung und Behandlung hat sich dieses Konzept glänzend bewährt und beträchtliche Verbreitung gefunden.

Obwohl sich die berufliche Anwendung geradezu aufdrängt, wurde das Prinzip der Ermutigung nach unserer Kenntnis nie systematisch auf den Bereich Führung übertragen. Zumindest ist uns, bis auf einen eher halbherzigen Anlauf aus dem amerikanischen Raum (Dinkmeyer/Eckstein 1996), keine einzige Veröffentlichung dazu bekannt. Das ist insofern erstaunlich, als die Individualpsychologie traditionell drei *Lebensaufgaben* beschreibt, die alle Menschen bewältigen müssen, nämlich Arbeit, Liebe (Partnerschaft, Familie) und Gemeinschaft.

In diesem Buch wenden wir uns also der Lebensaufgabe Arbeit / Beruf zu – und ein Stück weit auch der Lebensaufgabe Gemeinschaft, denn auch sie ist auf Ermutigung und ermutigende Führung angewiesen.

Das Potenzial ermutigender Führung

Die Qualität einer Führungskraft bemisst sich danach, ob Menschen in der Zusammenarbeit mit ihr kleiner oder größer werden.

Rupert Lay

Wie groß das Potenzial ermutigender Führung und erst recht einer ermutigenden Führungskultur ist, wird in einem Gedankenexperiment deutlich: Stellen

---

und störendem Verhalten, Faulheit, Versagen, psychischen Erkrankungen bis hin zur Kriminalität hat nach unserer Kenntnis Adler als Erster systematisch herausgearbeitet, desgleichen die Schlüsselrolle der Ermutigung bei deren Behandlung, Heilung und Korrektur.

Sie sich zwei Unternehmer vor, die beide erfolgreiche mittelständische Betriebe aufgebaut haben, vielleicht sogar in der gleichen Branche. Der eine führt seine Mitarbeiter so, dass sie im Laufe der Zeit immer kleiner werden: immer ängstlicher, unsicherer, unselbstständiger. Der andere führt sie so, dass sie im Laufe der Zeit immer größer werden: immer mutiger, selbstsicherer, eigenständiger.

Welches der beiden Unternehmen wird auf die Dauer im Wettbewerb erfolgreicher sein? In welchem wird die Produktivität höher sein? Welches wird kompetenter auf Kundenanfragen reagieren, welches besser mit unerwarteten Marktveränderungen fertig werden? Welches wird innovativer sein? In welchem wird das Betriebsklima besser sein? Welches wird erfolgreicher in neue Märkte expandieren? In welchem wird der Unternehmer selbst zufriedener mit sich selbst, seiner Mannschaft und seiner Firma sein?

Ängstliche Mitarbeiter riskieren nicht viel; sie werden im Zweifelsfall, statt selbst Entscheidungen zu treffen, bei ihrem Chef rückfragen oder auf Anweisungen von oben warten. Das gilt auch für ängstliche Führungskräfte. Bevor sie etwas falsch machen und (wieder) einen Rüffel riskieren, entscheiden die Mitarbeiter und Führungskräfte lieber gar nichts. Auch bei Anfragen und Reklamationen gehen sie lieber auf Nummer sicher, auch wenn das Resultat für den Kunden noch so unbefriedigend ist. Dies hat unweigerlich zur Folge, dass alle Entscheidungen oben zusammenlaufen und die Unternehmensspitze entsprechend überlastet ist.

Deshalb sind wir davon überzeugt: Wer es schafft, einem Menschen Mut zu machen, hilft ihm, über seine bisherigen Grenzen hinauszuwachsen. Wer es schafft, ein ganzes Unternehmen zu ermutigen, eröffnet ihm neue Perspektiven. Wem es gelingt, eine ermutigende Unternehmenskultur aufzubauen, der verschafft seiner Firma einen Wettbewerbsvorteil, der kaum angreifbar und sehr schwer einzuholen ist.

►► Die spannende Frage lautet daher: Wie geht das, Menschen zu ermutigen? Wie können Sie Ihre Mitarbeiter, Ihre Kunden und Lieferanten, Ihre Kollegen und vielleicht sogar Ihre Vorgesetzten ermutigen – und warum sollten Sie das tun? Wie schaffen Sie ein ermutigendes Teamklima, wie bauen Sie eine ermutigende Führungskultur auf? Und nicht zuletzt: Wie ermutigen Sie sich selbst?
Genau darum geht es in diesem Buch. Wir wünschen uns, dass es uns gelingt, Sie für die Idee der Ermutigung und der ermutigenden Führung zu begeistern, um davon einen dreifachen Nutzen zu ernten: ein erfreuliches persönliches Wachstum Ihrer Mitarbeiter, eine positive Entwicklung Ihres Geschäfts oder Verantwortungsbereichs – und zugleich mehr Lebensqualität in der Arbeit. ◄◄

Vorschau auf dieses Buch

Dieses Buch ist in vier Teile gegliedert, die aufeinander aufbauen.

- In Teil I wird erläutert, warum Mut und Ermutigung nicht nur ein interessantes Thema unter vielen ist, sondern eine Schlüsselfrage unserer Existenz, die maßgeblich sowohl über unseren privaten Lebensweg als auch über unseren beruflichen Erfolg mitentscheidet. Hier finden Sie Informationen darüber, was genau mit Ermutigung gemeint ist, was ihre psychologischen Hintergründe sind und wie sie in der Praxis funktioniert.
- In Teil II stellen wir Ihnen ermutigende Führung als einen besonders wichtigen Anwendungsbereich der Ermutigung vor. Sie erfahren dort, weshalb ermutigende Führung nicht nur einen erheblichen Einfluss auf das Teamklima hat, sondern auch auf den Geschäftserfolg. Dieser Teil hilft Ihnen, ermutigende Führung nicht nur konzeptionell zu verstehen, sondern auch praktisch zu erlernen und umzusetzen, und zwar nicht nur für die einfachen Fälle, sondern auch für die schwierigen. Hier stellen wir Ihnen auch eine ganze Reihe von Übungen vor, mit denen Sie lernen können, ermutigende Führung in Ihrer Praxis anzuwenden.
- Teil III macht den Schritt vom individuellen Verhalten zur Organisation, indem er zeigt, wie man eine ermutigende Unternehmenskultur aufbaut und weshalb es sich lohnt, dies zu tun: Nicht nur, weil es mehr Lebensqualität in der Arbeit verspricht, sondern auch, weil es sich unmittelbar in höherer Leistung und besseren Ergebnissen niederschlägt. Gerade in Zeiten der Globalisierung und Digitalisierung gehört die Zukunft nicht den ängstlichen Unternehmen und auch nicht denen, die mit Incentives und einem scharfen Controlling zum Erfolg gepeitscht werden, sondern den mutigen.
- In Teil IV schließlich stellen wir Ihnen in Interviews drei Unternehmen und Organisationen vor, die ermutigende Führung teils systematisch zum Kernelement ihrer Unternehmenskultur gemacht haben, teils eher intuitiv zum Einsatz gebracht haben, weil sie der Persönlichkeit, dem Menschenbild und dem Selbstverständnis des Unternehmers bzw. des langjährigen Vorsitzenden entsprechen.

Prinzipiell können Sie, wenn Sie möchten, an beliebiger Stelle in dieses Buch einsteigen. Da die Teile aber systematisch aufeinander aufbauen, wird es Ihnen das Verständnis erleichtern, wenn Sie der Reihenfolge der Kapitel folgen. Eine Ausnahme bilden die drei Interviews im vierten Teil. Auch die werden Sie besser einordnen können, wenn sie vorher ein solides Fundament gelegt haben, Sie können sie jedoch auch zwischendurch einmal sozusagen als Appetitanreger lesen.

Hintergrund und Entstehung dieses Buches

Entstanden ist dieses Buch aus einem Projekt, an dem die Autoren – sowie unser erster Interviewpartner in Teil IV – maßgeblich mitgewirkt haben: das Programm *Erfolgskomponenten im Vertrieb* der Commerzbank AG. Der damalige Vertriebsvorstand Dr. Achim Kassow beauftragte seinerzeit Thomas Vetter, einen seiner Gebietsfilialleiter, mit der Projektleitung und stellte ihn dafür für zwei Jahre frei. Das Projektbüro leitete Dr. Meik Führing, damals Berater und heute Principal der Commerz Business Consulting GmbH und verantwortlich für den Beratungsschwerpunkt Change Management.

Als sich nach der Analysephase die Zielrichtung ermutigende Führung abzeichnete und damit klar wurde, dass das Projekt viel Know-how zum Thema Ermutigung benötigen würde, wurde Regula Hagenhoff als Expertin zugezogen, die Leiterin des von Theo Schoenaker gegründeten Adler-Dreikurs-Instituts für soziale Gleichwertigkeit. Als externer Change-Experte begleitete und unterstützte Winfried Berner, *Die Umsetzungsberatung*, das Projekt.

Bekanntlich geriet die Commerzbank im Zuge der Finanzmarktkrise 2008/09 in erhebliche Turbulenzen. Trotzdem – bzw. nach seinen eigenen Worten genau deshab – entschloss sich Gustav Holtkemper als der für Wealth Management verantwortliche Bereichsvorstand, das Programm *Ermutigende Führung* in seinem Verantwortungsbereich konsequent umzusetzen (→ Interview Kap. 11). Einer seiner sieben Gebietsfilialleiter, die entscheidend daran mitwirkten, war wiederum unser Projektleiter Thomas Vetter.

Sicher ist es nicht alleine auf die ermutigende Führung zurückzuführen, dass sich dieser Bereich seitdem äußerst positiv entwickelt und die Marktposition der Commerzbank substanziell gestärkt hat – aber sie hat unbestritten einen wichtigen Beitrag dazu geleistet. Insofern war die Erfolgsgeschichte des Wealth Management bei der Commerzbank auch eine Bewährungsprobe für die ermutigende Führung und den Aufbau einer ermutigenden Führungskultur, die sie, wie wir nicht ganz ohne Stolz feststellen, mit Bravour bestanden hat.

Wir wünschen Ihnen eine spannende Lektüre – und einen (mindestens) vergleichbaren Erfolg mit der ermutigenden Führung!

Teil I: Die Schlüsselrolle von (sozialem) Mut und Ermutigung

Mut und Mutlosigkeit bestimmen unser Leben. Sie sind nicht bloß ein Aspekt unter vielen, sondern bestimmen entscheidend mit, wie unser Leben verläuft und was aus uns wird, beruflich wie privat.

In diesem ersten Teil geht es darum zu verstehen, weshalb unser persönlicher Mutpegel maßgeblichen Einfluss darauf hat, welche Position wir im Leben einnehmen und wie unser Weg von da, wo wir heute stehen, weitergeht. Wir befassen uns damit, wie unser Selbstbild entsteht und welchen Einfluss Selbstzweifel und Minderwertigkeitsgefühle darauf haben. Wir erkennen, wie sehr das Bedürfnis nach Zugehörigkeit und einem anerkannten Platz in der Gemeinschaft das Handeln von Menschen bestimmt und weshalb Entmutigung sie dazu veranlassen kann, ungeeignete Strategien zu wählen, um sich ihren Platz zu sichern.

Schließlich lernen Sie die Schlüsselrolle der Ermutigung - einschließlich der Selbstermutigung - kennen und sehen, wie sie in der Praxis funktioniert. Sie werden dabei entdecken, wie groß die Bedeutung der »indirekten Ermutigung« und eines guten sozialen Klimas ist, aber auch, wann und wie eine direkte Ermutigung angebracht ist - und wann nicht.

Bitte seien Sie nicht verwundert, wenn in diesem ersten Teil immer wieder Beispiele aus den Lebensbereichen Erziehung und Partnerschaft auftauchen: Da das Konzept der Ermutigung aus diesem Umfeld kommt, liegen dort auch die umfassendsten Erfahrungen dazu vor. Zudem sind manche psychologischen Zusammenhänge bei Kindern leichter zu verstehen, weil sie ihre Gedanken und Gefühle noch sehr offen tragen, während wir Erwachsene uns doch häufig etwas bedeckt halten. Oft hilft auch die Lebensgeschichte dabei besser zu verstehen, weshalb Menschen in bestimmten Situationen so denken, fühlen und handeln wie sie es tun. Deshalb ist der gelegentliche Blick auf Kindheit und Jugend keine Abschweifung vom Thema, sondern das Fundament, auf dem unsere Gegenwart aufbaut.

2 Mut und Mutlosigkeit bestimmen unser Leben

2.1 Was wir unter Mut verstehen (und was nicht)

Für Mut gibt es zwei populäre Kurzdefinitionen: Die eine spricht von Handeln *ohne* Angst, die andere von einem Handeln *trotz* Angst. So widersprüchlich beide Charakterisierungen scheinen, in einem stimmen sie überein: Sie stellen eine Beziehung zwischen Mut und Angst her. Wenn man näher darüber nachdenkt, ist »Handeln ohne Angst« nicht so recht schlüssig: Dann wäre ja das allermeiste Handeln im Alltag mutig, weil es normalerweise nicht mit Angst einhergeht – vom Aufstehen über das Kaffeekochen bis zum Surfen im Internet. Aber vermutlich liegt das nur an der verkürzten Formulierung: Gemeint ist wohl »Handeln, als ob man keine Angst hätte« – und das läge dann ziemlich nahe bei dem »Handeln trotz Angst«.

Diesen Zusammenhang unterstreichen auch die drei amerikanischen Individualpsychologen Julia Yang, Alan Milliren und Mark Blagen: »Mut ist der Willen, im Angesicht von Schwierigkeiten ein Risiko einzugehen und sich vorwärts zu bewegen. (…) Damit Mut auftreten kann, müssen widrige Umstände herrschen. Mut ist eine Antwort auf Gefahr, Verzweiflung oder Angst. Angst ist unabdingbar für Mut; sie muss vorhanden sein, damit Mut existieren kann.« Und sie schildern, wovor man sich alles ängstigen kann: »Wir fürchten Zurückweisung, Misserfolge und Fehler. Wir fürchten, was andere über uns denken könnten, und haben daher Angst, wir selber zu sein. Wir haben Angst vor dem Tod und leben deshalb in Furcht. (…) Wir haben Angst vor Verlust und Veränderung. (…) Angst folgt uns, wie ein Schatten allem unter der Sonne folgt.« (2010, S. 4 f.)

Der biologische Sinn der Angst

Aber ist ein Handeln trotz Angst überhaupt sinnvoll und anstrebenswert? Die Evolution hat uns ja nicht aus purem Schabernack mit der Fähigkeit ausgestattet, Angst zu empfinden. Und sie hat die Angst auch nicht aus bloßer Bosheit zu einem derart quälenden und überwältigenden Gefühl gemacht, das unsere innere Verfassung einschließlich unseres körperlichen Befindens vollkommen beherrscht und auch unser Denken in Beschlag nimmt und es allein auf die aktuelle Gefahr und deren Bewältigung fokussiert. Angst ist das mächtigste Gefühl überhaupt; sie hat Vorfahrt vor allen anderen Emotionen und ist stark genug, um selbst Hunger, Neugier und Wut zu verdrängen.

Der biologische Sinn und Zweck ist offensichtlich: Angst soll uns dazu bewegen, Gefahren zu vermeiden; sie hat damit eine elementare überlebenssichernde

Funktion. Deshalb werden die Flucht und das Ausweichen vor Gefahren physiologisch mit positiven Gefühlen belohnt: mit dem Nachlassen von Anspannung und Beklemmung und mit einem Gefühl der Erleichterung, dem sprichwörtlichen »Aufatmen«. Mit anderen Worten, unsere Biologie ist voll darauf ausgerichtet, bedrohlichen Dingen aus dem Weg zu gehen, statt uns zu einem »Handeln trotz Angst« zu motivieren.

Umso mehr stellt sich die Frage, wie klug und empfehlenswert mutiges Handeln dann eigentlich ist. Ist ein Handeln gegen die eigene Angst tatsächlich anstrebenswert? Kann dies wirklich ein sinnvolles Ziel der Mitarbeiter-, Führungskräfte- und Unternehmensentwicklung sein? Oder ist die Glorifizierung des Muts am Ende nur eine niederträchtige Manipulation, die beispielsweise junge Soldaten dazu »motivieren« soll, sich ohne Rücksicht auf die eigene Gesundheit dem feindlichen Kugelhagel auszusetzen? Oder brave Bürger dazu verleiten, sich unter der Flagge der Zivilcourage irgendwelchen Schlägern in den Weg zu stellen, auf die Gefahr hin, von ihnen verprügelt zu werden? Fährt man im Leben am Ende nicht besser mit dem bewährten Leitsatz des soldatischen Fußvolks: »Lieber fünf Minuten lang feig als ein Leben lang tot«?

Objektive Gefahr und subjektive Gefahrenwahrnehmung

Angst hängt eng mit Gefahr zusammen: Sie warnt uns vor Bedrohungen und will uns dazu veranlassen, ihnen aus dem Weg zu gehen bzw. uns schnellstmöglich in Sicherheit zu bringen. Unser Ziel kann sinnvollerweise also nicht sein, Menschen dazu zu bringen, ihre Angst zu ignorieren und sich wahllos jeder Gefahr zu stellen: Das könnte kurz- oder mittelfristig sehr unvorteilhafte Folgen für Gesundheit, Vermögen und Lebenserwartung haben. Es ist daher notwendig, genau zu differenzieren, welcher Art von Gefahren wir in unserem wohlverstandenen Eigeninteresse besser auch weiterhin aus dem Weg gehen und welchen wir uns möglicherweise doch stellen sollten.

Mut kann nicht heißen, Gefahren auszublenden, zu verdrängen oder zu ignorieren. Klarer und präziser ist die Definition der Individualpsychologen Don Dinkmeyer und Rudolf Dreikurs:

> *»Mut, allgemein lediglich einem Fehlen von Furcht gleichgesetzt, ist, klarer gefasst, die Fähigkeit, mit einer Handlung verbundene Gefahren und mögliche nachteilige Folgen klar zu erkennen und die Handlung trotzdem unbeeinträchtigt auszuführen.« (1963, S. 59 f.)*

Was Angst auslöst, ist bei genauerem Hinsehen nicht die objektive Gefahr, sondern unsere *Wahrnehmung* der Gefahr. Das ist keine Haarspalterei, auch wenn es manchmal eng beieinander liegt. Wenn ein Zug heranrast, während wir ansetzen, die Gleise zu überqueren, ist unsere Gefahrenwahrnehmung zwar auch nur subjektiv, aber sie verweist auf eine objektive Bedrohung. Wenn es dagegen in einem Meeting darum geht, einen heiklen Punkt anzusprechen, dann stellt sich durchaus die Frage, ob die Angst, die wir vor diesem Schritt möglicherweise empfinden, uns tatsächlich vor einer objektiven Gefahr warnt oder ob uns hier nur unser »Kopfkino« eine Katastrophenphantasie vorspielt.

Bei heranrasenden Zügen, Löwen und anderen physischen Gefahren können wir ziemlich sicher sein, dass eine enge Entsprechung zwischen der subjektiv empfundenen Gefahr und der objektiven Bedrohlichkeit besteht. In vielen anderen Situationen ist diese Entsprechung keineswegs so klar: Vom Zehn-Meter-Turm zu springen, ist objektiv ziemlich risikofrei, sofern genügend Wasser im Becken ist, und nachts über den Friedhof zu gehen, ist, wenn es nicht gerade stürmt, sicherer als ein nächtlicher Ausflug in manchen Großstädten. Das subjektive Angstgefühl, das wir in manchen Situationen empfinden, beweist also nicht zwingend, dass wir objektiv in Gefahr sind – genau wie auch umgekehrt das subjektive Gefühl von Sicherheit kein Beweis dafür ist, dass die Situation objektiv ungefährlich ist.

Soziale Risiken

In vielen sozialen Situationen übertrifft die subjektive Angst die objektive Bedrohlichkeit. Was nicht heißen muss, dass diese Situationen völlig risikofrei sind: Wenn man klar seine Meinung sagt, kann man sich unter Umständen blamieren, sich unbeliebt machen, sich eine Abfuhr oder (verbale) Prügel holen, im schlimmsten Fall sogar ausgegrenzt werden. Dennoch ist die Angst, die viele Menschen davor empfinden, etwas Unpassendes zu sagen, in den meisten Fällen weit größer als es sich aus der objektiv bestehenden Gefahr erklären lässt. Wir sprechen fremde Menschen nicht an, aus Angst aufdringlich zu wirken; wir behalten unsere Ideen für uns, aus Angst »zerlegt« oder verspottet zu werden; wir sprechen unangenehme Dinge nicht an, aus Angst uns unbeliebt zu machen, einen Eklat auszulösen oder am Ende gar ausgegrenzt zu werden.

Selbst gestandene Manager halten oft lieber den Mund, wenn der Vorstandsvorsitzende etwas sagt, was nach ihrer Überzeugung falsch ist und in eine gefährliche Fehlentscheidung zu münden droht.

Sind soziale Situationen also generell ohne jegliches Risiko und die Ängste demnach völlig unbegründet? Nein, natürlich nicht. Es kann sein, dass der Chef ärgerlich reagiert, wenn man ihm widerspricht. Es kann sein, dass eine Idee bei den Kollegen nicht gut ankommt, dass das Ansprechen heikler Themen eine unangenehme Situation herbeiführt, dass Fremde abweisend reagieren, wenn man sie anspricht. Aber wann immer wir uns dafür entscheiden, lieber kein Risiko einzugehen, verkaufen wir die Chance, eine positive Entwicklung herbeizuführen, gegen die Stressentlastung, die sich aus dem Vermeiden des sozialen Risikos ergibt.

Ausweichen verstärkt die Angst

Das ist natürlich nicht verboten, aber es hat, wie jedes Vermeidungsverhalten, seinen Preis – sowohl für die Betreffenden selbst als auch für das soziale System, dem sie angehören. Für das Team ist mit der Entscheidung zum »Abtauchen« die Chance auf einen Schritt nach vorne vertan. Auf der persönlichen Ebene verstärkt das Ausweichen die Angst. Denn wer vor einem Risiko ausweicht, macht ja die Erfahrung, dass er die Bedrohung nicht bewältigt hat. Und wer ihm mehrfach ausweicht, erlebt auf diese Weise immer wieder die Bestätigung, dass er dieser Gefahr nicht gewachsen ist. Infolgedessen wächst die Angst vor derartigen Risiken im Laufe der Zeit.

Charakteristisch, wie aufgeregt solche Menschen reagieren, wenn man sie fragt, warum sie ihre Meinung denn nicht offen gesagt haben. Dann erhält man in der Regel sehr erregte und wortreiche Erklärungen, welch dramatische Konsequenzen solche Verwegenheit haben könnte: »Ich bin doch nicht blöd und mache mir alle Karrierechancen kaputt, indem ich dem Chef offen widerspreche!«

Wenn das Risiko tatsächlich so groß wäre wie sie behaupten, dann wäre ihr Verhalten wohl tatsächlich eine rationale Abwägung zwischen ihren Karriereinteressen und dem Wunsch, die eigene Sichtweise einzubringen. Das milde Lächeln mancher Kollegen wie auch das Verhalten anderer Teammitglieder legt aber die Vermutung nahe, dass hier oft weniger die objektive Gefahr das Handeln bestimmt hat als die subjektive Furchtsamkeit: Bewusst oder unbewusst dramatisieren die Betreffenden das Risiko, um eine Rechtfertigung für ihre Mutlosigkeit zu haben.

Das wird noch offensichtlicher, wenn wir weiter fragen, wie es dann ein anderer Kollege wagen konnte, dem Chef zu widersprechen. Dann kommen Erklärungen wie: »Ja, der kann sich das leisten, der hat eine Sonderrolle!« Das ist im Einzelfall schwer zu widerlegen, doch selbst wenn es zutreffen sollte, bleibt die Frage, was Ursache und was Wirkung ist: Traut sich dieser Kollege zu widersprechen, weil er eine Sonderrolle hat – oder hat er eine Sonderrolle, weil er sich zu widersprechen traut?

Mit Mut meinen wir sozialen Mut

Aber wie auch immer: Unsere Behauptung ist ja auch gar nicht, dass solche Situationen ohne jedes Risiko wären – sonst wäre ja auch kein Mut erforderlich. Wenn man Stellung bezieht, besteht zumindest immer das Risiko, dass man nicht weiß, wie die anderen darauf reagieren werden. Am sichersten und risikolosesten ist daher immer, im Unverbindlichen zu bleiben, die anderen »kommen zu lassen« und sich nicht festzulegen, bevor man weiß, wo sie stehen. Das ist in der Tat ungefährlich, aber einen Beitrag zur Weiterentwicklung leistet man damit nicht. Und großen Respekt erwirbt man sich damit auf die Dauer auch nicht.

Sozialer Mut heißt, Farbe zu bekennen, also klar Stellung zu beziehen, ohne zu wissen, wie die anderen reagieren werden. Wenn in diesem Buch von Mut die Rede ist, meinen wir ausschließlich das Eingehen *sozialer* Risiken, und hier vor allem das Riskieren von Ablehnung, Zurückweisung und Widerspruch, einschließlich gekränkter, beleidigter oder aggressiver Reaktionen. Das heißt nicht, dass derartige Reaktionen tatsächlich kommen werden; es heißt nur, dass sie im Voraus nicht völlig auszuschließen sind.

Mut : = sozialer Mut

- Bereitschaft, sich Anforderungen mit positiven Erwartungen zu stellen
- Bereitschaft, Verantwortung zu übernehmen
- Offenheit, Ehrlichkeit, Authentizität
- Bereitschaft, den ersten Schritt zu machen
- Konfliktbereitschaft/-fähigkeit
- Farbe bekennen, klare Stellungnahme
- Bereitschaft, Ablehnung zu riskieren und gegebenenfalls zu ertragen
- Eigene Fehler offenlegen
- Bereitschaft, Grenzen zu setzen
- Beharrlichkeit, Ausdauer, Am-Ball-Bleiben
- Bereitschaft, Neues zu erproben

Abb. 1 Indikatoren für sozialen Mut

Den Aspekt, sich sozialen Risiken zu stellen, hebt auch die Definition des Düsseldorfer Individualpsychologen Robert F. Antoch hervor:

> *»Sich auf eine vorbehaltlose Auseinandersetzung mit Problemen und mit anderen Menschen einzulassen, die dabei auftretenden Misserfolge gegebenenfalls ohne Angst vor Wertverlust auch auf sich zu beziehen und daraus zu lernen, ähnliche Situationen beim nächstenmal zu bestehen – das ist der Kern der individualpsychologischen Definition von Mut.« (Antoch 1981, S. 57)*

Eingehen sozialer Risiken

Sozialer Mut ist zum Beispiel erforderlich, um anspruchsvolle Kunden zu beraten. Bei ihnen muss man immer damit rechnen, dass sie kritische Fragen stellen, dass sie unangenehm sachkundig sind oder auch mit einer skeptischen Grundhaltung an die eigenen Angebote herangehen, dass sie viel zu hinterfragen, zu bemängeln und auszusetzen haben. Es besteht sogar das Risiko, dass sie einen auf dem falschen Fuß erwischen und einem Wissenslücken oder, noch schlimmer, Fehlinformationen nachweisen.

Das kann unter Umständen ziemlich unangenehm sein – trotzdem muss man die Kirche im Dorf lassen: Eine Gefahr für Leib und Leben besteht dabei in aller

Regel nicht, und auch die häufig zu hörende Behauptung, eine solche Situation wäre furchtbar oder gar unerträglich, ist eine maßlose Übertreibung – Ausdruck einer Haltung, die der amerikanische Therapeut Albert Ellis *»katastrophisieren«* nannte. Man muss sich davor hüten, sich selbst zu entmutigen, indem man unangenehme Situationen zum Menschheitsdrama aufbläst. Natürlich ist es stressig, von einem kritischen Kunden »gegrillt« zu werden, doch unerträglich ist es keineswegs: Spätestens nach ein oder zwei Stunden ist das Gespräch vorbei, und auch von seinen Nachwirkungen hat man sich wohl selbst im schlimmsten Fall nach ein paar Tagen erholt.

Umgekehrt lohnt es sich zu überlegen, welche Gründe es geben könnte, sich solchen Gefahren auszusetzen: Welche Chancen stehen dem Risiko gegenüber? Selbst die anspruchsvollsten, kritischsten und »unangenehmsten« Kunden kaufen ja von Zeit zu Zeit etwas ein, sowohl für ihren privaten Bedarf als auch erst recht, wenn sie für den Einkauf eines Betriebes verantwortlich sind. In der Regel kaufen kritische Kunden nicht weniger, sondern eher mehr und hochwertigere Produkte als Durchschnittskäufer. Da sie durch ihr Verhalten aber viele Außendienstler verschrecken, entfällt ein entsprechend größerer Teil ihres Kuchens auf die wenigen Verkäufer ab, die sich nicht so leicht den Schneid abkaufen lassen.

Das heißt, bei diesen anspruchsvollen Kunden besteht nicht nur das Risiko eines anstrengenden Gesprächs, sondern es besteht auch die Chance, mit einem größeren Auftrag aus diesem Gespräch herauszukommen oder solch einen Auftrag spätestens nach ein- oder zweimaligem Nachfassen zu erhalten. Mit anderen Worten, das Eingehen solcher Risiken ist keineswegs ein Geschäft, bei dem man nur verlieren kann – im Gegenteil: Es ist eines, bei dem man zwar nicht in jedem Einzelfall, aber im Durchschnitt gewinnen wird.

Fallbeispiel: Mut als Wettbewerbsvorteil

Pharmareferenten haben die Aufgabe, regelmäßig Ärzte und Apotheken zu besuchen, um sie zur Verschreibung der Medikamente ihres Arbeitgebers zu veranlassen. Ein dankbarer Job ist das nicht: Der Beruf hat keinen hohen sozialen Status; Ärzte und Apotheker betrachten die Pharmareferenten eher als notwendiges Übel – zuweilen auch als unnötig – und behandeln sie entsprechend. Oft müssen sie lange warten, werden vom Personal nicht immer freundlich empfangen und von den Ärzten meist kurz abgefertigt.

Viele Pharma-Außendienstler suchen daher bevorzugt die Praxen auf, in denen sie freundlich behandelt werden, nicht lange warten müssen und in denen der Arzt sich Zeit für sie nimmt. Dummerweise sind darunter häufig Praxen, die nicht gut laufen, sei es, weil sie erst vor kurzem eröffnet wurden oder weil sie keinen sehr guten Ruf haben – und infolgedessen auch kein sehr hohes Verschreibungspotenzial. Mit anderen Worten, die Pharmareferenten haben dort zwar »gute Gespräche«, aber sie erzielen trotzdem nur wenige Verschreibungen, einfach weil die Ärzte nicht genügend Patienten haben.

Nur wenige Außendienstler haben den Mut und die Beharrlichkeit, regelmäßig die gut laufenden Praxen und die anspruchsvollen, oft pharmakritischen Ärzte zu besuchen und im Laufe der

Zeit eine Beziehung zu ihnen aufzubauen. Diese »mutigen« Pharmareferenten haben fast durchweg überdurchschnittlichen Erfolg: Langfristig erzielen sie deutlich höhere Verschreibungsquoten als ihre Kollegen; erstens, weil es ihnen bei vielen Ärzten im Laufe der Zeit doch gelingt, zumindest eine ordentliche Beziehung aufzubauen, und zweitens, weil sie weniger Konkurrenz haben, nachdem ihnen ihre ängstlicheren Konkurrenten das Feld fast alleine überlassen. Ihr sozialer Mut, sich in ein anspruchsvolles und zum Teil feindseliges Umfeld zu wagen und dort trotz mancher Kränkungen beharrlich am Aufbau guter Beziehungen zu arbeiten, hat also einen beträchtlichen ökonomischen Nutzen sowohl für sie selbst als auch für ihre Firmen.

Heiße Eisen anpacken

Auch firmenintern kann es einigen Mut erfordern, heikle Themen anzusprechen, erst recht wenn alle anderen schon seit geraumer Zeit einen weiten Bogen darum machen. Wenn beispielsweise die Zusammenarbeit der ganzen Abteilung darunter leidet, dass zwei Kollegen seit Monaten miteinander im Clinch liegen, kann man sich natürlich auf den Standpunkt stellen, es sei Sache des Vorgesetzten, einzuschreiten und für eine Klärung zu sorgen. Falls der dies aber, aus welchen Gründen auch immer, nicht tut, stellt sich die Frage, ob die Kollegen sich damit abfinden, weiter unter dem Problem zu leiden und ihrem Unmut in der Kaffeeküche Luft zu machen, oder ob sich jemand ein Herz fasst und das Thema auf den Tisch bringt.

Ebenso erfordert es Mut, Mitarbeitern, Kollegen und Vorgesetzten ein Feedback zu geben, vor allem wenn es unangenehme Aspekte umfasst. Das gilt erst recht, wenn es um tabuisierte Themen geht. Jemandem zu sagen, dass er Mundgeruch hat oder nach Schweiß riecht, ist für die meisten Menschen eine hohe emotionale Hürde. Aber ist es wirklich besser, dem Betreffenden – genauer gesagt, vor allem sich selbst – die Peinlichkeit zu ersparen und ihn weiter so herumlaufen zu lassen? Um sich von ihrer Mitverantwortung zu entlasten, sind viele Menschen schnell mit Ausreden bei der Hand: »Das muss er doch selbst merken.« – »Das muss seine Frau / sein Chef / seine Sekretärin ihm sagen!« – »Das ist doch nicht meine Sache!« Doch diese Ausreden dienen hauptsächlich dazu, unser schlechtes Gewissen zu beruhigen: Auf diese Weise verschaffen wir nur uns selbst ein Alibi und ersparen uns so das stressreiche Handeln trotz Angst.

Besonders deutlich treten die Folgen von mangelndem sozialem Mut oft zutage, wenn Mitarbeiter wegen unzureichender Leistung gekündigt werden. Häufig fallen sie aus allen Wolken und beklagen sich bitter: »Warum hat mir das denn niemand gesagt?!« Da ist sicherlich auch ein Stück Selbstschutz und Selbstverteidigung im Spiel: Manche Mitarbeiter lassen wohl, wie Führungskräfte immer wieder feststellen, auch ein sehr deutliches Feedback nicht an sich heran. Andererseits ist es eine Tatsache, dass solche Kündigungen oft am Einspruch des Betriebsrats oder spätestens vor dem Arbeitsgericht scheitern, und zwar nicht deshalb, weil es, wie Manager dann herzergreifend klagen, in Deutschland kaum noch möglich ist, sich von jemanden zu trennen, sondern weil sich in der Personalakte kein einziger Hinweis auf gravierende Leistungsmängel findet – oft ist dort im Gegenteil eine lückenlose Reihe von guten oder sogar sehr guten Leistungsbeurteilungen dokumentiert.

Was mit sozialem Mut *nicht* gemeint ist

Drei Abgrenzungen sind erforderlich. *Erstens:* Sozialer Mut ist nicht mit Tollkühnheit zu verwechseln. Auch wenn soziale Risiken in der Regel weniger existenziell sind als Zusammenstöße mit Zügen oder Lastwagen, heißt das nicht, dass sie allesamt harmlos und weiter nicht ernst zu nehmen wären. Wer am Hofe eines Königs lebt, der bekannt dafür ist, Kritiker sofort in den Kerker zu werfen und sie dort verhungern und verdursten zu lassen, der sollte sich in der Tat überlegen, wie unterbrechungsfrei er seine Wahrheitsliebe leben möchte. Allenfalls könnte er prüfen, wie »alternativlos« das Leben an diesem Hofe für ihn ist. Auch wer sich nachts in der U-Bahn mit aggressiven Betrunkenen konfrontiert sieht, sollte tunlichst zweimal darüber nachdenken, ob das der richtige Moment ist, sich und anderen seine soziale Risikobereitschaft zu beweisen.

Apropos »sich beweisen«, *zweitens:* Sozialer Mut hat nichts mit Mutproben zu tun. Bei Mutproben geht es in der Regel darum, sich selbst und anderen die eigene Tapferkeit zu beweisen, indem man Dinge tut, die Überwindung erfordern und zum Teil wirklich gefährlich sind. Das heißt, hier geht um Ansehen, Status und Geltung, aber das eigentliche Motiv des Handelns ist meistens nicht sozialer Mut – im Gegenteil, es ist soziale Angst. Aus Angst, von ihren Mitmenschen als Feigling angesehen zu werden, machen Menschen – vor allem junge Männer – oft lebensgefährlichen Unsinn: springen von Brücken, klettern auf fahrende S-Bahnen oder legen sich mit überlegenen Gegnern an. Doch so sehr diese Mutproben die Überwindung von Angst verlangen, bei genauerem Hinsehen würde es meist noch mehr sozialen Mut beweisen, sich solchen Übungen zu verweigern als sich ihnen zu unterwerfen.

Bei Mutproben geht es vor allem darum, vor den anderen gut dazustehen – somit geht es dabei letztlich um die eigene Person. Bei wirklichem Mut geht es gerade nicht darum, wie man selbst dasteht, sondern es geht darum, nach bestem Wissen und Gewissen das zu tun, was die Situation erfordert, ohne Rücksicht darauf, wie man selbst dabei dasteht und was die anderen denken könnten. Niemand hat diesen Unterschied besser auf den Punkt gebracht als der Individualpsychologe Fritz Künkel (1889–1956): Er unterschied zwischen »ichhaftem« und »sachbezogenem« Handeln. Mutproben sind »ichhaft«, weil auf die eigene Geltung bezogen – wirklicher Mut dagegen ist »sachbezogen«; ihm geht es darum, das sachlich Notwendige zu tun, nämlich das, was die (gemeinsame)

Sache weiterbringt. Das verlangt nicht, dass einem die eigene Wirkung auf andere völlig egal ist, aber sie bestimmt nicht das Handeln (Künkel 1929, S. 1 ff.).

Drittens kommen wir beim Thema Mut um eine ethische Wertung nicht herum. Zwar erfordert es auch Mut, Banken zu überfallen oder seine ersten Karriereschritte als Trickbetrüger zu machen. Aber das sind schädliche, destruktive Formen von Mut, die gegen andere Menschen und gegen die Gemeinschaft gerichtet sind. Insofern handelt es sich dabei, streng genommen, nicht um (pro-) sozialen, sondern um antisozialen Mut, und der ist weder anstrebenswert noch förderungswürdig. Alfred Adler und Rudolf Dreikurs waren sogar der Meinung, dass dieser antisoziale Mut in Wirklichkeit nur ein Mut der Verzweiflung ist, der dann aufkommt, wenn Menschen die Hoffnung aufgegeben haben, zu einem anerkannten und nützlichen Mitglied der Gemeinschaft werden zu können, und sich deshalb entscheiden, sich, wie Adler und Dreikurs es nannten, »auf die unnütze Seite des Lebens zu schlagen«.

So wie wir Mut im Weiteren verstehen, gehört dazu etwas, was die alten Indidivualpsychologen Gemeinschaftsgefühl nannten: Der Wille, einen positiven, konstruktiven Beitrag zu einem größeren Ganzen zu leisten – zu einer Beziehung, einer Gruppe, der man angehört, zu einer Firma oder einer Gemeinschaft, zum eigenen Land oder auch zur Menschheit insgesamt. Ein Handeln, das zum Ziel hat, nur den eigenen Nutzen zu mehren und/oder anderen gezielt zu schaden, ist in diesem Sinne kein *sozialer* Mut. Auch hier passt Künkels Unterscheidung zwischen ichhaftem und sachbezogenem Handeln, vor allem wenn man »sachbezogen« so versteht, wie es von Künkel gemeint ist, nämlich im Sinne von »auf die gemeinsame Sache bezogen«.

►► Wenn in diesem Buch von Mut die Rede ist, meinen wir ausschließlich sozialen Mut, das heißt, die Bereitschaft, soziale Risiken einzugehen, indem man zum Beispiel auf andere zugeht, kritische Themen anspricht, in Vorleistung geht oder klar Stellung nimmt, ohne jeweils zu wissen, wie der oder die anderen darauf reagieren werden. Wer diesen Mut aufbringt, statt abzuwarten oder sich in sicherer Unverbindlichkeit zu verstecken, riskiert Ablehnung, Zurückweisung und Widerspruch, einschließlich gekränkter, beleidigter oder aggressiver Reaktionen. Aber er hat zugleich die Chance, Beziehungen zu verbessern, Konflikte auszuräumen und die gemeinsame Sache voranzubringen. Das heißt nicht, dass solche negative Reaktionen zwangsläufig kommen werden; es heißt nur, dass sie im Voraus nicht völlig auszuschließen sind. Sozialer Mut ist ein Schlüssel zum Erfolg von Individuen und Organisationen, weil er Entwicklungen voranbringt und neue Chancen eröffnet. ◄◄

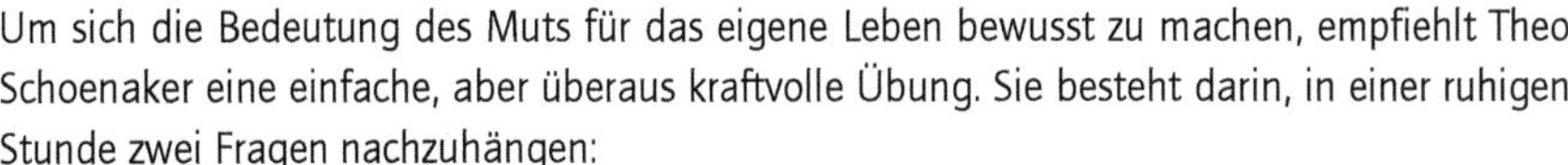

Übung: »Einmal angenommen, ich wäre mutiger ...«

Um sich die Bedeutung des Muts für das eigene Leben bewusst zu machen, empfiehlt Theo Schoenaker eine einfache, aber überaus kraftvolle Übung. Sie besteht darin, in einer ruhigen Stunde zwei Fragen nachzuhängen:

- Einmal angenommen, ich wäre mutiger, dann hätte ich ...
- Einmal angenommen, ich wäre mutiger, dann würde ich ...

Das Schöne an dieser Übung ist, dass sie Sie zu nichts zwingt und zu nichts verpflichtet. Denn wir begeben uns ja in einen hypothetischen Raum. Dennoch vermittelt dieses Gedankenspiel eine Idee von den Chancen und Potenzialen, die sich uns mit mehr Mut eröffnen würden.
Lassen Sie daher einfach Ihre Gedanken schweifen, ohne innerlich gleich wieder einen Fuß auf der Bremse zu haben: Es ist ja nur ein Gedankenexperiment, dem man sich zum Beispiel auf einer längeren Zugfahrt, auf einem Spaziergang oder an einem Sonntagnachmittag überlassen kann. Schauen Sie einfach mal, was Ihnen für Gedanken und Ideen kommen.
Wie es nach diesem Gedankenspiel weitergeht, ist allein Ihre Entscheidung. Es ist völlig legitim, anschließend zu sagen: »Hübsche Ideen, aber das ist mir alles doch viel zu riskant und viel zu gefährlich. Da lasse ich lieber die Finger davon.« Vielleicht finden Sie aber auch an einer der Ideen so viel Gefallen, dass Sie ins Grübeln kommen, ob Sie sich nicht doch ein Herz dazu fassen sollen. Beides darf sein.
Interessant wird es, wenn man sich diese Frage über eine gewisse Zeit regelmäßig stellt und dabei eine bestimmte Antwort immer wieder auftaucht. Irgendwann stellt sich dann tatsächlich die Frage: »Warum tue ich es nicht endlich ...«
Aber setzen Sie sich nicht unter Druck. Entwickeln Sie vor allem nicht den falschen Ehrgeiz, sich und anderen zu beweisen (!), wie mutig Sie doch in Wirklichkeit sind. Zumindest wenn es um größere Entscheidungen geht und nicht nur darum, einfach mal etwas Neues auszuprobieren, dann lassen Sie sich Zeit. Lassen Sie die Idee reifen, und setzen Sie sich auch mit möglichen Risiken und Nebenwirkungen auseinander. Pflegen Sie – ganz im Sinne obiger Definition von Dinkmeyer und Dreikurs – »die Fähigkeit, mit einer Handlung verbundene Gefahren und mögliche nachteilige Folgen klar zu erkennen« (Dinkmeyer/Dreikurs 1963, S. 59f.), bevor Sie eine Entscheidung treffen. Denn wie gesagt: Mut ist nicht Leichtsinn. Mut ist die Fähigkeit, im Bewusstsein möglicher Risiken entschlossen und zielstrebig zu handeln. Mut kann aber auch die Entscheidung sein, eine reizvolle Idee fallenzulassen, weil ihre Risiken zu groß sind.

2.2 Minderwertigkeitsgefühle, Zugehörigkeit und Geltungsstreben

Auf ihrem Weg, den sie durch ihr Leben wählen, schöpfen die allerwenigsten Menschen ihre Potenziale aus: Eine lange Historie aus entmutigenden Gedanken (»Das kann ich nicht!«) und entmutigenden Signalen der Umgebung (»Dafür hast du kein Talent!«) hält sie zumindest auf manchen Gebieten davon ab, das aus sich herauszuholen, was in ihnen steckt. Subjektiv merken wir das meistens nicht, weil wir unsere Potenziale in der Regel nur in dem Umfang erkennen, wie wir sie realisieren oder zumindest an sie glauben.

Allzu häufig verwechseln wir die Grenzen unseres Muts – und unsere infolgedessen fehlende Übung – mit den Grenzen unserer Möglichkeiten. Wir sind dann fest davon überzeugt, bestimmte Fähigkeiten nicht oder nur in geringem Umfang zu besitzen: »Das liegt mir halt nicht! Ich habe kein Talent dafür!« Oder auch: »Das macht mir keinen Spaß. Ich finde das einfach nur nervig und anstrengend.« Was trotz der anderen Begründung beinahe dasselbe ist. Denn wie soll etwas Spaß machen, wenn die Ergebnisse, so oft bzw. so selten man es versucht, enttäuschend sind? Wir merken ja nicht, dass sie das vor allem deshalb sind, weil wir mit negativen Erwartungen und »angezogener Handbremse« an die Sache herangegangen sind.

Ein festgefügtes Selbstbild

Je älter wir werden, desto besser wissen wir oder meinen wir zu wissen, was unsere Stärken und was unsere Schwächen sind. Dabei ist uns in aller Regel nicht bewusst, dass diese Stärken und Schwächen keineswegs gottgegeben sind, sondern zum großen Teil eine Spätfolge der teils ängstlichen, teils mutigen Entscheidungen, die wir im Laufe unseres bisherigen Lebenswegs getroffen haben. Vielfach sind unsere Stärken einfach die Kompetenzfelder, an denen wir drangeblieben sind und auf denen wir es deshalb im Laufe der Jahre zu sicherer oder sogar souveräner Beherrschung gebracht haben. Und unsere Schwächen sind die Handlungsfelder, die wir früh aufgegeben haben oder denen wir ausgewichen sind – und die wir infolgedessen auch nicht trainiert haben. Aufgrund dieser Vorgeschichte haben wir auf manchen Gebieten Selbstvertrauen und Zuversicht, auf anderen trauen wir uns nicht viel zu.

Unsere neueren Entscheidungen folgen in den allermeisten Fällen den Weichenstellungen, die wir früher auf unserem Lebensweg getroffen haben, und vertiefen damit deren Spuren: Von Gebieten, auf denen wir glauben, nicht gut zu sein, halten wir uns fern, so gut es geht – und wenn wir nicht ausweichen können, gehen wir mit negativen Erwartungen an sie heran und versuchen, sie einigermaßen unfallfrei und ohne Blamage hinter uns zu bringen: Gleich ob es Tanzen oder Klavierspielen, frei Reden oder das positive Verkaufen einer erbrachten Leistung ist, ob es darum geht, mit fremden Leuten ins Gespräch zu kommen, eine Fremdsprache zu erlernen oder technische Geräte zu bedienen.

Wenn man eine Aufgabe aber mit diesem Grundgefühl anpackt, ist ziemlich sicher, dass man Recht behält: Dann kann daraus kaum ein Erfolg werden. So *machen* wir unsere Erfahrungen, und zwar im doppelten Sinne des Wortes: Wir erleben am eigenen Leib, was wir gut können und was nicht, aber wir erleben es nicht nur passiv, sondern wir führen unsere Erfahrungen durch unsere Erwartungen und die Art unseres Herangehens maßgeblich mit herbei.

Auf diese Weise engen uns unsere inneren Grenzen weit mehr ein als die tatsächlichen Grenzen unserer Fähigkeiten und Möglichkeiten. Nur fällt uns das nicht auf, weil wir uns darin häuslich eingerichtet haben: Weil wir unsere Schwächen als festen Bestandteil unserer Persönlichkeit betrachten, mit denen wir uns wohl oder übel abfinden müssen, machen wir auf den Gebieten, die wir dazu zählen, in aller Regel gar keinen Versuch mehr, sie besser zu entwickeln. Wir haben resigniert und damit die Hoffnung aufgegeben, es dort noch jemals auf einen grünen Zweig zu bringen.

Teilrückzug aus manchen Gebieten

Dieser Teilrückzug aus manchen Gebieten erspart uns Erwachsenen viel von der Verunsicherung, der Kinder und Jugendliche ausgesetzt sind. Sie müssen ihre Stärken und Schwächen ja erst noch erkunden und sind dabei ständig mit der Frage konfrontiert, ob sie auf neuen Feldern besser oder schlechter sind als ihre Altersgenossen. Als Erwachsene haben wir unser Leben weitgehend so eingerichtet, dass wir mit unseren Schwächen nur selten konfrontiert werden. Deshalb erleben wir weniger Niederlagen und Rückschläge als junge Menschen, aber zugleich stehen wir unser ganzes Leben lang unter dem Eindruck dieser frühen Erfahrungen. So können wir relativ selbstbewusst durchs Leben gehen – aber um den Preis, dass wir etliche Handlungsfelder ausgeklammert und abgeschrieben haben.

Wie dünn das Eis jedoch ist, zeigt sich, wenn uns jemand dazu bewegen möchte, einen neuen Versuch auf einem jener aufgegebenen Gebiete zu machen. Auf solche wohlmeinenden Impulse reagieren Erwachsene meist noch mehr als Kinder und Jugendliche mit Erschrecken, Irritation und Abwehr. Wenn jemand zum Beispiel davon überzeugt ist, mit Computern nicht zurechtzukommen, dann ist er nicht etwa erfreut und dankbar, wenn ihm jemand anbietet, ihm ein paar Dinge zu zeigen und zu erklären. Vielmehr wird er dieses Angebot mit hoher Wahrscheinlichkeit zurückweisen. Auch selbstbewusste, souveräne Menschen wehren sich oft buchstäblich mit Händen und Füßen dagegen, noch einmal einen neuen Versuch auf einem »abgeschriebenen« Feld zu machen. So groß ist die Souveränität offenbar doch nicht: Unter der beeindruckenden Selbstsicherheit bei »Heimspielen« schlummert offenbar tiefe Mutlosigkeit vor vermeintlich aussichtslosen »Auswärtsspielen«.

Wohl jeder Mensch kennt solche »Inseln des Minderwertigkeitsgefühls«, auf denen er davon überzeugt ist, unheilbar inkompetent zu sein – und mit denen er am liebsten nichts mehr zu tun haben möchte. Jemand, der uns hier ermutigen will, tut uns, jedenfalls aus unserer subjektiven Sicht, keineswegs einen Gefallen. Vielmehr fühlen wir uns von solchen Bemühungen bedrängt oder genervt. Wir tun daher alles, um unserem vermeintlichen Wohltäter mit Worten und Taten deutlich zu machen, dass er sich seine Mühe sparen und uns in Frieden lassen soll.

Das hat in der Praxis eine überraschende Konsequenz: Wer andere Menschen zu ermutigen versucht, wird darin häufig erst einmal entmutigt. Und er muss schon eine große Portion Hartnäckigkeit an den Tag legen, in Verbindung mit viel Empathie, um diese anfängliche Abwehr zu überwinden und eine vorsichtige Überprüfung des negativen Selbstbilds anzustoßen.

Minderwertigkeitsgefühle

Ein Minderwertigkeitsgefühl ist mehr als die bloße Überzeugung oder das Wissen, etwas nicht zu können: Es ist ein Gefühl von Unzulänglichkeit, das Gefühl, so, wie man ist, nicht in Ordnung, nicht gut genug zu sein. Das heißt, zu dem bloßen Unvermögen kommt das Gefühl, wenigstens auf diesem Gebiet schlechter zu sein als die anderen und vor allem schlechter als man sein müsste – und damit auch weniger wert. Dies führt häufig dazu, dass die betreffenden Personen ihre Unzulänglichkeit zu verbergen oder zu überspielen suchen und äußerst empfindlich reagieren, wenn sie damit konfrontiert werden.

Was macht aus einem Nicht-Wissen oder Nicht-Können ein Minderwertigkeitsgefühl? An sich ist ja klar, dass kein Mensch alles wissen und alles können kann. Also kann eigentlich auch niemand den Anspruch an sich selbst erheben, alles zu wissen und alles zu können – und den haben auch die wenigsten Menschen, nicht einmal ausgemachte Perfektionisten. Deshalb stören sich auch die wenigsten daran, dass sie weder Kisuaheli können noch Apnoe-Tauchen. Da diese Fähigkeiten für die allermeisten von uns nicht wichtig sind, fehlt uns auch nichts, wenn wir sie nicht zu besitzen.

Anders ist es, wenn es um Fähigkeiten oder Eigenschaften geht, denen wir eine hohe Bedeutung beimessen – sei es, weil sie uns selbst wichtig sind oder weil wir glauben, sie besitzen zu müssen, um in einer uns wichtigen Gruppe dazuzugehören und in ihr einen angesehenen Platz zu erringen. Je nachdem, zu welchen Kreisen man gehören möchte, können so die unterschiedlichsten Eigenschaften und Fähigkeiten in den Mittelpunkt rücken und plötzlich ungeahnte Bedeutung erlangen: Beispielsweise geht es unter Führungskräften dann vielleicht darum, die richtigen Leute zu kennen, die richtigen Statussymbole zu besitzen oder die richtige Meinung zu vertreten.

Übung: Das Gefühl, nicht dazuzugehören

Bitte nehmen Sie sich ein paar Minuten Zeit, um die folgenden Fragen zu beantworten:

- Kennen Sie das Gefühl, nicht dazuzugehören?
- Wie fühlen Sie sich dann?
- Wie steht es dann um Ihre Leistungsfähigkeit?

Alles Wesentliche dazu finden Sie im folgenden Abschnitt.

Das Bedürfnis nach Zugehörigkeit

Wer auf die Zugehörigkeit zur jeweiligen Gruppe keinen Wert legt, für den ist es ein Leichtes, sich über diese »albernen Spielchen« lustig zu machen. Doch bei den Gruppen, die ihnen wichtig sind, achten selbst die Spötter peinlichst darauf, sich »richtig« zu verhalten, und geraten unter erheblichen Druck, wenn sie die erforderlichen Eigenschaften und Fähigkeiten nicht besitzen.

Im Grunde sind Menschen bereit, fast alles zu tun, um in ihrer Gruppe dazuzugehören. Schon Kinder und Jugendliche passen sich in Kleidung, Sprache und Verhalten enorm an ihre Gruppe an, um dazuzugehören, und grenzen sich, wenn dies dazugehört, aggressiv gegen andere Gruppen ab. Bier zu trinken und zu rauchen, beginnen Jugendliche in der Regel nicht, weil es ihnen schmeckt, sondern um dazuzugehören; manche nehmen deswegen auch Drogen. Beim Militär tun junge Männer alles, um nicht als »Feigling« oder »Kameradenschwein« ausgegrenzt zu werden.

Eine plausible Erklärung für Tapferkeit (die ja evolutionsbiologisch nicht sonderlich sinnvoll ist) ist, dass Menschen mehr Angst vor der Verachtung ihrer Kameraden haben als vor dem feindlichen Feuer. Auch in Politik und Geschäftswelt kommen immer wieder schockierende Fehlleistungen durch »Group-Think« zustande, also letztlich dadurch, dass selbst reife, erwachsene Menschen im Positiven wie im Negativen beinahe alles mitmachen, um sich nicht außerhalb ihrer jeweiligen Gruppe zu stellen.

Bevor man über andere den Kopf schüttelt, lohnt es sich, einmal daran zu denken, wie viele Gedanken wir uns beispielsweise im Vorfeld wichtiger Anlässe machen, um adäquat gekleidet zu sein und wie sehr es uns in Verlegenheit bringen kann, wenn wir uns bei irgendeinem Anlass over- oder underdressed fühlen. Eigentlich, könnte man meinen, geht es dabei um eine völlige Nebensächlichkeit: Was wäre denn dabei, wenn wir ein bisschen anders gekleidet wären als die (meisten) anderen? Woher kommt dann aber dieses entsetzliche Gefühl von Peinlichkeit und Verlegenheit, das wir um jeden Preis vermeiden wollen? Fragt man Leute nach dem Grund, antworten sie, dass sie sich mit der falschen Kleidung deplatziert fühlten – und dass ihnen das so peinlich sei, dass sie am liebsten im Erdboden verschwänden.

So vertraut und nachvollziehbar das klingt, mit etwas Abstand betrachtet ist es eine erstaunliche Aussage: Nicht *ihre Kleidung* würden sie unpassend finden, sondern sich selbst, und zwar gleich in einem so dramatischen Ausmaß, dass sie am liebsten gar nicht da wären bzw. sofort verschwinden würden. Warum nur? Auch wenn es die wenigsten Menschen in Worte fassen könnten, liegt es wohl daran, dass sie das Gefühl hätten, sich mit der falschen Kleidung in ähnlicher Weise außerhalb der Gruppe zu stellen, als wenn sie sich völlig daneben benähmen oder einen schrecklichen Fauxpas begingen.

Die Urangst, nicht dazuzugehören

Die Angst, die hier wachgerufen wird, ist eine existenzielle: Es ist die Befürchtung, an Ansehen und Status in seiner Bezugsgruppe zu verlieren oder im schlimmsten Fall ganz ausgeschlossen zu werden. Sie äußert sich etwa in der angstvollen Frage: »Was sollen denn die Leute von dir/von uns denken?!« Das ist mehr als der Ausdruck krankhafter Überangepasstheit oder der Furcht vor einer starken sozialen Kontrolle: Das Bedürfnis nach Zugehörigkeit und nach einem anerkannten Platz in der Gemeinschaft ist ein elementares menschliches Grundbedürfnis.

Wir Menschen sind auf die Gemeinschaft mit anderen Menschen fast in gleicher Weise angewiesen wie ein Fisch auf das Wasser. Zwar können wir deutlich länger als Fische auf dem Trockenen ohne andere Menschen (über)leben, doch ohne die Beziehung zu anderen Menschen verliert unser Leben seine Verankerung und letztlich seinen Sinn. Unser gesamtes Denken, Fühlen und Handeln spielt sich in sozialen Bezügen ab. Unsere Gefühle haben fast immer einen Bezug zu anderen Menschen – und damit auch die Bewertungen, welche diese Emotionen auslösen. Gleich ob Freude oder Ärger, Wut, Trauer oder Neid, Eifersucht, Mitleid oder Abscheu, in den allermeisten Fällen sind andere Menschen sowohl Auslöser als auch Adressaten unserer Gefühle.

Aber weshalb hat das Zugehörigkeitsgefühl eine so zentrale Bedeutung für unsere Befindlichkeit, unsere Leistung und unser Verhalten? Die Erklärung dürfte sein, dass die Zugehörigkeit zu einer Gruppe für Menschen über Hunderttausende von Jahren eine Überlebensfrage war. Zur Zeit der Jäger und Sammler, die ja den weit überwiegenden Teil der Menschheitsgeschichte ausmacht, hatten Menschen nicht die geringste Chance, als Einzelgänger zu überleben, geschweige denn, ihren Nachwuchs durchzubringen. Sie waren existenziell darauf angewiesen, zu ihrer jeweiligen Horde oder Stammesgesellschaft dazuzugehören, zumal es damals unmöglich war, sich einfach eine andere Horde oder einen anderen Stamm zu suchen, so wie man heute die Firma oder den Wohnort wechselt.

Zugehörigkeitsgefühl und Leistung

Wer schon einmal das Gefühl hatte, sich in einer Gruppe nicht akzeptiert und zugehörig zu fühlen, weiß aus eigener Erfahrung, dass er in solchen Situationen nur ein Schatten seiner selbst ist. Wir sind dann gehemmt und angespannt bis zur totalen Verkrampfung, wollen besonders gut sein und haben zugleich Angst, etwas falsch zu machen und durch ein einziges falsches Wort vielleicht noch mehr Ablehnung auf uns zu ziehen. Selbst unser Gehirn scheint in solchen Situationen nicht mehr richtig zu funktionieren.

Theo Schoenaker hat im Rahmen seiner Encouraging-Trainings unzählige Menschen gefragt, wie es ihnen geht, wenn sie sich nicht zugehörig fühlen. Aus den Anworten wird deutlich, dass sich Menschen in solchen Situationen nicht nur – im doppelten Sinn des Wortes! – schlecht fühlen; vielmehr betonten sie immer wieder, dass sie sich dann auch dumm fühlten. So überraschend das klingt, eigentlich kennen wir das alle. Wenn wir uns ausgegrenzt und abgelehnt fühlen, dann fühlen wir uns eben nicht bloß unwohl, vielmehr ist dann auch unser Denken blockiert: Es fällt uns nicht mehr viel ein, und wir haben keine Ideen mehr. Dagegen blühen wir auf, wenn wir uns zugehörig, akzeptiert und geschätzt fühlen. Dann geht es uns gut, wir sind entspannt, kommunikativ, ideenreich und (relativ) klar in unseren Aussagen.

Offenbar ist es nicht nur für unsere Befindlichkeit wichtig, ob wir uns akzeptiert und zugehörig fühlen, sondern auch für unsere Leistung. So stellen auch zahlreiche Untersuchungen aus der Pädagogischen Psychologie übereinstimmend fest, dass die Leistung von Schülerinnen und Schülern zum Teil um mehrere Notenstufen variiert, je nachdem, ob ihnen die Lehrer und ihre Mitschüler etwas zutrauen oder ob sie sie für Versager halten und nur auf den nächsten Fehler warten. Vieles spricht dafür, dass Ähnliches auch im beruflichen Umfeld gilt: Ein Mitarbeiter, der von Vorgesetzten und Kollegen als Leistungsträger betrachtet und behandelt wird, wird sich mit hoher Wahrscheinlichkeit nicht nur besser fühlen, sondern auch höhere Leistungen bringen als einer, der als unfähig und »nicht mehr motivierbar« gilt.

Wer sich nicht zugehörig (abgelehnt, ausgegrenzt) fühlt, ist ...	***Wer sich zugehörig (akzeptiert, anerkannt, geschätzt) fühlt, ist ...***
• unsicher • defensiv • vorsichtig • zögerlich • ichbezogen • ungeschickt • risikoscheu • einfallslos • nicht bereit, einen Beitrag zum Ganzen zu leisten	• selbstsicher* • zupackend* • mutig* • entscheidungsbereit* • sachorientiert • geschickt* • bereit, mal etwas Neues auszuprobieren • ideenreich* • willens, seinen Beitrag zum Ganzen zu leisten
Wer sich nicht zugehörig fühlt, fühlt sich nicht nur schlecht, sondern auch dumm! (Schoenaker)	Nur wer sich zugehörig fühlt, tut mehr als das unbedingt Erforderliche. * Immer gemessen am persönlichen Standard / Mutpegel der betreffenden Person

Abb. 2 Das Gefühl von Zugehörigkeit fördert Beitragsbereitschaft und Leistung

Beides sind sich verstärkende Spiralen. Wer den Eindruck hat, dass seine Leistung geschätzt wird, fühlt sich dadurch auch ermutigt, sich weiter nach Kräften zu engagieren. Das soziale Umfeld wiederum schätzt und achtet vor allem Menschen, die etwas zum gemeinsamen Erfolg beitragen. Es spornt sie dadurch zusätzlich an, sodass sie buchstäblich über sich hinauswachsen. Wer dagegen das Gefühl hat, dass seine Beiträge ohnehin nicht geschätzt werden, der hat auch wenig Grund, sich anzustrengen, geschweige denn, freiwillig mehr zu tun als er muss. Dies löst wiederum ein negatives soziales Echo aus: Wer wenig beiträgt, sinkt in der Achtung und Wertschätzung der Gruppe, bis er sich schließlich in der Rolle des ungeliebten, nur widerwillig mitgeschleppten und möglicherweise gemobbten Außenseiters wiederfindet.

Die Bedeutung des Teamklimas

Es liegt nicht nur im Interesse jedes Einzelnen, sondern auch im Interesse jeder Gruppe und ihrer Leitung, dafür zu sorgen, dass nicht der Teufelskreis von Ablehnung, Entmutigung und Resignation in Gang kommt, sondern die Positivspirale von Zugehörigkeit, Ermutigung und Leistung. Bei Menschen, die von sich aus genügend sozialen Mut mitbringen, muss man dafür nicht viel tun; da reicht es, wenn man das Ingangkommen dieser Positivspirale nicht durch entmutigende Interventionen verhindert – und auch nicht zulässt, dass andere sie etwa durch überzogene Kritik und Ausgrenzung sabotieren. Bei anderen, weniger selbstsicheren Menschen ist es oft notwendig, das Gefühl der Zugehörigkeit aktiv zu fördern.

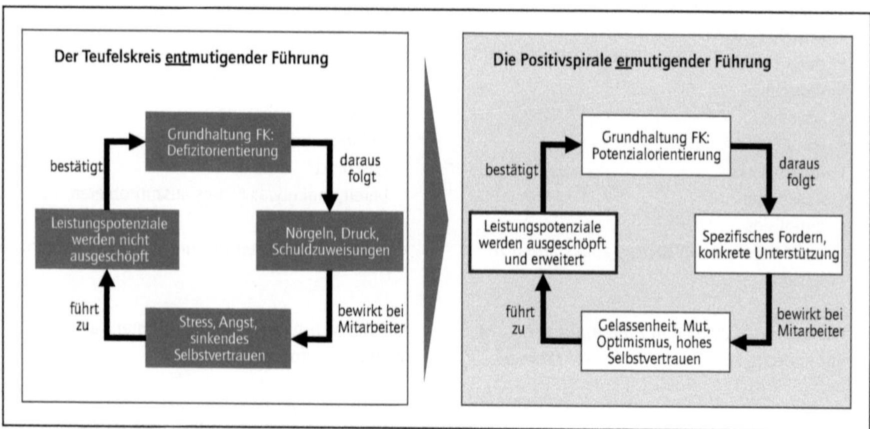

Abb. 3 Ermutigende und entmutigende Führung – zwei Regelkreise

Der Schlüssel zu einem hohen Leistungsniveau ist daher, zum einen durch ein ermutigendes Betriebsklima (→ indirekte Ermutigung, Kap. 4), zum anderen durch gezielte Ermutigung dafür zu sorgen, dass sich möglichst alle Teammitglieder geschätzt und zugehörig fühlen. Dann sind die Betreffenden auch motiviert, ihren bestmöglichen Beitrag zum gemeinsamen Erfolg zu leisten.

Wer sich zugehörig fühlt, ist bereit, nicht nur das zu tun, wofür er zuständig ist, sondern auch das, was unabhängig von allen Zuständigkeiten von der Sache her notwendig ist und getan werden muss. Dieses Gefühl der Mitverantwortung für die Gruppe, der man sich zugehörig fühlt, und die Bereitschaft, einen substanziellen Beitrag zu deren Funktionsfähigkeit und Erfolg zu leisten, nennt die Individualpsychologie das *Gemeinschaftsgefühl*[2].

Dass sich alle Mitglieder einer Gruppe akzeptiert und zugehörig fühlen, ist keine idealistische Wunschvorstellung; es ist erreichbar, sowohl theoretisch als auch praktisch. Denn es gibt hier keine Konkurrenzsituation in dem Sinne, dass sich in einer Gruppe auf keinen Fall alle zugehörig fühlen könnten. Entgegen manchen gruppendynamischen Legenden muss es keineswegs in jeder Gruppe einen Außenseiter geben; vielmehr können durchaus alle Teammitglieder dazugehören und sich dementsprechend auch akzeptiert und zugehörig fühlen.

Und das ist auch unbedingt anstrebenswert, weil das Entstehen eines Gemeinschaftsgefühls nicht nur für das Teamklima wichtig ist, sondern auch für die Leistungsfähigkeit, Produktivität und Anpassungsfähigkeit einer Gruppe. Denn nur wenn jedes einzelne Teammitglied nicht nur das tut, was es muss, sondern das, was von der Sache her erforderlich ist, kommt in der Summe ein optimales Ergebnis zustande. Das Mitdenken, das von Unternehmern und Managern ebenso häufig wie vergeblich gefordert wird, gründet im Gemeinschaftsgefühl, in der Mitverantwortung für die gemeinsame Sache.

Subjektive und objektive Zugehörigkeit

Wie entsteht Zugehörigkeit? Ganz einfach, könnte man denken: Ein neugeborenes Kind gehört einfach kraft seiner Geburt zu der Gemeinschaft, in die es hineingeboren wurde: zu seinen elterlichen Familien, in früheren Zeiten zu seinem Clan und seinem Stamm, heute zu seiner Gemeinde, zu seinem Land und zu der Gemeinschaft aller Menschen auf dieser Erde. Desgleichen gehört ein Schüler automatisch zu der Schulklasse, der er zugeteilt worden ist, und ein Mitarbeiter oder eine Mitarbeiterin gehört automatisch zu der Firma, die ihn bzw. sie eingestellt hat, und zu der Gruppe oder Abteilung, die ihre Einstellung beantragt hat.

2 Adlers Begriff des Gemeinschaftsgefühls ist immer wieder kritisiert worden, weil er unklar und unwissenschaftlich sei und weil er die deskriptive (»So sind Menschen«) und die normative Ebene (»So sollten Menschen handeln«) vermenge. Für praktische Zwecke ist er aber ausgesprochen nützlich, weil er den Zusammenhang zwischen der Bereitschaft, seinen bestmöglichen Beitrag zu leisten, und dem Zugehörigkeitsgefühl sichtbar macht. Für die Gesamtleistung und den Erfolg jeder Organisation macht es einen entscheidenden Unterschied, ob die Mitarbeiter nur tun, was ihnen gesagt wird bzw. wofür sie zuständig sind, oder ob sie mitdenken und von sich aus tun, was für den Erfolg des Geschäfts notwendig ist.

Subjektiv sieht das aber oft völlig anders aus. Schon kleine Kinder können das Gefühl haben, nicht dazuzugehören, sondern irgendwie unerwünscht und ausgeschlossen zu sein – schon in der elterlichen Familie, danach im Kindergarten und auf dem Spielplatz, später in der Schulklasse. Ebenso können Mitarbeiter und sogar Führungskräfte das Gefühl haben, nicht dazuzugehören, also trotz Arbeitsvertrag und regelmäßiger Gehaltszahlung nicht wirklich ein regulärer und anerkannter Teil ihrer Organisation zu sein, sondern eher das fünfte Rad am Wagen[3]. Das löst beinahe zwangsläufig Angst aus: Irgendetwas scheint mit mir nicht zu stimmen, sodass ich nicht genauso akzeptiert bin und nicht in gleicher Weise dazu gehöre wie die anderen. So, wie ich bin, bin ich offensichtlich nicht in Ordnung: das Minderwertigkeitsgefühl.[4]

Da das Bedürfnis nach Zugehörigkeit aber tief in allen Menschen verwurzelt ist, löst das Gefühl, nicht akzeptiert zu sein, großen Stress und unmittelbaren Handlungsdruck aus, der um die Frage kreist: Was kann, soll oder muss ich tun, um in diesem Kreis dazuzugehören? Was machen denn die anderen, dass sie das scheinbar so mühelos schaffen? Gleich ob Erwachsene, Jugendliche oder Kinder, wir Menschen tun alles, was in unseren Kräften steht, um einen Platz in der Gemeinschaft zu erringen, an dem wir anerkannt und als Mitglieder der Gruppe respektiert sind.

Kompensation und Überkompensation

Um zu erreichen, dass sie dazugehören, bemühen sich Menschen, ihre vermeintliche Minderwertigkeit zu kompensieren, beispielsweise indem sie sie sich besonders anstrengen und es besonders gut machen wollen: So strengen sich Kinder an, besonders brav zu sein, in der Schule besonders gute Leistungen zu erbringen, damit die Eltern mit ihnen zufrieden sind und sie lieb haben. Dieses aktive Bemühen behalten sie so lange bei, wie sie sich zutrauen, ihr Ziel der Zugehörigkeit durch Leistung oder Anpassung erreichen zu können. Wenn sie der Mut verlässt, geben sie nicht das Ziel der Zugehörigkeit auf, ändern aber die Art, wie sie es zu erreichen versuchen. Beispielsweise stören sie dann, um Aufmerksamkeit zu erzwingen, legen sich quer, um beachtet zu werden, oder sie verwickeln ihre Umgebung in Machtkämpfe.

---

3 Häufig erlebt man das zum Beispiel nach Fusionen und Übernahmen, wenn die Mitarbeiter und Führungskräfte des übernommenen Unternehmens lange nicht – und manchmal nie – ein Gefühl der Zugehörigkeit entwickeln. Ähnlich ergeht es zuweilen auch Expats, also Führungskräften, die länger in ausländischen Tochterunternehmen gearbeitet haben, nach ihrer Heimkehr in die Zentrale. Aber das Gefühl, nicht dazuzugehören, kann auch ohne äußeren Anlass entstehen.

4 Wichtig ist, sich bewusst zu machen, dass es sich hierbei »nur« um ein Gefühl handelt, nicht um eine objektive Tatsache. Es geht also gerade nicht um tatsächliche Minderwertigkeit, sondern allein darum, dass sich jemand minderwertig fühlt.

Je ausgeprägter die Minderwertigkeitsgefühle, desto heftiger die Anstrengungen, sie zu kompensieren. Wir schießen dabei in aller Regel übers Ziel hinaus: Wir versuchen nicht nur, unsere tatsächlichen oder vermeintlichen Mängel auszugleichen, sondern neigen zur Überkompensation, also zur Übertreibung. Das muss nicht immer schlecht sein: Adlers vielzitiertes Beispiel ist der antike griechische Redner Demosthenes, von dem es heißt, dass er als Kind gestottert, sich aber mit eiserner Selbstdisziplin im Reden trainiert habe, indem er mit Kieselsteinen im Mund am Meer gegen die Brandung anschrie. Auf diese Weise kompensierte er nicht nur seine, wie Adler es nannte, »Organminderwertigkeit« und lernte, normal zu sprechen, sondern entwickelte sich in Überkompensation seines Sprachfehlers zu einem gefragten Redner (Ansbacher/Ansbacher 1995, S. 28).

Tatsächlich lassen sich in den Biografien vieler berühmter Persönlichkeiten Beispiele für erfolgreiche Überkompensation finden. Und vermutlich finden sich solche Beispiele in noch größerer Zahl in den Lebenswegen von Menschen, die nicht so berühmt wurden, dass jemand eine Biografie über sie verfasst hat, die aber ebenfalls ihren Weg gemacht haben. Die (Über-)Kompensation bezieht sich keineswegs nur auf organische Schwächen, sondern auf alle erlebten Mängel und Unzulänglichkeiten. Beispielsweise findet man unter erfolgreichen Verkäufern viele, die aus einfachen, wenn nicht gar ärmlichen Verhältnissen kommen: Sie haben sich oft schon sehr früh in ihrem Leben entschieden, alles daran zu setzen, diesen Zustand zu überwinden. Ihre Entschlossenheit, es mit harter Arbeit zu Wohlstand und Ansehen zu bringen, verleiht ihnen mehr »überkompensatorische« Energie als sie die Mehrzahl derjenigen besitzt, die in behüteten Verhältnissen und relativem Wohlstand aufgewachsen sind.

Risiken und Nebenwirkungen

Die Kompensation und Überkompensation empfundener Minderwertigkeit ist also vom Grundsatz her nichts Neurotisches oder gar Krankhaftes. Nach Adler ist es vielmehr ein Grundmuster unseres Seelenlebens und eine wichtige Energiequelle unseres Handelns. Das ist auch aus evolutionsbiologischer Sicht schlüssig, weil die Fähigkeit des Organismus', Schwächen und Defizite auszugleichen, einen erheblichen Nutzen für das Überleben des Einzelnen sowie für seine Chance hat, fortpflanzungsfähige Nachkommen aufzuziehen. Auch das »Streben nach Vollkommenheit«, nach Adler ein zentrales Motiv des Menschen, speist sich letztlich aus der Einsicht in die eigene Unvollkommenheit (Ansbacher/Ansbacher 1995, S. 86 ff.). Und wenn heute Professionalität als sehr anstrebenswert gilt, ist damit letztlich etwas ganz Ähnliches gemeint.

Allerdings birgt Überkompensation immer das Risiko, in der Umgebung anzuecken, weil man über das Ziel hinausschießt, damit andere vor den Kopf stößt und Gegenreaktionen provoziert. Wenn jemand zum Beispiel, um sich und anderen seine Bedeutung zu beweisen, ständig eine große Klappe hat und furchtbar mit seinen Heldentaten aufschneidet, geht er der Umgebung im Laufe der Zeit auf die Nerven. Früher oder später fangen seine Mitmenschen dann an, dagegenzuhalten, indem sie ihn an Situationen erinnern, in denen er gar nicht heldenhaft aufgetreten ist.

So naheliegend und verständlich diese Gegenreaktionen sind, so fatal ist ihre Wirkung. Denn sie verstärken genau jene Minderwertigkeitsgefühle, deretwegen der oder die Betreffende so angibt. Noch bitterer wird es, wenn die Umgebung schließlich beschließt: »Der braucht mal einen Dämpfer, damit er das Maul nicht mehr gar so weit aufreißt!« So können sich Minderwertigkeitsgefühle, Überkompensation und erneute Demütigung durch die Gegenreaktionen der Umgebung gegenseitig hochschaukeln. Auf diese Weise kann ein Teufelskreis entstehen, der bei dem Betreffenden erst recht das Gefühl verstärkt, dass alle gegen ihn sind. Oft gelingt es solchen Menschen nicht, aus eigener Kraft und Einsicht aus dieser Spirale herauszukommen. Wenn ihnen niemand heraushilft, probieren sie es immer wieder, bis sie irgendwann aufgeben und sich mit ihrer Außenseiterrolle abfinden.

Zum Problem werden Minderwertigkeitsgefühle spätestens dann, wenn sie so erdrückend sind, dass Menschen an sich selbst verzweifeln, weil sie ständig von dem Gefühl (bzw. dem Gedanken) gepeinigt werden, nicht gut genug zu sein. Dann handelt es sich nicht mehr um Minderwertigkeitsgefühle, wie sie jeder Mensch von Zeit zu Zeit empfindet, sondern um einen *Minderwertigkeitskomplex*. Zum Problem werden sie weiterhin dann, wenn die überkompensatorische Energie zur Belastung für die zwischenmenschlichen Beziehungen wird – wie etwa, wenn eine Führungskraft tief in ihrem Inneren glaubt, dass sie nur dann etwas wert ist, wenn sie absolut fehlerlos und perfekt ist, und sich daher keine Fehler zuzugeben getraut.

Streben nach Geltung und einer angesehenen Position

Doch Menschen wollen nicht bloß irgendwie dazugehören, sie möchten einen möglichst guten, ihrem Selbstverständnis angemessenen Platz in den Gruppen einnehmen, denen sie angehören. Dieses *Geltungsstreben*, wie Adler es nannte, ist schon schwieriger für alle Teammitglieder zu erfüllen als die schiere Zugehörigkeit, denn hier können Konkurrenzsituationen und Konflikte auftreten – und in der Realität tun sie es auch immer wieder (Ansbacher/Ansbacher 1995, S. 58f.).

Zwar ist es zum Glück nicht so, dass alle Menschen dieselben Vorstellungen davon haben, was ein »guter und angemessener Platz« für sie ist. Trotzdem können sie sich ins Gehege kommen – etwa dann, wenn zwei oder mehr Teammitglieder die Führungsrolle anstreben. Auch um andere Rollen und Positionen kann es Konkurrenz geben, gleich ob es um die des »Gescheiten«, die des Spaßmachers, des »ruhenden Pols« oder um die des »Antreibers« geht. Doch vom Grundsatz her kann erreicht werden, dass jedes Mitglied eines Teams einen Platz findet, mit dem es zufrieden sein oder doch zumindest leben kann.

Bis es jedoch soweit ist, ist ein Stück Sortierarbeit zu leisten. Deshalb braucht jede neue Gruppe eine gewisse Zeit, bis sie, wie man sagt, »sich gefunden hat« – das heißt, bis die Rollen und Positionen so verteilt und geordnet sind, dass jeder seinen Platz hat[5]. In dieser Findungsphase geht es nicht mehr nur um Zugehörigkeit, sondern vor allem darum, welchen Platz, welche Position und Rolle jedes einzelne Mitglied für sich erobert. Auszuhandeln ist dabei nicht nur die Hackordnung, also die Klärung, wer wie viel zu sagen hat und wer wem im Zweifelsfall den Vortritt lassen muss. Vielmehr geht es auch und vor allem um eine informelle Rollendifferenzierung, also darum, auf welche Art von Beiträgen zum Gruppengeschehen sich die einzelnen Teammitglieder »spezialisieren«.

Aus diesem Grund kommt auch in jede Gruppe und jedes Team erst einmal eine gewisse Unruhe, wenn neue Mitglieder dazu stoßen oder bisherige ausscheiden: Dann geht die Rollenklärung zwar nicht von vorne los, aber die Rollenverteilung muss zumindest an den Stellen neu geordnet werden, wo es plötzlich Konkurrenz um Positionen gibt, sowie dort, wo Lücken entstanden sind, weil eine wichtige Rolle nicht mehr besetzt ist. Wenn zum Beispiel der bisherige Anführer, aus welchen Gründen auch immer, ausscheidet, muss geklärt werden, wer seine Nachfolge übernimmt. Darum kann es Rivalität geben, aber auch ein Vakuum, wenn keiner in diese Rolle drängt.

Legitimes Streben nach Ansehen und sozialem Status

Welche Rangposition ein Mensch in seinem sozialen System einnimmt, hatte zumindest in früheren Jahrtausenden erheblichen Einfluss auf seine Chancen, seinen Nachwuchs durchzubringen. Was übrigens keineswegs auf eine knallharte Konkurrenz hinausläuft – im Gegenteil: Hilfsbereitschaft, reibungslose Kooperation mit anderen und die Empathie trugen vermutlich mehr dazu bei, sich einen anerkannten Platz zu sichern als robuster Ellenbogeneinsatz und rücksichtslose Durchsetzung.

Die Anstrengungen, die Menschen unternehmen, um sich in einer Gruppe zu profilieren und zu positionieren, sind daher keineswegs nur Ausdruck eines ungesunden Geltungsstrebens, sondern ein – wenigstens vom Grundsatz her – legitimes und gesundes Bemühen darum, sich einen guten und anerkannten Platz in dieser Gruppe zu erobern. Nicht das Streben nach Geltung ist Ausdruck von Minderwertigkeitsgefühlen und Überkompensation, sondern allenfalls die Art, wie ein Mensch dieses Ziel zu erreichen sucht.

5 In der Gruppendynamik nennt man diese Phasen »Storming« und »Forming«; sie kommen beide vor der Phase des »Performing«.

Eine Selbstdarstellung beispielsweise, die realistisch-positiv ist, den eigenen Beitrag zum Erfolg der Gruppe aufzeigt und zugleich von Respekt für die anderen Teammitglieder geprägt ist, könnte man kaum als unangemessen bezeichnen. Profilierungsversuche hingegen, die das eigene Ansehen dadurch zu erhöhen suchen, dass sie andere Teammitglieder herabsetzen oder unhaltbare Versprechungen machen, können tatsächlich Ausdruck von Minderwertigkeitsgefühlen sein. Denn indirekt bringen sie die Überzeugung der Betreffenden zum Ausdruck, mit dem, was sie realistischerweise zu bieten haben, nicht »gut genug« zu sein. Eine wichtige Führungsaufgabe wäre demnach, ihrem Bedürfnis nach Ansehen und Geltung Raum zu geben, es aber in förderliche Bahnen zu lenken und zu verhindern, dass es Formen annimmt, die andere Gruppenmitglieder entwerten oder dem Teamgeist auf andere Weise schaden.

Im beruflichen Umfeld ist die Frage nach der eigenen Position und dem eigenen Ansehen sogar noch wichtiger, weil die Zugehörigkeit dort keine bedingungslose ist, wie in der Familie, sondern nur eine bedingte. Im Gegensatz zu Familie, Clan und Nation sind Unternehmen ja keine Lebensgemeinschaft, in die man hineingeboren wird und der man dann zeitlebens angehört, sondern zeitlich befristete Zweckgemeinschaften, in denen Arbeitsleistung gegen Vergütung getauscht wird.

Die Zugehörigkeit ist hier, wenigstens vom Prinzip her, an die Bedingung geknüpft, dass für beide Seiten das Verhältnis von Leistung und Gegenleistung stimmt: Unternehmen können sich von Mitarbeitern trennen, mit deren Leistung sie nicht zufrieden sind, und Mitarbeiter können sich einen anderen Job suchen, wenn sie sich woanders eine reizvollere Aufgabe, bessere Arbeitsbedingungen oder auch nur mehr Geld erhoffen. Dazu kommt, dass unterschiedliche Positionen sehr unterschiedlich vergütet sind. Es liegt daher auf der Hand, dass Menschen sich unter solchen Bedingungen nicht nur zugehörig fühlen, sondern eine möglichst gute Position einnehmen wollen.

Soziale Gleichwertigkeit

Am ehesten gelingt es, ein Teamklima zu schaffen, in dem jeder seine akzeptierte Rolle und Position hat, wenn die Gruppe in einem Geist geführt wird, den Rudolf Dreikurs als *soziale Gleichwertigkeit* bezeichnet hat. Gleichwertigkeit ist weder mit Gleichheit gleichzusetzen noch mit Gleichberechtigung. Die Mitarbeiter in einem Unternehmen sind weder gleich – sie haben unterschiedliche Funktionen, Fähigkeiten und Gehälter – noch gleichberechtigt: Sie haben unterschiedliche Verantwortungsgebiete und Entscheidungsbefugnisse. Aber sie sind trotzdem gleichwertig in dem Sinne, dass keiner als Mensch wertvoller ist als die anderen und dementsprechend auch keiner weniger wert ist. Wenn in Leitbildern und Führungsgrundsätzen von Respekt, Wertschätzung, Partnerschaftlichkeit oder Begegnung auf Augenhöhe die Rede ist, ist damit in der Regel ganz Ähnliches gemeint.

Gleichwertigkeit heißt: Jeder hat das Recht, mit Respekt und Achtung behandelt zu werden; zugleich hat aber auch jeder eine Verpflichtung, alle anderen mit Respekt und Achtung zu behandeln, und jeder hat eine Mitverantwortung für den gemeinsamen Erfolg. Niemand hat das Recht oder sollte das Recht haben, sich über andere zu stellen, sie abzuwerten oder sich als etwas Besseres zu fühlen. Das ist keineswegs nur eine moralische Forderung, es ist ebenso eine sehr praktische. Denn nur wenn ein Team vom Geist der Gleichwertigkeit geprägt ist, kann sich dort ein Gemeinschaftsgefühl entwickeln, in dem alle Teammitglieder ihren bestmöglichen Beitrag zum Team- oder Unternehmenserfolg leisten können und wollen.

►► Erwachsene haben in der Regel ein festgefügtes Bild von sich selbst: sowohl von ihren Stärken und Fähigkeiten als auch von ihren Schwächen und Unzulänglichkeiten. Darin lassen sie sich auch nicht mehr ohne Weiteres beirren, auch wenn sie dabei allzu häufig die Grenzen ihres Mutes mit den Grenzen ihrer Möglichkeiten verwechseln. Ihr vordergründiges Selbstbewusstsein verdanken sie nicht zuletzt dem Teilrückzug aus den Gebieten, die sie aufgegeben haben, und es kommt leicht ins Wanken, wenn sie auf ungewohntem Terrain gefordert werden.
Wohl jeder Mensch kennt Minderwertigkeitsgefühle. Sie stellen sich dann ein, wenn wir auf einem Gebiet nicht so gut sind wie wir glauben, es sein zu müssen, um bei einer Gruppe, die uns wichtig ist, dazuzugehören. Weil wir Menschen soziale Wesen sind, ist die Frage der Zugehörigkeit eine Grundfrage unserer Existenz. Menschen tun deshalb alles, um bei ihren jeweiligen Bezugsgruppen dazuzugehören und sich einen anerkannten Platz zu sichern. Dazu zählt eine hohe Anpassungsbereitschaft, aber auch das angestrengte Bemühen, tatsächliche oder vermeintliche Mängel auszugleichen bzw. sie zu überkompensieren. ◄◄

2.3 Stören, Machtkämpfe, Rache und Versagen

Wenn Menschen, gleich ob Kinder, Jugendliche oder Erwachsene, sich ihrer Akzeptanz unsicher sind oder sich abgelehnt fühlen, verschieben sich unweigerlich ihre Prioritäten: Dann steht für sie nicht mehr das jeweilige Sachthema im Vordergrund, vielmehr richtet sich ihre Aufmerksamkeit auf die eigene Person und darauf, wie sie ihre Position verbessern können. Das heißt, sie verhalten sich »ichhaft« statt sachbezogen – nicht, weil sie böse, destruktiv oder selbstbezogen sind, sondern ganz einfach, weil sie bestrebt sind, vorrangig ihr brennendstes Problem zu lösen, nämlich das Nicht-Dazugehören bzw. Nicht-akzeptiert-Werden.

Persönliche Betroffenheit drängt sich vor

Das kann man in jedem Meeting beobachten: Solange die Beteiligten nur über die Sache diskutieren und dabei »sachlich« bleiben, schadet es auch nichts, wenn die Diskussion kontrovers verläuft. Sobald aber einer der Teilnehmer »unsachlich« wird, das heißt, einen seiner Kontrahenten persönlich angreift, herabsetzt oder ihm auf andere Weise »auf die Zehen tritt«, verlagert sich der Schwerpunkt sehr schnell auf die persönliche Ebene. Selbst wenn der Angegriffene nicht sofort zurückkeilt, ist doch eine offene Rechnung entstanden, die mit hoher Wahrscheinlichkeit früher oder später beglichen wird. Das gilt erst recht, wenn die Diskussion nicht bloß in kleinem Kreis stattfindet, sondern in einer größeren Runde oder vor Publikum. Dann steht der Angegriffene erst recht unter Druck, zu zeigen, dass er sich nicht alles gefallen lässt – sprich: seinen Rang und Status in der Gruppe zu verteidigen.

Das läuft beinahe reflektorisch ab, und solche Reaktionsmuster sind uns allen so vertraut, dass sie uns kaum auffallen. Wenn einer eine unfreundliche Bemerkung über einen anderen macht oder ihn angreift oder herabsetzt, dann »wissen wir schon, was als Nächstes kommt«. Und meistens behalten wir auch recht mit unserer Befürchtung, dass die Diskussion nun »unsachlich« wird: Die Kränkung steht im Raum und lässt sich auch durch den Appell, »doch bitte sachlich zu bleiben«, nicht aus der Welt schaffen. Die Beziehung der Kontrahenten ist danach belastet oder zumindest angespannt, was sich unweigerlich darin niederschlägt, wie der Angegriffene auf die weiteren Äußerungen seines – nunmehrigen – Gegners reagiert. Es ist dann mehr eine Frage der Erfahrung und des Temperaments, ob er sofort mit einer scharfen Replik zurückschießt oder ob er die Argumente und Vorschläge seines Gegners zu einem späteren Zeitpunkt ganz kühl und »sachlich« niedermacht.

Das zeigt, wie wichtig uns Zugehörigkeit, Ansehen und Geltung sind: Schon kleinste Misstöne registrieren wir mit größter Sensibilität – jedenfalls wenn sie uns selbst betreffen. Und bei den meisten Menschen bedarf es nur verhältnismäßig geringer Irritationen, damit sich die Frage ihrer persönlichen Akzeptanz und Geltung vor jedes Sachthema schiebt. Sobald wir Signale wahrnehmen, die unsere Akzeptanz, unsere Reputation oder unseren Status infrage stellen, reagieren wir – wie oben dargestellt – sehr schnell »ichhaft«, das heißt, wir verteidigen unseren Status oder schießen zurück. Wie der Konfliktforscher und Verhandlungsexperte William Ury feststellt, scheitern Verhandlungen sehr häufig daran, dass sich das kurzfristige Ziel, unsere Position und unseren Status zu wahren, sehr schnell und fast unbemerkt in den Vordergrund drängt, wenn sich Menschen angegriffen, missachtet oder infrage gestellt fühlen (Ury 2015).

Vier »irrtümliche Nahziele«

Viele Verhaltensweisen, die zu Problemen in Führung und Zusammenarbeit führen, haben ihre Ursache letzten Endes darin, dass sich irgendjemand nicht akzeptiert fühlt. Teils fühlen die Betreffenden sich überhaupt nicht zum Team zugehörig, teils wissen sie nicht, wie sie sich mit positiven Beiträgen eine anerkannte Position in der Gruppe sichern können. Da sich das menschliche Grundbedürfnis nach Zugehörigkeit aber nicht abschalten lässt, suchen sie trotzdem weiter nach Wegen, sich irgendwie einen Platz zu verschaffen.

Entmutigte Menschen wählen dafür häufig ungeeignete Strategien, die ihnen zwar kurzfristig Beachtung verschaffen, sie aber mittelfristig noch mehr in eine Außenseiter-Position bringen. Beispielsweise haben sie »die Tendenz, andere zu kritisieren und sich selbst herabzusetzen« (Dreikurs et al. 1982, S. 22). Oder sie versuchen, die gewünschte Beachtung auf destruktive Weise zu erzwingen – nach dem Motto: »lieber eine Tracht Prügel als überhaupt keine menschliche Zuwendung!«

Rudolf Dreikurs hat hier vier wiederkehrende Muster identifiziert, die er als »störende« oder auch als »irrtümliche Nahziele« bezeichnet – irrtümlich deshalb, weil sie die Umgebung zwar zu Reaktionen und zur Beschäftigung mit den Betreffenden provozieren, aber letztlich ungeeignet sind, um sich Akzeptanz und Zugehörigkeit zu erwerben.

Je nach Grad ihrer Entmutigung wählen die Betreffenden unbewusst häufig eines der folgenden vier störenden Nahziele (vgl. Andriessens 1995, S. 341 ff.):

- **Aufmerksamkeit und Beachtung:** Sie erzwingen Aufmerksamkeit, zum Beispiel durch regelmäßiges und störendes Zuspätkommen, durch exzessive Selbstdarstellung, auffälliges Benehmen, durch Jammern und Klagen, durch permanentes Sich-Entschuldigen, aber auch durch ungeschicktes Verhalten oder durch Überempfindlichkeit.
- **Macht und Überlegenheit:** Sie setzen andere herab, wissen alles besser, stellen andere Menschen bloß, machen sich über sie lustig oder demütigen sie, nötigen die Umgebung dazu, sich nach ihren Vorstellungen zu richten, beharren stur auf ihrer Sichtweise, opponieren oder rebellieren gegen getroffene Entscheidungen.
- **Rache und Vergeltung:** Sie bestrafen die Umgebung für ihnen tatsächlich oder vermeintlich widerfahrenes Unrecht, durchkreuzen die Pläne von anderen, lassen sie auflaufen, schießen lustvoll fremde Vorschläge ab, spinnen Intrigen und verbreiten Verdächtigungen, sabotieren den eingeschlagenen Weg.
- **Verweigerung und Versagen:** Sie tun gar nichts mehr oder nur noch das Allernötigste, verweigern sich jeder Neuerung, beweisen sich als unfähig, versagen bei fast allen Aufgaben, wollen nur noch in Ruhe gelassen werden, strahlen Resignation aus und stecken andere damit an.

Alle vier Nahziele können sowohl in aktiver als auch in passiver Form ausgelebt werden. Beispielsweise kann man Aufmerksamkeit dadurch auf sich ziehen, dass man wortreich seine Heldentaten preist oder mit großem Getöse zu spät kommt, aber auch dadurch, dass man sich nicht an Vereinbarungen hält, Aufgaben nicht erledigt oder getroffene Verabredungen »vergisst«.

Überlegenheit kann man ebenfalls sowohl aktiv durch Kritisieren, Entwerten und Herabsetzen demonstrieren als auch passiv durch Sturheit, durch das Beharren auf Vorschriften und das Sich-nicht-Einlassen auf gemachte Vorschläge. Auch Rache lässt sich nicht nur durch aktives Handeln ausüben, sondern auch durch Auflaufen lassen, durch das Zurückhalten wesentlicher Informationen oder dadurch, dass man Mitarbeiter, Vorgesetzte oder Kollegen einfach durch das Unterlassen einer Warnung in offene Messer laufen lässt.

Vorhersagbare Reaktionen

Interessant ist, welche Reaktionen diese »Nahziele« bei den anderen Beteiligten auslösen. Denn die aufkommenden Gefühle sind überraschend vorhersehbar: Wenn jemand das Nahziel Aufmerksamkeit verfolgt, indem er zum Beispiel regelmäßig zu spät kommt und sich dann mit großem Aplomb für sein Zuspätkommen entschuldigt, sind die Reaktionen im Allgemeinen genervt bis ärgerlich. Ähnlich ist es, wenn diese (unbewusste) Absicht passiv verfolgt wird, wenn jemand also beispielsweise immer erst dreimal gebeten werden muss, bevor er etwas erledigt. Eine Stufe schärfer fallen die Reaktionen auf das Streben nach Macht und Überlegenheit aus: Es löst Ärger und Wut aus – und verleitet die Umgebung nicht selten dazu, in einen Machtkampf mit den Betreffenden einzusteigen: »Das wollen wir doch mal sehen!«

Noch mehr Wut und Empörung provozieren Racheachte, vor allem solche, die so eingefädelt wurden, dass man sie ohnmächtig hinnehmen muss und nicht »zurückschlagen« kann: Dann würde man den Betreffenden am liebsten umbringen. Auf diese Weise entsteht eine neue offene Rechnung, die früher oder später beglichen wird – die Eskalation der Rache.

Verweigerung und Versagen schließlich lösen in der Regel keine starken Emotionen mehr aus, sondern nur noch resigniertes Achselzucken: Verweigerer sind in aller Regel sehr gut darin, auch ihre Umgebung zu entmutigen – und sie so davon abzubringen, weitere Versuche zu unternehmen, sie doch noch zu einem aktiven Beitrag zu veranlassen. Das allerdings ist keine Bosheit mehr: Was im Alltag häufig als Faulheit bezeichnet wird, ist in Wirklichkeit blanke Resignation, also tiefste Entmutigung.

So betrachtet, wird verständlich, warum Dreikurs von »irrtümlichen« Nahzielen spricht: Zwar bewirkt die Provokation, dass sich die Umgebung der betreffenden Person zuwendet und sich intensiv mit ihr beschäftigt. Und sie bewirkt meist auch, dass der kurzfristige Zweck – eben Aufmerksamkeit,

Überlegenheit oder Rache – erreicht wird. Doch eine positive Auswirkung auf Akzeptanz und Zugehörigkeitsgefühl – und die Teamleistung! – haben solche Verhaltensmuster natürlich nicht, im Gegenteil. Insofern wird der kurzfristige Erfolg teuer erkauft, nämlich mit einer Verschlechterung der Beziehungen, die wiederum das Gefühl verstärkt, nicht als gleichwertiger Mitarbeiter oder Kollege respektiert zu sein und keinen adäquaten Platz im Team zu haben. Der grundlegende Irrtum hinter den Nahzielen ist, durch ein solches Verhalten die ersehnte Zugehörigkeit erzwingen zu können.

Gefährliche Sackgasse

Wer einmal in einer solchen Rolle ist, kommt schwer wieder heraus. Und zwar umso schwerer, je destruktiver das verfolgte Nahziel ist. Das Betteln um Aufmerksamkeit und Beachtung erträgt die Umgebung meist noch, auch wenn es nervt und sicherlich nicht zu einem Zugewinn von Respekt und Ansehen führt. Aber es kann in den Hintergrund treten, wenn die Betreffenden für sich eine Rolle finden, in der sie aufgehen und die ersehnte Anerkennung und Beachtung bekommen. Wer hingegen Vorgesetzte, Kollegen oder auch seine Mitarbeiter immer wieder in Machtkämpfe verstrickt und ihnen seine Überlegenheit zu beweisen sucht, zu dem gehen die Mitmenschen früher oder später auf Distanz, und er oder sie muss schon erhebliche Qualitäten an anderer Stelle mitbringen, um von der Umgebung auf Dauer ertragen zu werden.

Mit Menschen, die sich überwiegend destruktiv verhalten und sich als Rächer betätigen, will bald niemand mehr etwas zu tun haben, und in den meisten Firmen wird man sich früher oder später von ihnen trennen. Auch wer sich auf Verweigerung und Versagen verlegt, wird damit zumindest in Wirtschaftsunternehmen nicht sehr weit kommen: Solange der ökonomische Druck nicht allzu groß ist, wird er vielleicht geraume Zeit »mitgeschleppt«, aber er landet alsbald auf dem Abstellgleis. Denn in einem schärfer werdenden Wettbewerb können sich die wenigsten Organisationen Mitarbeiter leisten, die keine nennenswerte Gegenleistung für ihr Gehalt bringen.

Noch mehr als Kinder und Jugendliche sind Erwachsene daher auf einem gefährlichen Weg, wenn sie sich auf die Nahziele verlegen. Sie verhindern damit nicht nur, was sie erreichen wollen, nämlich Zugehörigkeit und Achtung, sondern sie werden zum Außenseiter und riskieren letztlich ihren Ausschluss. Damit bewegen sie sich, in der Regel ohne es zu ahnen, auf das zu, was Adler und Dreikurs die »unnütze Seite des Lebens« nannten, also in eine gesellschaftliche Rand- oder Gegenposition. Denn selbst wenn sie einen neuen Job finden, nehmen sie ihre irrtümlichen Nahziele ja mit in die neue Firma und neigen dazu, sobald sie unter Druck kommen, wieder ähnlich zu reagieren.

Sinnvoller Umgang mit gelebten Nahzielen

Auch wenn Machtkämpfer, Rächer und Verweigerer unseren Ärger und unsere Wut provozieren und uns schier zur Verzweiflung bringen können, sind es keine schlechten Menschen, sondern unglückliche: Sie würden ja liebend gerne dazugehören und einen anerkannten Platz in der Gemeinschaft haben, nur wissen sie nicht, wie sie das erreichen können. Weil sie trotz aller Anstrengungen nicht schaffen, was den anderen scheinbar mühelos gelingt, fühlen sie sich ausgeschlossen und minderwertig. Das heißt, sie setzen diese ungeeigneten Strategien nicht aus Übermut ein, sondern aus Hilflosigkeit und Verzweiflung.

Daher ist der Versuch, ihnen diese störenden Verhaltensmuster mit Gewalt und Drohungen auszutreiben, von vornherein zum Scheitern verurteilt. Das Bedürfnis nach Zugehörigkeit lässt sich nicht »austreiben«: Auf diese Weise würde man die Betreffenden nur noch weiter entmutigen und in Richtung des vierten Nahziels treiben: der totalen Resignation, die nur noch von dem Wunsch geprägt ist, in Ruhe gelassen zu werden und mit allem nichts mehr zu tun zu haben.

Deshalb hilft es auch nicht, auf diese Nahziele »spontan« oder »intuitiv« zu reagieren: Damit fällt man genau auf den »Trick« hinter dem jeweiligen Nahziel herein und spielt das destruktive Spiel mit. Der tiefere Zweck des betreffenden Verhaltens ist ja genau, bestimmte Reaktionen von der Umgebung zu provozieren, wie Aufmerksamkeit auf sich zu ziehen oder die Adressaten in einen Machtkampf zu verwickeln. Das erreicht es, indem es bestimmte Gefühle auslöst: Genervtheit, Unwillen, Ärger, Wut, Resignation …

Spontan zu reagieren, heißt in solchen Fällen also nichts anderes als der Provokation auf den Leim zu gehen: Wir widmen dem Betreffenden, wenn auch genervt, unsere Aufmerksamkeit, lassen uns in einen Machtkampf verwickeln, sinnen in ohnmächtiger Wut nach einem Gegenschlag oder lassen den »Unfähigen« in Ruhe. Auf diese Weise jedoch lösen wir weder das Problem des Betreffenden noch verbessern wir die Situation – im Gegenteil: Wir schaffen uns ein zusätzliches Problem, indem wir uns beispielsweise in eine destruktive Auseinandersetzung verstricken.

Eine wirkliche und dauerhafte Lösung kann daher nur darin liegen, der betreffenden Person dabei zu helfen, den Platz in der Gemeinschaft zu erringen, nach dem sie sich so sehnt – aber auf eine angemessenere und geeignetere Weise. Dafür ist es hilfreich, den hinter den Nahzielen stehenden Irrtum zu erkennen. Dies muss einhergehen mit dem Aufzeigen eines besseren, »sozialverträglicheren« Vorgehens und der Ermutigung, diesen Weg zu gehen. Wir kommen darauf beim Thema *Mutiger Umgang mit Konflikten* zurück (→ Kapitel 8).

►► Wenn Menschen ihre Akzeptanz, Reputation oder ihren Status infrage gestellt sehen, tritt für sie das jeweilige Sachthema in den Hintergrund, und ihre Aufmerksamkeit richtet sich auf die eigene Person und darauf, ihre Position zu verteidigen oder zu verbessern. Das heißt, sie verhalten sich »ichhaft« statt sachbezogen – nicht, weil sie böse, destruktiv oder selbstbezogen sind, sondern ganz einfach, weil sie bestrebt sind, vorrangig ihr brennendstes Problem zu lösen, nämlich das ihrer Akzeptanz und Geltung.
Das gilt erst recht, wenn sie sich nicht zugehörig fühlen und nicht wissen, was sie tun sollen, um sich einen anerkannten Platz in ihrer Gemeinschaft zu erwerben. Dann kann es sein, dass sie dafür ungeeignete Handlungsstrategien wie die vier »irrtümlichen Nahziele« wählen. Dazu zählen das Streben nach Aufmerksamkeit und Beachtung, nach Macht und Überlegenheit, nach Rache und Vergeltung und das In-Ruhe-gelassen-werden-Wollen, das die höchste Stufe der Entmutigung darstellt. Der Irrtum hinter diesen Nahzielen liegt darin, dass sie nur kurzfristig wirken, aber die ersehnte Zugehörigkeit nicht herbeiführen, sondern im Gegenteil die Außenseiter-Position noch verstärken. ◄◄

2.4 Lästern, Klatsch und üble Nachrede

Auffällige Ähnlichkeit mit den »irrtümlichen Nahzielen« hat das beliebte Lästern, Klatschen und schlecht über Abwesende Reden. Die Motive sind im Grunde dieselben, der Unterschied ist nur, dass in diesem Fall nicht ein Einzelner die Nerven der anderen Beteiligten strapaziert und sich damit erst recht außerhalb der Gruppe stellt, sondern dass sich in diesem Fall Grüppchen bilden, die gemeinsam über abwesende Dritte herziehen und sich damit ein Gefühl von intellektueller, sozialer oder moralischer Überlegenheit verschaffen. Der Abwesende wird schlecht geredet, um sich selbst zu erhöhen – frei nach dem Bibelwort: »Herr, wir danken dir, dass wir nicht so sind wie jener!«

Lästern und die Nahziele

Die Nahziele können denn auch helfen, den Sinn und Zweck des Lästerns zu verstehen. Oft dient es schlicht dazu, sich auf eine risikoarme Weise Aufmerksamkeit und Beachtung zu verschaffen: »Haben Sie schon gehört? Der Soundso hat schon wieder… .«

Noch häufiger dient das Lästern aber, wie angeklungen, dem Herstellen einer fiktiven Überlegenheit. Genau wie überzogene Kritik an der Leistung anderer dient sie dazu, sich durch die Entwertung anderer selbst zu erhöhen: »Schaut, was für hohe Ansprüche und was für ein scharfes Urteilsvermögen ich habe!« Doch aus psychologischer Perspektive stellt sich bei jeder unaufgeforderten Beweisführung die Frage: Wo sitzen die Selbstzweifel oder Minderwertigkeitsgefühle, die mit diesem »Nachweis« der eigenen Überlegenheit zum Schweigen gebracht werden sollen?

Zuweilen sind Lästern und üble Nachrede auch eine Form der Rache: Man hat sich über jemanden geärgert oder ihm gegenüber den Kürzeren gezogen und rächt sich nun, indem man ihn in seiner Abwesenheit schlecht macht – aber sofort wieder stramm steht, falls er zufällig den Raum betritt. Die mutige Alternative zu diesem mutlosen Gemaule hinter dem Rücken des Betreffenden wäre, die Enttäuschung oder Verärgerung direkt ihm gegenüber zu thematisieren. Doch allein dieser Gedanke löst meist blankes Entsetzen aus: »Offen ansprechen?! Um Himmels Willen! Bei dem doch nicht!« Der Vergleich mit der mutigen Alternative macht sichtbar, wie viel Angst und Mutlosigkeit hinter dem Lästern steckt.

Und schließlich können üble Nachrede und Lästern auch eine aktive Variante der Verweigerung sein: Manche Menschen analysieren messerscharf und oft durchaus klug, welche Dummheiten, Fehler oder Schweinereien das Management, die Regierung oder eine missliebige Person begeht, machen aber nicht die geringste Anstrengung, der Sache einen besseren Verlauf zu geben – im Gegenteil: Sie schauen mit grimmiger Befriedigung dabei zu, wie das Ganze den Bach hinunter geht. Um die eigene Untätigkeit zu rechtfertigen, »beweist« man sich gegenseitig, dass es völlig zweck- und aussichtslos wäre, sich selber zu engagieren: »Die da oben machen doch sowieso, was sie wollen!«

Eine Variante dieser intelligenten und eloquenten Verweigerung ist der Zynismus. Zyniker sind oft gescheiterte Idealisten, hinter deren scharfer Analyse tiefe Entmutigung steckt: Sie haben sich irgendwann früher einmal um Verbesserungen bemüht und sind daran, jedenfalls nach ihren eigenen Maßstäben, bitter gescheitert. Daraufhin haben sie resigniert und sich »auf die unnütze Seite geschlagen«: Nicht nur, dass sie keinerlei Versuche zu einer Verbesserung mehr machen, sie hintertreiben solche Bemühungen sogar aktiv oder verdeckt.

Die Logik dahinter erschließt sich erst auf den zweiten Blick. Sie lautet: Wenn andere ebenfalls scheitern, dann ist ihr eigenes Scheitern sozusagen entschuldigt. Falls andere mit ihren Anstrengungen hingegen erfolgreich wären, dann wäre ihr Scheitern doppelt schmerzlich, weil es dann wohl an ihrem persönlichen Versagen läge. Also *dürfen* die anderen nicht erfolgreich sein – und damit sie es nicht sind, wird man sie auf keinen Fall unterstützen und vielleicht ihrem Scheitern sogar ein bisschen nachhelfen.

Der hohe Preis der emotionalen Entlastung

Nun gut, könnte man sagen, das ist vielleicht nicht ganz edelmütig, aber doch irgendwo verständlich, denn der aufgestaute Überdruck muss halt irgendwo heraus. Am Ende dienten diese Flur- und Kantinengespräche doch der emotionalen Entlastung und seien insofern sogar nützlich, als sie Spannungen reduzierten und das seelische Gleichgewicht der frustrierten Mitarbeiter und Führungskräfte wieder herstellten. Aber das hieße, die Risiken und Nebenwirkungen solcher »Nachbesprechungen« zu unterschätzen. In Wirklichkeit ist das ein schmaler Grat: So lange die Beteiligten tatsächlich nur ihrem momentanen Unmut Luft machen und die Sache damit bewenden lassen, mag die »kathartische Wirkung« überwiegen.

Doch werden solche wechselseitigen Entwertungen rasch zur Gewohnheit; sie verfestigen sich zu einer Unternehmenskultur, in der offizielles Sich-nicht-Wehtun eine unheilvolle Verbindung eingeht mit wechselseitigem Schlechtmachen hinter vorgehaltener Hand, während die eigentlichen Konflikte ungelöst bleiben. So entsteht eine negative Grundstimmung, die sich zum einen aus einem wachsenden Rückstau ungelöster Probleme speist, zum anderen daraus, dass man sich durch diese Entwertung gegenseitig herunterzieht. Denn natürlich bleibt immer etwas hängen: Infolge der allgegenwärtigen Entwertungen gewöhnt man sich daran, schlecht voneinander zu denken und sich gegenseitig als fachlich wie menschlich minderwertig anzusehen: »Kein Wunder, dass in diesem Laden nichts vorangeht, bei all den Schwachköpfen hier!«

Schon rein betriebswirtschaftlich betrachtet, sind solche destruktiven Spielchen eine Belastung, die sich auf die Dauer allenfalls Behörden und Monopolunternehmen leisten können – von den emotionalen Kosten ganz zu schweigen. Denn im Resultat bewirken sie ja, dass Konflikte ungeklärt bleiben, deren Lösung für das Unternehmen wichtig wäre – gleich ob es sich um unangemessenes Verhalten einzelner Personen handelt, um Fehlentwicklungen in einem Bereich oder um unerwünschte Nebenwirkungen der eingeschlagenen Strategie.

Doch eine konstruktive Klärung würde Mut erfordern. In jedem sozialen System sind Sachprobleme ja mit Namen verbunden. Ihr Aufgreifen verlangt daher immer auch eine Auseinandersetzung mit den betreffenden Personen. Je länger sie vermieden wird, weil man immer nur mit Dritten redet statt mit den Betreffenden selbst, desto mehr erhöht sich nicht nur die Konfliktspannung, sondern auch das geschäftliche Risiko, im Wettbewerb zurückzufallen.

Ein teures Vergnügen

Obwohl viele Menschen ahnen, dass Lästern, Klatsch und üble Nachrede, ähnlich wie eine Sucht, ein trügerisches und kurzlebiges Vergnügen sind, tun sie sich erstaunlich schwer, davon Abschied zu nehmen. Schon der Gedanke, damit Schluss machen zu sollen, löst oft erschrockene und defensive Reaktionen aus, als ob man ihnen etwas wegnehmen wollte, das wesentlich zu ihrer Lebensqualität beiträgt. Offenbar ziehen wir tatsächlich so viel Lustgewinn und Trost aus diesen Lästereien, dass es schwerfällt, damit Schluss zu machen.

Andererseits weiß oder ahnt in einer Firma, in der viel gelästert und getratscht wird, im Grunde jeder, dass er, sobald er den Raum verlässt, vermutlich selbst zum Gegenstand wüster Lästereien wird. Und dass die anderen dann an den Wahrheitsgehalt ihrer Aussagen und Behauptungen auch keine strengeren Maßstäbe anlegen als an die Lästereien, an denen man selbst beteiligt war. Das weckt Misstrauen und lässt das Fundament der ganzen vordergründigen Freundlichkeit brüchig erscheinen.

Tatsächlich haben Lästereien eine nicht zu unterschätzende subversive Kraft. Denn ihr verschwörerischer Ton kann nicht darüber hinwegtäuschen, dass in dieser scheinbar so harmonischen Gemeinschaft im Grunde jeder über jeden herzieht, weil alle nach Beachtung, Geltung und Überlegenheit streben. Was mit anderen Worten heißt, dass in diesem vermeintlich so vertrauten Kollegenkreis bei genauerem Hinsehen jeder für sich alleine steht. Im Grunde ist man ziemlich einsam, wenn man niemanden hat, der einen verteidigt oder in Schutz nimmt, wenn die anderen hinter seinem Rücken schlecht über einen reden. Darum sind Lästereien eben nicht bloß ein harmloses Überdruckventil: Sie unterminieren das Gemeinschaftsgefühl, also den Teamgeist und das gegenseitige Vertrauen.

Denn es ist halt mal so: Auf andere Menschen und auf ein Team kann man sich nur dann verlassen, wenn man darauf vertrauen kann, dass sie einem nicht in den Rücken fallen – vor allem dann nicht, wenn man abwesend ist und sich nicht wehren kann. Verlassen kann man sich darauf aber nur, wenn man weiß, dass dies in diesem Team nicht geschieht – wozu eben auch gehören würde, dass man sich selbst daran nicht beteiligt und es aktiv unterbindet, wenn andere damit beginnen.

►► Auch wenn sie so harmlos und unverdächtig daherkommen, sind Lästern, Klatsch und üble Nachrede Gift für den Teamgeist, das gegenseitige Vertrauen und das Gemeinschaftsgefühl. Denn sie sind Ausdruck davon, dass man sich aufeinander allenfalls so lange verlassen kann, wie man in Sicht- und Hörweite ist, und dass in diesem scheinbar so kollegialen Umfeld in Wirklichkeit jeder für sich alleine steht. ◄◄

3 Was Ermutigung ist und wie sie wirkt

Viele, die die Stichworte Ermutigung und ermutigende Führung hören, sind sofort begeistert – und missverstehen sie zugleich völlig: Sie verwechseln Ermutigung mit Lob und Anerkennung, die in den Führungsseminaren dieser Welt seit vielen Jahren ebenso beharrlich wie folgenlos gepredigt werden. Die Gleichsetzung von Anerkennung und Ermutigung ist insofern nicht völlig falsch, als die gemeinsame Zielrichtung beider ist, die Aufmerksamkeit auf positive Aspekte zu lenken. Aber sie ist falsch genug, um den wahren Kern der Ermutigung zu verkennen und damit auch ihre volle Bedeutung und ihre Kraft, die weit über Lob und Anerkennung hinausreicht.

Der entscheidende Unterschied liegt darin, dass Ermutigung nicht auf bereits erreichte Erfolge zielt, sondern auf *künftige* Erfolge. Ermutigung gibt Anstöße zum Handeln, indem sie zum Beispiel zum Überwinden persönlicher Hemmschwellen anregt, zur Beharrlichkeit bei Schwierigkeiten ermuntert und so Wachstum und Weiterentwicklung fördert. Lob und Anerkennung beziehen sich auf bereits vollbrachte Leistungen und sind damit vergangenheitsorientiert; Ermutigung richtet sich auf den nächsten Schritt, auf die Anstrengung, auf das Bemühen und ist damit zukunftsorientiert.

3.1 Der Unterschied zu Lob und Anerkennung

Natürlich ist es auch nicht verkehrt, Erfolge anzuerkennen: Das ist erstens angenehm, und zweitens kann es eine wertvolle Bestätigung sein, vor allem wenn der oder die Lobende – beruflich oder privat – eine wichtige Bezugsperson ist. Doch Erfolge belohnen sich im Grunde selbst: Wer mit einer Sache erfolgreich war, merkt das ja in der Regel auch ohne fremde Hilfe. Er ist stolz auf das Resultat seiner Bemühungen und wird dadurch in seinem Selbstvertrauen bestärkt. Insofern ist der Augenblick des Erfolgs nicht der Moment, in dem wir am dringendsten einer Ermutigung bedürfen.

Ein ermutigender Schubs ist dort besonders wichtig, wo sich bislang kein Erfolg eingestellt hat und die Zweifel wachsen, ob er jemals zu erreichen sein wird – also dann, wenn wir zu denken beginnen: »Ich glaube, ich kriege das nicht hin«. Ermutigung setzt dort an, wo Verzagtheit aufkommt; sie gibt den Anstoß, bei Schwierigkeiten nicht aufzugeben, sondern die Durststrecke durchzustehen. Ermutigung fordert dazu auf, trotz Rückschlägen an einer Aufgabe dranzubleiben, Hindernisse zu überwinden und sich bereits aufgegebenen Herausforderungen neu zu stellen. Damit gibt sie nicht selten den Ausschlag, ob Schwierigkeiten und die aufkommende Resignation doch noch überwunden werden oder ob jemand aufgibt und das Gefühl hat, ein Versager zu sein.

Der entscheidende Unterschied: Lob und Anerkennung sind immer in die Vergangenheit gerichtet: Sie beziehen sich auf eine bereits erbrachte Leistung.[6] Was zugleich heißt: Es muss bereits irgendeine Leistung vorliegen, die eines Lobes würdig ist. Und diese Leistung darf nicht zu gering sein, sonst wirkt das Lob »pädagogisch« und im schlimmsten Fall sogar entmutigend. Ermutigung dagegen ist in die Zukunft gerichtet und an keine Voraussetzungen geknüpft: Sie ist ein Impuls, einen Versuch zu wagen, den nächsten anstehenden Schritt zu machen oder auch, dem gescheiterten ersten Versuch noch einen zweiten und dritten folgen zu lassen: »Probier's einfach nochmal!«

Wenn wir Ermutigung so klar von Lob und Anerkennung abgrenzen, dann nicht, weil wir etwas gegen Lob und Anerkennung hätten, sondern um die Unterschiede in der Blickrichtung und Wirkung deutlich zu machen:

Lob / Anerkennung	**Ermutigung**
• Vergangenheitsorientiert • Belohnung für erbrachte Leistung • Orientiert sich am Ergebnis • Setzt ein Mindestmaß an »lobenswerter« Leistung voraus • Orientiert sich am Maßstab des Lobenden • Überordnung des Lobenden • Fördert (Selbst-)Zufriedenheit • Bleibt bei Misserfolg aus, wird ggf. zu Kritik	• Zukunftsgerichtet • Ansporn zum nächsten Schritt • Orientiert sich am Prozess • Kann bei Null starten / auf sehr niedrigem Stand aufbauen • Orientiert am momentanen Bedarf des Adressaten • Gleichwertigkeit der Beteiligten • Fördert weitere Anstrengung, beharrliches Bemühen • Bietet auch bei Misserfolg Raum für weitere Entwicklung

Abb. 4 Ermutigung ist kein Synonym für Lob und Anerkennung

Auch wenn es nicht sofort auffällt, sind Lob und Anerkennung fast immer hierarchische Interaktionen: Der Lehrer lobt den Schüler – wenn der Schüler den Lehrer lobt, ist das zumindest ungewöhnlich. Ob eine Aussage hierarchisch ist, also eine Über- und Unterordnung impliziert, oder ob sie partnerschaftlich, also auf Augenhöhe ist, kann man ganz einfach testen, indem man ihre Umkehrbarkeit (»Reversibilität«) überprüft: Könnte das, was der Chef zum Mitarbeiter sagt, genauso vom Mitarbeiter zum Chef gesagt werden? Beispielsweise kann die Chefin

6 Im Sprachgebrauch gibt es zwar auch die »Vorschusslorbeeren«, das heißt das Loben einer noch ausstehenden Leistung, wie etwa die Ankündigung eines »mitreißenden und begeisternden« Vortrags. Aber das ist eigentlich kein Lob, sondern eine Anpreisung. Vorschusslorbeeren lösen aus guten Gründen gemischte Gefühle aus: Auch wenn sie den Redner aufwerten, ermutigen sie ihn nicht, sondern machen ihm eher Druck. Denn je mehr er angepriesen wird, desto mehr muss er befürchten, den hochgejubelten Erwartungen nicht gerecht zu werden.

ohne Weiteres zu ihrem Mitarbeiter sagen: »Das war eine super Leistung!« Wenn der Mitarbeiter das Gleiche zu seiner Chefin sagt, würde das in der Regel ein gewisses Befremden auslösen und die irritierte Rückfrage nahelegen: »Wie kommen Sie dazu, das beurteilen zu wollen?«

Wer die Leistung oder das Verhalten eines anderen Menschen beurteilt, stellt sich über ihn. Stillschweigend legt der Lobende fest, was eine gute Leistung ist, und erklärt so seinen Maßstab für verbindlich. Bei Lob fällt das kaum auf, weil es sich so wohlig anfühlt. Deshalb »übersehen« viele die Irritation und baden in der allzu oft vermissten Anerkennung. Offensichtlich wird der hierarchische Charakter, wenn man das Vorzeichen umkehrt: »Das war aber eine schwache Leistung!« Wenn die Chefin das zum Mitarbeiter sagt, wird der vielleicht nach einer Begründung fragen, aber er wird den Tadel schlucken (müssen). Wenn der Mitarbeiter dies hingegen zu seiner Chefin sagt, wird sie vermutlich nicht nach einer Begründung fragen, sondern verärgert reagieren und sich die Anmaßung verbitten.

Ermutigung findet »auf Augenhöhe« statt

Ermutigung hingegen ist reversibel. Auch wenn man im ersten Moment dazu neigt, Ermutigung als etwas zu verstehen, das »von oben nach unten« verläuft: Der Chef ermutigt seine Mitarbeiter, die Lehrerin ihre Schüler, die Eltern ihre Kinder. Aber das ist keineswegs die einzige denkbare Richtung. In der Realität fließt mindestens genauso viel Ermutigung (und Entmutigung) von unten nach oben wie von oben nach unten. Kinder ermutigen (und entmutigen) ihre Eltern, Schüler ermutigen (und entmutigen) ihre Lehrer, Mitarbeiter ermutigen (und entmutigen) ihre Vorgesetzten. Das heißt, Ermutigung basiert auf Gleichwertigkeit.

Wenn der Chef zum Beispiel grübelt, ob er nochmal einen Anlauf machen soll, eine gute Idee beim Vorstand zu platzieren oder ob er nach der letzten Abfuhr besser die Finger davon lassen soll, könnte ein Mitarbeiter sehr wohl zu ihm sagen: »Probieren Sie es doch einfach nochmal!« Er kann ihn aber auch entmutigen: »Ich glaube, der Vorstand will das nicht hören.« Genauso können sich auch Kollegen gegenseitig ermutigen: »Das ist ein spannender Gedanke! Sag' doch bitte noch etwas mehr dazu!« Oder umgekehrt: »Nette Idee, aber lass uns mal zum Thema zurückkehren!«

Bei genauerer Betrachtung ist der Alltag voll von kleinen Ermutigungen und Entmutigungen, die ohne Rücksicht auf Alter, Vertrautheitsgrad und Hierarchie hin und her fließen. Schon die Art, wie wir uns begrüßen, signalisiert jenseits aller Höflichkeitsformeln, wie willkommen uns der andere wirklich ist. Eine freundliche Begrüßung ist ein ermutigendes Signal; umgekehrt bringt die derbe bayerische Begrüßungsvariante »Bist a do?!« (Bist du auch da?) ziemlich unverblümt zum Ausdruck, dass man auf die Anwesenheit des anderen gerne hätte verzichten können. Selbst der morgendliche Gruß auf dem Büroflur macht deutlich, ob man die Anwesenheit des anderen bloß interesselos zur Kenntnis nimmt oder ob man sich freut, ihn zu sehen. Insofern ist es auch nicht gerade ermutigend, sich nicht zu grüßen, obwohl man sich kennt – gleich ob auf den Fluren der Firma oder an der S-Bahn-Haltestelle.

Aber auch in Gesprächen und Diskussionen ermutigen wir uns gegenseitig, und zwar nicht nur durch direkte Impulse, sondern auch indem wir Gedanken aufgreifen, nachfragen oder auch nur einfach zuhören, aufmerksam hinschauen und von Zeit zu Zeit nicken – und wir entmutigen uns, indem wir ablehnend oder gar nicht auf die Beiträge der anderen reagieren, wenn wir uns mit anderen Dingen beschäftigen oder mit dem Nachbarn tuscheln. Wenn jemand bei einer Aufgabe Schwierigkeiten hat, signalisieren ihm die Reaktionen der Umgebung, ob man ihm deren Bewältigung zutraut oder nicht. Das müssen nicht immer Worte sein, oft sind es nur körpersprachliche Signale, wie ein freundlicher Blick, ein leichtes Lächeln oder ein beinahe unmerkliches Kopfnicken. Selbst wenn wir auf der Straße oder in der S-Bahn Blickkontakt mit einem Fremden aufnehmen, ermutigt oder entmutigt uns dessen freundlicher oder abweisender Blick, ihn anzusprechen oder doch besser nicht.

►► Auch wenn es leicht verwechselt wird: Ermutigung ist etwas ganz anderes als Lob. Lob und Anerkennung beziehen sich auf bereits erbrachte Leistungen, sind also vergangenheitsorientiert, während Ermutigung ein Ansporn zum nächsten Schritt und damit zukunftsorientiert ist. Mindestens ebenso wichtig ist, dass sich Ermutigung – wie auch Entmutigung – auf Augenhöhe abspielen, also partnerschaftliche Interaktionen sind, während Lob und Anerkennung eine Überordnung des Lobenden über den Gelobten implizieren. Trotzdem kann auch ein taktvolles Lob oder eine Anerkennung im richtigen Moment ermutigend wirken. ◄◄

Übung: Was empfinden Sie persönlich als Ermutigung, was als Entmutigung?

Ergänzen Sie diese Liste, während Sie die folgenden Abschnitte lesen. Vermutlich werden Ihre Gedanken an der einen oder anderen Stelle abschweifen zu eigenen Erlebnissen und Erfahrungen – was wunderbar und völlig in Ordnung ist. Notieren Sie sich, was Ihnen wichtig erscheint! Achten Sie auf Muster, die sich wiederholen, und kennzeichnen Sie sie!

Auf diese Weise kommt im Laufe der Zeit Ihr persönliches Ermutigungs- und Entmutigungsprofil zustande. Reden Sie, wenn Sie die Möglichkeit dazu haben, über Ihre Liste mit anderen Menschen, und tauschen Sie Ihre Erfahrungen aus. Mit ziemlicher Sicherheit wird das bei Ihren Gesprächspartnern eigene Erinnerungen wachrufen. Vergleichen Sie, wo sich die Muster ähneln und wie sie sich unterscheiden.

Auch wenn es viele wiederkehrende Elemente gibt: Nicht jeder Mensch hat das gleiche Ermutigungs- und Entmutigungsprofil. Gerade für Führungskräfte ist es nützlich, ein Gefühl dafür zu bekommen, wo andere Menschen ähnlich reagieren wie sie selbst und wo sie anders ticken. Es gibt dabei kein Richtig oder Falsch; es ist einfach nur wertvoll zu erkennen, ob ein Signal, das der eine als Ermutigung empfindet, für den anderen vielleicht bedeutungslos oder sogar entmutigend ist – und umgekehrt.

3.2 Ermutigung und Selbstermutigung

Ermutigung ist alles, was den sozialen Mut eines Menschen stärkt; Entmutigung ist alles, was seinen Mut schwächt. Das können eigene Erfahrungen wie auch Signale aus der Umgebung sein, wohlwollende Impulse, unter Umständen auch ein herzhafter verbaler Schubs: »Nun krieg mal den Hintern hoch!« Wenn jemand zum Beispiel feststellt, dass er mit einem Vorhaben, in das er eigentlich keine Hoffnungen gesetzt hat, überraschend gut vorankommt, dann wird er dies sehr wahrscheinlich ermutigend finden. Wenn ihm ein erfahrener Kollege, mit dem er sich gut versteht, freundlich zunickt, wird er vermutlich auch dies als Ermutigung verstehen.

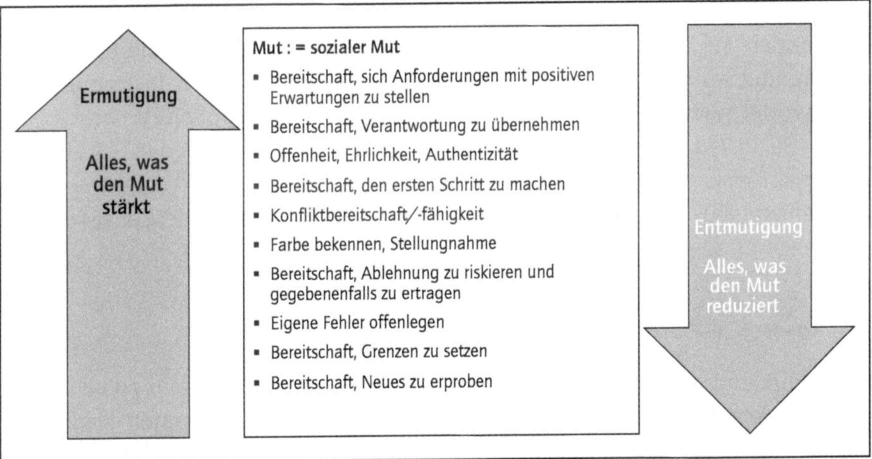

Abb. 5 Ermutigung ist alles, was den Mut stärkt

Ermutigung und Entmutigung geschehen im Kopf

Doch bei genauerem Hinsehen sind es nicht die äußeren Ereignisse, die ermutigend oder entmutigend wirken, es ist unsere Interpretation und Bewertung dieser Ereignisse, und vor allem sind es die Schlussfolgerungen, die wir daraus ableiten. Jede Ermutigung ist letztlich Selbstermutigung, jede Entmutigung ist letztlich Selbstentmutigung. Die Umgebung liefert mit ihren Verhaltensweisen, Reaktionen und Impulsen zwar das Rohmaterial; letztlich finden Ermutigung und Entmutigung aber allein in unseren Gedanken, Bewertungen und Selbstgesprächen statt. Nicht der Misserfolg entmutigt uns, sondern unsere eigene fatalistische Bewertung: »Ich kann das einfach nicht. Das wird nie was.« Nicht die wohlwollenden Impulse aus unserer Umgebung ermutigen uns, sondern unser Gedanke: »Die trauen mir das wohl zu, also gut, probiere ich es nochmal!«

Was ein geübter Selbstentmutiger ist, kann jeden, wirklich jeden Erfolg und jeden ermutigenden Impuls auf entmutigende Weise interpretieren: Ein überraschender Erfolg? »Ach, da habe ich halt mal Glück gehabt. Am Anfang geht es ja meistens leicht, die Schwierigkeiten kommen erst hinterher.« Das freundliche Nicken der Kollegin? »Die ist schon nett, aber sie kennt mich halt nicht. Wenn sie erst merkt, dass ich zwei linke Hände habe, wird sie bestimmt sehr enttäuscht von mir sein.« Oder auch: »Naja, das sah zwar freundlich aus. Aber wer weiß, was sie wirklich denkt. Vielleicht wartet sie im Stillen nur darauf, dass ich auf die Schnauze falle.«

Ermutigung und Entmutigen besteht daraus, wie wir deuten, was sich ereignet hat, was wir erwarten und wie wir Stellung nehmen zu dem, womit wir konfrontiert sind. Dabei sind auch paradoxe Effekte möglich, wie etwa, dass offenkundig entmutigend gemeinte Kommentare mit einer Selbstermutigung beantwortet werden. Wie etwa, wenn ein Lehrer zu einem Schüler abschätzig sagt: »Da bist du zu blöd dafür. Das begreifst du nie!« und der Schüler darauf nicht etwa mit Niedergeschlagenheit und Mutlosigkeit reagiert, sondern mit Selbstbewusstsein und einem gesunden Schuss Trotz: »Diesem Blödmann werde ich es zeigen!«

Teil unseres Selbstbilds

So wichtig und wertvoll Ermutigung von außen ist, es ist elementar zu begreifen, dass der letzte und entscheidende Schritt im Kopf des Adressaten stattfindet. Wenn der Empfänger sich seiner selbst sicher ist, ist er auch durch dumme Bemerkungen nicht ohne Weiteres zu entmutigen. Hat er eine Sache dagegen aufgegeben, wie im folgenen Beispiel, prallt jeder Versuch der Ermutigung an ihm ab. Und er reagiert so abweisend auf ermutigende Impulse, dass die Umgebung alsbald jeden Versuch einstellt, ihn auf diesem Gebiet zu ermutigen. Das ist ein wiederkehrendes Muster: Entmutigte Menschen entmutigen ihre Ermutiger – jedenfalls auf den Gebieten, wo sie selbst keine Hoffnung auf Erfolg (mehr) haben. Und es bedarf sehr großer Empathie und Beharrlichkeit, diesen Panzer der Abwehr allmählich aufzuweichen.

Beispiel

Als wir unser Haus einrichteten, arbeiteten wir viel mit einem pfiffigen jungen Schreinermeister zusammen. Er wusste für jedes Problem eine Lösung und baute auch komplizierte Dinge mit Geschick und Präzision. Eines Tages traten wir mit dem Wunsch nach einem ovalen Couchtisch an ihn heran. Könne er gern machen, meinte er, er würde uns einmal einen Entwurf zeichnen. Als wir ihn das nächste Mal trafen, wirkte er etwas ratlos. Er hatte zwar ein paar Handskizzen

dabei, schien aber selbst nicht so recht glücklich damit, denn er hatte sie nach Augenmaß gezeichnet, weil er nicht wusste, wie die saubere Konstruktion eines Ovals geht.
Bei mir wurden Erinnerungen aus längst zurückliegenden Schulzeiten wach: Das war doch diese Sache mit den zwei Punkten und der Schnur – und dann fiel mir auch wieder ein: Eine Ellipse ist die Menge aller Punkte, bei denen die Summe der beiden Teilradien konstant ist, oder so ähnlich. Doch als ich ansetzte, ihm das darzulegen, schaute er mich nur voller Entsetzen an, und man konnte förmlich dabei zuschauen, wie das Grauen in ihm aufstieg. Er geriet sichtlich unter Stress, wirkte entgegen seiner sonstigen Souveränität plötzlich unsicher und fahrig, man konnte ihn beinahe auf der Schulbank sitzen sehen, vor sich ein leeres Blatt Papier und eine unlösbar scheinende Aufgabe. Er wehrte jeden Erklärungsversuch ab und entspannte sich erst wieder, nachdem wir das Thema gewechselt hatten.
Offensichtlich waren wir bei unserem Schreinermeister ungewollt auf ein Feld tiefer Entmutigung gestoßen, eine Insel der Mutlosigkeit, die umso verblüffender war, als sie überhaupt nicht zu dem selbstbewussten und kompetenten Auftreten dieses jungen Mannes passte. Denn er beherrschte nicht nur sein Handwerk souverän, sondern war auch ein geschickter, ideenreicher, nie um eine Lösung verlegener Berater für seine Kunden und zugleich ein selbstbewusster Geschäftsmann. Doch auf diesem Gebiet einfacher Geometrie brach er völlig ein, und sein panischer Gesichtsausdruck ließ ahnen, welch tiefe, geradezu traumatische Entmutigung seine Schulerfahrungen bei ihm hinterlassen hatten. Seine Intelligenz hätte mühelos ausgereicht, um dieses lächerliche bisschen Mathematik binnen weniger Minuten zu verstehen. Aber sein Mut nicht: Dem stand sein »Wissen« im Wege, dass er dazu nicht in der Lage sei.

Solch eine tiefe Entmutigung ist nicht leicht zu beheben. Das größte Hindernis, das einer Korrektur im Weg steht, liegt nicht auf der fachlich-intellektuellen Seite, also im Erwerb des erforderlichen Wissens und Könnens, es liegt in der tiefen Resignation eines entmutigten Menschen und in seinem festen Entschluss, diese Materie nicht mehr anzufassen, um sich keine weitere Niederlage mehr zu holen.

Wenn es stimmt, dass der letzte und entscheidende Schritt der Ermutigung im Kopf des Betroffenen passiert, dann bedeutet das ja auch: Solange er diesen Entschluss nicht ändert, geht jeder von außen kommende Ermutigungsversuch ins Leere. Und jedes Insistieren wohlmeinender Mitmenschen (»Nein, wirklich, es ist gar nicht schwierig! Schauen Sie doch mal her!«) ist für den Betreffenden nur eine nutzlose Quälerei. Kein Wunder daher, dass es er umgehend zurückweist. Jedes weitere Beharren belastet dann nur noch die Beziehung. Denn natürlich fragt sich der Betreffende mit einem gewissen Recht: »Wie kommt dieser Mensch dazu, zu glauben, dass er mich besser kennt als ich mich selber? Schließlich weiß ich doch selbst am besten, dass ich auf diesem Gebiet ein Totalausfall bin!«

Wer Ermutigung lernen möchte, sollte also nicht ausgerechnet bei solchen verfestigten Überzeugungen anfangen: Sonst könnte er in seinen Versuchen zur

Ermutigung alsbald derartig entmutigt werden, dass er diesen ganzen Ansatz für völlig unpraktikabel hält.

►► Ermutigung ist alles, was den sozialen Mut eines Menschen stärkt; Entmutigung ist alles, was ihn schwächt. Dabei ist jede Ermutigung letztlich Selbstermutigung, und jede Entmutigung ist letztlich Selbstentmutigung. Die Reaktionen der Umgebung liefern lediglich das »Rohmaterial« – entscheidend ist, welche Schlussfolgerungen wir aus dem ziehen, was wir erleben und erfahren. Im Laufe der Jahre werden die Überzeugungen darüber, was wir können und was wir nicht können, zum festen Bestandteil unseres Selbstbilds, in dem wir uns nicht mehr ohne Weiteres beirren lassen. ◄◄

Übung: Selbstermutigung – Theo Schoenakers drei Fragen

Wer merkt, dass er etwas Selbstermutigung gebrauchen könnte und bereit ist, jeden Abend 10 bis 15 Minuten in sich selbst und sein Selbstvertrauen zu investieren, dem empfiehlt der Altmeister der Ermutigung, Theo Schoenaker, sich am Ende jedes Tages zu einer kleinen Übung der Selbstbesinnung zurückzuziehen: »Setzen Sie sich ruhig hin und legen Sie etwas zum Schreiben bereit. Nachdem Sie ruhig geworden sind, blicken Sie auf den Tag zurück und fragen sich:

- Was habe ich heute gut gemacht? Geben Sie fünf Antworten, am besten solche, die etwas zu tun haben mit Ihrem Verhalten anderen Menschen gegenüber.
- Geben Sie fünf Antworten auf die Frage: Wofür bin ich dankbar?
- Was werde ich morgen besser machen? Die Entscheidung, etwas besser zu machen, soll sich auf Ihren Umgang mit einem anderen Menschen beziehen. Geben Sie nur eine Antwort.

Diese Übung bekommt umso mehr Wert, je länger Sie sie konsequent jeden Abend machen. Sie lernen, konstruktiver über sich zu denken und mit sich selbst umzugehen, und Sie lernen, sich sozialer auszurichten, weg von der Ich-Bezogenheit, die immer mit negativen Emotionen einhergeht.« (Schoenaker 2006, S. 229)

Wer noch ein Übriges tun will, für den hält Schoenaker noch eine Übung Alfred Adlers bereit, die er einem Patienten mit Schlafstörungen verschrieb: »Fragen Sie sich jeden Abend vor dem Schlafengehen, welchen zwei Menschen Sie morgen eine Freude machen wollen. Praktizieren Sie das 14 Tage lang.« (Schoenaker 2006, S. 229)

3.3 Das innere Selbstgespräch

Bevor wir uns mit der Frage befassen, was wir tun könnten, um Menschen zu helfen, mutiger zu werden, die – wie unser Schreinermeister – auf einem bestimmten Gebiet ziemlich entmutigt sind, müssen wir noch besser verstehen, was sich in entmutigten Menschen eigentlich abspielt. Eine Schlüsselrolle spielt dabei das *innere Selbstgespräch,* das jeder Mensch mehr oder weniger ständig mit sich führt: Dieses innere Selbstgespräch ist sowohl das Werkzeug der Selbstentmutigung als auch das der Selbstermutigung. Wer – aus welchen Gründen auch immer – an eine neue Herausforderung mit Unsicherheit und Selbstzweifeln herangeht, führt mit hoher Wahrscheinlichkeit Selbstgespräche, mit denen er sich selbst entmutigt: »Das sieht ziemlich schwierig aus.« – »Ich glaube nicht, dass ich das schaffe.« – »Ich habe da kein gutes Gefühl dabei.« – »Solche Sachen liegen mir nicht.« – »Das habe ich bestimmt wieder falsch gemacht!« – »Hab ich mir gleich gedacht, dass das nichts wird.«

Ganz anders sieht es aus, wenn das innere Selbstgespräch eine ermutigende Tönung hat: »Mal sehen, wie das wird!« – »Das war schon mal nix. Probier' ich es mal von der anderen Seite.« – »Schaut so aus, als würde ich da noch eine Weile zu knobeln haben.« – »Irgendwie werde ich das schon hinkriegen!« – »Ich habe eine Idee!« – »Ah, so könnte es gehen.« – »Und gleich noch mal!« – »Das wäre doch gelacht!«

Gleich, um was für eine Aufgabe es geht, jeder spürt sofort, dass die zweite Art von inneren Selbstgesprächen viel bessere Chancen bietet, zu einem positiven Ergebnis zu führen, als die erste. Unsere Erwartungen, Hoffnungen und Befürchtungen, die in diesen inneren Selbstgesprächen zum Ausdruck kommen, bestimmen maßgeblich mit, welchen Verlauf die Dinge nehmen und ob der Anlauf mit einem Erfolg oder einem Fehlschlag endet. Auf diese Weise »machen« wir unsere Erfahrungen buchstäblich selbst: Was wir erleben, geschieht nicht einfach mit uns, sondern ist zu einem guten Teil das soziale Echo unserer Erwartungen und Befürchtungen.

Verstärkung der Selbstermutigung

Gerade bei Themen und Aufgaben, die für sie neu sind, sind Menschen oft ein bisschen unsicher und schwanken zwischen ermutigenden und entmutigenden Gedanken. In solchen Situationen haben die Signale aus der Umgebung besonders starken Einfluss. Wer hier Zuspruch erfährt und positive Erwartungen spürt, wird diese Zuversicht mit einiger Wahrscheinlichkeit übernehmen und so mit mehr Mut und Ausdauer an die Aufgabe herangehen, als jemand, der zu hören bekommt oder unausgesprochen spürt, dass andere ihm die Sache nicht zutrauen und sein Scheitern nur für eine Frage der Zeit halten. Auch sehr genaue, wachsame oder ängstliche Beobachtung kann so ein entmutigendes Signal sein, weil sie Zweifel vermittelt; umgekehrt kann das Gewähren von Freiraum ermutigend sein, wenn es nicht als Zeichen von Desinteresse herüber kommt.

Trotzdem sind Ermutigung und Entmutigung nicht bloß ein passives Reagieren auf die Impulse aus der Umgebung. Letztlich entscheidet immer die handelnde Person selbst, ob sie sich ermutigen bzw. entmutigen lässt. Entscheidend ist dafür, ob sie die ermutigenden und entmutigenden Signale der Umgebung in ihre eigenen Erwartungen und ihr inneres Selbstgespräch übernimmt – und welche sie davon übernimmt.

Das innere Selbstgespräch ist also nicht nur ein Widerhall der von außen kommenden Signale, es ist eine aktive Stellungnahme. Manche Menschen sind so tief entmutigt, dass sie sich auch durch viele ermutigende Impulse nicht von ihrer routinierten Selbstentmutigung abbringen lassen. In diesen Fällen geht die ganze Ermutigung ins Leere. Umgekehrt können wir uns durchaus auch weigern, innerlich in die von außen kommende Entmutigung einzustimmen, und uns beherzt dagegen stellen: »Das wollen wir doch mal sehen, ob ich das hinbekomme oder nicht!« Allerdings gibt es aus der Forschung Hinweise darauf, dass entmutigende Signale selbst dann nicht spurlos an uns vorbeigehen, wenn wir sie zurückweisen.

Zum Glück ist es gar nicht erforderlich, dass diese stillen Selbstgespräche ausschließlich ermutigend sind – denn das sind sie in den seltensten Fällen. Wie der ehemalige Frankfurter Psychologieprofessor Wolf Lauterbach und sein damaliger Assistent Georg H. Eifert, der heute in Kalifornien lehrt, herausgefunden haben, spielen die entmutigenden Elemente gar keine so entscheidende Rolle, solange ihnen genügend zuversichtliche, ermutigende Gedanken gegenüber stehen: Auch die Mutigen haben pessimistische Gedanken, aber sie reden sich mit mehr als doppelt so vielen positiven Aussagen selbst zu. Die beiden Forscher leiten daraus ab, es sei nicht erforderlich, ängstliche Gedanken zu unterdrücken – viel wichtiger sei, den Anteil der zuversichtlichen zu vergrößern. (Eifert/Lauterbach 1987)

Die gute Nachricht daran ist: Das kann man lernen. Und man kann es sogar sehr viel leichter lernen als das Unterdrücken von Zweifeln und Befürchtungen. Denn genau wie man nicht beschließen kann, nicht mehr an rosa Elefanten zu denken, kann man sich auch nicht dazu zwingen, keine zweifelnden, skeptischen und pessimistischen Gedanken mehr zu haben. Sehr wohl kann man sich aber vornehmen, sich ab und zu – vorsichtig! – einen zuversichtlichen, optimistischen Gedanken zu gönnen: »Vielleicht kriege ich es ja doch hin!«, »Einen Versuch mache ich noch!«, »Das war schon ein bisschen besser als ganz schlecht!« So etwas kann jeder umsetzen, ohne sich zu verbiegen und ohne seine körperliche und geistige Leistungsfähigkeit zu überfordern.

Übung: Sagen Sie »ich« zu sich oder sagen Sie »du« zu sich?

Innere Selbstgespräche kann man sowohl in der ersten als auch in der zweiten Person führen: »Das habe ich gut gemacht« oder »Das hast du gut gemacht«. Manche Menschen wechseln zwischen den beiden Varianten, aber die meisten haben eine bevorzugte Form, manchmal sogar eine ausschließlich verwendete. Einige reden sich sogar mit Namen – oft dem Nachnamen – an, wobei Frauen nicht selten ihren Mädchennamen verwenden.

Es scheint, dass Menschen in der Du-Form strenger, beurteilender und verurteilender mit sich umgehen als in der Ich-Form: So als ob wir nicht selbst mit uns sprechen würden, sondern unser strenger »innerer Lehrer«, unser »innerer Vater« oder unsere »innere Mutter« neben uns stünden. Freudianer können hier buchstäblich das »internalisierte Über-Ich« sprechen hören. Individualpsychologen würden widersprechen und sagen: Nein, das sind wir schon selbst. Wir haben uns halt dafür entschieden, diese Perspektive einzunehmen, aber wir könnten uns auch anders entscheiden.

Wichtiger als der Gelehrtenstreit über die Du- oder Ich-Form ist aber, dass wir uns das Leben nicht unnötig schwer machen – und vor allem, dass wir uns nicht ständig selber klein machen, indem wir allzu strenge Maßstäbe an uns selbst anlegen, denen wir dann allzu oft nicht gerecht werden.

Manche Menschen glauben wohl, sie müssten das tun, damit sie in ihren Ansprüchen an sich selbst nicht nachlassen, doch in Wirklichkeit konfrontieren sie sich nur immer wieder unnachgiebig mit ihrem ständigen Versagen: Wieder einmal haben sie es nicht geschafft, ihren eigenen Ansprüchen gerecht zu werden – also sind sie so, wie sie sind, einfach nicht gut genug. So stärkt man nur die eigenen Minderwertigkeitsgefühle.

Statt sich ständig selbst zu beurteilen und zu verurteilen, ist es für die eigene Entwicklung förderlicher, sich mit etwas mehr Sympathie und Empathie einfach zu beobachten und dabei die eigenen Gedanken, Gefühle und Bedürfnisse wohlwollend wahrzunehmen. Der Konfliktforscher William Ury nennt das »to go to the balcony« – sich selbst vom Balkon aus zu beobachten, und zwar nicht wie ein strenger Richter, sondern wie ein wohlwollender und einfühlsamer Freund (Ury 2015). Mag sein, dass die Ich-Form dabei hilft. Wenn Sie es herausfinden wollen, probieren Sie es aus.

Optimistische und pessimistische Erklärungsmuster

Wie die Sozialpsychologie herausgefunden hat, ist die Art, wie wir uns unsere eigenen Erfolge und Misserfolge erklären, entscheidend für Selbstermutigung und Selbstentmutigung:

- Massiv entmutigend ist, wenn wir systematisch pessimistische Erklärungsmuster verwenden, das heißt wenn wir uns unsere Erfolge grundsätzlich mit »Glück« oder »Zufall« erklären und uns Misserfolge selbst zuschreiben, sie also beispielsweise auf mangelnde Begabung, Ungeschick oder Inkompetenz zurückführen.
- Optimal ermutigend ist es, wenn wir systematisch optimistische Erklärungsmuster zugrunde legen, wenn wir also unsere Erfolge grundsätzlich auf unser Talent, unsere besonderen Fähigkeiten oder unsere Anstrengungen zurückführen, während wir uns Misserfolge mit Pech oder unglücklichen Zufällen erklären.[7]

7 Die psychologischen Fachbegriffe dafür lauten etwas sperrig »externale« bzw. »internale Kausalattribution« (oder Ursachenerklärung). Eine *externale Kausalattribution* liegt vor, wenn wir einen Erfolg oder Misserfolg auf nicht beeinflussbare äußere Faktoren wie Glück oder Pech zurückführen; eine *internale*

Die allerwenigsten Menschen verwenden ausschließlich optimistische oder ausschließlich pessimistische Erklärungsmuster. Das eine wäre ja auch eine krasse Selbstüberschätzung, das andere eine ebenso krasse Schwarzmalerei. Vielmehr manipulieren wir uns unbemerkt selbst, indem wir nach Handlungsfeldern differenzieren: Auf Gebieten, auf denen wir von unseren Fähigkeiten überzeugt sind, gehen wir mit Zuversicht und optimistischen Erklärungsmustern an neue Aufgaben heran – und bewältigen nicht zuletzt deshalb auch zwischendurch auftretende Probleme.

Auf Gebieten hingegen, wo wir zu wissen glauben, kein Talent zu haben, neigen wir zu negativen Erklärungsmustern – und sind deshalb allzu rasch dazu geneigt, zwischendurch auftretende Schwierigkeiten als Beweis unserer mangelnden Fähigkeiten zu interpretieren. Das heißt, auch in dieser differenzierten Form sind die optimistischen oder pessimistischen Erklärungen, die wir uns selbst für unsere Erfolge und Misserfolge geben, sehr wirksame Ermutigungen bzw. Entmutigungen.

►► Eine Schlüsselrolle bei der Selbstermutigung wie bei der Selbstentmutigung spielt das innere Selbstgespräch, das wir ständig mit uns führen. Dazu zählt sowohl, mit welcher inneren Haltung wir an neue Herausforderungen herangehen, als auch, wie wir uns unsere Erfolge und Misserfolge erklären. Wer dazu neigt, Erfolge für Glück oder Zufall zu halten und Misserfolge sich selbst zuzuschreiben, entmutigt sich selbst und macht sich so das Leben unnötig schwer. Wer sich selbst ermutigen will, muss Ängste, Skepsis und Selbstzweifel nicht unterdrücken; wichtiger ist, sich bewusst mehr positive, zuversichtliche Gedanken zu machen. ◄◄

Übung: Ihre inneren Selbstgespräche

Beobachten Sie einige Tage lang Ihre inneren Selbstgespräche und notieren Sie die zentralen Aussagen und Appelle, die Sie zu sich selber sagen, am besten im Wortlaut!

- Werten Sie Ihre Notizen nach einigen Tagen aus:
- Gibt es wiederkehrende Muster, Aussagen und Appelle?
- Wie erklären Sie sich Erfolge und Misserfolge?
- Empfinden Sie Ihre inneren Selbstgespräche eher als entmutigend, oder sind sie eher ermutigend?
- Was halten Sie davon, Ihre inneren Selbstgespräche zu ändern und sich etwas mehr ermutigende Impulse geben?

Ursachenerklärung ist, wenn wir Ergebnisse mit unseren eigenen Leistungen und/oder Fähigkeiten erklären. Weiterhin können die verwendeten Erklärungen zeitlich stabil (wie Talent bzw. Dummheit) oder variabel (wie Glück oder Pech) sein. Besonders entmutigend sind internale Ursachenerklärungen, die erstens negativ und zweitens unabänderlich sind, wie etwa mangelnde Begabung.

Übung: Selbstermutigung – Mischen Sie sich in Ihre Selbstgespräche ein

Häufig führen wir unsere Selbstgespräche, als ob wir dabei nur Zuhörer einer »inneren Stimme« wären, deren Bemerkungen, Kommentare und Aufforderungen außerhalb unseres Einflusses lägen. Doch wir haben durchaus die Möglichkeit, uns in unsere Selbstgespräche einzumischen und mit dieser »Stimme aus dem Off« einen Dialog oder auch ein Streitgespräch zu führen. Vor allem den negativen, destruktiven und entmutigenden Kommentaren à la »Das schaffst du nie!« sollten wir unbedingt etwas entgegensetzen, genau wie wir es täten, wenn die Bemerkung von einem Außenstehenden käme: »Woher weißt du denn das? Das wollen wir erst mal sehen!«

Wir können der inneren Stimme sogar zuvorkommen, indem wir selbst die Initiative ergreifen und die Deutungshoheit an uns ziehen: »Das kriege ich schon irgendwie hin!«, »Ich habe schon ganz andere Probleme bewältigt«, »Doch, ich mache das jetzt!«, »Ich darf mich ärgern, aber ich muss nicht«, »Ich bin kein Opfer, ich kann etwas tun«, »Ich gebe nicht auf!«, »Ich übernehme die Verantwortung und handele«, »Das könnte dir so passen, mich zu überrollen«, »Ich entscheide mich dagegen«, ...

Wem es komisch vorkommt, sich selbst auf diese Weise zuzureden, sollte sich fragen: Wer sagt denn, dass wir uns zwar dumm kommen dürfen, aber nicht gut zureden? Wer sagt, dass wir uns nur mit kritischen, pessimistischen oder entwertenden Bemerkungen klein machen dürfen, aber uns nicht mit ermutigenden Kommentaren aufbauen?

Manchen Menschen hilft es auch, sich in kritischen Situationen bestimmte Regeln oder Formeln innerlich zuzurufen, die sie sich irgendwann einmal zurechtgelegt oder für gut befunden haben: »Nicht grübeln, dranbleiben!«, »Jetzt erst recht!«, »Nicht meckern, Klappe halten!«, »Nicht beirren lassen«, »Nicht ärgern, nur wundern« oder was auch immer. Wer merkt, dass ihm das gut tut, kann sich im Laufe der Zeit einen kleinen Vorrat für den Hausgebrauch anlegen.

Die Einmischung in das innere Selbstgespräch ist auch dann sinnvoll, wenn bestimmte Gefühle in uns aufsteigen, die wir nur allzu gut kennen, weil sie des Öfteren unsere tyrannischen Gäste sind, wie Stress, Angst und Panik oder Ärger und Wut. Seine emotionalen Stammgäste kann man etwa mit den Worten begrüßen: »Ah, dich kenne ich schon! Jetzt denke ich mich gerade in Stress und Hektik hinein!« Wir müssen das nicht unbedingt stoppen. Wir haben das Recht und die Freiheit, jeden beliebigen Gast bei uns aufzunehmen und uns in jedes beliebige Gefühl hineinzusteigern, wenn uns danach ist. Dazu brauchen wir uns die Stresssituation nur plastisch genug ausmalen.

Wir dürfen uns aber auch irgendwann die Frage stellen: »Wie lange will ich das jetzt noch mit mir machen? Noch eine Stunde? Zwei? Oder will ich mir die ganze Nacht damit verderben? Oder lieber gleich die ganze Woche?« Vielleicht müssen Sie dann auch über sich selber lachen (was immer ein gutes Zeichen ist) und beenden das Ganze, wenn es Ihnen zu viel wird: »Jetzt reicht es dann mal wieder für eine Weile!« (in Anlehnung an Eifert/McKay/Forsyth 2013)

Wer glaubt, das könne nicht funktionieren, weil wir unsere Gefühle nicht willentlich beeinflussen können, hat nur halb recht: Unsere Gefühle können wir in der Tat nicht beeinflussen, wohl aber die Bewertungen, die unsere Gefühle in Gang bringen. Wie Alfred Adler wohl als erster entdeckt hat, sind die Gefühle »der Rauch unserer Gedanken«. Ein gutes halbes Jahrhundert später wurde die fast vergessene Erkenntnis, dass Gefühle durch Gedanken hervorgerufen werden, von Aaron T. Beck, dem Begründer der kognitiven Verhaltenstherapie, wiederentdeckt.[8]

Wenn wir uns ängstigen wollen, müssen wir uns also nur intensiv in Gedanken ausmalen, was für bedrohliche Dinge die Zukunft für uns bringen wird. Wenn wir uns ärgern wollen, müssen wir nur denken, was für eine unglaubliche Katastrophe alles ist und was für Dummköpfe unserem Erfolg im Weg stehen. Wenn wir uns nicht ängstigen oder nicht ärgern wollen, wäre es eine gute Idee, mit solchen Gedanken aufzuhören und an etwas anderes zu denken. Das ist zugegebenermaßen schwierig, wenn die jeweilige Emotion an ihrem Siedepunkt ist, aber es ist möglich, bevor wir sie aufgebaut haben oder nachdem wir sie haben vorbeiziehen lassen und sie ihren Höhepunkt überschritten hat (vgl. Eifert/McKay/Forsyth 2013).

3.4 Wo wir Ermutigung brauchen (und wo nicht)

Auch wenn der letzte und entscheidende Schritt zur Ermutigung im Kopf stattfindet, heißt dies natürlich nicht, dass das Verhalten der Umgebung keine Rolle spielt und wir uns deshalb auch keine Gedanken darüber machen bräuchten, welche positiven und negativen Impulse wir uns gegenseitig geben. Denn der Normalfall ist ja leider nicht, dass entmutigende Signale aus der Umgebung von den Adressaten zurückgewiesen und mit einer Selbstermutigung beantwortet werden – der Normalfall ist, dass sie ihre Wirkung hinterlassen und entmutigende Gedanken auslösen.

Aber das gilt auch im Positiven. Vor allem auf den Gebieten, auf denen wir unserer Selbsteinschätzung nicht hundertprozentig sicher sind, sind wir Menschen ständig damit beschäftigt, unsere Selbsteinschätzung mit den Signalen aus unserer Umgebung abzugleichen. Hier achten wir besonders aufmerksam darauf, welche direkten und indirekten Rückmeldungen wir erhalten, und leiten positive und negative Schlussfolgerungen für unser Selbstbild daraus ab.

Hohe Achtsamkeit für direkte und indirekte Signale

Wie wachsam dabei schon Schulkinder auch auf subtile unterschwellige Signale achten und wie treffsicher sie sie interpretieren, zeigen Untersuchungen zu den paradoxen Wirkungen von Lob und Tadel: Wenn von zwei Schülern, die die

8 Streng genommen gibt es eine Ausnahme, nämlich Gefühle, die durch unmittelbare sinnliche Wahrnehmung ausgelöst werden, wie etwa das angenehme Gefühl, wenn wir völlig verschwitzt unter eine warme Dusche steigen oder wenn uns jemand streichelt, den wir mögen. Aber alle Gefühle, die sich auf die Vergangenheit oder auf die Zukunft beziehen, sind ausschließlich die Folge unserer Gedanken – und desgleichen die allermeisten, die sich auf die Gegenwart beziehen. Wenn wir beispielsweise bis zur Weißglut wütend sind, ist das nicht etwa die Folge des provozierenden Verhaltens eines anderen Menschen, sondern die Folge unseres Gedankens: »Der macht das mit Absicht!« (Seligman 2002)

gleiche Leistung erbracht haben, der eine vom Lehrer gelobt wird und der andere nicht, dann könnte man vermuten, dass daraufhin der erste, der gelobt wurde, stolz und hochmotiviert ist, während der zweite demotiviert ist und sich ungerecht behandelt fühlt. Stattdessen zeigen etliche Untersuchungen, dass sich anschließend derjenige, der nicht gelobt wurde, mehr zutraut als zuvor und der gelobte Schüler weniger.

Wie das kommt? Beide erkennen und verstehen das implizite Feedback, das in dem Lob zum Ausdruck kommt: Derjenige, der gelobt wurde, versteht: »Für dich war das eine besondere Leistung.« Derjenige, der nicht gelobt wurde, versteht: »Für dich war das nichts Besonderes, du könntest mehr.« Das unausgesprochene Feedback lautet also: Der Lehrer schätzt die Fähigkeiten des Schülers, den er nicht gelobt hat, offensichtlich als höher ein als die desjenigen, den er gelobt hat. Und genau so wird sein Lob auch von beiden Schülern verstanden.

Das mag zunächst irritierend klingen, aber im Grunde kennt das jeder aus eigener Erfahrung: Wenn wir für etwas gelobt werden, was in unseren eigenen Augen keine besondere Leistung war, dann wirkt dieses Lob eher befremdlich. Wenn Sie beispielsweise einige Routine mit Vorträgen und Präsentationen haben und sie souverän abzuliefern gewohnt sind, dann werden Sie sich wahrscheinlich nicht sonderlich darüber freuen, wenn jemand lobend hervorhebt, dass Sie ihren Vortrag ohne erkennbare Unsicherheit und ohne steckenzubleiben hinter sich gebracht haben. Stattdessen werden Sie sich fragen: Was hat der denn für ein Bild von mir?

Die gängige Empfehlung, Mitarbeiter möglichst viel zu loben, damit sie motivierter sind, ist daher mit Vorsicht zu genießen: Lob ist nur bei einer besonderen Leistung angebracht. Wenn jemand ein paar Fotokopien gemacht oder einen Kaffee gebracht hat, ist das allemal einen Dank wert, aber mit Sicherheit kein Lob.

Wenn die Entscheidung auf der Kippe steht

Wie nicht anders zu erwarten, interessiert uns das Feedback unserer Umgebung dort am wenigsten, wo wir uns in unserer Selbsteinschätzung – im Positiven oder Negativen – sicher sind, und dort am meisten, wo wir unsicher sind. Wer die Gewissheit hat, ein Meister seines Fachs zu sein, benötigt dazu kein Feedback mehr, auch wenn er sich über bestätigende und anerkennende Signale natürlich freuen wird. Aber auch wer fest davon überzeugt ist, für bestimmte Aufgaben zu dumm oder zu untalentiert zu sein, braucht dazu keine Rückmeldung mehr: Dies könnte ja nach seiner Logik ohnehin nur eine weitere Bestätigung seiner Unfähigkeit sein, also neues Salz in die alte Wunde – und darauf kann er verzichten.

Den größten Einfluss haben Ermutigung und Entmutigung dort, wo sich Menschen ihrer Fähigkeiten nicht sicher sind und schwanken, ob sie eine Sache aufgeben oder weiterverfolgen sollen. Dort kann das richtige Signal zur richtigen Zeit den Ausschlag geben, ob sie die eine oder die andere Richtung einschlagen – und zwar genau betrachtet deshalb, weil der ermutigende Impuls von außen in eine Selbstermutigung umgesetzt wird: »Also gut, wenn der mir das zutraut, dann probiere ich es doch noch mal!«

In glücklichen Fällen kann da schon eine einzige ermutigende Bemerkung oder Geste den Ausschlag geben, genau wie im ungünstigsten Fall ein einziges entmutigendes Signal die Weichen endgültig in die falsche Richtung stellen kann. Wenn jemand dagegen nicht mehr »auf der Kippe steht«, sondern schon fast aufgegeben hat, bedarf es in der Regel einer ganzen Kette beharrlicher Ermutigungen, um ihn dazu zu bewegen, doch noch einmal etwas Zuversicht auf einem Gebiet zu schöpfen, das für ihn inzwischen stark mit Selbstzweifeln und Unsicherheit befrachtet ist.

Selbstverstärkungseffekte

Wenn ihn hier nicht eine nachdrückliche und beharrliche Ermutigung aus seinen pessimistischen Selbstgesprächen herausholt, dann beißt sich die Entmutigung sozusagen selbst in den Schwanz. Wer zum Beispiel in einem Schulfach schlechte Erfahrungen gemacht hat, weil er Dinge nicht kann, die die meisten seiner Klassenkameraden längst beherrschen, und dann noch für seine »Begriffsstutzigkeit« getadelt oder verspottet wird, fängt fast unweigerlich an, an seinen Fähigkeiten zu zweifeln. Und wer nicht mehr glaubt, etwas schaffen zu können, strengt sich auch nicht mehr an. Was natürlich zur Folge hat, dass er noch weiter zurückfällt.

Ab diesem Punkt dauert es nicht mehr lange, bis er zu dem Schluss kommt: »Das ist einfach nicht mein Ding; auf diesem Gebiet bin ich ganz einfach schlecht – meine Stärken liegen vielleicht anderswo.« Das kann für ein einzelnes Schulfach gelten, aber auch für mehrere – und im ungünstigsten Fall für das (schulische) Lernen generell.

Relativ schnell entwickeln sich auf diese Weise »gute« und »schlechte« Schüler auseinander: Während die einen, bestärkt durch ihre positiven Erfahrungen, an der Sache dranbleiben und ihre Fähigkeiten immer weiter ausbauen, vermeiden die anderen jede weitere Beschäftigung mit den betreffenden Fächern und fallen dadurch immer weiter zurück. Was am Anfang nur ein kleiner Unterschied war, entwickelt sich so immer weiter auseinander. Ein paar Jahre später erscheint der eine wie ein Naturtalent, während der andere das Gebiet völlig aufgegeben hat und es, wo immer er die Möglichkeit dazu hat, »weiträumig umfährt«.

Gegenmittel Ermutigung

Genau hier setzt der Gedanke der Ermutigung an. Der Idealfall wäre, wenn der Lehrer gleich am Anfang bemerkte, dass sich einer der Schüler schwertut mit einem bestimmten Thema, und ihm, statt ihn zu tadeln oder ihn gar vor der Klasse bloßzustellen, Mut macht, an der Sache dranzubleiben und nicht aufzugeben.

Oft hilft es schon, Lernenden, die sich schwerer tun, etwas mehr Zeit zu geben, statt sie durch den Vergleich mit den Klassenkameraden, die schneller (= gescheiter?) sind, zusätzlich unter Stress zu setzen und Versagensängste zu schüren. Denn der Hinweis, dass die anderen schon fertig sind, vermittelt ihnen ja indirekt das Feedback: Du bist schlechter als die anderen, du kannst das nicht – ziemlich entmutigend. Umgekehrt kann schon der einfache Satz »Bleib dran! Du kriegst das schon hin!« ausgesprochen ermutigend wirken. Sehr entlastend kann auch der Hinweis sein: »Das ist normal, dass manche sich damit am Anfang leichter tun und andere schwerer – das sagt nichts über die späteren Leistungen aus!«

Jeder Mensch tut sich mit manchen Themen leichter und mit anderen schwerer. Bei Dingen, die uns von alleine zufliegen, brauchen wir keine Ermutigung, da belohnt das Lernen sich selbst. Nichts ist ja schöner und motivierender, das heißt ermutigender, als Erfolg. Auf den Gebieten, wo es gut läuft, sind wir von uns aus begierig darauf, weiter zu lernen. Und wenn wir erst einmal zu der Überzeugung gekommen sind, dass uns ein Thema liegt, dann überwinden wir auch die gelegentlich auftretenden Schwierigkeiten: Dann lassen wir uns nicht mehr so leicht entmutigen, sondern legen Selbstvertrauen und Beharrlichkeit an den Tag – und überwinden das Hindernis so früher oder später.

Kritischer ist es, wenn wir mit einem Thema nicht auf Anhieb klarkommen. Dann ist es zum einen eine Frage unseres generellen Selbstbilds und unseres Selbstvertrauens, zum anderen eine Frage der spontanen Reaktionen unserer sozialen Umgebung, ob wir an der Sache dranbleiben und die Anfangsschwierigkeiten überwinden oder ob wir den Mut sinken lassen und aufgeben.

Ermutigung und Entmutigung liegen in solchen Situationen oft nahe beieinander. Manchmal sind es Kleinigkeiten, die darüber entscheiden, ob wir ein Gebiet aufgeben und verkümmern lassen oder ob wir die anfänglichen Hindernisse überwinden, sodass sie einer immer besseren Beherrschung der Materie Platz machen. Trotz des wackeligen Starts können auf diese Weise gute und sogar erstklassige Leistungen entstehen: Menschen, die heute Spitzenkönner sind, waren keineswegs immer diejenigen, die sich von Anfang an am leichtesten getan haben.

Auch eine Frage des Timings

Wenn eine Ermutigung im richtigen Moment, im richtigen Ton und von der richtigen Person kommt, kann sie den Ausschlag geben, ob jemand einen Versuch wagt oder ob er es lieber lässt. Und dieser eine Impuls kann den Ausschlag geben, ob jemand ein ganzes Handlungsfeld aufgibt mit dem enttäuschten und traurigen Resümee: »Ich kann das einfach nicht!« oder ob er nach einem weiteren Versuch – oder vielleicht nach zweien oder dreien – mit einer Mischung aus Zufriedenheit, Erleichterung und Verwunderung feststellt: »Hab' ich's also doch hingekriegt!«

Ermutigung ist dort besonders wichtig, wo die Entscheidung auf der Kippe steht. Wer voller Selbstvertrauen und Zuversicht ist, braucht keine Ermutigung: Wer sicher ist, dass er etwas kann oder es mit einem Schuss Beharrlichkeit hinbekommen wird, der hat – zumindest, was diese Aufgabe betrifft – genügend Mut. Dann braucht er niemanden, der ihn ermutigt, und wer es trotzdem tut, löst Abwehr aus: »Mach ich doch schon. Was hast du denn?!« Umgekehrt geht Ermutigung auch dort ins Leere, wo jemand aufgegeben hat und definitiv entschlossen ist, keine weitere Kraft mehr in diese aus seiner Sicht aussichtslose Sache zu stecken. In beiden Fällen kann man sich jede Ermutigung sparen: Sie geht an den Adressaten vorbei, fällt ihm eher auf die Nerven und belastet im schlimmsten Fall die Beziehung.

Anders, wenn jemand tatsächlich am Schwanken ist: Wenn er daran zweifelt, ob es sich noch lohnt, einen weiteren Anlauf zu machen, und zunehmend dazu tendiert, seine Bemühungen einzustellen, weil ihm die Sache aussichtslos erscheint. Ermutigung brauchen wir, wenn wir in unserem tiefsten Inneren unsicher sind, ob wir bei einer Herausforderung überhaupt einen Versuch wagen sollen oder ob wir es lieber lassen, um keinen Misserfolg oder keine Abfuhr zu risikieren. Oder auch dort, wo nach mehreren Fehlversuchen die Zweifel wachsen, ob es noch einen Sinn hat, weiterzumachen, oder ob das vergebliche Liebesmüh ist.

Erste Schritte auf Neuland

Das heißt in der Konsequenz: Ermutigung benötigen wir nicht auf den Gebieten, auf denen wir zuhause sind und die wir »im Griff haben« – am meisten brauchen wir sie dort, wo wir für uns persönlich auf Neuland vorstoßen. Das ist naturgemäß bei Kindern und Jugendlichen häufiger der Fall als bei Erwachsenen und älteren Menschen, einfach weil es für Kinder und Jugendliche noch extrem viel unerforschtes Gelände gibt, während Erwachsene sich auf vielen Feldern auskennen – und sich von den Themen fernhalten, in denen sie sich nicht zu Hause fühlen.

Aber auch Erwachsene und sogar ältere Menschen geraten immer wieder in Situationen, die Neuland für sie sind – sei es, weil sie sich bewusst dafür entschieden haben, sich noch mal auf neue Herausforderungen einzulassen, sei es, weil ihre Firma – oder ihr Privatleben – Veränderungen durchläuft, die sie mit ungewohnten Anforderungen konfrontieren. In diesen Fällen zeigt sich, dass Ängste, Selbstzweifel und Unsicherheit keine Altersfrage sind, sondern allenfalls alterstypisch eingekleidet werden: Während ältere Menschen sich oft fragen, ob sie das »in ihrem Alter noch« lernen können, zweifeln Jüngere eher, ob jemand wie sie das »jemals« schaffen wird oder ob sie dafür zu dumm oder zu ungeschickt sind. Und die mittlere Generation, die sich auf vertrautem Terrain so sicher und selbstbewusst bewegt, ist auf Neuland ebenfalls oft unsicher und hat Angst, sich durch ungeschicktes Verhalten zu blamieren.

In all diesen Fällen können wir Ermutigung dringend gebrauchen: Jemanden, der nicht bloß raunzt: »Stellen Sie sich doch nicht so an!« und der uns auch nicht bloß oberflächlich und wenig überzeugend zu motivieren versucht: »Du schaffst das!« – Sondern einen Menschen, von dem wir wissen oder spüren, dass er innerlich auf unserer Seite steht, und uns mit Worten oder auch nur durch einen aufmunternden Blick signalisiert: »Probier's einfach!« oder: »Bleib dran! Das wird schon!«

Überwindung von Lernplateaus

Von großer Bedeutung ist Ermutigung auch, wenn wir uns auf einem Lernplateau befinden. Gleich auf welchem Gebiet, Lernprozesse verlaufen in aller Regel nicht gleichmäßig. Es gibt Phasen, in denen man rasche Fortschritte macht, was ausgesprochen ermutigend und manchmal geradezu beglückend ist, und es gibt Zeiten, in denen sich trotz großer Anstrengungen kein erkennbarer Fortschritt zeigt. Je länger sich solche Durststrecken hinziehen, desto mehr stellen sich Selbstzweifel ein, ob die ganze Mühe sich lohnt, und desto mehr ist man dazu geneigt, den Mut zu verlieren und aufzugeben.

Auch in solchen Fällen spielt Ermutigung oft eine entscheidende Rolle – wobei der Pädagoge Hans Josef Tymister darauf aufmerksam macht, dass die Ermutigung hier auch derbere Formen annahmen kann, wie beispielsweise das Nicht-Zulassen oder Nicht-Akzeptieren des Aufgebens. Er beschreibt das am Beispiel einer Schulklasse, die sich trotz aller Warnungen ein ziemlich schwieriges Musikstück für eine Aufführung ausgewählt hat, und nach vielem Üben schließlich an dem Punkt angekommen ist, an dem die Schüler die Flinte ins Korn werfen wollen.

»Jetzt brauchen sie Hilfe, und zwar eine Hilfe, die bereit ist, sich vorübergehend bei ihnen unbeliebt zu machen. Jetzt brauchen sie Ermahnung, wahrscheinlich aufgezwungene Übungszeiten, Trost, aber harte Unnachgiebigkeit, eventuell sogar angedrohte Sanktionen (...) Jetzt wäre Verwöhnung Lernbehinderung. Schließlich hatten sie sich selbst entschieden, die hohen Anforderungen auf sich zu nehmen. Härte, Konsequenz, vorübergehend, wie gesagt! Wenn dann die Aufführung gelungen ist, spricht niemand mehr (…) von dem Ärger, dem Schimpfen und den Tränen des erzwungenen Weiterübens. Denn jetzt wird die erbrachte Leistung, der Erfolg gefeiert.« (Tymister 2005, S. 28)

In der Tat ist es viel wert, wenn man schon in jungen Jahren gelernt und sich daran gewöhnt hat, dass zum Erfolg nicht nur das Glücksgefühl des Lernfortschritts gehört, sondern auch das weit weniger beglückende Überwinden von Durststrecken. Wenn Eltern und Lehrer an solchen Schlüsselstellen zu nachgiebig waren und ihren Schützlingen einen leichten Ausstieg ermöglicht haben, um sie vor zu großen Strapazen zu bewahren, haben sie damit das genaue Gegenteil von Ermutigung bewirkt, nämlich Entmutigung.

Denn wenn man Kindern oder Jugendlichen die Entscheidung überlässt, ob sie aufgeben oder weitermachen wollen, ist die Wahrscheinlichkeit groß, dass sie dann aufgeben. Die Erfahrung, die sie dann machen, ist, dass sie es nicht geschafft haben, sondern beim ersten größeren Hindernis in die Knie gegangen sind. Die »Lehre fürs Leben«, die daraus in das innere Selbstgespräch einzieht, lautet: Am Anfang geht es oft leicht, aber zu einem richtigen Erfolg führt das nie; irgendwann türmen sich immer unüberwindliche Hindernisse auf.

Deshalb stehen Vorgesetzte zuweilen vor der Herausforderung, ihren Mitarbeitern mit der Beharrlichkeit und Unnachgiebigkeit zu begegnen, die ihnen als Kinder und Jugendliche gefehlt hat. Noch einmal Tymister: »Die Studentin beispielsweise, die während des Schreibens ihrer Diplomarbeit aufgeben will und nur mit scheinbar liebloser Härte ihrer Professorin, sozusagen aus wütendem Trotz, dann doch weiterschreibt, hätte es wesentlich leichter gehabt, wäre sie früher in ihrer Lernkarriere (…) nicht so verwöhnt worden, wie es leider heutzutage aus vermeintlicher Kinderfreundlichkeit hier und da üblich ist. (…) Bildlich gesprochen (nicht wörtlich!), manchmal zeigt der ›Tritt in den Hintern‹ deutlicher, was wir dem Lernenden zutrauen, und wirkt deshalb ermutigender als die vielen lobenden Worte, die uns nicht selten die Mühe mit den Lernenden nur vom Leib halten sollen und nicht selten sogar gelogen sind.« (Tymister 2005, S. 28 f.)

►► Ermutigung ist dort am wichtigsten, wo Entscheidungen auf der Kippe stehen: Wo jemand zweifelt, ob es sich noch lohnt, sich weiter anzustrengen, oder ob die Sache aussichtslos ist. Das ist zum Beispiel dann der Fall, wenn wir uns auf Neuland bewegen und entsprechend unsicher sind, aber auch auf Lernplateaus, wenn über eine längere Zeitspanne trotz großer Anstrengungen keine Fortschritte zu erkennen sind. Dabei muss Ermutigung nicht immer nur mild und fürsorglich sein; manchmal hilft es auch, wenn sie unnachgiebig und fordernd ist. ◄◄

3.5 Die potenzierende Wirkung von Ermutigung und Entmutigung

Was wir für Talent halten, ist oft nur die Langzeitwirkung von Ermutigung – in Verbindung mit regelmäßigem Training, das aber durch Ermutigung und Selbstermutigung erst angestoßen und aufrechterhalten wird. Auf diese Weise können kleine Impulse über ganze Lebenswege entscheiden. Das mag etwas dick aufgetragen klingen, doch bei genauerem Hinsehen wird klar: Die kumulierte Wirkung von Ermutigung und Entmutigung hat entscheidenden Einfluss darauf, ob wir an bestimmten Themen dranbleiben und dadurch schrittweise Kompetenz und Erfahrung aufbauen oder ob wir früh den Mut verlieren und die Finger davon lassen – und deshalb natürlich auch keine Kompetenz aufbauen und keine Erfahrung erwerben.

Wie Selbstbilder entstehen

Wer aus seiner Umgebung und/oder seinem Inneren (!) hauptsächlich entmutigende Signale erhält, wird viele Dinge entweder gar nicht erst versuchen oder bald wieder aufgeben, gleich ob es um schwierige Schulfächer, um das Beherrschen von Musikinstrumenten oder um soziale Fähigkeiten wie etwa das Flirten oder das Sprechen vor Zuhörern geht. Wer überwiegend Ermutigung erfährt, wird die anfänglichen Hürden ebenso überwinden wie die Durststrecken, die es im Laufe von Lernprozessen immer wieder gibt. Auf diese Weise wird er es Schritt für Schritt zu respektablen Leistungen bringen, vielleicht sogar meisterlichen. Denn das Zusammentreffen von Ermutigung und Training summiert sich nicht bloß, es potenziert sich.

Stellen Sie sich zwei Kinder vor, welche von Haus aus die gleichen Talente und Fähigkeiten mitbringen. Das eine wird von seiner sozialen Umgebung eher ermutigt, das andere eher entmutigt. Das entmutigte Kind wird nach einer Weile viele Dinge entweder gar nicht versucht oder rasch wieder aufgegeben haben, während das andere im Laufe der Zeit beträchtliche Fortschritte gemacht hat. Wenn wir diesen beiden Kindern nach ein paar Jahren wieder begegnen, würde ein Außenstehender, der ihre Leistungen vergleicht, niemals auf die Idee kommen, dass beide ursprünglich exakt die gleichen Fähigkeiten und Talente besaßen. Im Gegenteil: Sowohl die Umgebung als auch die Betreffenden selbst sagen in solchen Fällen mit einem Schuss Fatalismus: »Der eine hat es eben, der andere nicht.« Pech, wenn man derjenige ist, der »es nicht hat«.

Spätestens gegen Ende der Schulzeit hat jeder junge Mensch ein ziemlich klares Bild davon, was seine Stärken und Schwächen sind: Der eine ist gut in Sprachen, der andere in Mathematik, wieder ein anderer ist, wie es beschönigend heißt, eher der »praktische Typ«, was soviel heißt wie: Er hat in den meisten Schulfächern Schwierigkeiten. Schon mit 15 oder 20 Jahren hat es den

Anschein, als kämen hier einfach unterschiedliche Begabungen und Talente zum Tragen. In Wirklichkeit aber hat die sich potenzierende Langzeitwirkung von früher Ermutigung oder Entmutigung entscheidenden Anteil an ihrer Entwicklung, zumal sie dazu beiträgt, dass im einen Fall reichlich Übung und Erfahrung aufgebaut wurde, im anderen Fall so gut wie keine.

Ein (zu) statisches Menschenbild

Dabei ist sowohl unser Bild von uns selbst als auch das von unseren Mitmenschen recht statisch. Selten nehmen wir wahr, welche Entwicklungen diese Menschen durchlaufen haben, und wir haben auch kaum eine Erinnerung daran, wie wir selbst und andere Menschen dort hingekommen sind, wo wir heute stehen. Was wir wahrnehmen, ist alleine der Status quo: »So bin ich eben – und so sind die anderen.«

Dass jemand, der ein unbestrittener Meister seines Fachs ist, nicht von Geburt an dieser Meister war, sondern vielleicht auf recht verschlungenen Wegen und mit mancherlei Rückschlägen und Umwegen dorthin gekommen ist, ist uns kaum bewusst. Falls es überhaupt einmal zur Sprache kommt, wird es als interessante biografische Anekdote registriert, die man schmunzelnd zur Kenntnis nimmt – und gleich wieder vergisst: »Das ist ja lustig, dass Einstein in der Schule schlechte Noten hatte. Aber wahres Talent setzt sich eben durch!« Wie knapp die Entscheidung in vielen Fällen war, erfahren wir in aller Regel nicht. Desgleichen sehen wir nicht, dass jemand, der heute als Versager dasteht, keineswegs als Versager geboren wurde, sondern über eine – offensichtlich zu hohe – Dosis von Entmutigung und Selbstentmutigung dazu geworden ist.

Mit diesem statischen Menschenbild nageln wir sowohl uns selbst als auch unsere Mitmenschen auf den Ist-Zustand fest. Das ist einerseits praktisch, weil es die Welt berechenbar macht, andererseits steht es Entwicklungen im Wege und hindert uns, Entwicklungsmöglichkeiten zu sehen: Bei jemandem, der einen hohen Status genießt, bei dem gehen wir davon aus, dass er ihn auch behalten wird – bei jemandem, den wir für einen Versager halten, unterstellen wir, dass er es auch bleiben wird: einmal Versager, immer Versager. Sehr viel ermutigender wäre es, den derzeitigen Stand, gleich ob bei einem Zwanzigjährigen oder einer Siebzigjährigen, nur als Zwischenstand auf einem (Lebens-)Weg zu nehmen, der nur bis zum heutigen Tag und zur aktuellen Stunde feststeht, aber ab der nächsten Sekunde prinzipiell offen und gestaltbar ist.

Schoenakers Schloss

Theo Schoenaker hat das in ein schönes Bild gefasst. Man kann sich das Leben, sagt er, vorstellen wie ein großes Schloss. Wenn man es durch das Hauptportal betritt, steht man vor zwei Türen. Sie sehen unterschiedlich aus, aber es ist nicht genau zu erkennen, was sich dahinter verbirgt. Je nachdem, welche Tür man wählt, kommt man in verschiedene Räume und macht dort unterschiedliche Erfahrungen. Jeder dieser Räume hat wieder zwei Türen, und je nach seiner Wahl kommt man wieder in unterschiedliche Räume, die ihrerseits wieder zwei Türen haben. Je nachdem, für welchen Weg man sich so durch die vielen Türen entschieden hat, findet man sich schließlich in ganz unterschiedlichen Trakten des Gebäudes wieder: Der eine vielleicht in einem prachtvollen Ballsaal, der andere in der Küche, wieder ein anderer in einer Stallung oder einem muffigen Kellerraum. Aber allen dreien sagt ihre ureigenste Erfahrung, dass das Gebäude genau so ist, wie sie es kennengelernt haben. Und alle drei erklären voller Überzeugung: »So ist das Leben!«

Tatsächlich ist die Frage, wer wir heute sind und wie wir im Leben stehen, die Folge unzähliger großer und kleiner Entscheidungen, die wir im Laufe der Jahre und Jahrzehnte getroffen haben. Wer in der Regel die »ängstliche« Tür gewählt hat, befindet sich heute in einem ganz anderen Trakt des Schlosses als derjenige, der meistens die Tür gewählt hat, die mehr Mut erforderte. Welche Wahl wir getroffen haben, war aber nicht nur von unserem eigenen »Mutpegel« abhängig, sondern auch von dem Ausmaß an Ermutigung oder Entmutigung, das wir aus unserer Umgebung erfahren haben. Aus der Kette unzähliger mutiger und ängstlicher Entscheidungen, die wir in der Vergangenheit getroffen haben, ergibt sich der Platz, den wir heute im Leben einnehmen; aus den Entscheidungen, die wir im weiteren Verlauf treffen werden, wird in Summe unser Lebensweg.

Nun können wir an den Entscheidungen, die wir in der Vergangenheit getroffen haben, nichts mehr ändern; wir können sie allenfalls neu bewerten. Wohl aber können wir die Entscheidungen beeinflussen, die vor uns liegen. Denn gleich in welchem Raum des Schlosses wir uns heute befinden, wir haben wieder zwei Türen vor uns, hinter denen weitere Türen liegen. Wo wir im weiteren Verlauf unseres Lebens hinkommen, hängt auch weiterhin davon ab, welche Türen wir wählen. Wenn wir auch nicht zurück können, um unsere Vergangenheit zu ändern, so können wir unseren Weg ab heute gestalten – wenn wir wollen, anders als bisher. Dann wird er uns auch in andere Teile des Gebäudes führen.

Jenseits des einprägsamen Bilds liegt der Charme von »Schoenakers Schloss« darin, dass es die statischen Selbst- und Menschenbilder dynamisiert. Ja, wir sind heute da, wo wir sind, und die anderen sind dort, wo sie sind. Aber jeder von uns hat die Möglichkeit, von da, wo er ist, Tür für Tür weiterzugehen, in andere Trakte des Schlosses. Selbstverständlich sind wir frei, weiterhin die ängstliche Tür zu wählen, aber wir können uns auch entscheiden, künftig häufiger die mutige Tür zu nehmen – und wenn wir das täten, würden wir Schritt für Schritt unser Leben verändern. Das ist nicht gleichzusetzen mit der platten Parole »Alles ist erreichbar«. Wahrscheinlich ist nicht *alles* erreichbar – aber trotzdem sind wir nicht auf ewig festgelegt auf das, wo wir heute stehen, außer wir legen uns selbst darauf fest. Wir sind nicht der Spielball, sondern der Gestalter unseres Lebens.

►► Ermutigung und Entmutigung können über ganze Lebenswege entscheiden, weil sie maßgeblich beeinflussen, welche Fähigkeiten verkümmern und welche trainiert und ausgebaut werden. Was wir für Talent und Begabung halten, ist oft nur die Langzeitwirkung von Ermutigung und Entmutigung. Das ist aber den wenigsten Menschen bewusst. Deshalb ist es wichtig, sich bewusst zu machen, dass unsere vermeintlichen Grenzen durch mehr Mut und Beharrlichkeit veränderbar sind. ◄◄

4 Ermutigung in der Praxis

Bei Ermutigung denken Sie wahrscheinlich als Erstes an freundlichen, wohlwollenden Zuspruch, bei Entmutigung an negative, unfreundliche oder abwertende Signale. Das stimmt auch, was die grobe Richtung betrifft, aber es ist eine zu enge Betrachtung: Sie orientiert sich zu sehr am äußeren Anschein. Doch nicht die äußere Form ist entscheidend, sondern die Wirkung – und da kann manches auch anders sein, als es der erste Anschein vermuten lässt. So kann, wie wir im vorigen Kapitel gesehen haben, auch Lob, so positiv und wohlwollend es sich anhört, unter bestimmten Voraussetzungen eine entmutigende Wirkung haben. Umgekehrt wirken zuweilen auch Signale ermutigend, die bei oberflächlichem Hinsehen alles andere als warmherzig und einfühlsam wirken.

4.1 Nicht die Form zählt, sondern die Wirkung

Stellen Sie sich beispielsweise vor, ein Mitarbeiter im Vertrieb grübelt lange, ob er einen schwierigen Kunden noch einmal anrufen soll oder ob das keinen Zweck mehr hat. Schließlich sagt ein Kollege etwas genervt: »Jetzt krieg mal deinen Hintern hoch! In der Zeit, die du hier herumgrübelst, hättest du es schon dreimal gemacht. Nun fass dir mal ein Herz, oder lass es bleiben!«

Ist das eine Ermutigung? Kann durchaus sein – letztlich hängt es davon ab, wie es ankommt. Durchaus möglich, dass der Betreffende daraufhin sagt »Hast eigentlich recht« und den Hörer in die Hand nimmt. Wenn er es tut, war die Wirkung trotz des rauen Tons unzweifelhaft ermutigend. Falls er dagegen ärgerlich oder bockig reagiert (»Kümmere dich doch um deinen eigenen Kram!«), war die Wirkung nicht ermutigend. Was nicht zwangsläufig heißt, dass sie entmutigend war; vielleicht ging der Impuls auch einfach ins Leere und löste weder eine (Selbst-) Ermutigung noch eine (Selbst-) Entmutigung aus.

Sogar zugespitzte provokative Aussagen können ermutigend sein, wie der Altmeister der Provokativen Therapie Frank Farrelly (1931–2013) immer wieder brillant gezeigt hat. Er war der Überzeugung, dass die Zerbrechlichkeit von Menschen maßlos überschätzt wird und dass man sie nur zusätzlich entmutigt, wenn man ihnen ein ehrliches Feedback allenfalls in homöopathischen Dosen zumutet (Farrelly/Brandsma 1986).

Auch mit schwierigsten Fällen hatte er große Erfolge, indem er gegen alle hergebrachten therapeutischen Regeln verstieß und seine Patienten mit ziemlich ruppigen Aussagen auf die Hörner nahm: »Ich weiß, das ist nicht Ihr Stil, aber hat Ihnen jemals jemand vorgeschlagen, dass Sie gelegentlich als erstes den

Bedürfnissen von anderen entgegenkommen müssen, und dass sie erst dann Ihren Bedürfnissen entgegenkommen könnten?« (Farrelly/Brandsma 1986, S. 51) Kann eine so direkte, noch dazu süffisante Konfrontation ermutigend sein? Wie die Reaktionen der Adressaten zeigen, offensichtlich ja.

Das heißt aber keineswegs, dass bei der Ermutigung »alles geht« und man sich elegant aus der Affäre ziehen kann, indem man jede Ruppigkeit, jeden Rüffel und jede spitze Bemerkung einfach zur Ermutigung erklärt. Farrellys Patienten betonten immer wieder, wie sehr sie bei all seinen derben Taktlosigkeiten, dreisten Provokationen und ausgewachsenen Frechheiten ein unglaubliches Maß an Wertschätzung und Wohlwollen empfunden haben, ja, dass sie sich noch nie so gut verstanden gefühlt hatten wie in seinen Übertreibungen. Seine Provokationen wirkten, nicht weil sie so zugespitzt waren, sondern weil sie zum Ausdruck brachten, wie sehr Farrelly von der Belastbarkeit und Entwicklungsfähigkeit seiner Patienten überzeugt war – im Gegensatz zu manch anderen Therapeuten, die ihre Patienten gerade durch ihre Übervorsicht und Betulichkeit entmutigen.

Ermutigung hat nichts mit Kuscheligkeit zu tun

Erinnern wir uns noch einmal an unsere Definition: Ermutigung ist alles, was den sozialen Mut stärkt; Entmutigung ist alles, was ihn schwächt. Von Flötentönen, Samthandschuhen und von Kuscheligkeit ist in der Definition nicht die Rede – aus gutem Grund. Was zählt, ist alleine die Wirkung: Wurde der Mut gestärkt, wurde er geschwächt oder ging die Intervention ins Leere?

Verabschieden wir uns deshalb von Anfang an von der Vorstellung, dass Ermutigung gleichbedeutend sei mit Nettigkeit, Behutsamkeit und Fürsorglichkeit und Entmutigung gleichbedeutend mit dem Gegenteil. Auch wenn Ermutigung in der Praxis häufig in freundlichem Ton daherkommt und Entmutigung in unfreundlichem, darf man sich nicht an der äußeren Form orientieren. Ermutigung kann auch in derbem Gewand daherkommen, und umgekehrt können auch Aussagen, die ein Musterbeispiel an Nettigkeit und Fürsorglichkeit zu sein scheinen, massiv entmutigend sein: »Lass mich das machen. Das ist zu schwierig / zu anstrengend / zu kompliziert für dich!«

►► Halten wir fest: Es kann sehr entmutigend sein, wenn man besonders behutsam, vorsichtig und schonend behandelt wird. Denn das vermittelt einem das implizite Feedback, dass man als nicht sehr belastbar eingeschätzt wird, vor allem, wenn man vorsichtiger behandelt wird als andere. Umgekehrt kann es sehr ermutigend sein, wenn einem Freunde, Kollegen oder Vorgesetzte deutliche Worte zumuten. Denn damit bringen sie indirekt ihre Überzeugung zum Ausdruck, dass wir, wenn wir nur wollten, auch anders könnten. ◄◄

4.2 Voraussetzung ist eine gute Beziehung

Wie wir festgestellt haben, verträgt Ermutigung auch deutliche Worte. Gerade unter Freunden kann man schon mal Klartext reden – ja, man muss es sogar, wenn die Freundschaft dies erfordert. Dazu kann auch zählen, einem Freund unverblümt zu sagen, dass er auf dem falschen Trip ist, dass er ein nutzloses Theater veranstaltet oder sich endlos um eine fällige Entscheidung drückt. Das ist nicht nett, aber hilfreich – und insofern ein wahrer Freundschaftsdienst: Solch eine deutliche Rückmeldung kann der entscheidende Impuls für eine Kurskorrektur sein.

Allerdings wirken klare Worte nur dann ermutigend, wenn sich der andere der Freundschaft sicher ist, das heißt, wenn er weiß, dass derjenige, der ihn da mit einer unangenehmen Wahrheit konfrontiert, innerlich auf seiner Seite steht und ihm diese Dinge nicht sagt, um ihn kleinzumachen, sondern um ihn zu stärken.

Mit anderen Worten, eine tragfähige Beziehung ist die notwendige Voraussetzung für wirksame Ermutigung. Und je deutlicher die Hinweise sind, desto belastbarer muss die Beziehung sein. Dabei zählt allein die Sichtweise des Adressaten: Wenn er nicht das Gefühl hat, dass wir auf seiner Seite stehen, sondern sich angegriffen oder bedrängt fühlt, dann nützt es nichts, wenn unsere Absicht eine ganz andere war als er sie verstanden hat. Trotzdem spielt auch die innere Haltung der handelnden Person eine wichtige Rolle: Nur wenn man den anderen – mit all seinen Macken! – annimmt wie er ist, ist man dazu in der Lage, oder genauer: ist man dazu bereit, ihn zu ermutigen oder zumindest einen aussichtsreichen Versuch dazu zu machen.

Woran Ermutigung oft scheitert

Genau hier liegt einer der häufigsten Gründe für das Scheitern von Ermutigung: Dass wir den anderen eben nicht so akzeptieren wie er ist, sondern an ihm herummäkeln und ihn immer wieder kritisch auf seine Fehler und Unzulänglichkeiten hinweisen – oder auf das, was wir dafür zu halten beschlossen haben. Aber das ist keine Ermutigung, es ist im Grunde das genaue Gegenteil: Solch wiederkehrendes Genörgel macht nichts besser, sondern belastet nur die Beziehung, im schlimmsten Fall bis zu ihrer Zerstörung.

Aber oft hat die Umgebung gar nicht wirklich die Absicht, Menschen auf den Gebieten zu ermutigen, auf denen sie sich nicht viel zutrauen. In vielen Fällen hat sie sich in ganz ähnlicher Weise mit bestimmten Schwächen abgefunden wie die Betreffenden selbst und nimmt sie als gegeben hin. Trotzdem kann oder will sie sie nicht akzeptieren und damit leben. Diese widersprüchliche Haltung, den anderen einerseits nicht so akzeptieren zu wollen, wie er ist, andererseits aber auch nicht wirklich an eine Verbesserung zu glauben, ist ein permanenter Krisenherd in jeder privaten und beruflichen Beziehung. Sie führt zu ständiger Unzufriedenheit, die sich in wiederkehrendem Gemecker und Genörgel äußert.

Manchmal sind auch Minderwertigkeitsgefühle und/oder ein Gefühl der Unzufriedenheit mit sich selbst das Motiv, an anderen herumzunörgeln: Wer mit sich selbst nicht im Reinen ist, tendiert oft dazu, andere klein zu machen und zu entmutigen. Daraus kann sich eine regelrechte *Entmutigungsspirale* entwickeln, wenn sich die Beteiligten gegenseitig klein machen: »selber doof«.

Doch dieses Gequengel bewirkt nichts Positives, es verstärkt nur die vorhandene Entmutigung. Wenn uns die Umgebung von Zeit zu Zeit mit der Nase auf unsere Mängel und Unzulänglichkeiten stößt, ändert das ja nichts an unserer Überzeugung, auf diesem Gebiet schlecht zu sein, es verstärkt nur das schmerzliche Gefühl, so wie wir sind, nicht gut genug zu sein.

Häufig reagieren Menschen deshalb gereizt, wenn sie immer wieder auf bestimmte Schwächen hingewiesen werden: Nicht, weil der Hinweis falsch wäre, sondern im Gegenteil, weil er richtig ist – und bei den Betreffenden einen ohnehin wunden Punkt trifft. Sie wissen ja selber bzw. glauben zu wissen, dass sie auf diesem Gebiet nicht gut sind. Deshalb tut es ihnen weh, das eine um das andere Mal mit ihren Unzulänglichkeiten konfrontiert zu werden. Besonders schmerzlich ist das dann, wenn einem die andere Person wichtig ist, wie beispielsweise Eltern, Lebenspartner oder eben auch Vorgesetzte: Dann ist es besonders bitter, wenn man ihnen, so wie man ist, offensichtlich nicht gut genug ist.

Ständiges Meckern, Nörgeln und Kritisieren

Wer einen Feigling einen Feigling nennt, hat zwar vermutlich Recht, aber er macht ihn damit nicht mutiger. Wir Menschen sind nun einmal fehlerbehaftete Wesen; daher ist es leicht, bei anderen kritikwürdige Punkte zu finden. Viele Führungskräfte, aber auch viele Mitarbeiter, Eltern und Ehepartner scheinen zu glauben, dass sie ihre Mitarbeiter und Kollegen, Kinder und Partner zu besseren Menschen machen können, wenn sie sie nur beharrlich immer wieder auf ihre Fehler und Unzulänglichkeiten hinweisen.

Die empirische Beweislage dafür ist dürftig: Im Allgemeinen werden Menschen durch ständiges Nörgeln eher zermürbt als veredelt. So wertvoll wohldosierte (und vor allem wohlwollende) Kritik sein kann, so sehr wird permanentes Meckern zur Entmutigung. Das ewige Meckern und Kritisieren strapaziert nur die Beziehung, im schlimmsten Fall bis zur völligen Verhärtung, wenn die Kritisierten das Gefühl haben, sie könnten sowieso machen, was sie wollen, es sei dem anderen nie gut genug.

Nicht nur Partner und Kinder, sondern auch Mitarbeiter und Kollegen reagieren in solchen Fällen zunehmend bockig und sind kaum noch erreichbar. Sie wollen dann nur noch in Frieden gelassen werden. Wenn dieser Zustand erreicht ist, ist die Sache gelaufen: Dann haben die handelnden Personen, gleich ob es Vorgesetzte, Eltern oder Ehepartner sind, jeglichen Einfluss auf den Adressaten verloren.

Beispiel: Drohender Abriss der Beziehung

Das kennen die Eltern pubertierender Kinder: Wenn sie allzu viel an ihren Sprößlingen auszusetzen und ständig etwas zu kritisieren haben, kippt ab einem gewissen Punkt die Beziehung. Wenn sich bei den Jugendlichen erst einmal der Eindruck verfestigt, sie könnten ohnehin machen was sie wollen, die Eltern hätten doch immer etwas daran herumzumeckern, dann reißt die innere Verbindung ab, und damit verlieren die Eltern jeglichen Einfluss.

Wenn dieser Punkt erreicht ist, helfen weder zarte Andeutungen noch scharfe Worte; die ebenso wohlmeinenden wie penetranten Hinweise gehen, wie die Eltern oft klagen, »zum einen Ohr hinein und zum anderen wieder hinaus«. In Wirklichkeit hören die Kinder natürlich, dass die Eltern »schon wieder« etwas an ihnen auszusetzen haben, aber sie nehmen es nicht mehr auf und reagieren nicht mehr darauf, weil sie – meist zu Recht – davon ausgehen, dass es eh nur wieder Kritik ist.

Das unterstreicht, wie wichtig eine gute Beziehung und vor allem das Gefühl ist, akzeptiert zu sein: Die Eltern verlieren ab dem Moment jeden Einfluss auf das Handeln ihrer Kinder, ab dem die nicht mehr das Gefühl haben, dass die Eltern in Sympathie und Zuneigung auf ihrer Seite stehen. Dann fühlen sich die Jugendlichen ungeliebt und abgelehnt und reagieren deshalb (!) auch nicht mehr auf ihre Hinweise.

Pubertierende Kinder sind hier besonders empfindlich, weil sie in ihrem Selbstwertgefühl meist ohnehin nicht sonderlich stabil sind und oft unter Minderwertigkeitsgefühlen leiden. Die ständige Kritik der Eltern verstärkt daher noch das quälende Gefühl, so, wie sie sind, nicht gut genug zu sein. Aber das Muster ist unabhängig vom Alter. Das Gleiche spielt sich oft in kriselnden Partnerbeziehungen ab, nur dass das Gemecker und Genörgel hier meist auf Gegenseitigkeit beruht und mit subtilen Rache- und Bestrafungsakten gewürzt wird.

Der Effekt ist weitgehend derselbe: Einen positiven Einfluss haben die Bemerkungen und Hinweise längst nicht mehr, sie lösen nur noch ärgerliche oder gereizte Reaktionen aus. Oder demonstratives Weghören – was ebenfalls eine Form der Bestrafung ist.

Zwischenmenschliche Altlasten

Ähnlich kann es Führungskräften mit schwierigen Mitarbeitern ergehen: Wenn diese Mitarbeiter erst einmal der Meinung sind, dass ihr Chef und ihre Kollegen sie sowieso nicht mögen, dann sind sie auch nicht mehr zu ermutigen, sondern lassen alle Hinweise abprallen. Solange es nicht gelungen ist, die Beziehung zu verbessern, hat es deshalb auch wenig Sinn, den Versuch zu machen, einen solchen Mitarbeiter zu ermutigen: Auch wenn man es noch so freundlich und vorsichtig versucht, ist die Chance gering, sie oder ihn mit Impulsen zu erreichen und eine Selbstermutigung auszulösen. Solange ein Mensch davon überzeugt ist, dass man ihn ablehnt, wird er eher befremdet sein und sich fragen, was das plötzliche Gesäusel soll.

Paradoxerweise haben es Fremde da manchmal leichter, ermutigende Impulse zu geben, als Menschen, die miteinander in einer engen Beziehung leben, gleich ob sie privater oder geschäftlicher Natur ist. Einem Fremden oder flüchtigen Bekannten, der uns in einer schwierigen Situation anlächelt oder uns freundlich zunickt, dem glauben wir normalerweise sofort, dass er es gut mit uns meint und innerlich auf unserer Seite ist – und fühlen uns von seiner spontanen Reaktion ermutigt. Doch je besser wir jemanden beruflich oder privat kennen, desto wahrscheinlicher ist, dass die Beziehung schon ihre Höhen und Tiefen erlebt hat, und umso wachsamer und misstrauischer hinterfragen wir oft, wie ein Hinweis oder eine Bemerkung gemeint ist. Und reagieren im Zweifelsfall defensiv.

Es lohnt sich, einmal darauf zu achten, wie wachsam und misstrauisch viele Menschen – vielleicht auch wir selbst – jegliche Äußerungen und Signale ihrer Umgebung auf unfreundliche Signale filtern. Und wie sehr das gerade auch für unsere engsten sozialen Beziehungen in der Familie, im Freundeskreis sowie im engeren beruflichen Umfeld gilt. Auch wenn die Beziehungen »eigentlich« gut sind, richtet sich das Augenmerk erst einmal darauf, ob das, was gerade gesagt wurde, möglicherweise eine Kritik oder ein Angriff war. Und die meisten Menschen sind sofort bereit, darauf mit einer defensiven oder aggressiven Reaktion zu antworten. So wackelig ist offenbar das Gefühl, angenommen und akzeptiert zu sein, und so groß die Befürchtung, schon wieder auf einen Fehler oder eine Schwäche hingewiesen zu werden.

Immer wenn jemand in die Defensive geht, sich zurückzieht oder »zurückgiftet«, bedeutet das, dass er oder sie unsere Intervention definitiv nicht als Ermutigung aufgefasst hat, sondern als Angriff. Das kann ein Missverständnis sein – es kann aber auch sein, dass er unsere wirkliche Absicht genau richtig verstanden hat. Deshalb sind solche Reaktionen eine wichtige Information: Wann immer jemand auf unsere »Ermutigungen« defensiv oder aggressiv reagiert, gibt es zumindest eine Anspannung in der Beziehung. Und es lohnt sich, ein wenig Gewissenserforschung zu betreiben, ob man das, was man gesagt hat, wirklich ermutigend gemeint hat oder vielleicht nicht doch eher tadelnd und vorwurfsvoll.

►► Voraussetzung für jede wirksame Ermutigung ist eine gute Beziehung: Nur wenn der Adressat davon überzeugt ist, dass wir innerlich auf seiner Seite stehen und ihn trotz seiner Mängel und Unzulänglichkeiten so akzeptieren, wie er ist, ist er bereit und in der Lage, ermutigende Impulse anzunehmen. Falls er dagegen den Eindruck hat, dass wir ihn so, wie er ist, nicht akzeptieren und durch wiederkehrende Hinweise auf seine Fehler einen »besseren Menschen« aus ihm machen wollen, wird er das, was wir sagen, kaum als Ermutigung empfinden. ◄◄

4.3 Weniger eine Technik als eine Haltung

Es hilft nichts: Jemanden, den man, so wie er ist, ablehnt, den kann man nicht ermutigen. Ablehnung und Ermutigung sind zwei Haltungen, die nicht kompatibel sind: Ermutigen heißt ja, jemandem dabei zu helfen, zu wachsen und mehr aus seinen Möglichkeiten zu machen – wie könnte man das für jemanden tun, den man für einen Trottel, einen Dreckskerl oder für einen hoffnungslosen Versager hält? Jemanden abzulehnen, heißt ja, ihm schlechte Eigenschaften zuzuschreiben, und zwar unabänderlich und dauerhaft: Solch eine Person hat sich eben nicht bloß dumm angestellt, sie *ist* dumm. Der Glaube an die Unabänderlichkeit solcher Mängel und Charakterfehler ist unvereinbar mit Ermutigung, die ja gerade von dem Glauben an die Weiterentwicklung und an die Überwindbarkeit von Hindernissen lebt.

Hier zeigt sich schon, dass Ermutigung weniger eine Technik ist als eine Haltung. Es geht bei Ermutigung eben nicht um das Aussprechen einer magischen Formel. Vielmehr geht es erstens darum, wie wir den anderen sehen: Ob wir wirklich an sein Potenzial und seine Entwicklungsfähigkeit glauben oder ob wir ihn, auch wenn wir uns noch so aufgeschlossen und wohlwollend geben, innerlich für einen hoffnungslosen Fall halten. Und zweitens geht es darum, ob wir wirklich einen Beitrag zu seiner Weiterentwicklung leisten wollen oder ob wir ihn im Grunde unseres Herzens eigentlich gern in seiner »Unzulänglichkeit« halten wollen, auch wenn es uns wahrscheinlich schwer fallen wird, uns dies einzugestehen. Denn jemand, der schlecht ist, bestätigt uns ja darin, gut zu sein; jemand, der ein Versager ist, beweist, dass es nicht selbstverständlich ist, so erfolgreich zu sein wie wir; jemand, der ein Schuft ist, bringt unseren Edelmut erst richtig zur Geltung.

Akzeptanz ist die Basis der Ermutigung

Andererseits muss man einen Menschen nicht lieben, um ihn ermutigen zu können. Man muss ihn nicht einmal besonders mögen, auch wenn dies das Ermutigen leichter macht, aber man muss ihn zumindest akzeptieren, so wie er ist. Wobei akzeptieren nicht bloß heißt, zu ertragen, was man nicht ändern kann, sondern den anderen zu respektieren als einen Menschen, der, wie alle Menschen, positive und negative Eigenschaften hat und aus irgendwelchen Gründen zu der Person geworden ist, die er heute ist. Auch wenn wir manche seiner Eigenheiten und Verhaltensmuster vielleicht störend oder hinderlich finden, ist immer sinnvoll zu bedenken: Wir wissen nicht, welchen Lebensweg dieser Mensch hinter sich hat und welche Erfahrungen und Entscheidungen ihn dazu gebracht haben, so aufzutreten, wie er es heute tut.

Die eiserne Regel lautet: Akzeptanz ist die Basis aller Ermutigung. Jemanden, den wir nicht akzeptieren, über den wir verärgert, enttäuscht oder zutiefst unzufrieden sind, den können wir auch nicht ermutigen – jedenfalls nicht, solange diese negativen Bewertungen und Gefühle in uns vorherrschen. Deshalb beginnt Ermutigung damit, wie wir andere Menschen wahrnehmen und wie wir über sie denken. Hier liegt vielleicht die größte Schwierigkeit bei der Ermutigung von Mitarbeitern, die wir innerlich als Schwach- oder Minderleister ansehen.

Dabei geht es nicht darum, problematische oder negative Aspekte auszublenden, sondern nur darum, sie nicht so ausschließlich in den Mittelpunkt zu stellen. »Es ist wie bei einer guten Freundschaft«, schreibt Schoenaker: »Ich würde auch Deine negativen Seiten kennenlernen, und ich täte nicht so, als ob es sie nicht gäbe, sondern ich spräche mit Dir darüber. Ich würde sie aber nicht so wichtig machen. Ich richtete meine Augen auf Deine positiven Seiten, so dass Du diese mehr entwickeln könntest und einige der Schwachstellen sich dadurch von selbst auflösten.« (2002, S. 148 f.)

Solange die Forderung nach Akzeptanz abstrakt im Raum steht, ist sie leicht »abgenickt«. Grundsätzlich lassen sich dagegen ja auch kaum Einwände erheben: Wer sollte schon etwas dagegen haben, die Mitarbeiter zu akzeptieren? Schwierig ist daran eigentlich nur der kleine Zusatz »so wie sie sind« – und nicht nur so, wie wir sie gerne hätten (denn damit würden wir sie gerade nicht so akzeptieren, wie sie sind). Noch schwieriger wird es, wenn es um konkrete Personen geht – und dann noch ausgerechnet um diejenigen, über die man sich schon seit langem ärgert und an denen man sich bislang mit all seinen Bekehrungsversuchen die Zähne ausgebissen hat.

Akzeptanz heißt durchaus nicht, dass man mit allem einverstanden sein muss, was der andere tut und sagt, oder dass man alles ausblenden müsste, was einem nicht gefällt. Selbst unsere besten Freunde können ja Eigenschaften und Gewohnheiten haben, die uns missfallen, ja vielleicht sogar gewaltig auf die Nerven gehen. Aber das wird uns normalerweise nicht daran hindern, sie zu schätzen und zu akzeptieren: Wir würden ihnen deswegen nicht die Freundschaft kündigen, und wir würden das, was uns missfällt, auch nicht in den Mittelpunkt unseres Denkens und Handelns stellen.

Auch eine Frage des Menschenbilds

Zum Annehmen des anderen, *so wie er ist,* kommt ein Zweites, nämlich die Fähigkeit, ihn nicht nur so zu sehen und zu akzeptieren, wie er heute ist, sondern auch zu sehen und an das zu glauben, was er sein könnte. Ohne böse Absicht neigen wir dazu, Menschen – und zumal erwachsene Menschen – als Konstanten anzusehen: Sie sind, wie sie sind. Was unausgesprochen heißt, sie werden auch morgen, in einer Woche und in einem Jahr so sein wie sie sind. Es ist manchmal nicht ganz einfach, aber (meistens) möglich, in anderen Menschen auch zu sehen, wozu sie werden oder was sie vielleicht sein könnten. Und trotzdem nicht enttäuscht oder verärgert zu sein, wenn sie einen anderen Weg gehen, als wir uns vorgestellt haben.

Im Abstrakten ist es leicht, eine wohlwollende, entwicklungsförderliche Haltung zu anderen Menschen einzunehmen. Schwierig wird es erst, wenn es um konkrete Personen geht – und da auch nicht bei allen, aber umso mehr bei manchen. Wohl jeder von uns hat in der Familie, im Bekanntenkreis und/oder in der Firma mit einigen Menschen zu tun, von denen er eine schlechte Meinung hat, was auch immer die Gründe und die Vorgeschichte dafür sind. Bei diesen Personen ist es schon etwas anstrengender, erstens an ihr Potenzial und ihre Entwicklungsfähigkeit zu glauben und zweitens den Wunsch zu haben, einen förderlichen Beitrag zur Verwirklichung dieser Potenziale zu leisten.

Das Dumme ist nur: Der größte Hebel für Verbesserungen liegt ausgerechnet bei diesen Personen, vor allem wenn wir nicht nur sporadisch mit ihnen zu tun haben, sondern regelmäßig – etwa weil sie der eigenen Abteilung angehören oder ein regelmäßiger Ansprechpartner in der Nachbarabteilung oder bei einem Kunden oder Lieferanten sind. Je weniger wir von einem Menschen halten, desto größer ist meist das Potenzial für Verbesserungen, allerdings nur unter der Bedingung, dass es uns gelingt, unsere Haltung in Richtung Akzeptanz und Gleichwertigkeit zu verändern.

Falls wir überhaupt eine Chance haben wollen, solche Menschen zu erreichen, müssen wir daher erst an der Beziehung arbeiten und sie so weit verbessern, dass der andere nicht jedes Wort, das wir sagen, sofort als einen potenziellen Angriff versteht. Aber wie arbeitet man an einer Beziehung? Zuallererst müssen wir uns darüber klar werden, ob wir überhaupt dazu bereit sind, unsere Haltung gegenüber der betreffenden Person zu korrigieren und ihr wirklich eine faire Chance zu geben. Denn ansonsten sind wir in der Gefahr, zwischen dem Bemühen um mehr Zugewandtheit und den bisher eingespielten Verhaltensreflexen hin- und herzupendeln. Aber nichts verkraftet das Bemühen um eine Beziehungsverbesserung weniger als eine halbherzige Entscheidung, die sich in einem wechselhaften und für den Adressaten damit völlig unberechenbaren Verhalten niederschlägt.

Elemente einer ermutigenden Grundhaltung

Eine ermutigende Grundhaltung zeichnet sich durch einige wesentliche Komponenten aus:

- Respekt und Wertschätzung
- menschlich gleichwertige Beziehung
- Akzeptieren des anderen, so wie er ist (und nicht bloß so, wie er nach unserer Meinung sein sollte oder müsste)
- die Fähigkeit, in anderen Menschen ihre Potenziale zu sehen und nicht bloß ihre Defizite
- Schwachpunkte sehen, aber ihre Bedeutung nicht übertreiben
- wirkliches Eingehen auf den Einzelnen statt oberflächlichen Schulterklopfens
- die Wirkungen des eigenen (Führungs-) Verhaltens einschätzen können

Eine solche Haltung kann man nicht erzwingen, weder bei sich selbst noch bei anderen, man kann sie nur im Laufe der Zeit entwickeln, indem man an den Punkten arbeitet, bei denen man sich vielleicht schwertut. Denn eine ermutigende Grundhaltung ist an eine Reihe von Voraussetzungen geknüpft, die mit der eigenen Person, dem eigenen Selbstwertgefühl und dem eigenen Menschenbild zu tun haben:

- Selbstachtung, Selbstakzeptanz, positives Selbstwertgefühl
- mit sich selbst im Reinen sein
- akzeptierendes, gleichwertiges Menschenbild
- Beitragsbereitschaft

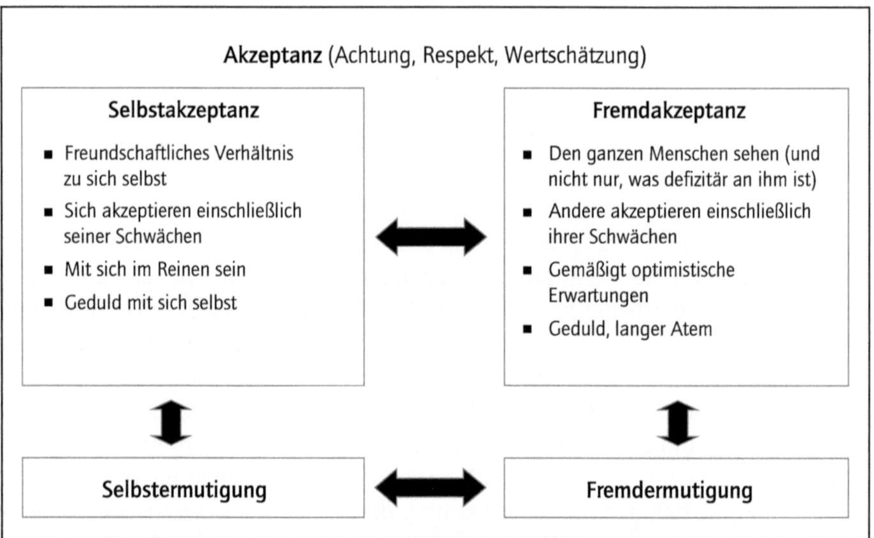

Abb. 6 Selbst- und Fremdakzeptanz sind die Voraussetzungen für Ermutigung

Diese Punkte darf man nicht so streng nehmen, dass sie einschüchternd und entmutigend werden: Man muss und kann das nicht zu 100 Prozent erfüllen. Andererseits ist es auch kaum möglich, andere zu ermutigen, wenn man sich selbst nicht akzeptiert oder gar an sich selbst verzweifelt. Ein freundschaftliches Verhältnis zu sich selbst macht es sehr viel leichter, anderen freundliche Gedanken und Gefühle entgegenzubringen. Und wer etwas Geduld mit sich selbst hat, tut sich auch leichter, anderen mit optimistischen, aber nicht überzogenen Erwartungen zu begegnen.

►► Ermutigung ist weniger eine Technik als eine Haltung. Ob eine Äußerung - oder sonst ein Impuls - ermutigend ist, hängt nicht davon ab, wie »wohlmeinend« er ist, sondern allein davon, was er bei dem Adressaten bewirkt. Dafür ist die innere Haltung sehr viel wichtiger als die äußere Form. Entscheidend ist, ob der Empfänger spürt, dass wir auf seiner Seite stehen und seine Situation verstehen. Deshalb ist eine gute Beziehung die Voraussetzung dafür, jemanden ermutigen zu können. ◄◄

4.4 Direkte und indirekte Ermutigung

Wenn wir eine angeknackste Beziehung verbessern wollen, wäre es voreilig, es sofort mit irgendwelchen ermutigenden Aussagen zu versuchen. Die erste Sofortmaßnahme ist viel einfacher - und zugleich eine erste Bewährungsprobe für die Ernsthaftigkeit unserer Absichten: Sie sollte sein, Schluss zu machen mit Kommentaren, die die Beziehung weiter belasten - vor allem mit jeder Form von Gemecker, Genörgel und Kritik. »Falls Sie merken, dass Sie gerade dabei sind, etwas Kritisches zu sagen«, hat Theo Schoenaker in seinen Vorträgen immer wieder empfohlen, »halten Sie einfach den Mund«. Technisch ist das nicht so schwierig, dass es irgendjemanden überfordern könnte. Das Einzige, was es verlangt, ist Körperbeherrschung, vor allem im Bereich des Unterkiefers.

Schluss mit Meckern, Nörgeln und Kritisieren

Wer es versucht, wird feststellen, dass der Verzicht auf das beinahe zur Gewohnheit gewordene Nörgeln und Kritisieren mit fortschreitender Zeit immer schwerer fällt - schwerer jedenfalls als vermutlich erwartet. Dennoch wäre es falsch, darin nur eine Übung in Selbstbeherrschung zu sehen. Denn auf die Dauer reichen zusammengebissene Zähne nicht aus, um zusammengebissene Gedanken im Zaum zu halten. Wenn wir innerlich vor Wut und Ärger kochen, ist es nur eine Frage der Zeit, bis wir entweder doch mit einer unfreundlichen Bemerkung herausplatzen, »weil es so nun wirklich nicht geht«, oder unseren Unmut nonverbal so deutlich zum Ausdruck bringen, dass unser verbissenes Schweigen keinen Fortschritt darstellt, sondern eher eine neue Eskalationsstufe.

Um gelassener mit Verhaltensweisen umgehen zu können, die uns bisher zu Kritik herausgefordert haben, ist es hilfreich, ja beinahe unerlässlich, sie anders zu betrachten als wir es bislang wohl getan haben. Zwei Veränderungen des Blickwinkels sind dafür besonders wichtig: erstens, sich von der Vorstellung zu lösen, dass andere Menschen - Mitarbeiter, Kollegen, Lebenspartner, Kinder, andere Verkehrsteilnehmer etc. - die Dinge so tun müssten, wie wir es für richtig halten. Zweitens ist es nützlich, mit der dummen Angewohnheit aufzuhören, alltägliche Probleme aufzubauschen und zu dramatisieren.

Mag ja sein, dass die Vorgehensweise des anderen umständlicher, aufwendiger oder – aus unserer Sicht – unlogisch ist. Aber es ist der Weg, der aus *seiner* Sicht sinnvoll ist, vielleicht aus Mangel an Erfahrung, vielleicht aber auch, weil ihm einfach genau diese Vorgehensweise sinnvoll erscheint. Die meisten Menschen kennen ja unsere Vorstellungen nicht und sehen es auch nicht unbedingt als ihre Aufgabe an, sie zu erraten. Denkbar ist aber auch, wenn sich jemand anders verhält als wir es von ihm erwarten, dass er ganz einfach andere Ziele verfolgt als wir oder andere Prioritäten setzt – wer sagt denn, dass alle Menschen die gleichen Ziele haben müssten wie wir? Wenn wir akzeptieren, dass jeder seinen Weg finden und gehen muss, dann wird es leichter.

»Mach's nicht so wichtig!«

Wenn wir uns einmal selbstkritisch über die Schulter schauen, neigen wir zuweilen dazu, das tatsächliche oder vermeintliche Fehlverhalten unserer Mitmenschen hochzuspielen, um uns besser darüber empören zu dürfen (!). Wenn wir es nämlich nicht so sehr aufbauschen und es stattdessen etwas entspannter betrachten würden, dann könnten wir kaum das Drama rechtfertigen, das wir deswegen veranstalten. Also blasen wir das Problem erst einmal so weit auf, dass es unsere Aufregung rechtfertigt. Das tun wir zum Beispiel, indem wir uns darüber ereifern, welche katastrophalen Auswirkungen dies im schlimmsten Fall haben könnte – oder welche Folgen es hätte, wenn dies alle machen würden.

Deshalb ist wichtig, sich klarzumachen – und sich einzugestehen! –, dass viele der Probleme, über die wir uns erregen, nicht »objektiv« so groß sind wie wir sie behandeln, sondern dass wir bei ihrer Vergrößerung etwas nachgeholfen haben, um eine ausreichende Legitimation für unsere Intervention zu haben. Aus guten Gründen mahnt Theo Schoenaker immer wieder: »Mach's nicht so wichtig!« (z. B. 2002, S. 137)

Was man wörtlich nehmen sollte: Seine Aussage ist nicht »*Nimm* es nicht so wichtig!«, sondern »*Mach* es nicht so wichtig!« Denn das große Gewicht, das wir vielen Problemen beimessen, ist kein Ausdruck ihrer objektiven Dramatik, sondern die Folge unserer sehr subjektiven Dramatisierung. Wenn wir ehrlich sind, könnten wir uns und unserer Umgebung dieses Theater in vielen Fällen ersparen. Die gute Nachricht daran ist: Wir können diese dumme Angewohnheit bleiben lassen, ohne dass schreckliche Dinge passieren werden. Das Leben wird dadurch sogar ein bisschen leichter – für alle Beteiligten.

Ja, Sie haben natürlich Recht: Es gibt auch Dinge, die von großer oder sogar existenzieller Bedeutung sind, und in solchen Fällen kann und darf man nicht einfach wegschauen. Etwa der Verstoß gegen Sicherheitsvorschriften, auch wenn nichts passiert ist, die leichtfertige Gefährdung von Leben und Gesundheit anderer Menschen, Verstöße gegen elementare Regeln menschlichen Zusammenlebens und noch manches andere mehr. Unsere Empfehlung ist keineswegs, auch in solchen Fällen einfach den Mund zu halten. Wenn wirklich etwas Wichtiges auf dem Spiel steht, sollten – nein, dann *müssen* wir in der Tat deutlich Stellung beziehen. Aber einmal ehrlich: Wie häufig geht es um solche Probleme? Vermutlich würden wir viel zur Verbesserung des zwischenmenschlichen Klimas beitragen, wenn wir uns entschließen könnten, uns auf diese Fälle zu beschränken.

Die Verringerung unserer Nörgelquote bringt nicht gleich am ersten Tag, aber meist erstaunlich schnell eine Entkrampfung des Klimas. Oft bemerkt der andere am Anfang erst einmal gar nichts – aber schon das ist ja eine Verbesserung, wenn es zuvor in kurzen Abständen immer wieder wehgetan hat. Irgendwann fällt ihm dann auf, dass sich etwas verändert hat, und er registriert es bewusst, wenn auch zunächst vielleicht noch etwas misstrauisch. Möglicherweise kommt dann eine vorsichtige Frage, was das zu bedeuten hat, aber selbst wenn nicht darüber gesprochen wird, beginnt sich das Verhältnis langsam zu verändern: Wenn man nicht mehr ständig damit rechnen muss, angegriffen, kritisiert oder belehrt zu werden, muss man auch nicht mehr ständig in höchster Alarmbereitschaft sein.

Die Bedeutung des Klimas

Die deutliche Reduzierung der Nörgelquote ist ein wichtiges Element dessen, was Schoenaker »indirekte Ermutigung« nennt (Schoenaker 2002, S. 117f.). Während direkte Ermutigung aus all dem besteht, was man gezielt sagt oder tut, um dem Adressaten Mut zu machen, ist mit indirekter Ermutigung gemeint, ein Klima zu schaffen, in dem man sich sicher und angenommen fühlen kann und nicht ständig auf der Hut sein muss, attackiert, herabgesetzt oder bloßgestellt zu werden. Damit bereitet die indirekte Ermutigung den Boden für die direkte: Sie schafft die Voraussetzungen dafür, dass eine direkte, explizite Ermutigung überhaupt ankommen und wirken kann. Deshalb ist die Bedeutung der indirekten Ermutigung nicht zu unterschätzen: Sie ist mindestens ebenso wichtig, wenn nicht noch wichtiger als die direkte.

Wie wichtig ein wohlwollendes Klima ist, spürt man am besten, wenn es fehlt. Wenn man zum Beispiel in der Firma das Gefühl hat, dass der Chef und/oder die Kollegen nur darauf warten, bis man den nächsten Fehler macht, um dann über einen herfallen zu können, dann muss gar niemand ein Wort sagen, damit man sich gehemmt, eingeschüchtert und blockiert fühlt. Nicht für alle, aber für viele Menschen reicht ein solches Klima aus, um sie bis an die Grenze der Handlungsunfähigkeit zu blockieren. Doch auch diejenigen, die mit solch einer Atmosphäre umgehen können, sind unter diesen Umständen weniger leistungsfähig, weil sie einfach einen Teil ihrer Aufmerksamkeit und Energie dafür benötigen, wachsam zu sein, nichts Unbedachtes zu sagen und sich nicht angreifbar zu machen.

Auch hier ist wieder wichtig zu betonen: So etwas ist nicht nur ein atmosphärisches Problem, das sensiblen Naturen bedauerlicherweise ein bisschen auf ihre zarten Seelchen schlägt – es ist ein massives wirtschaftliches Problem. Denn wenn in einem Betrieb oder einer Abteilung manche Mitarbeiter nicht den Mund aufzumachen wagen, um sich keine kalte Dusche einzufangen, und wenn selbst die Mutigeren nur einen Teil ihrer Leistungsfähigkeit einsetzen, weil sie auch nicht unbedingt Lust dazu haben, Prügel zu riskieren, dann hat dieser Betrieb oder diese Abteilung einen Produktivitätsnachteil gegenüber Einheiten, in denen ein besseres, wohlwollenderes Klima herrscht.

Zudem hat er höchstwahrscheinlich ein Innovationsproblem, denn in einem solchen Umfeld ist es nicht unbedingt ratsam, offen und kreativ über Verbesserungsmöglichkeiten zu reden. Es ist daher kein Wunder, wenn solche Unternehmen früher oder später auch ernste wirtschaftliche Probleme bekommen.

Ein akzeptierendes Klima schaffen

In den meisten Unternehmen (und Familien) bewegt sich das Klima irgendwo zwischen den Polen »extrem entmutigend« und »sehr ermutigend«. Doch mittels indirekter Ermutigung kann man auch als Einzelner einiges tun, um das Klima zu verbessern. Das gilt besonders für die Vorgesetzten und für die angesehenen Mitglieder des Teams, aber mit Abstrichen auch für alle anderen. Dazu müssen sie sich nur entscheiden, sich ein bisschen freundlicher, aufgeschlossener und zugewandter zu verhalten als es ihren bisherigen Gewohnheiten entspricht – und diesen Vorsatz vor allem auch durchhalten. Noch besser ist es natürlich, wenn sich ein ganzes Team dafür entscheidet, seine Arbeitsatmosphäre ermutigender zu gestalten.

Indirekte Ermutigung ist kein Hexenwerk; sie erfordert keinerlei Kenntnisse und Fähigkeiten, die wir nicht ohnehin längst besitzen; sie erfordert lediglich, etwas häufiger als bisher von diesen Fähigkeiten Gebrauch zu machen. Theo Schoenaker hat eine Liste mit »ermutigenden Beziehungsqualitäten« zusammengestellt, die zeigt, wie indirekte Ermutigung konkret aussehen kann:

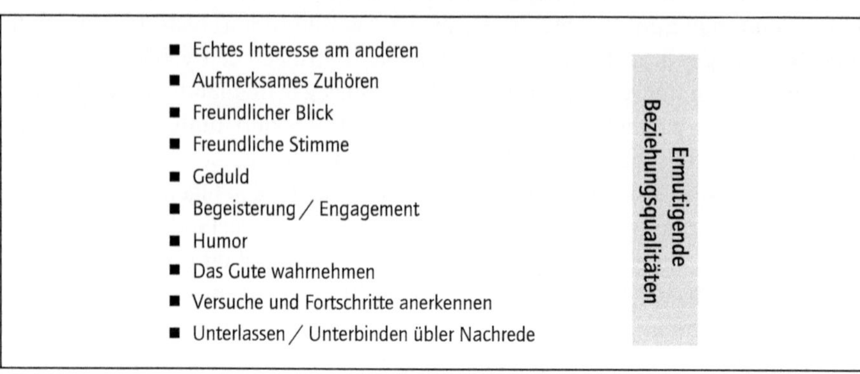

Abb. 7 Indirekte Ermutigung ist die Basis für die direkte Ermutigung (in Anlehnung an Schoenaker 2002)

Die indirekte Ermutigung ist mehr als bloß eine Vorstufe zur direkten Ermutigung: Oft reicht ein ermutigendes Teamklima bereits aus, um das Handeln aller Beteiligten ein kleines Stück mutiger zu machen – und auf diese Weise einen »Engelskreis« auszulösen, also eine positive Selbstverstärkung.

Denn wenn alle ein bisschen weniger defensiv agieren und auf diese Weise in ihrer Zusammenarbeit besser vorankommen, ermutigt sie dies, beim nächsten Mal noch ein bisschen offener und mutiger zu sein. Gerade in einer festen Gruppe, einem Team oder einer Organisation verstärkt sich die indirekte Ermutigung also selber, ohne dass dabei unbedingt auch direkte Ermutigung eingesetzt werden muss. Die direkte Ermutigung ergibt sich in solch einem wohlwollenden Klima oft von selbst, ganz beiläufig und ungeplant, etwa wenn einer etwas unsicher sagt: »Ich hab da eine Idee, aber ich weiß nicht, ob sie etwas taugt!« und die spontane Reaktion der Kolleginnen und Kollegen ist: »Komm, schieß los!«

►► Indirekte Ermutigung ist die Basis für die direkte. Sie besteht darin, ein Klima zu schaffen bzw. zu einem Klima beizutragen, in dem alle sich akzeptiert und zugehörig fühlen. Das beginnt damit, mit der dummen Angewohnheit des ständigen Meckerns, Nörgelns und Kritisierens zu brechen und zu akzeptieren, dass andere Menschen auch anders handeln dürfen, als es unseren Erwartungen entspricht. Weiter gehört dazu, das was uns stört, nicht so wichtig zu machen, es also nicht aufzubauschen und zu dramatisieren. Und schließlich geht es darum, durch Aufmerksamkeit, Freundlichkeit, Geduld und andere ermutigende Beziehungsqualitäten zu einem angenehmen, wohlwollenden Teamklima beizutragen. ◄◄

4.5 Direkte Ermutigung

In einem wohlwollenden Klima findet explizite, also direkte Ermutigung nur dort statt, wo sie erforderlich ist. Aber die Grenzen sind fließend: Wenn jemand ein Erlebnis erzählt, gehen aufmerksames Zuhören, Kopfnicken, »Zuhörgeräusche« (wie »ja«, »mhm«, »oh«), kurze Einwürfe (»ehrlich?«, »toll«, »unglaublich«) und Impulse zum Weiterreden (»und dann?«, »erzähl'«) kontinuierlich ineinander über.

Eine Frage des Timings

Direkte Ermutigung besteht einfach darin, seinen Mitmenschen einen kleinen Impuls in die richtige Richtung zu geben – manchmal auch mehrere, unter Umständen sogar eine ganze Kette von Impulsen, verteilt über Tage, Wochen oder Monate. Das können Worte sein, aber auch nonverbale Signale, es können Entscheidungen sein, wie etwa die Übertragung einer Aufgabe, es kann das Formulieren von klaren Erwartungen und sogar von deutlichen Forderungen sein,

ein ehrliches, konstruktives Feedback, und vieles andere mehr. Entscheidend ist immer: Wird unsere Äußerung als Ausdruck eines ehrlichen und realistischen Vertrauens und Zutrauens verstanden? Wenn das der Fall ist, kann gar nicht mehr so viel schiefgehen.

Im Grunde kann man die direkte Ermutigung als einen sanften Schubs in die richtige Richtung verstehen – zuweilen auch als einen nicht ganz so sanften. Nun ist das mit dem Schubsen aber so eine Sache: Die meisten Menschen wollen nicht geschubst werden, jedenfalls nicht ständig, und schon gar nicht von jedem. Die Kunst der Ermutigung besteht daher oft weniger darin, exakt die richtigen Worte zu finden oder gar eine Zauberformel auszusprechen, als den richtigen Moment abzuwarten. Es hat keinen Sinn zu schubsen, wenn der andere finster entschlossen ist, sich unter keinen Umständen auch nur einen Millimeter zu bewegen. Und es hat auch keinen Sinn zu schubsen, wenn der andere ohnehin schon im Begriff ist, sich in Bewegung zu setzen. In beiden Fällen kommt der gut gemeinte Impuls zur Unzeit und löst allenfalls unwillige Reaktionen aus.

Das heißt, im Gegensatz zur indirekten Ermutigung, die eigentlich nie verkehrt ist und die man daher immer machen kann, erfordert direkte Ermutigung erstens ein gutes Timing und zweitens die richtige Dosierung. Das wiederum heißt, sie setzt weniger Formulierungskünste voraus als vielmehr Geduld und Empathie. Direkte Ermutigung muss sich primär am Rhythmus des Adressaten und an den sachlichen Erfordernissen orientieren, nicht am spontanen Impuls oder der Ungeduld dessen, der ermutigen möchte. Eine Ermutigung, die eher dem Tatendurst des Ermutigers entspringt als den Anforderungen der Situation und die den Adressaten infolgedessen »kalt erwischt«, geht mit hoher Wahrscheinlichkeit nach hinten los.

Gutes Timing erfordert Achtsamkeit und Empathie

Die Antwort auf die Frage »Wie geht direkte Ermutigung?« beginnt deshalb nicht mit Worten, sie beginnt mit Einfühlung und Beobachtung. Dabei gibt es zwei mögliche Fälle, die zuweilen auch zusammentreffen. Der eine Fall ist: Bei einem Menschen reift eine Überlegung, bis sie irgendwann entscheidungsreif ist, wie beispielsweise: Soll ich vielleicht doch noch einmal einen Anlauf zu einem weiterführenden beruflichen Schritt machen, etwa, eine Höherqualifizierung anpacken, mich für eine neue Aufgabe bewerben, für ein paar Jahre ins Ausland gehen, die Firma wechseln oder auch, den Schritt in die Selbstständigkeit wagen?

Wenn der Betreffende erwähnt oder zu erkennen gibt, dass er über solche Fragen nachdenkt, dann ist vermutlich der Zeitpunkt für ein ermutigendes Gespräch oder auch mehrere gekommen. Ermutigung heißt in einem solchen Fall übrigens nicht, dem Betreffenden voller Enthusiasmus zu einer solchen Entscheidung zu raten, es heißt, gemeinsam mit ihm nüchtern und sachlich das Für und Wider dieser Entscheidung herauszuarbeiten.

Zwar wäre es natürlich entmutigend, ihn nachdrücklich vor einer solchen Entscheidung zu warnen und ihm all ihre Risiken und Schattenseiten in den düstersten Farben auszumalen. Aber es wäre, wenn auch auf eine weniger offensichtliche Weise, mindestens genauso entmutigend, ihn zu einer positiven Entscheidung zu drängen und deren mögliche Risiken wegzuwischen oder zu verharmlosen. Denn erstens würde das den stillen Sorgen und Befürchtungen des Adressaten nicht gerecht – wenn er aber keine solchen Sorgen hätte, dann hätte er die Entscheidung wohl längst getroffen. Und zweitens signalisiert das Wegwischen oder Verharmlosen von Risiken, dass da etwas Bedrohliches im Busch ist, dem sich der »Ermutiger« selbst nicht stellen will, mit der Folge, dass er diese Sorgen natürlich nicht ausräumt, sondern seinen Gesprächspartner mit ihnen alleine lässt.

Wenn jemand zum Beispiel darüber nachdenkt, sich selbstständig zu machen, dann muss in einer ermutigenden Beratung darüber gesprochen werden, wie er an genügend Aufträge zu kommen gedenkt, wie er die Anfangsinvestitionen finanzieren und die mögliche Durststrecke des Anfangs finanziell überbrücken will, um nicht nach ein paar Monaten existenziell unter Druck zu kommen. Desgleichen gehört dazu, zu besprechen, wie er sich für den unwahrscheinlichen, aber nicht unmöglichen Fall einer längeren Arbeitsunfähigkeit abzusichern plant. Über solche Fragen nicht zu sprechen, sondern einfach zu einem »beherzten Sprung ins kalte Wasser« zu raten, ist keine Ermutigung, sondern Anstiftung zu grober Fahrlässigkeit.

Ermutigend wird das Gespräch über solche Risiken, indem es sie nicht dramatisiert und zu einem unüberwindlichen Hindernis aufbauscht, sondern nach konkreten Antworten sucht, auf diesen konkreten Antworten aber auch besteht: »Solange du nicht einen schlüssigen Plan hast, bekommst du meinen Segen nicht!« Mit anderen Worten, direkte Ermutigung erfordert, Risiken und Probleme nicht zu verschweigen, sondern sie offen zu adressieren und zu klären, wie man sie ausräumen oder ihnen vorbeugen kann.

Direkte Ermutigung als Reaktion auf Probleme

Direkte Ermutigung ist auch angebracht, wenn von der Sache her eine Kurskorrektur ansteht und sich die Notwendigkeit des nächsten Schritts nicht aus einer inneren Reifung ergibt, sondern einfach aus einer geschäftlichen Notwendigkeit. Wenn ein Außendienst-Mitarbeiter zum Beispiel anhaltende Probleme mit einem Kunden hat oder wenn ein Projekt in Schwierigkeiten geraten ist, dann ergibt sich der Bedarf für Ermutigung weniger aus der inneren Bereitschaft des Adressaten als daraus, dass die Situation eine neue Antwort erfordert und möglicherweise nach einer grundlegenden Korrektur verlangt. Das heißt, es gibt einen sachlichen Handlungsbedarf, gleich ob der betreffende Mitarbeiter das Problem von sich aus anspricht oder nicht.

Solche »Problemgespräche« bekommen im Geschäftsalltag allzu leicht einen entmutigenden Charakter. Häufig ist es für die betroffenen Mitarbeiter schon unangenehm, überhaupt auf die Probleme mit ihrem Kunden oder ihrem Projekt angesprochen zu werden, deshalb reagieren sie oft nur abwehrend und zugeknöpft auf Fragen. Da die Vorgesetzten aber nicht wollen, dass ihnen die Betreffenden ausbüxen, fragen sie umso insistierender nach, wodurch die Gespräche – wenigstens aus Sicht der Betroffenen – leicht einen verhörartigen Charakter bekommen und zu einem verbalen Kampf zwischen Inquisitor und Befragtem werden.

Entsprechend schwierig ist es, in solchen »Verhören« zu einem positiven Ergebnis zu kommen: Wenn der oder die Betroffene nicht das Gefühl hat, dass der Vorgesetzte auf seiner bzw. ihrer Seite steht, sondern er eher befürchten muss, nun auch noch an der »Heimatfront« Probleme zu bekommen, dann wächst nur der Stress und möglicherweise auch die Angst, zu versagen; ein Zuwachs an Mut wird dadurch kaum erreicht. Häufig enden solche Gespräche denn auch damit, dass der oder die Vorgesetzte den Druck erhöht: »Ich erwarte von Ihnen, dass Sie das lösen. Lassen Sie sich etwas einfallen!«

Bloß den Druck zu erhöhen, hat jedoch ebenso wenig mit Ermutigung zu tun wie das genaue Gegenteil, nämlich, den Druck völlig wegzunehmen, indem man die Aufgabe an sich zieht und den Mitarbeiter damit faktisch von ihr entbindet. Das wird er zwar kurzfristig vielleicht als große Entlastung empfinden, vor allem, wenn der empfundene Druck sehr hoch war. Doch in die Erleichterung mischt sich alsbald das bittere Gefühl, versagt zu haben, gescheitert zu sein – nicht gut genug (gewesen) zu sein. Noch entmutigender ist es, wenn die Nachfolger das Problem dann lösen: Dann hat man endgültig den »Beweis« seiner Unfähigkeit, Untauglichkeit, Minderwertigkeit.

Probleme auf ermutigende Weise besprechen

Direkte Ermutigung heißt in solchen Fällen, die Betreffenden mit ihrem Problem nicht alleine zu lassen, es ihnen aber auch nicht abzunehmen. Manchmal kann schon ein »Sie kriegen das schon hin, da bin ich mir sicher!« ermutigend wirken. Allerdings besteht die Gefahr, dass solch eine Bemerkung nur als oberflächlicher Trost empfunden wird, der letztlich mehr von Desinteresse und Unverständnis zeugt als von echter Anteilnahme. Doch auch hier hängt viel von der Beziehung ab: Wenn der Mitarbeiter der Überzeugung ist, dass der Chef ihn kennt und seine Fähigkeiten einschätzen kann, kann es durchaus sein, dass er die Bemerkung, auch wenn sie vordergründig etwas platt wirkt, in eine Selbstermutigung umsetzt.

Jedes Ansprechen eines Problems signalisiert die Annahme, der Mitarbeiter werde es nicht alleine schaffen, es zu lösen, und kann insofern entmutigend wirken (außer wenn Mitarbeiter bei ihrem Vorgesetzten den Eindruck haben, er mische sich aus Übereifer oder Langeweile regelmäßig in ihre Aufgaben ein, und dies eher als das Problem des Vorgesetzten ansehen denn als ihr eigenes). Insofern sollte das Ansprechen nicht leichtfertig erfolgen. Andererseits hat es auch keinen Sinn, damit so lange zu warten, bis die Situation völlig verfahren ist und die betreffenden Mitarbeiter noch stärker demoralisiert sind. Insofern ist in solchen Fällen die bedachte Entscheidung, das Problem anzusprechen oder (noch) nicht, der erste Schritt zur Ermutigung.

Falls Sie sich entscheiden, das Problem anzusprechen, ist es wichtig, aktiv für ein ermutigendes Klima zu sorgen. Gerade weil es vielen Betroffenen peinlich ist, auf ihr Problem angesprochen zu werden, und sie Angst vor Tadel, Kritik und Vorwürfen haben, kommt es darauf an, erst einmal Druck aus der Situation herauszunehmen und zugleich freundlich und fest auf einem Gespräch zu bestehen: »Ich habe den Eindruck, es läuft nicht ganz rund, und wollte mal von Ihnen direkt hören, wie die Situation ist, woran es hakt und wie wir die Sache wieder auf die Spur kriegen.«

Danach geht es vor allem darum, dem Mitarbeiter zuzuhören, das Problem gemeinsam mit ihm zu analysieren und ihn dazu anzuregen, zu überlegen, wie *er* es lösen kann. Der Vorgesetzte sollte sich in die Lösung nur dann selbst einmischen, wenn seine Mitwirkung zwingend erforderlich ist, weil der Mitarbeiter zum Beispiel bestimmte Kompetenzen, Befugnisse oder auch Kontakte nicht hat. Jede unnötige Einschaltung ist entmutigend, und zwar auch dann, wenn der Mitarbeiter sie kurzfristig als Entlastung, Erleichterung oder willkommene Unterstützung betrachtet. Entscheidend ist nicht, was für den Mitarbeiter oder die Mitarbeiterin momentan die angenehmste Lösung ist, sondern was am meisten dazu beiträgt, dass er bzw. sie ein paar Tage, Wochen oder Monate später sagen kann: »Ich habe es hingekriegt!« Und nicht: »Ich hätte es nicht hingekriegt, wenn mir mein Chef nicht aus der Patsche geholfen hätte.«

Ob ein solches Gespräch ermutigend war, erkennt man oft daran, ob der Mitarbeiter am Ende mit Worten oder durch seine Körpersprache zeigt, dass er nun deutlich weniger unter Druck steht: »Das hat mir geholfen, meine Gedanken zu sortieren. Ich weiß jetzt, was ich zu tun habe!« Es kann aber auch sein, dass er sich etwas grummelnd und unzufrieden verabschiedet, weil er sich ein stärkeres Einschreiten seines Chefs oder eine völlige oder teilweise Entbindung von seiner Aufgabe erhofft hatte. Ermutigung kann auch sein, sich solchen Erwartungen zu verweigern, mit dem deutlichen Hinweis: »Ich könnte das tun, aber ich werde es nicht tun, weil Sie all das, was wir besprochen haben, auch alleine hinbekommen können.« Erinnern wir uns: Das Gesprächsziel ist Ermutigung, nicht Erleichterung.

►► Direkte Ermutigung ist weniger eine Frage der Wortwahl als eine des Timings: Sie muss kommen, wenn der Adressat sie braucht, und nicht, wenn dem Ermutiger danach ist. Deshalb erfordert sie ein hohes Maß an Achtsamkeit und Empathie, um den richtigen Moment zu erwischen, das heißt den Moment, in dem der Adressat bereit dafür ist und/oder die Sachlage es erfordert. Direkte Ermutigung heißt, auf sein Problem einzugehen und ihm nützliche Impulse zu geben, ohne ihm die Aufgabe und die Verantwortung für das Ergebnis abzunehmen. Ziel ist nicht, dass er erleichtert ist, sondern dass er erfolgreich ist – und dass der Erfolg ihm gehört. ◄◄

Fallbeispiel: Weichenstellungen mit Langzeitfolgen

In ihrem Buch »Ermutigung als Lernhilfe« berichten die Individualpsychologen Don Dinkmeyer und Rudolf Dreikurs ein eindrucksvolles Fallbeispiel, wie es einem amerikanischen Schulleiter gelang, einen angekündigten »Problemjugendlichen« für sich zu gewinnen und zu ermutigen: »Ende Februar wurde mir mitgeteilt, dass ein als Unruhestifter bekannter Junge aus einem anderen Schulbezirk zu uns übersiedeln würde. Bill war ein Siebtklässler, sehr erwachsen und groß für sein Alter. Am ersten Tag ließ ich Bill in mein Büro kommen und hieß ihn an meiner Schule willkommen. Ich sagte ihm, wir könnten einen großen Jungen wie ihn recht gut für unseren Schülerlotsendienst gebrauchen, und sicher wäre er auch eine Bereicherung unseres Softball-Teams. Ich wusste bereits, dass er ein guter Sportler war und gern Baseball spielte. Also unterhielt ich mich mit ihm eine Weile über Baseball, und er war sichtlich erfreut über unsere kleine Unterhaltung.

Bill wurde dem Schülerlotsendienst zugeteilt und hat ausgezeichnete Arbeit geleistet. Er hat sich einiger kleiner Vergehen schuldig gemacht, aber nie etwas Böses angestellt. Er ist bei seinen Klassenkameraden sehr beliebt und hat unter ihnen eine Vorbildfunktion inne. Ich habe Bill sehr gern und halte ihn für einen der nettesten Jungen unserer Schule. Neulich kam seine Mutter zu mir, um mir zu sagen, wie froh sie über Bills gutes Verhalten sei und wie gerne er die Schule besuchte.« (Dinkmeyer / Dreikurs 1970, S. 85)

Der Jugendliche hatte offenbar bereits begonnen, sich, wie Individualpsychologen das nennen, »auf die unnütze Seite des Lebens zu schlagen«, was, auch wenn es nicht so aussieht, immer ein Ausdruck tiefer Entmutigung ist. Wer keine Hoffnung mehr hat, zu einem anerkannten und respektierten Mitglied der Gemeinschaft – in diesem Fall der Schulklasse – zu werden, wechselt auf die Gegenseite und wird zum Störenfried, also etwa zum Unruhestifter, zum Schläger oder zum Kleinkriminellen.

Was wäre die übliche Reaktion einer Führungskraft, wenn ihr ein solcher Problemjugendlicher angekündigt wird? Vermutlich ein Aufruf an die Lehrer zur Wachsamkeit, zur sorgfältigen Beobachtung und zur sofortigen Intervention bei ersten Auffälligkeiten, nach dem Motto: Wehret den Anfängen! Vielleicht auch ein frühzeitiges warnendes Gespräch mit dem Jugendlichen, um ihm klarzumachen, dass man seine Vorgeschichte kennt, dass er daher unter besonderer Beobachtung steht und dass man an dieser Schule kein Fehlverhalten von seiner Seite hinnehmen wird.

Was wäre der Effekt einer solchen Warnung und verschärften Beobachtung? Möglicherweise würde sie den Jungen für eine Weile einschüchtern, vor allem aber würde sie ihm deutlich machen, dass er auch an seiner neuen Schule als Außenseiter, Unruhestifter, Problemfall gesehen wird – kurz gesagt, dass er nicht dazugehört, sondern sozusagen auf der Gegenseite eingeordnet ist. Eine Antwort auf seine tiefere Frage (die ihm vermutlich selbst nicht bewusst ist), wie er sich einen anerkannten Platz in der Gemeinschaft erwerben kann, gibt ihm eine solche Vorwarnung nicht. Da er aber offenbar keine aktive Strategie hat, was er tun kann, um sich einen Platz in der Gemeinschaft zu erwerben, wird er in Ermangelung von Alternativen früher oder später vermutlich auf seine alten Strategien zurückfallen und wieder zum Unruhestifter - oder zu etwas Schlimmerem - werden.

Was der Schulleiter in dem Gespräch tat, war eine Meisterleistung der Ermutigung: Erstens bot er ihm Zugehörigkeit an, indem er ihn, den Unruhestifter, an seiner Schule willkommen hieß. Zweitens erkannte er offenbar die Fähigkeiten, die hinter dem problematischen Verhalten standen: Als Unruhestifter besaß er anscheinend die Fähigkeit, Führung zu übernehmen, andere zu begeistern, sich in andere einzufühlen ... - lauter Fähigkeiten, die auch auf der »nützlichen Seite«, etwa im Sport oder auch als Schülerlotse gut zu gebrauchen sind. Drittens zeigte er ihm Wege auf, wie er sich einen anerkannten Platz in der Gemeinschaft erwerben könnte, nämlich durch die Mitarbeit am Schülerlotsendienst sowie die Beteiligung am Softball-Team. Viertens zeigte er ihm damit sein Vertrauen: nicht bloß in das, was bei guter Führung aus ihm werden könnte, sondern in seine Fähigkeit, diese Rollen sofort zu übernehmen und auszufüllen.

4.6 Grenzen der Ermutigung

Auch wenn es mit wachsendem Mut möglich wird, Dinge zuwege zu bringen, die weit über das hinausgehen, was man sich zugetraut hätte, und ungeahnte Potenziale in sich wie auch in anderen entdecken und verwirklichen kann, liegt es uns fern, die Ideologie zu verbreiten, dass jeder Mensch alles erreichen könne, wenn er nur wolle, und dass unsere einzigen Grenzen die unseres Vorstellungsvermögens bzw. unseres Mutes seien. Denn das hieße ja im Umkehrschluss, dass das, was wir nicht erreichen, nur unserer Furchtsamkeit, Phantasielosigkeit und unserem Kleinmut zuzuschreiben wäre - eine ziemlich entmutigende Aussage: Hinter der himmelsstürmenden Pose »alles ist erreichbar« verbirgt sich ein verstecktes »selber schuld«.

Mut und Ermutigung können uns in der Tat helfen, unsere Potenziale besser auszuschöpfen - aber nur in den Grenzen unserer Talente und Begabungen (die allerdings vermutlich sehr viel weiter gesteckt sind als die meisten von uns für möglich halten). Je mehr es aber um absolute Spitzenleistungen geht, um Weltrekorde, Nobelpreise und künstlerische Meisterleistungen, desto mehr spielen auch Talent und Begabung eine Rolle. Ob jemand es schafft, die 100 Meter unter zehn Sekunden zu laufen, hängt neben dem Trainingseifer zu einem erheblichen Teil wohl auch von Begabung und körperlicher Konstitution ab. Ähnliches gilt wohl auch für intellektuelle und künstlerische Spitzenleistungen.

Es geht nicht um den Weltrekord

Aber lassen wir die Kirche im Dorf: Bei den wenigsten Herausforderungen, mit denen wir es in unserem beruflichen oder privaten Leben zu tun haben, geht es um Leistungen, die im Bereich des aktuellen Weltrekords liegen oder ihn überflügeln. Normalerweise geht es um gute, ordentliche, vielleicht im statistischen Sinne überdurchschnittliche Leistungen, aber ganz sicher nicht um Leistungen, die an den Rand des Menschenmöglichen vordringen.

Ob jemand es schafft, die 100 Meter unter zehn Sekunden zu laufen, mag eine Frage des Talents sein; ob er es schafft, sie unter 15 Sekunden zu laufen, ist wesentlich mehr eine Frage des beharrlichen Trainings als der Begabung. Genauso ist es bei vielen anderen Fähigkeiten: Ob jemand dazu in der Lage ist, in einer Fremdsprache Gedichte oder Nobelpreis-verdächtige Prosa zu schreiben, ist sicherlich auch eine Frage der Begabung – nicht aber, ob er dazu in der Lage ist, die Sprache so gut zu erlernen, dass er sich darin ohne größere Probleme verständigen kann.

Wo immer es um gute, aber noch lange nicht weltmeisterliche Leistungen geht, ist der kritische Engpass nicht die Begabung, sondern die Bereitschaft zu Anstrengung und Beharrlichkeit. Wer nur einmal antritt und, nachdem die Stoppuhr bei 26 Sekunden stehen geblieben ist, entmutigt aufgibt, macht sich etwas vor, wenn er sich für untalentiert erklärt: Er lügt sich in die Tasche, wenn er diesen anfänglichen Misserfolg als Begründung für den Verzicht auf jeden weiteren Versuch – und vor allem als Alibi für das Unterlassen mühseligen Trainings – benutzt. Wer nichts tut, wird seine Leistung natürlich nicht verbessern, sollte dafür aber dann fairerweise nicht mangelndes Talent als Begründung heranziehen, sondern seine – völlig legitime – Entscheidung, auf diesem Gebiet keine weiteren Anstrengungen zu unternehmen.

Bei den allerwenigsten Fähigkeiten, die wir im Geschäftsleben brauchen, geht es darum, den geltenden Weltrekord zu übertreffen – es geht eher um Leistungen auf dem Niveau des silbernen Sportabzeichens. Wer an der Sache dranbleibt und auch Plateaus und Durststrecken überwindet, wird sich schrittweise immer weiter verbessern. Und selbst wenn er dabei wegen mäßiger Begabung »nur« auf 16 Sekunden käme, wäre er damit bereits weit über dem Durchschnitt – nicht unter Leistungssportlern, aber allemal unter Normalbürgern in seiner Alters- und Gewichtsklasse. Und genau darum geht es: Nicht um Weltrekorde, sondern darum, mit Mut und Beharrlichkeit den Durchschnitt weit hinter sich zu lassen. Das ist in der Tat erreichbar, zumal es uns der Durchschnitt nicht sonderlich schwer macht, ihn hinter sich zu lassen. Dieses Ziel können wir in jeder Disziplin erreichen, die uns die Mühe eines regelmäßigen Trainings wert ist.

Eigene Entscheidung statt Fatalismus

Aber kann und muss man denn auf allen Gebieten ein überdurchschnittliches, professionelles Leistungsniveau erreichen? Nein, natürlich nicht. Das ist weder zeitlich machbar, weil so viel Training in keinen Kalender passt, noch gibt es eine moralische oder sonstige Verpflichtung dazu. Es ist unsere Entscheidung, auf welchen Gebieten wir es wie weit bringen wollen, und diese Entscheidung erfordert es auch, Schwerpunkte zu setzen, statt sich auf zu vielen Baustellen zu verzetteln. Aber es ist ein Unterschied, ob wir manche Gebiete unbeackert lassen, weil wir uns dafür entschieden haben, sie wegen anderer Prioritäten vorerst (oder auf Dauer) nicht weiter zu verfolgen, oder ob wir die Finger von ihnen lassen, weil wir in unserem tiefsten Inneren davon überzeugt sind, auf diesen Feldern unbegabt zu sein.

Die Schwerpunkte werden wir sinnvollerweise dort setzen, wo sie für unseren Beruf (oder auch für unseren privaten Lebensbereich) den größten Nutzen haben. Wer im Außendienst tätig ist, wird hier sinnvollerweise andere Prioritäten setzen als jemand, der im Personalbereich oder in einer Führungsposition tätig ist. Das Schöne speziell am Thema sozialer Mut ist aber, dass es eine übergreifende Fähigkeit ist, die – vielleicht mit etwas unterschiedlichen Akzenten – für sämtliche Aufgaben und Lebensbereiche von Nutzen ist. Sie ersetzt fachliche Kenntnisse und Fähigkeiten nicht, doch sie bringt sie erst richtig zur Geltung. Deshalb lohnt es sich hier besonders, gezielt in sie zu investieren.

►► Auch mit Ermutigung ist nicht »alles erreichbar« – aber viel mehr als wir uns vermutlich zugetraut haben. Es ist nützlich, sich bewusst zu machen, dass es im Alltag in aller Regel nicht darum geht, Weltrekorde zu brechen, sondern darum, bei den Fähigkeiten, die wir selbst für wichtig genug halten, den Mut und die Ausdauer zu entwickeln, um auf ein gutes, professionelles Leistungsniveau zu kommen. Da sozialer Mut eine übergreifende Fähigkeit ist, lohnt es sich hier besonders, Energie und Beharrlichkeit in seine Weiterentwicklung zu investieren. ◄◄

Teil II: Ermutigende Führung

Ermutigende Führung heißt Ermutigung im Kontext beruflicher Beziehungen. Auch wenn man dabei zuerst an die Führung innerhalb der betrieblichen Hierarchie denkt: Gemeint ist genauso das Führen außerhalb der Hierarchie, etwa in Projekten oder Kunden-Lieferanten-Beziehungen, aber auch die Ermutigung unter Kollegen und sogar die von »unten nach oben«.

Das Ziel und der Nutzen ermutigender Führung ist eine kontinuierliche Leistungssteigerung ohne permanenten Druck und Dauerstress, die aus persönlicher Weiterentwicklung, Wachstum und der besseren Ausschöpfung der eigenen Potenziale und Möglichkeiten entsteht.

Auf dem Weg zu ermutigender Führung ist es wichtig, einige klassische Hindernisse zu erkennen und zu umschiffen, die einem ermutigenden Teamklima im Weg stehen, wie zum Beispiel notorische Defizitorientierung, unkontrollierte Dominanz, aber auch persönliche Tendenzen, wie geliebt werden und es allen recht machen zu wollen oder kein Risiko einzugehen und keine Verantwortung zu übernehmen. Zu den klassischen Barrieren zählen auch die verbreitete Überzeugung, dass interne Konkurrenz zu mehr Leistung anspornt oder dass es hilft, einfach den Druck zu erhöhen.

Ein guter Anfang, um ermutigend(er) führen zu lernen, ist, seine Wirkung auf andere und insbesondere auf seine Mitarbeiter kennenzulernen. Auf dieser Basis kann man im eigenen Verantwortungsbereich daran gehen, ein ermutigenderes Klima zu schaffen. Wichtig ist auch, das »klassische Führungshandwerk« professionell zu beherrschen, vor allem eine klare Orientierung zu vermitteln und zeitnah ein deutliches und ermutigendes Feedback zu geben. Besonders beim Umgang mit »schwierigen Fällen« ist es wichtig, sich selbst zu ermutigen, sich von einem statischen zu einem dynamischen Menschenbild zu bewegen – und auf dieser Basis mit freundlicher Beharrlichkeit ans Werk zu gehen.

Führung ist zu einem wesentlichen Teil Konfliktbewältigung. Daher ist es für Führungskräfte unverzichtbar zu lernen, mutig mit Konflikten umzugehen. Eine Schlüsselrolle, die häufig übersehen oder unterschätzt wird, spielt dabei die richtige innere Einstimmung auf Konflikte. Ebenfalls wichtig ist eine konsequente Nacharbeit, denn ein Konflikt ist nicht dann gelöst, wenn eine Vereinbarung getroffen wurde, sondern erst dann, wenn diese Vereinbarung umgesetzt wurde und sich in der Praxis bewährt.

5 Der Nutzen ermutigender Führung

Der Versuch, aus einem gewachsenen Unternehmen Spitzenleistungen herauszuholen, führt allzu oft zu dysfunktionalem Dauerstress und einem problematischen Arbeitsklima, vor allem wenn zu diesem Zweck einfach die individuellen Ziele und Leistungsanforderungen erhöht werden. Die meisten von uns verbringen zu viel Zeit in der Arbeit, um sich damit abfinden zu können, dass »Lebensqualität« erst am Feierabend beginnt. Die Idee hinter ermutigender Führung ist, Spitzenleistungen und Lebensqualität in der Arbeit auf produktive Weise zusammenzubringen – und dabei die persönliche Weiterentwicklung aller Beteiligten als zusätzlichen Bonus mitzunehmen.

5.1 Mehr Leistung und schnellere Anpassungsfähigkeit

Aus unternehmerischer Sicht ist das primäre Ziel ermutigender Führung eine kontinuierliche Leistungssteigerung – und zwar eine, die auf Weiterentwicklung und persönlichem Wachstum beruht und dementsprechend ohne Dauerstress, massiven Druck und »knallhartes« Controlling zustande kommt. Erwünschte und angestrebte Nebenwirkungen dieser Leistungssteigerung sind ein Zuwachs an Selbstvertrauen, Konfliktfähigkeit und Zufriedenheit – eine Entwicklung, die sich mittelfristig auch in einem steigenden »Marktwert« der Mitarbeiter und in einem höheren Einkommen niederschlägt.

Zwischen mehr Leistung und Menschlichkeit besteht nicht zwangsläufig ein Widerspruch. Vielmehr ist es im Gegenteil sehr menschlich, seine Potenziale ausschöpfen und seine Grenzen austesten und erweitern zu wollen, und es ist ebenfalls sehr menschlich, stolz auf seine Leistung sein und etwas zum übergeordneten Ganzen beitragen zu wollen – jedenfalls sofern dies unter würdigen Rahmenbedingungen geschieht und nicht unter Zwang (→ Kap. 5.6).

Wenn sich die Spielregeln ändern

Trotzdem geht es nicht nur um Leistung. Ein weiterer wichtiger Nutzen ermutigender Führung ist eine verbesserte Reaktions- und Anpassungsfähigkeit des Einzelnen wie des gesamten Unternehmens an sich verändernde Markt- und Wettbewerbsbedingungen. Das ist deshalb so wichtig, weil es mit einer bloßen Leistungssteigerung innerhalb der vorgegebenen Bahnen heute nicht mehr getan ist. Durch Globalisierung, Digitalisierung und andere Entwicklungen verschwimmen die Grenzen zwischen Branchen, und Geschäftsmodelle und Arbeitsformen verändern sich schneller als jemals zuvor.

Wer hier nicht wachsam ist und vor allem den Mut hat, sich verändernde Bedingungen zur Kenntnis zu nehmen und zu analysieren sowie daraus neue Strategien abzuleiten und sie zu seinem Vorteil zu nutzen, fällt zurück, selbst wenn er im herkömmlichen Sinne noch so gut arbeitet. Dies gilt umso mehr, als wir infolge der Internationalisierung des Wettbewerbs längst nicht mehr nur mit vergleichsweise »satten«, behäbigen westlichen Firmen konkurrieren, sondern mit »hungrigen«, überaus flexiblen und risikobereiten neuen Mitspielern.

Unter den verlässlichen Rahmenbedingungen bestehender Märkte, Strukturen und Prozesse ging es vor allem darum, das Spiel nach den geltenden Regeln besser zu spielen. Wenn sich die Regeln dagegen ändern, beispielsweise weil Verbraucher in Zeiten des Internet anders einkaufen, weil neue Angebote auf den Markt drängen oder weil man für viele Geldgeschäfte nicht mehr zwangsläufig eine Bank braucht, wird der Mut immer wichtiger, sich auf die veränderten Bedingungen einzulassen, statt aus Angst vor möglichen Konsequenzen die Augen zu verschließen und zu hoffen, dass es schon nicht so dick kommen wird.

Weiterhin geht es heute oftmals um ein Handeln unter Unsicherheit, um das beherzte Erproben neuer Wege, um den Mut, sich von dem zu lösen, was nicht mehr so gut funktioniert wie früher, sowie darum, an vielversprechenden Ansätzen dranzubleiben, auch wenn sie sich nicht auf Anhieb so entwickeln wie erwartet. Eine ermutigende Führungskultur schafft das erforderliche Klima für schnelles, experimentierendes, innovatives, risikoreiches und zugleich verantwortliches Handeln. Die Notwendigkeit, wahrzunehmen, was ist, unabhängig davon, wohin es führt und was die Konsequenzen sein mögen, und sich rasch und konsequent darauf einzulassen, ist zu einer neuen Dimension des Wettbewerbs geworden, die den Mut von Managern und Mitarbeitern in völlig neuartiger Weise fordert.

Primär ökonomische Ziele

Bekennen wir uns dazu: Aus unternehmerischer Perspektive geht es bei ermutigender Führung primär um ökonomische Ziele, nämlich um Leistung, um Wettbewerbsfähigkeit, um Lern- und Anpassungsfähigkeit. Wirtschaftunternehmen sind, genau wie Behörden und Non-Profit-Organisationen, kein Selbstzweck, sie sind Zweckgemeinschaften, die dazu da sind, Ergebnisse zu erzielen.

Dementsprechend werden diese Organisationen und ihr Management vor allem daran gemessen, ob sie erstens die erwarteten Resultate bringen, zweitens wie effizient sie dies tun, drittens, wie rasch und effektiv sie sich auf veränderte Bedingungen einstellen. Es wäre weder ehrlich noch mutig, diesen ökonomischen Fokus zu verwischen oder ihn hinter hehren Zielen wie Mitarbeiterzufriedenheit oder persönlichem Wachstum zu verstecken.

Das ist ein wichtiger Unterschied zum Privatleben oder zu Freizeitaktivitäten: Dort geht es nicht in erster Linie um Output, sondern um Ziele, die primär in sich selbst liegen – wie etwa um Zugehörigkeit, Nähe und Geborgenheit, um Geselligkeit, Wohlbefinden und Vergnügen und um anderes mehr. Entsprechend bemisst sich die Zufriedenheit dort nicht in erster Linie an dem erzielten Output, sondern an sehr unterschiedlichen und vor allem sehr individuellen Kriterien. Ebenso vielfältig und breit gestreut kann dort die Ermutigung sein.

Dagegen richtet sich Ermutigung im beruflichen Kontext vor allem an den Erfordernissen des Geschäfts aus. Pointiert gesagt: Ein Vorgesetzter wird seine Mitarbeiter typischerweise nicht dazu ermutigen, ihre Lebensträume zu verwirklichen (zumal ihn die nur in dem Umfang angehen, wie die Mitarbeiter ihn dazu zu Rate ziehen), sondern dazu, den nächsten Schritt in ihrem bestehenden Aufgabenfeld oder darüber hinaus zu machen.

Spitzenleistungen sind die *Folge* von Ermutigung, nicht ihr Ansatzpunkt

Doch auch wenn es im beruflichen Kontext letztlich immer um Leistung und um Resultate geht, wäre es falsch, die Führung zu eng und kurzsichtig darauf auszurichten. Genau wie man ein Unternehmen nicht zum Erfolg führen kann, indem man ausschließlich Geschäftszahlen wie Umsatz, Wachstum und Gewinn zu optimieren sucht, so greift das auch bei der Führung zu kurz.

Gute Zahlen sind die *Folge* unternehmerischen Handelns, sie sind das, was »hinten herauskommt«, der Lohn für Kundenorientierung, Qualität, Effizienz und Innovation, aber in aller Regel nicht der optimale Ansatzpunkt für Verbesserungen. Zwar sind kurzfristige Maßnahmen zur Ertragssteigerung immer möglich, doch man muss dabei höllisch aufpassen, dass sie nicht zulasten des langfristigen Erfolgs gehen. Auf die Dauer entstehen bessere Erträge nur daraus, dass man seinen Kunden mehr Nutzen bietet – mehr Nutzen als die Konkurrenz, aber auch mehr Nutzen als im letzten Jahr.

»Die übermäßige Beschäftigung mit dem Endziel wirkt sich häufig störend auf das momentane Tun aus«, schreibt der Entdecker des Flow-Erlebnisses Mihaly Csikszentmihalyi. »Ein Verkäufer, der in Gedanken allzu sehr mit seiner Provision beschäftigt ist und deshalb nicht genügend auf die Stimmungslagen des Käufers achtet, hat geringere Chancen, das Geschäft abzuschließen.« (2004, S. 63 f.) Sein »Geheimnis des Glücks am Arbeitsplatz« lässt sich unmittelbar auf die ermutigende Führung übertragen: Das primäre Augenmerk muss auch hier der Überwindung des aktuellen Hindernisses und dem nächsten Schritt nach vorne gelten und nicht der damit letztlich angestrebten Produktivitätssteigerung und Gehaltserhöhung.

Übergeordnete Ziele

Aber das muss uns nicht hindern, die übergeordneten und langfristigen Ziele ermutigender Führung zu erkennen und zu benennen:

- eine *nachhaltige* Leistungssteigerung (wobei das Adjektiv »nachhaltig« an dieser Stelle ausnahmsweise wirklich einmal angebracht ist, weil es hier um eine Leistungssteigerung geht, die auf Dauer angelegt und ohne Auszehrung der Ressourcen durchzuhalten ist)
- persönliche Weiterentwicklung, Wachstum und bessere Ausschöpfung der eigenen Möglichkeiten und Potenziale
- verbesserte Zusammenarbeit mit Mitarbeitern, Vorgesetzten und Kollegen (weil mutigere Menschen sich auf das konzentrieren, was die Sache erfordert und weniger unproduktive »Spielchen« nötig haben, → Kap. 2.3 ff.)
- höhere Effizienz und Produktivität, weniger Reibungsverluste (weil mutigere Menschen Dinge, die nicht optimal laufen, früher ansprechen und ohne unnötige Selbstverteidigung verbesserte Lösungen finden und implementieren)
- höhere Konfliktfähigkeit sowohl im Mut, Konflikte frühzeitig anzusprechen, als auch in der Bereitschaft und Fähigkeit, sie zügig zu einer stabilen Lösung zu führen
- Konzentration auf das Wesentliche, Effektivität statt bloßer Effizienz
- rasche Anpassungsfähigkeit an sich wandelnde Markt- und Wettbewerbsbedingungen, Erkennen und Nutzen neuer Chancen, die sich aus sich verändernden Spielregeln ergeben
- mehr Innovation (weil mutigere Teams es wagen, neue Ideen zu erproben und Neuerungen zu Ende bringen, statt bloß genialische Geistesblitze zu entwickeln, und damit erst die Voraussetzungen für ihren Erfolg schaffen)
- höheres Ansehen bei (internen und externen) Kunden und Nachbarabteilungen (weil die Zusammenarbeit angenehm und leichtgängig ist)
- Impulse zur Weiterentwicklung für die Umgebung (weil mutige Menschen und Teams auch ihr Umfeld fordern und zu Verbesserungen ermutigen, statt sich mit dem Status quo abzufinden).

Auch wenn es ohne Bezug zu einem konkreten Unternehmen kaum möglich ist, den Nutzen solcher Verbesserungen zu quantifizieren, liegt auf der Hand, dass die Verwirklichung dieser Ziele von beträchtlichem ökonomischem Wert ist. Lassen wir für den Moment noch außer Acht, wie das zu erreichen wäre und ob das mit ermutigender Führung wirklich zu schaffen ist. Wagen wir es einfach mal, zu träumen oder zu »spinnen«: Einmal angenommen, die gerade genannten Ziele wären für Ihre Abteilung oder für Ihr gesamtes Unternehmen erreicht, um wie viel besser stünden Sie in Ihrem Geschäft da?

Abschätzung des Nutzens

Selbst wenn es nur fünf Prozent wären, wäre das wohl ein gewaltiger Schritt, weil diese Verbesserungen direkt auf Ihr Betriebsergebnis durchschlagen: Wir sprechen ja über mehr Output bei unverändertem Input. Gut, früher oder später müssten Sie den besser gewordenen Mitarbeitern vermutlich auch höhere Gehälter bezahlen, um sie an ihrem Erfolg zu beteiligen und sie an Ihr Unternehmen zu binden. Aber das könnten Sie sehr entspannt tun, weil es sich dabei ja um keine Vorauszahlungen handelt, die Sie in der unsicheren Hoffnung auf bessere Leistungen leisten sollen, sondern um eine Ausschüttung auf Basis erreichter Ergebnisse, das heißt um eine Beteiligung am gemeinsamen Erfolg.

Aber es gibt eigentlich keinen Grund, bei kleinmütigen fünf Prozent stehenzubleiben. Falls es tatsächlich gelänge, die Mitarbeiter so weit zu ermutigen, dass mit ihrem Mut auch ihre Effektivität, Produktivität und Innovationskraft kontinuierlich nach oben ginge – und natürlich nur unter dieser Bedingung –, dann sollten auch noch ganz andere Entwicklungen möglich sein. Dann wären die genannten fünf Prozent wohl eher eine konservative Schätzung für die *jährliche* Verbesserungsrate, die mit einer kontinuierlich mutiger und erfolgreicher werdenden Mannschaft zu erreichen sind.

►► Aus unternehmerischer Perspektive geht es bei ermutigender Führung primär um ökonomische Ziele: um Leistung, um Lern- und Anpassungsfähigkeit, um Wettbewerbsfähigkeit. Trotzdem wäre es falsch, sich dabei zu eng auf eine Leistungssteigerung zu fokussieren: Mehr Leistung ist die Folge von mehr Mut und nichts, was sich ohne Schaden forcieren lässt. Zugleich bewirkt mehr Mut auch eine Verbesserung der Zusammenarbeit, eine höhere Konfliktfähigkeit und mehr Bereitschaft, sich frühzeitig mit kritischen Themen auseinanderzusetzen – lauter Dinge, die von erheblichem ökonomischem Nutzen sind und die sich auch in harten betriebswirtschaftlichen Zahlen niederschlagen. ◄◄

5.2 Mutpegel und Leistungsniveau anheben

Wer mit ermutigender Führung das Leistungsniveau seiner Mannschaft schrittweise anheben möchte, hat dazu mehrere Ansatzpunkte. Wenn wir zuerst einmal auf die vorhandene Mannschaft schauen, gibt es nicht nur im Vertrieb, sondern in fast allen Funktionsbereichen eine Dreiteilung: eine schmale Spitzengruppe (von vielleicht 15 Prozent), ein breites Mittelfeld (etwa 70 Prozent) und eine zahlenmäßig meist ebenfalls schmale Nachhut (etwa 15 Prozent).

Diese rein quantitative Betrachtung zeigt, wo der größte Hebel zur Veränderung liegt: Wenn es gelänge, das breite Mittelfeld nach vorne zu bringen, wäre damit deutlich mehr erreicht, als damit, die schmale Spitzengruppe, deren Erfolg sich ohnehin kaum verhindern lässt, noch weiter nach vorne zu bringen oder die schwer zu bewegende Nachhut auf ein akzeptables Leistungsniveau zu heben. Deshalb wird hier im praktischen Einsatz meist auch der Schwerpunkt ermutigender Führung liegen.

Dennoch spielen die beiden »Randgruppen« eine Rolle, die über ihre quantitative Bedeutung hinausgeht. Denn beide wirken auf das Gesamtsystem zurück. Bei der Spitzengruppe ist die Frage, welchen Einfluss sie auf das »Hauptfeld« hat: Spornt sie es an oder bewegt sie sich »in einer anderen Welt« und ist damit von ihrer Wirkung her neutral? Hier liegt etwa die Crux vieler Verkaufswettbewerbe: Wenn ohnehin immer dieselben gewinnen, ist der Anreiz für das breite Mittelfeld gering, sich daran mehr als nur pro forma zu beteiligen.

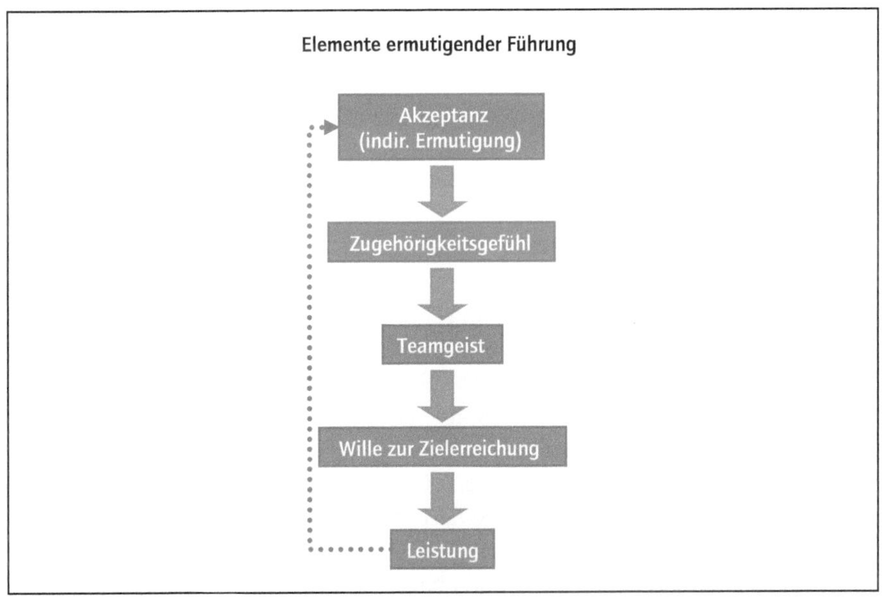

Abb. 8 Ein ermutigendes Klima, in dem sich alle akzeptiert und zugehörig fühlen, fördert den Teamgeist und den gemeinsamen Willen zur Zielerreichung

Umgang mit der »Nachhut»

Auch bei der »Nachhut« müssen deren Auswirkungen auf das Hauptfeld betrachtet werden. Die Nachhut definiert, wo die Untergrenze einer gerade noch akzeptablen Leistung verläuft. Oder genauer: Das Management definiert diese Untergrenze anhand dessen, was es bei der Nachhut gerade noch hinnimmt. Insofern setzt der Umgang mit der Nachhut auch für das Mittelfeld wichtige Signale.

Zugleich zeigt sich an der Nachhut aber auch, wie die Führung, die Kollegen und das Unternehmen insgesamt mit Mitarbeitern umgehen, deren Leistungen unbefriedigend sind: Werden sie »in Ruhe gelassen«, was vielleicht ihrem Nahziel entspricht (→ Kap. 2.3), aber kaum zu einer Verbesserung führt? Werden sie ausgegrenzt und noch weiter entmutigt, indem man sie verspottet, auf ihre Kosten derbe Witze macht oder ihnen auf andere Weise das Gefühl gibt, Menschen zweiter Klasse zu sein? Oder finden sich Management und Kollegen mit ihren schwachen Leistungen nicht ab, sondern fordern und unterstützen sie beharrlich darin, sich zu verbessern?

Häufig zeigt sich am Umgang mit der Nachhut, dass das Klima im ganzen Unternehmen nicht stimmt: Vielerorts lästert man zwar über die »Schwachleister« und macht ihnen das Leben schwer, aber man unternimmt weder ernsthafte und beharrliche Anstrengungen, um ihnen aus ihrer Misere herauszuhelfen noch wagt man den konsequenten Schritt, sich von ihnen zu trennen. Stattdessen werden sie »mitgeschleppt«, zum Schaden für das Unternehmen, zum Schaden für das Klima und das Leistungsniveau des Teams, aber auch zum Schaden für die Betreffenden, Denn natürlich hinterlässt es bleibende Spuren, über Jahre hinweg als Versager und »Trottel der Kompanie« behandelt zu werden.

»Mitschleppen« ist das Gegenteil von Ermutigung

Die Ultima Ratio einer mutigen Führung kann sehr wohl auch eine faire Trennung sein, wenn Vorgesetzte, Kollegen und nicht zuletzt die Betreffenden selbst ihr Pulver verschossen haben und keine realistische Hoffnung mehr besteht, innerhalb vernünftiger Zeit auf eine akzeptable Leistung zu kommen. Es kann ja sein, dass jemand in einen Job geraten ist, für den ihm jede Eignung und/oder jede Neigung fehlt. In solchen Fällen ist es keineswegs »sozial«, sondern einfach nur feige, ihn in dieser hoffnungslosen Situation zu belassen.

Wenn das Verhältnis von Leistung und Gegenleistung nicht stimmt, ist das den Betreffenden ja in aller Regel auch bewusst, aber sie haben meist nicht den Mut, sich selbst daraus zu lösen. Doch es bekommt ihnen nicht gut: Es ist zerstörerisch, auf Dauer in einer Position zu verbleiben, in der man nicht mehr gewinnen, sondern nur immer weiter verlieren kann, nicht zuletzt die Reste seines Selbstwertgefühls. Für solche Menschen muss man entweder eine geeignetere Aufgabe finden oder, wenn die nicht verfügbar ist, einen fairen Schnitt machen.

Trennungen sind im Kontext ermutigender Führung ein seltener, aber wichtiger Fall – und nebenbei räumen sie mit dem verqueren Missverständnis auf, ermutigende Führung bedeute, unbefriedigende Leistungen zu tolerieren. Auch und gerade bei ermutigender Führung sind Trennungen denkbar und zuweilen sogar notwendig. Trotzdem sind sie selten – aber nicht, weil den Vorgesetzten dafür der Mut fehlte, sondern weil ermutigende Führung dafür sorgt, dass auf diese Ultima Ratio nur in Ausnahmefällen zurückgegriffen werden muss.

Mut und Mitarbeiterauswahl

Wenn Ihr Ziel ist, Ihre Abteilung oder Ihre Firma im Laufe der Zeit immer mutiger zu machen, darf sich Ihre Auswahl nicht ausschließlich an fachlichen Kriterien orientieren und auch nicht daran, ob jemand einen sympathischen Eindruck macht und »zu uns passt«. Denn zu einer nicht sonderlich mutigen Abteilung würden am besten Mitarbeiter passen, die ebenfalls nicht sonderlich mutig sind. Gerade am Anfang des Weges führt die Frage, ob ein Bewerber »zu uns passt«, also exakt zu der falschen Entscheidung. Stattdessen sollte sich die Auswahl maßgeblich daran orientieren, wie mutig die Kandidaten sind – was sich oft auch daran zeigt, dass sie ein bisschen anstrengend, fordernd und damit irritierend für Kollegen und Vorgesetzte sind.

»Does (s)he raise the average?«, lautet bei der Boston Consulting Group die Standardfrage bei der Einstellung neuer Mitarbeiter. Nach dem Anspruch des Firmengründers Bruce Henderson sollten bei BCG prinzipiell nur Kandidaten eingestellt werden, die den Durchschnitt heben – auch wenn sie damit ihre künftige Vorgesetzten übertreffen und potenziell unter Druck bringen. Doch während diese Frage bei BCG vor allem auf die intellektuelle Leistungsfähigkeit gemünzt ist, ist es für den Aufbau einer mutigen Unternehmenskultur wichtig, sie auf den sozialen Mut der Kandidaten zu beziehen.[9]

Denn so nützlich ermutigende Führung ist: Die schnellste Möglichkeit, den »Mutpegel« einer Abteilung oder eines Unternehmens zu steigern, ist, Mitarbeiter einzustellen, die mutiger sind als der Durchschnitt – und damit vermutlich auch mutiger als einige ihrer Chefs. Das bringt natürlich Unruhe, aber es bringt auch Bewegung, jedenfalls dann, wenn die Integration dieser Neuen gut und konstruktiv geführt wird, damit sie nicht an einer Wagenburg der Ängstlichen abprallen.

►► Ermutigende Führung heißt, den Mittelwert anzuheben, das heißt den durchschnittlichen Mutpegel einer Abteilung, eines Bereiches oder eines ganzen Unternehmens. Die Spitzengruppe, das Hauptfeld und die Nachhut müssen dabei unterschiedlich betrachtet und behandelt werden. Zu ermutigender Führung gehört auch die Trennung von Mitarbeitern, die in der jeweiligen Aufgabe keine Chance haben, sowie die gezielte Einstellung neuer Mitarbeiter, die den Mutpegel heben. ◄◄

---

9 Dafür muss man natürlich wissen, wie man den Mutpegel eines Bewerbers erkennt bzw. abschätzen kann. Aber das ist durchaus machbar (→ Kapitel 10.2).

5.3 Kleine Wunder

Fast jeder Vorgesetzte hat in seinem Verantwortungsbereich neben seinen Leistungsträgern auch ein paar Mitarbeiter, mit deren Leistung er nicht zufrieden sein kann: Teils bleiben sie in ihrer Arbeitsmenge deutlich hinter dem Standard zurück, teils ist ihre Arbeitsqualität mangelhaft, sodass man als Vorgesetzter immer auf irgendwelche »Zeitbomben« gefasst sein muss, teils sind sie von ihrem Verhalten her problematisch. Manchmal kommt auch alles zusammen.

Oft ist dann auch das persönliche Verhältnis zu den betreffenden Mitarbeitern schwierig: Selbst wenn man es aufgegeben hat, sie zu besseren Leistungen anspornen zu wollen und sie auch nicht mehr ständig kritisiert oder unter Druck setzt, ist das Zusammenspiel dennoch nicht so leichtgängig wie dasjenige mit den Leistungsträgern. Denn natürlich spüren die Betreffenden auch ohne Worte, dass man nicht sehr viel von ihrer Arbeit - und damit letztlich von ihnen als Person! - hält. Mit ziemlicher Sicherheit fühlen sie sich daher nicht sonderlich geschätzt, möglicherweise nicht wirklich zugehörig (→ Kap. 2.2) - und reagieren darauf in ihrer Weise: Manche mit Rückzug und Verschlossenheit, andere mit dem Streben nach Aufmerksamkeit, störrischem Verhalten oder anderen »Nahzielen« (→ Kap. 2.3).

Wagen wir einmal einen verwegenen Gedanken: Was wäre, wenn diese Mitarbeiter aus ihrem Dornröschenschlaf der Entmutigung und Verweigerung erwachten und schrittweise zu einer durchschnittlichen Leistung fänden? Einmal angenommen, diese zwei oder drei Mitarbeiter am unteren Ebene der Leistungsskala würden sich mehr zutrauen und manche Aufgaben ohne Zögern erledigen, um die sie heute einen weiten Bogen machen? Einmal angenommen, sie würden nicht mehr so defensiv mit neuen Herausforderungen umgehen, sondern sich ihnen mit vorsichtiger Zuversicht stellen?

Dass das Potenzial vieler Menschen größer ist als man ihnen in der Firma anmerkt, wird spätestens dann klar, wenn man sieht, was diese Menschen abends nach Verlassen des Werksgeländes leisten: Da managen sie nicht nur ihr Privatleben, ihre sozialen Beziehungen und ihr Vermögen, sondern haben Hobbies, die man ihnen nicht zugetraut hätte, und einige üben sogar anspruchsvolle Funktionen in Verbänden, Kirchen, Parteien oder Gewerkschaften aus. Da ist es doch nicht von vornherein abwegig, sich vorzustellen, dass sie auch in ihrer Arbeit mehr leisten könnten, wenn - ja, wenn es nur gelänge, an ihre Potenziale heranzukommen.

Keine bewusste »Leistungszurückhaltung«

Um diese »Dornröschen« zu erwecken, muss man sich als Erstes von falschen Annahmen und zu kurz greifenden Erklärungsmodellen lösen. Auch wenn es ungeduldigen Managern so erscheinen mag, ist es nicht so, dass diese Mitarbeiter ihre Leistung bewusst und böswillig zurückhielten – und dass man sie infolgedessen nur stark genug unter Druck setzen müsste, um mehr aus ihnen herauszuholen. Ganz abgesehen davon, dass einem solchen Vorgehen allerlei ethische und arbeitsrechtliche Hindernisse im Weg stehen, würde es auch kaum funktionieren.

Denn es geht eben nicht um plumpe Leistungsverweigerung, bei der sowohl die Betreffenden selbst als auch ihre Vorgesetzten genau wissen, dass sie es könnten, wenn sie nur wollten. Im Gegenteil: Es geht um verfestigte Resignation auf beiden Seiten. Sowohl die Betreffenden selbst als auch ihre Vorgesetzten »wissen« – genauer: sind zutiefst davon überzeugt –, dass sie es nicht können. In dieser Überzeugung lassen sie sich nicht so ohne Weiteres irre machen, zumal sie ja auf jahrelanger, oft jahrzehntelanger Erfahrung beruht. Und zwar auf beiden Seiten: Nicht nur die betreffenden Mitarbeiter, sondern auch ihre Vorgesetzten und Kollegen sind sich absolut sicher, dass bei ihnen jede Mühe vergebens ist.

Solange sich an dieser Überzeugung nichts ändert, sind alle Versuche der Ermutigung zum Scheitern verurteilt. Sie gehen unweigerlich ins Leere und werden auf diese Weise nur zur Bestätigung dessen, was ohnehin alle schon »gewusst« haben, nämlich, dass es in diesem konkreten Fall einfach zwecklos ist. Mit anderen Worten, es hat wenig Sinn, gegen die eigene Gewissheit zu handeln und zu versuchen, einen Menschen zu ermutigen, bei dem man in seinem tiefsten Inneren nicht an die Möglichkeit einer positiven Entwicklung glaubt. Denn in solchen Fällen sabotiert man seine Bemühungen ungewollt selbst: Die ermutigenden Worte werden konterkariert durch entmutigende Signale, die man ebenso unbeabsichtigt wie authentisch an anderer Stelle ausstrahlt. Solch kurzatmige Anläufe tragen mehr dazu bei, die allseitige Resignation zu verfestigen, als sie aufzulösen.

Dornröschens Erweckung

Und trotzdem passieren immer wieder einmal kleine Wunder. Der Vorgesetzte wechselt, und der neue Chef weigert sich hartnäckig zu glauben, dass der betreffende Mitarbeiter oder die Mitarbeiterin ein hoffnungsloser Fall ist. Am Anfang versuchen erst einmal alle, sowohl die Kollegen als auch der oder die Betreffende selbst, ihm klarzumachen, dass er sich täuscht und jede Bemühung in dieser Richtung verlorene Liebesmüh' ist.

Wenn der Vorgesetzte sich davon aber nicht beirren lässt, sondern beharrlich eine positive Beziehung zu dem Betreffenden aufbaut und ihm mit Worten und Taten deutlich macht, dass er an ihn glaubt, dann kann es gut sein, dass unmerklich eine Veränderung in Gang kommt. Zum einen wird der Betreffende verunsichert in seiner Gewissheit, ein hoffnungsloser Fall zu sein, zum anderen will er diesen neuen Chef, der so wohlwollend mit ihm umgeht, nicht enttäuschen. Also macht er einen zaghaften Versuch, und bei beharrlicher Ermutigung auch noch einen zweiten – und siehe da: Es kommt etwas in Bewegung. Ein kleines Wunder bahnt sich an. Nach einer Weile bemerkt es auch die Umgebung – und versteht selbst nicht mehr, warum sie eine solche Entwicklung lange für ausgeschlossen gehalten hat.

Nun könnte man meinen, das Problem wäre offensichtlich der alte Vorgesetzte gewesen. Aber das wäre auch nur so eine allzu einfache und letztlich falsche Erklärung. Zwar gibt es natürlich Vorgesetzte (und Kollegen), die ihre Mitarbeiter (und Kollegen) systematisch entmutigen. Aber das größte Problem sind nicht diese Einzelfälle und auch nicht die Tatsache, dass man sie gewähren lässt. Es ist die Tatsache, dass wir wohl alle allzu leicht bereit sind, die *derzeitigen* Grenzen anderer Menschen (und von uns selbst) als deren (und unsere) *endgültigen* Grenzen zu betrachten. Vorgesetzte unterliegen da auch nur dem Irrtum eines weit verbreiteten statischen Menschenbilds, das dazu beiträgt, entmutigte Menschen in ihrer Entmutigungsfalle festzuhalten und keine Hoffnung in ihre Potenziale zu verschwenden.

►► Dass manche Mitarbeiter nicht die volle Leistung bringen, damit hat man sich in vielen Fällen resignierend abgefunden. Doch zuweilen geschehen kleine Wunder, wenn sich neue Vorgesetzte einfach weigern, dies als unabänderlich zu akzeptieren, eine gute Beziehung zu den Betreffenden aufbauen und sie beharrlich ermutigen. Gar nicht so selten erwachen diese Mitarbeiter dann aus ihrem Dornröschenschlaf der allseitigen Resignation und beginnen, sich zu bewegen.
Was wäre, wenn es gelänge, solche kleinen Wunder vom Glücksfall zum Normalfall zu machen? Was wäre, wenn es Ihnen als Vorgesetztem oder Vorgesetzter möglich wäre, aus schwachen Mitarbeitern durch ermutigende Führung gute Mitarbeiter zu machen und aus durchschnittlichen Mitarbeitern exzellente? ◄◄

5.4 Entwicklungspotenziale nutzen

Aber selbst die Mitarbeiter, die gute oder sogar ausgezeichnete Leistungen bringen, sind damit noch längst alle nicht am Ende ihrer Möglichkeiten. Auch die Leistungsträger und »braven Arbeitspferde« des Unternehmens können sich meist noch weiterentwickeln: Sie könnten zum Beispiel anspruchsvollere Sonderaufgaben übernehmen, jüngere Kollegen anleiten, ihre Erfahrungen und Ideen in Projekte einbringen, Vorschläge zur Prozessoptimierung entwickeln, an der Umsetzung von Veränderungsvorhaben mitwirken …

Wenn Mitarbeiter in ihrem heutigen Job gute, verlässliche Arbeit machen und noch dazu als »pflegeleicht« gelten, kann das für sie leicht zur Entwicklungs- und Karrierefalle werden: Ihre Chefs sind heilfroh, dass dieser Bereich rund läuft, und kümmern sich um andere Baustellen, die ihrer Aufmerksamkeit dringender bedürfen. Verständlicherweise haben sie großes Interesse daran, diese funktionierenden Bereiche stabil zu halten und keine neuen Lücken aufzureißen. Deshalb legen sie großen Wert darauf, diese Leistungsträger in ihren jeweiligen Verantwortungsbereichen zu halten, auch wenn die gerne mal etwas anderes machen würden: »Tut mir leid, ich kann Sie in diesem Bereich nicht entbehren. Sie sind da absolut unverzichtbar. Es geht nicht ohne Sie!«

Quantitativ überfordert, qualitativ unterfordert

Doch so gut es tut, unverzichtbar zu sein, so wenig kann es auf die Dauer dafür entschädigen, perspektivlos in Routinearbeit zu versauern. Ein Betroffener hat das Problem vieler Leistungsträger auf den Punkt gebracht: »Ich bin quantitativ überfordert und qualitativ unterfordert!« Immer wieder kündigen solche Mitarbeiter, nicht weil sie sich in ihrer Firma nicht mehr wohl fühlten oder mit ihrem Vorgesetzten unzufrieden wären, sondern weil sie das Gefühl haben, in ihrer gegenwärtigen Position gefangen zu sein und sich nicht weiterentwickeln zu können. Das ist doppelt schmerzlich: Erstens, weil man auf diese Weise wertvolle Mitarbeiter verliert, zweitens, weil man gerade solche Leute gut hätte brauchen können, um das Unternehmen vorwärts zu bringen. Nein, dreifach: Auch viele der betreffenden Mitarbeiter wären gerne geblieben und haben sich erst nach einem quälenden Prozess zu einem Wechsel entschieden.

Im Grunde ist die Entscheidung hier dieselbe wie bei jeder anderen Investition. Sie lautet, kurzfristig einen höheren Aufwand in Kauf zu nehmen, um langfristig besser dazustehen. Weitsichtige Führungskräfte achten hier auf eine gute Balance zwischen der Nutzung vorhandener Fähigkeiten ihrer Mitarbeiter und deren Weiterentwicklung. Denn natürlich kann man nicht nur investieren – irgendwer muss ja auch die Tagesarbeit machen. Dennoch sollte man mit Vorschlägen zur Weiterentwicklung auch nicht warten, bis Mitarbeiter erste »Abnutzungserscheinungen« zeigen: Sobald jemand eine Aufgabe im Griff hat, ist es im Grunde Zeit für den nächsten Schritt. Wobei der Vorteil solcher Investitionen ja ist, dass sie sich, im Gegensatz zu Investitionen in Maschinen und Anlagen, nicht erst in ein paar Jahren amortisieren, sondern bei Wahl der richtigen Aufgaben sehr schnell Ertrag bringen.

Für die Vorgesetzten ist das freilich anstrengender: Sie müssen nicht nur neue Baustellen eröffnen, wo sie, vordergründig betrachtet, (noch) gar nicht nötig wären, sondern sie müssen ihre Mitarbeiter dafür aufmerksamer beobachten und sich öfter mit ihnen unterhalten, um rechtzeitig zu erfahren, wer reif für die nächste Herausforderung ist. Doch der Mehraufwand lohnt sich auf mittlere und erst recht auf lange Sicht sowohl für den Vorgesetzten als auch für das Unternehmen, weil man so kompetentere und zufriedenere Mitarbeiter bekommt.

Konflikt zwischen kurz- und mittelfristigen Interessen

Trotzdem ist nicht zu übersehen, dass die kurzfristigen Anreize für Führungskräfte hoch sind, eher die vorhandenen Fähigkeiten ihrer Mitarbeiter zu nutzen, als sie bei der Weiterentwicklung ihrer Fähigkeiten zu unterstützen. Das gilt besonders, wenn Zeit- und Ergebnisdruck hoch sind – und wann sind sie das nicht?

Besonders ausgeprägt tritt dieser Interessenkonflikt im Projektgeschäft zutage, denn dort steht man bei der Besetzung jedes neuen Projekts vor der Frage: Soll man darauf Mitarbeiter einsetzen, die mit dieser Art von Aufgabenstellung schon Erfahrung haben und daher eine schnelle und effiziente Abwicklung versprechen, oder soll man weniger erfahrenen Mitarbeitern die Gelegenheit geben, sich an dieser Herausforderung zu messen und auf diese Weise neue Erfahrungen zu erwerben, auch wenn das Projekt dann vielleicht nicht ganz so glatt läuft?

Für Projektleiter, die vor allem an der erfolgreichen Abwicklung ihres aktuellen Projekts gemessen werden, ist der Anreiz groß, eher auf »Verwertung« als auf Entwicklung zu setzen. Denn für die Mitarbeiterentwicklung können sie sich nichts kaufen, wenn ihr Projekt holprig läuft: Weder die Kunden noch die internen Auftraggeber geben ihnen einen Bonus, wenn sie ihren Teammitgliedern etwas Gutes getan haben, und auch unternehmensintern können sie von Glück sagen, wenn dies überhaupt registriert wird. Einen mittelfristigen Nutzen haben sie ebenfalls kaum davon, weil die Mitarbeiter bei ihrem nächsten Projekt mit hoher Wahrscheinlichkeit nicht für sie arbeiten werden.

Unternehmerisches Denken fördern

Wie das Beispiel zeigt, ist die Entscheidung nicht ganz leicht: Wer zu sehr auf Entwicklung setzt, bekommt unter Umständen mit dem Tagesgeschäft Probleme; wer zu sehr auf die Nutzung vorhandener Fähigkeiten setzt, hat kurzfristig weniger Stress und weniger Probleme, fährt aber seine Mitarbeiter sauer und verspielt möglicherweise auch die langfristige Entwicklung seiner Abteilung oder Firma.

Unternehmerisch denken heißt hier, die langfristige Wettbewerbsfähigkeit nicht der kurzfristigen Optimierung zu opfern, sondern eine gute Balance zwischen kurz- und langfristigem Erfolg anzustreben. Dazu zählt auch, in der Gegenwart gewisse zusätzliche Mühen auf sich zu nehmen, die man sich ersparen könnte, wenn einen nur der kurzfristige Erfolg interessierte. Ein guter Unternehmer würde so viel wie möglich in die Zukunft investieren – das heißt, genau so viel, wie er sich leisten kann, ohne die Stabilität seines Geschäfts in der Gegenwart in Gefahr zu bringen. Und genau wie in Maschinen und Anlagen würde ein guter Unternehmer auch in die Weiterentwicklung und Ermutigung seiner Mitarbeiter investieren.

Das Beispiel zeigt aber auch, dass es wichtig ist zu verstehen, welche Anreize die gegebenen Rahmenbedingungen für die Verantwortlichen setzen, und sie, wenn nötig, zu verändern. Es hieße, zu viel Edelmut zu erwarten, wenn man hoffte, dass die Projektleiter uneigennützig in die Weiterentwicklung ihrer Teammitglieder investierten, obwohl sie davon keinen eigenen Nutzen, sondern nur höhere Projektrisiken und zusätzlichen Stress hätten.

Mitarbeiterentwicklung zur Priorität machen

Solange Projektleiter ausschließlich oder überwiegend am Ergebnis ihrer Projekte gemessen werden, ist es für sie, mit spieltheoretischer Nüchternheit kalkuliert, das Klügste, lautstark ein besseres Training on the Job für die Mitarbeiter zu fordern – und sich selbst als Trittbrettfahrer zu betätigen. Das gilt erst recht, wenn sie befürchten müssen, dass sich die meisten ihrer Kollegen ebenfalls rationalegoistisch verhalten und ebenfalls auf Verwertung statt auf Entwicklung setzen. Denn dann würden sie mit »altruistischem« Verhalten erst recht ins Hintertreffen geraten.

Moralische Appelle bringen unter solchen Umständen wenig. Wenn Sie fordern, nicht nur auf kurzfristige Optimierung zu setzen, sondern auch in die Weiterentwicklung der Mitarbeiter zu investieren, werden alle heftig nicken – und anschließend tun, was sie im eigenen Interesse für richtig halten. Wer ernsthaft möchte, dass Projektleiter ihre Mitarbeiter weiterentwickeln, darf sie nicht ausschließlich am Projekterfolg messen, sondern muss daneben auch die Mitarbeiterentwicklung bewerten, und zwar nicht bloß anhand so vager Kriterien wie einer allgemeinen Frage, auf die sich mit ein bisschen Kreativität immer eine Antwort finden lässt, sondern mit faktenbasierten Fragen wie: »Wie viele Mitarbeiter wurden für Aufgaben eingesetzt, mit denen sie noch keine Erfahrung hatten?«

Es verändert das Klima, wenn die Mitarbeiter wissen, dass das Unternehmen nicht nur ein Interesse an der optimalen kurzfristigen Verwertung ihrer Fähigkeiten hat, sondern auch eines an ihrer langfristigen Weiterentwicklung – und dass die Führungskräfte an beidem gemessen werden. Das primäre Interesse der Projektleiter bleibt natürlich trotzdem, sicherzustellen, dass ihre Projekte gut laufen – und das soll ja auch so sein. Dennoch ist es ein starkes Signal, wenn daneben auch die Mitarbeiterentwicklung nachgehalten wird: Es macht deutlich, dass dieses Unternehmen auf ein gemeinsames Wachstum von Geschäft und Belegschaft setzt.

»Wenn eine Belegschaft den Eindruck gewinnt, dass der Chef es für seine beste Leistung hält, seine Mitarbeiter in ihren Möglichkeiten vorangebracht zu haben«, stellt auch der Flow-Forscher Mihaly Csikszentmihalyi fest, »dann wird dies höchstwahrscheinlich die Produktivität steigern und die Loyalität seiner Mitarbeiter stärken.« (2004, S. 92)

►► Auch Mitarbeiter, die gute oder sogar ausgezeichnete Leistungen bringen, sind damit noch längst nicht am Ende ihrer Möglichkeiten. Ermutigende Führung heißt bei ihnen, zu verhindern, dass Leistungsträger in Routine versauern, und ihnen immer wieder die Chance zu geben, sich an anspruchsvolleren Aufgaben zu messen bzw. neue Aufgaben zu übernehmen. Dabei gilt es, wie ein guter Unternehmer die Balance zwischen kurzfristiger Effizienz und Investitionen in die Zukunft zu finden. ◄◄

5.5 Menschlicher und ökonomischer Nutzen

Wer bevorzugt in harten betriebswirtschaftlichen Fakten denkt, mag an dieser Stelle abschätzen, welche Auswirkungen eine mutigere Belegschaft auf die Produktivität einer Abteilung, auf die Qualität ihrer Ergebnisse und ihren Beitrag zur Geschäftsentwicklung hätte. Mit ziemlicher Sicherheit würde der Output insgesamt ansteigen – nicht nur, weil die bisherigen »Schwachleister« auf einmal mehr Leistung bringen, sondern auch, weil das Leistungsniveau insgesamt stiege. Wenn die Untergrenze dessen, was als Leistung gerade noch akzeptabel ist, ansteigt, ist auch das Mittelfeld neu gefordert.

Und das gilt keineswegs nur für die eigene Abteilung, es strahlt alsbald auch auf Nachbarabteilungen aus. Wer mag, kann hochrechnen, welche Auswirkungen es auf die Profitabilität, das Wachstum und die langfristige Entwicklung des Unternehmenswerts haben würde, wenn es gelänge, auch die Nachbarabteilungen oder gar das ganze Unternehmen mit ermutigender Führung zu »infizieren«.

Wer sich primär für die menschliche Seite interessiert, kann sich an der Vorstellung erfreuen, dass auf diese Weise viele Mitarbeiter, statt sich mit dem Status quo abzufinden, ihre Potenziale besser ausschöpfen würden. Daraus entstünde nicht nur ein höheres und zugleich stressfreieres Leistungsniveau, sondern auch eine Atmosphäre von gegenseitiger Unterstützung und gemeinsamem Erfolg. Nicht bloß die Leistungsträger, sondern alle Mitarbeiter könnten dann stolz auf ihre Leistung sein – und auf den Teamgeist, der in ihrem Unternehmen herrscht und viel zu einem weit überdurchschnittlichen Erfolg beiträgt.

Wer primär im Interessengegensatz zwischen Kapital und Arbeit denkt, der könnte dies im ersten Moment vielleicht für eine besonders perfide Form der Ausbeutung halten. Aber vielleicht würde er auch entdecken, dass es die Verhandlungsposition der »Ausgebeuteten« deutlich verbessern würde, wenn sie mutiger und damit produktiver würden. Denn zum einen würde das den zur Verteilung stehenden Kuchen vergrößern, zum anderen müsste der Arbeitgeber im eigenen Interesse darum bemüht sein, die produktiver gewordenen Mitarbeiter an das Unternehmen zu binden, und ihnen daher etwas mehr von dem Kuchen abgeben.

Ein Win-Win-Win-Spiel

Der entscheidende Punkt daran ist: Ermutigung ist ein Win-Win-Spiel – eine Strategie, bei der alle gewinnen. Bei Ermutigung geht es eben nicht um einen Verteilungskampf, bei dem ein begrenzter Kuchen nur anders aufgeteilt wird. Und es geht auch nicht darum, aus den »ausgebeuteten« Mitarbeitern (und Führungskräften) mit neuen psychologischen Tricks noch mehr an Leistung herauszupressen, indem man sie etwa dazu verleitet, noch länger und härter zu arbeiten. Vielmehr geht es um persönliches Wachstum, um Weiterentwicklung, also um etwas, das im ureigenen Interesse eines jeden Menschen liegt.

Ein solches Wachstum nützt zum ersten den Betreffenden selbst, weil es sowohl ihr Selbstwertgefühl steigert als auch ihren Marktwert – das heißt, ihren ökomischen Nutzen für andere – erhöht. Zum zweiten nutzt es den Vorgesetzten, die auf diese Weise zufriedenere und kompetentere, aber auch anspruchsvollere Mitarbeiter bekommen. Und zum dritten nutzt es auch dem Unternehmen, das sich auf diese Weise geschäftlich weiterentwickelt, weil mutigere Mitarbeiter bessere Ergebnisse erbringen.

Im Sinne des Konfliktforschers und Verhandlungsexperten William Ury (1999–2015) handelt es sich bei ermutigender Führung um ein *Win-Win-Win-Spiel*, bei dem nicht nur die beiden unmittelbar beteiligten Parteien gewinnen (Win-Win), sondern auch ihre soziale Umgebung – symbolisiert durch das dritte »Win«. Denn eine Abteilung, in der ein ermutigendes Klima herrscht, strahlt auch auf ihre Umgebung aus. Selbst wenn sie andere nicht sofort mit ermutigender Führung »ansteckt«, bietet sie ihnen doch unmittelbar bessere Leistungen, ein besseres Klima der Zusammenarbeit und die schnellere und reibungslosere Klärung von gegenseitigen Erwartungen und Konflikten. In ähnlicher Weise strahlt eine ermutigende Unternehmenskultur auch auf Kunden, Lieferanten und das soziale Umfeld aus.

Mehr Mut – bessere Ergebnisse

Wie kommen wir zu der Behauptung, dass mutigere Mitarbeiter bessere Geschäftsergebnisse bringen? Sehen wir uns, um das zu überprüfen und zu erhärten, ein paar Beispiele aus unterschiedlichen Funktionsbereichen an.

Die betriebliche Funktion, in der die Rolle des Mutes wohl am augenfälligsten ist, ist der Vertrieb, und hier insbesondere der Außendienst. Dort gibt es Kunden, zu denen die Mitarbeiter gern hinfahren, weil sie dort freundlich behandelt werden, mit ihren Angeboten auf Interesse stoßen und keinem großen Stress ausgesetzt sind. Das Problem ist nur: Zu diesen Kunden gehen alle Außendienst-Mitarbeiter gern – auch die der Konkurrenz. Infolgedessen herrscht dort ein hoher Preis- und Wettbewerbsdruck um das begrenzten Auftragsvolumen, mit der Folge, dass die Ausbeute trotz angenehmer Gespräche oft gering ist und die Margen schlecht sind.

Umgekehrt gibt es Kunden, vor denen sich viele Außendienst-Mitarbeiter fürchten, weil sie anspruchsvoll, fordernd und nicht leicht zufriedenzustellen sind. Oft bewegen sich diese Kunden auch fachlich auf hohem Niveau, sodass die Verkäufer zuweilen an die Grenze ihres Wissens geraten und ins Schwimmen kommen. Zuweilen sind sie auch besonders »tough«: hart, überkritisch und schnell mit ein paar verbalen Ohrfeigen bei der Hand. Um solche Kunden machen viele Außendienstler einen Bogen, oder sie besuchen sie zwar pflichtgemäß, sind aber froh, wenn sie schnell wieder draußen sind, und wagen sich an schwierige Aufträge und neue Geschäftsfelder gar nicht erst heran.

Höherer Marktanteil bei anspruchsvollen Kunden

Wenn die eigenen Außendienst-Mitarbeiter nun den Mut entwickelten, sich genau auf diese Kunden und ihre Ansprüche einzulassen und ihnen mit Freundlichkeit und Festigkeit standzuhalten, dann hätten sie zwar, zumindest am Anfang, mehr Stress, weil sie ihre Komfortzone verlassen und sich deutlich mehr anstrengen müssten, aber sie hätten auch deutlich weniger Konkurrenzdruck. Denn viele ihrer Wettbewerber treten gar nicht ernsthaft an, um diese Kunden und ihre Aufträge zu gewinnen.

Ein Vorgesetzter, der seine Mitarbeiter bei der Arbeit an diesen anspruchsvollen Kunden unterstützte und ermutigte, würde die Wahrscheinlichkeit erhöhen, dass sie sich auf diese Zielgruppe wirklich einlassen und nicht bloß pro forma mitziehen. Er könnte ihnen zum Beispiel helfen, den anfänglichen Stress auf konstruktive Weise zu bewältigen und sich – vielleicht nach ein paar Rückschlägen, die mit vereinten Kräften bewältigt werden – auf ein höheres Leistungsniveau emporzuarbeiten. Im Laufe der Zeit würden diese Außendienstler darin immer mehr Souveränität gewinnen, dadurch mehr anspruchsvolle Kunden an sich binden – und so immer bessere Ergebnisse bringen. Das heißt, eine solche Firma könnte ihren Marktanteil bei den »schwierigen« Kunden deutlich ausbauen, ohne dabei die »netten« zu verlieren.

Aber auch in den Bereichen Entwicklung, Produktion und Verwaltung schlägt sich der Mutpegel mittelbar und unmittelbar in der Gewinn- und Verlustrechnung nieder. Er äußert sich zum Beispiel in der Fehlerkultur eines Unternehmens. Ängstliche Mitarbeiter neigen dazu, Fehler zu vertuschen, damit niemand merkt, dass sie es waren, auf die ein Problem zurückgeht. Wenn das Vertuschen gelingt, verschafft ihnen das eine kurzfristige emotionale Erleichterung, gepaart vielleicht mit einem Anflug von schlechtem Gewissen, aber der Fehler pflanzt sich fort und wird in seinen Folge- und Behebungskosten von Station zu Station immer teurer.

Wenn er schließlich doch ans Licht kommt, entsteht oft heftiger Streit über die Schuldfrage, doch selbst wenn die Schuldfrage geklärt werden kann, ist damit wenig gewonnen: Das verschafft zwar den »Unschuldigen« Entlastung, aber das eigentliche Problem bleibt ungelöst. Wenn die Mitarbeiter dagegen den Mut hätten, Fehler sofort offenzulegen, könnten erhebliche Folgekosten eingespart, nutzlose Streitereien verhindert und stattdessen Prozessverbesserungen vorgenommen werden.

Mehr Mut in der Führung

Aber auch Führungskräfte können mehr Mut vertragen. Viele von ihnen sind zum Beispiel, trotz ihres selbstbewussten Auftretens, ziemlich konfliktscheu. Sowohl bei Mitarbeitern, mit deren Leistung sie nicht zufrieden sind, als auch bei Nachbarabteilungen, mit denen die Zusammenarbeit hakt, schauen sie oft viel zu lange zu, bevor sie ihre Unzufriedenheit offen artikulieren und eine Verbesserung einfordern.

Oder sie veranstalten jenes Wechselbad, das für alle Beteiligten das Schlimmste ist: Sie sagen lange Zeit gar nichts, bis ihnen aus irgendeinem aktuellem Anlass der Kragen platzt und sie laut, aggressiv und verletzend über die Betroffenen herfallen. Und nachdem sie ihren Überdruck abgebaut haben, lassen sie die Sache wieder schleifen – bis zum nächsten Wutausbruch in ein paar Wochen. Auf diese Weise kann man sich einen Ruf als Choleriker verdienen, Veränderungen zum Besseren bewirkt man dadurch kaum.

Mutige Führungskräfte adressieren kritische Themen frühzeitig, direkt und ohne die Angst, der oder die Adressaten könnten dies übel nehmen und verärgert oder beleidigt sein. Zugleich tun sie es auf eine Art und Weise, die für die Ansprechpartner annehmbar ist und sie nicht in die Defensive drängt. Ihre innere Haltung ist dabei freundlich und akzeptierend; ihre implizite Botschaft ist nicht, »Ich habe ein Problem mit Ihnen« oder gar »Sie sind ein Problem«, sondern: »Wir haben gemeinsam ein Problem, um das wir uns kümmern müssen«. Das macht es dem Gesprächspartner leichter, den Hinweis oder Kritikpunkt anzunehmen, ohne sofort mit Abwehr, Rechtfertigung und Selbstverteidigung zu reagieren. Und entsprechend leichter entsteht ein konstruktives Gespräch darüber, wie das Problem behoben werden kann, und schließlich eine tragfähige Lösung (→ Kap. 8).

►► Ein ermutigendes Klima macht nicht nur die Zusammenarbeit angenehmer und hilft Menschen, sich weiterzuentwickeln, es hat auch einen erheblichen ökonomischen Nutzen. Es reduziert Reibungsverluste sowohl in der internen Zusammenarbeit als auch in der Zusammenarbeit mit Kunden und Lieferanten, es sorgt dafür, dass Probleme früher angegangen werden, und es macht Dinge möglich, die mit weniger Mut gar nicht oder zu spät angegangen würden, wie etwa das Bemühen um anspruchsvolle Kunden, das Anpacken von Innovationen oder das Durchziehen von Veränderungen, auch wenn Durststrecken und Schwierigkeiten auftreten. Das heißt zugleich: Ein ermutigendes Klima ist keineswegs stressfrei und »kuschelig« – im Gegenteil: In einem ermutigenden Umfeld sind alle Beteiligten gefordert, sich weiterzuentwickeln. Aber sie werden dabei besser und einfühlsamer unterstützt. ◄◄

5.6 Mut, Leistung und Zufriedenheit

Viele Führungskräfte, Mitarbeiter und Betriebsräte gehen stillschweigend davon aus, dass zwischen hoher Leistung und hoher Mitarbeiterzufriedenheit, wenn schon nicht ein Widerspruch, so doch zumindest ein Spannungsverhältnis besteht: Je mehr die Leute leisten müssen, desto gestresster, angestrengter und damit unzufriedener sollten sie nach dieser Theorie sein. Wenn man die Mitarbeiterzufriedenheit verbessern möchte, müsste man demnach die Leistungsansprüche zurückschrauben. Doch es gibt gute Gründe, dieses Denkmodell in Zweifel zu ziehen: Vermutlich ist der Konflikt zwischen Leistung und Zufriedenheit kein Naturgesetz, sondern nur die Folge ungeeigneter Vorgehensweisen zur Leistungssteigerung.

Eigentlich passt die Theorie, dass zwischen Leistung und Zufriedenheit ein Konflikt besteht, nicht mit den ureigensten Erfahrungen vieler Menschen zusammen. Prüfen Sie doch einmal selbst: An welchen Tagen gehen Sie abends zufriedener nach Hause – an solchen, an denen Sie das Gefühl haben, wirklich etwas geschafft und ein paar wichtige Dinge erledigt zu haben, oder an solchen, an denen Sie zwar hundert Gespräche geführt und tausend Mails beantwortet, aber eigentlich nichts Wesentliches zustande gebracht zu haben? Mit Sicherheit sind Sie am Abend zufriedener, wenn Sie das Gefühl haben, etwas geleistet und vielleicht sogar etwas Besonders geschafft zu haben, als wenn dies nicht der Fall ist.

Klar, wenn Mitarbeiter mit Druck und Kontrolle zur Leistung gepresst werden, nach dem Motto: Je mehr Druck, desto mehr Leistung, dann ist es keine Überraschung, wenn der Stress hoch ist und mit dem Stress auch die Unzufriedenheit steigt, bis hin zu Krankheit, innerer Kündigung und Burn-out. Aber daraus folgt keineswegs, dass Menschen umso glücklicher wären, je weniger sie leisten müssten – im Gegenteil: Nicht nur Kinder, sondern auch Erwachsene erzählen doch immer wieder voller Stolz, welche besonderen Leistungen sie zustande gebracht haben und wollen dafür bewundert und bestätigt werden. Sie scheinen dabei umso glücklicher zu sein, je höher sie ihre eigene Leistung einschätzen. Zugleich wünschen sie sich die Anerkennung ihrer Umgebung und freuen sich, wenn sie sie bekommen.

►► Leistung macht nicht unglücklich – es macht uns im Gegenteil sogar glücklich, gute Leistungen zu erzielen, und erst recht, die eigenen Grenzen zu überwinden und etwas Außergewöhnliches zu schaffen. ◄◄

Führt hohe Zufriedenheit zu hohen Leistungen?

Fragwürdig ist auch die verbreitete Annahme, höhere Leistung ließe sich durch eine Steigerung der Mitarbeiterzufriedenheit herbeiführen. Nach dieser Theorie müsste das Unternehmen erst einmal mit optimalen Arbeitsbedingungen, hoher Wertschätzung und guter Bezahlung samt exzellenter Sozialleistungen in Vorleistung gehen und dafür sorgen, dass die Mitarbeiter sich rundherum wohl fühlen - dann würden sie auch mehr leisten.

Die praktische Erfahrung weckt starke Zweifel an diesem Rezept: An gute Gehälter, vorzügliche Arbeitsbedingungen und ausgezeichnete Sozialleistungen gewöhnen sich Mitarbeiter, Betriebsräte und Führungskräfte (!) rasend schnell; eine Verpflichtung oder zumindest einen Ansporn zu höheren Leistungen leiten sie daraus in der Regel nicht ab. Im Gegenteil: In den »verwöhnten« Branchen wie Chemie, Pharma, Banken und Versicherungen, die in früheren Jahren aufgrund einer dauerhaft exzellenten Ertragslage besonders gute Rahmenbedingungen boten, war die Zufriedenheit keineswegs besonders hoch. Vielmehr herrschte dort, ähnlich wie bei verwöhnten Kindern, oft eine quengelige Unzufriedenheit, verbunden mit dem Gefühl, das Management könne und müsse noch sehr viel mehr tun, um die Mitarbeiter »glücklich zu machen«.

Der Zusammenhang ist wohl genau umgekehrt: Nicht Zufriedenheit führt zu höherer Leistung, sondern Leistung führt zu höherer Zufriedenheit. Jedenfalls dann, wenn sie unter annehmbaren Bedingungen erbracht werden kann. Erstaunlich ist doch, dass sowohl Start-ups als auch viele Non-Profit-Organisationen, obwohl sie relativ wenig bezahlen, keine sonderlich guten Arbeitsbedingungen bieten und auch nicht immer exzellent geführt werden, einen sehr viel höheren Wirkungsgrad aufweisen als die meisten Großunternehmen. Aber nicht nur die Pro-Kopf-Leistung ist dort meist höher, sondern auch die Zufriedenheit (Interview Prof. Weiger, → Kap. 13).

Selbst wenn Leistungen unter schwierigen Bedingungen erbracht werden müssen, muss dies die Zufriedenheit nicht beeinträchtigen. Es kann sogar besonderen Stolz auslösen, wenn man unter schwierigsten Bedingungen ein gutes Ergebnis erzielt hat - jedenfalls dann, wenn sich die erschwerten Bedingungen, wie zum Beispiel bei einem Notfalleinsatz oder wegen der begrenzten Mittel einer Non-Profit-Organisation, aus der Natur der Sache ergeben und nicht bloß daraus, dass sich niemand die Mühe gemacht hat, für bessere Arbeitsbedingungen zu sorgen.

Drei Faktoren spielen für Leistung und Zufriedenheit eine besondere Rolle:

1. die Wahrnehmung, dass der eigene Beitrag einen Unterschied macht
2. die Wahrnehmung, mit dem eigenen Beitrag zu etwas Größerem beizutragen[10] (wie beispielsweise zum Durchbruch des Start-ups, zum Erfolg eines neuen Produkts oder zu den Zielen der Non-Profit-Organisation)
3. die Wahrnehmung, nicht nur das Nötigste getan, sondern seinen bestmöglichen Beitrag zu dem übergeordneten Ziel, mit dem man sich identifiziert, geleistet zu haben

Zusätzlich weckt es Stolz und Zufriedenheit, wenn die erbrachten Leistungen außergewöhnlich und/oder mit dem Überwinden eigener Grenzen verbunden waren, wenn sie also entweder von dem Gefühl begleitet sind: »Das hätte nicht jeder hingekriegt!« oder von der positiven Überraschung: »Das hätte ich mir gar nicht zugetraut!«

►► Nicht Zufriedenheit führt zu höherer Leistung, sondern das Gefühl, eine gute und wertvolle Leistung erbracht zu haben, führt zu Zufriedenheit. ◄◄

5.7 Freude am Überwinden eigener Grenzen

Menschen haben Freude daran, ihre Grenzen zu überwinden. Dabei geht es nicht allein darum, Rekorde zu brechen oder Heldentaten zu vollbringen, die noch niemals ein Mensch zuwege gebracht hat. Um stolz und zufrieden zu sein, reicht es schon, etwas geschafft zu haben, was *für unsere eigenen Verhältnisse* außergewöhnlich war. Wer zum ersten Mal einen Halbmarathon gelaufen ist oder einen Dreitausender erklommen hat, erzählt es voller Stolz allen, die es anzuhören bereit sind. Und zwar ohne sich im Geringsten daran zu stören, dass andere schon viel schneller gelaufen und viel höher gestiegen sind.

Selbst wer nur ein Gartenbeet angelegt oder sein Büro mal wieder aufgeräumt hat, ist zufrieden mit sich selbst und freut sich, wenn andere es bemerken und seine Leistung würdigen. Die Gründe, die uns stolz machen, können sehr unterschiedlich sein: Manchmal sind wir einfach nur froh und erleichtert, etwas erledigt zu haben, was längst überfällig war, uns vielleicht auch belastet hat und nun endlich abgehakt werden kann. Am stolzesten macht es uns aber, wenn

10 Aus guten Gründen wird überall, wo es um Leistung und Motivation geht, der Satz von Antoine de Saint-Exupéry zitiert: »Wenn Du ein Schiff bauen willst, dann trommle nicht Männer zusammen um Holz zu beschaffen, Aufgaben zu vergeben und die Arbeit einzuteilen, sondern lehre die Männer die Sehnsucht nach dem weiten, endlosen Meer.«

wir etwas zustande gebracht haben, das wir uns selbst nicht zugetraut haben: Offenkundig ist unsere Biologie darauf ausgerichtet, Lernfortschritte reichlich mit Glücksgefühlen zu belohnen.

Das gilt allerdings nur, wenn die Leistung aus freien Stücken erbracht wurde. Wer mit vorgehaltener Pistole zu einem Marathonlauf oder auf einen Dreitausender gezwungen wurde, wird diese – objektiv gleiche – Leistung keineswegs mit Stolz betrachten; er wird sich im Gegenteil bitter beklagen über die Tortur, die ihm angetan wurde, und den mörderischen Stress, den er dabei erlitten hat. Freude und Stolz hier – Leiden, Unglück und Wut da: Offenbar ist es ein entscheidender Unterschied, ob eine Leistung freiwillig oder unter Zwang erbracht wurde.

Allerdings ist die Grenze nicht messerscharf: Freiwilligkeit heißt nicht, dass es keinerlei Einflussnahme von dritter Seite gegeben haben darf. Wenn uns ein fordernder Vorgesetzter, ein anspruchsvoller Partner oder, im früheren Leben, ein strenger Lehrer nicht alles durchgehen lässt, sondern mit einer Mischung von Unerbittlichkeit und Ermutigung darauf besteht, dass wir einen einmal eingeschlagenen Weg auch durchhalten, dann ist das sicher keine reine, sondern eher eine verschärfte Form von Freiwilligkeit, und es kann durchaus heftige emotionale Gegenwehr auslösen. Trotzdem bringt es uns dazu, die Durststrecke durchzuhalten und das Ziel zu erreichen, das wir sonst vielleicht aufgegeben hätten. Und wenn dann das Tal der Tränen durchquert und der Erfolg erreicht ist, sind Durststrecken und Frustrationen ebenso vergessen wie die phasenweise Neigung zum Aufgeben, und Zufriedenheit und Stolz stellen sich ein.

►► Menschen haben Freude daran, sich weiterzuentwickeln, neue Fähigkeiten zu erwerben und persönliche Höchstleistungen zu erbringen – aber nur, sofern sie es aus (halbwegs) freien Stücken tun. ◄◄

Bedingungen für Spitzenleistungen

Stellt sich die Frage, was man tun kann oder tun muss, um andere Menschen dazu zu veranlassen, ihre Grenzen zu überwinden und Höchstleistungen zu erbringen. Oder genauer: Welche Bedingungen gegeben sein müssen, damit Menschen über sich hinauswachsen.

Die gute Nachricht ist: Die menschliche Natur kommt uns hier entgegen. Menschen lernen von Natur aus gern – auch wenn man manchen Erwachsenen davon nicht mehr viel anmerkt. Sie haben große Freude daran, neue Fähigkeiten zu erwerben und sich zu verbessern, und es erfüllt sie mit Stolz, einen Zuwachs ihrer Fähigkeiten zu erleben und von anderen bestätigt zu bekommen.

Am unverstelltesten sieht man das bei kleinen Kindern: Sie erkunden voller Neugier ihre Umgebung, erproben ständig neue Fähigkeiten und strahlen vor

Freude, wenn ihnen etwas gelungen ist, was sie bisher noch nicht konnten. Die glücklichsten Erwachsenen sind vielleicht diejenigen, die sich diese kindliche Freude am Lernen bis ins hohe Alter bewahrt haben.[11] Das unterstreicht auch der Flow-Forscher Csikszentmihalyi: »Wenn man im Zustand des *Flow* bleiben möchte, muss man Fortschritte machen, neue und größere Fertigkeiten erwerben und damit zu neuen, also höheren Ebenen der Komplexität aufsteigen« (2004, S. 89).

Diese Freude am Lernen und der Stolz auf jeden Kompetenzzuwachs ist im Grunde keine Überraschung, denn sie sind biologisch ausgesprochen sinnvoll. Schließlich ist es für Menschen, gleich ob in der Steinzeit oder heute, ein Selektionsvorteil, vielseitige Fähigkeiten zu besitzen, die eigene Handlungskompetenz immer weiter auszubauen und sich an veränderte Bedingungen anpassen zu können: Das erhöht sowohl die eigenen Lebens- und Überlebenschancen als auch die Wahrscheinlichkeit, lebenstaugliche Nachkommen hochzubringen. Deshalb hat die Evolution Lernen, Kompetenzzuwachs und sichtbare Erfolge mit starken positiven Gefühlen verbunden, nämlich mit Freude und Stolz.

Die Voraussetzungen für Lernen, persönliche Weiterentwicklung und Leistung könnten also im Grunde kaum besser sein. Sie sind von Natur aus mit Lustgefühlen verbunden – was so viel heißt wie: Lernen und Leistung machen einfach Spaß! Und zwar aus sich selbst heraus und ohne dass es irgendwelcher zusätzlicher Anreize und Belohnungen bedarf!

Entmutigung durch schlechte Erfahrungen

Aber wie kommt es dann, dass manche Menschen ziemlich wenig Lust auf Lernen und Leistung an den Tag legen? Die Erklärung ist erschreckend einfach: Unser Verhalten ist ja nicht allein von der Biologie bestimmt, also von dem, was die Natur in unseren Genen verankert hat. Eine mindestens ebenso maßgebliche Rolle spielt unsere persönliche Lerngeschichte, das heißt, die Erfahrungen, die wir im Laufe unseres Lebens gemacht, und die Schlüsse, die wir daraus gezogen haben.

Wer in seinem bisherigen Leben überwiegend positive Erfahrungen mit Lernen und Leistung gesammelt hat, also sowohl durch die Umgebung als auch durch seine Erfolge ermutigt worden ist, bei dem hat sich die natürliche Freude daran noch verstärkt. Deshalb brennen Menschen, die ein hohes Vertrauen in ihre Fähigkeiten haben, oft geradezu darauf, ihr Können unter Beweis zu stellen – eine Energiequelle, von der auch viele Projekte leben. Wer dagegen über-

11 Ein wunderbares Beispiel ist ein Gespräch zwischen dem Wissenschaftsphilosophen Sir Karl Popper und dem Verhaltensforscher und Nobelpreisträger Konrad Lorenz von 1983, dessen Aufzeichnung in mäßiger Bild- und Tonqualität auf YouTube zu finden ist. Die beiden hochbetagten Forscher diskutieren mit einer solchen Begeisterung und Freude am Dazulernen miteinander, dass ihre Begeisterung selbst Zuhörer ansteckt, die ihren Argumenten nicht immer folgen können.

wiegend negative Erfahrungen gemacht hat, bei dem ist die natürliche Freude verloren gegangen oder unter einer meterhohen Geröllschicht von Entmutigung verschüttet – zumindest auf den Feldern, wo er überwiegend Misserfolge erlebt hat. Und im schlimmsten Fall sogar generell.

Das ist beim Lernen und der Leistung nicht anders als auf anderen Gebieten. Auch die Sexualität zum Beispiel ist ja von Natur aus mit starken positiven Gefühlen verbunden – was verhaltensbiologisch ebenfalls viel Sinn ergibt. Trotzdem haben manche Menschen Angst vor ihr und machen einen weiten Bogen um sie. Auch hier liegt kein Versagen der Biologie vor: Das Problem liegt vielmehr in den schlechten Erfahrungen, die diese Menschen gemacht haben, in den entmutigten Schlüssen, die sie daraus gezogen haben, und in den negativen Erwartungen, die sie daher damit verbinden: »Gebranntes Kind scheut das Feuer.«

►► Das Potenzial ermutigender Führung liegt darin, die angeborene Lust an Lernen und Leistung und die Freude an der persönlichen Weiterentwicklung wieder freizulegen, die bei vielen Menschen unter viel Entmutigung verschüttet ist. Bei manchen Menschen genügt da ein kleiner Impuls: Manchmal reicht schon die Erkenntnis, dass der neue Chef weniger Wert auf das Vermeiden von Risiken legt als auf das Erkunden neuer Wege, das notwendigerweise mit Irrtümern und Rückschlägen verbunden ist. Bei anderen ist viel Geduld und Beharrlichkeit erforderlich, bis sie das sichere Schneckenhaus ihrer Routinen verlassen. Aber es lohnt sich, denn mutige Mitarbeiter sind wertvoller – und glücklicher – als mutlose. ◄◄

5.8 Missverständnisse oder: Was Ermutigende Führung *nicht* ist

5.8.1 Ermutigende Führung heißt nicht, nett und fürsorglich zu sein

Unter einem ermutigenden Vorgesetzten stellen sich viele eine Führungskraft vor, die sehr nett und verständnisvoll ist und sich überaus fürsorglich um ihre Mitarbeitern kümmert. Aber das ist bestenfalls teilweise richtig. Zwar sollte ein ermutigender Vorgesetzter menschlich zugänglich und an seinen Mitarbeitern interessiert sein, aber das heißt keineswegs, dass er oder sie der »gute Kumpel« ist, der alles für das Wohlbefinden seiner Mitarbeiter tut und die Härten des Lebens von ihnen fernhält. Ganz im Gegenteil.

Auch ein strenger, distanzierter Chef kann ein ermutigender Vorgesetzter sein. Erinnern wir uns: Das Ziel ermutigender Führung ist nicht, dass alle permanent glücklich sind, es ist, dass die Mitarbeiter in der Zusammenarbeit »größer« werden, also an Kompetenz und Selbstvertrauen zunehmen. Und dazu kann ein strenger Chef genauso beitragen wie ein verständnisvoller – Ersterer unter Umständen sogar mehr.

Denn ein netter Chef, der größten Wert auf ein angenehmes Betriebsklima legt und von seinen Mitarbeitern geliebt werden möchte, wird sich im Zweifelsfall hüten, sie zu fordern. Schließlich ist es oft mit einer gewissen Unbehaglichkeit verbunden, gefordert zu sein: Es zwingt sie dazu, die »Komfortzone« zu verlassen und sich auf Herausforderungen einzulassen, von denen man noch nicht weiß, wie man sie anpacken soll und ob man sie bewältigen wird. Ein fürsorgliches, beschützendes Klima fühlt sich da weitaus angenehmer an – aber es trägt wenig dazu bei, dass man sich weiterentwickelt, und kann dies im schlimmsten Fall sogar verhindern.

Am deutlichsten wird das bei überfürsorglichen Vorgesetzten, die – ähnlich wie überbeschützende Mütter – ihre Mitarbeiter vor jeder tatsächlichen oder vermeintlichen Überforderung bewahren wollen und sie dadurch nicht nur verwöhnen, sondern zugleich auch entmutigen, was so viel heißt wie, sie kleiner machen. Denn jedes Beschützen enthält ja auch ein implizites Feedback dazu, wie der Beschützende die Fähigkeiten und die »Lebenstauglichkeit« des Beschützten einschätzt. Wenn der Chef darauf besteht, jeden nach außen gehenden Brief zu sehen und zu korrigieren, heißt das eben auch, dass er die Mitarbeitern für (noch?) nicht fähig hält, solche Dinge eigenverantwortlich zu erledigen – es ist in der Tat schwer, dies als ein Signal von Vertrauen und Zutrauen zu interpretieren.

Viel ermutigender ist es, gefordert zu werden, vor allem wenn dieses Fordern spürbar von der Überzeugung des Vorgesetzten getragen ist, das Geforderte leisten zu können, sofern sich der Mitarbeiter nur ausreichend anstrengt. Entscheidend ist dabei, dass hinter dem Fordern ein dynamisches Menschenbild (→ Kap. 6.7) steht: Nicht ein statisches und beurteilendes Denken, das sich darauf richtet, die Talente und Fähigkeiten des Mitarbeiters auszuloten (»Ich bin mal gespannt, ob Ihre Fähigkeiten dafür reichen!«), sondern eine Denkweise, die dem Mitarbeiter Anstrengung abverlangt, in der festen Überzeugung, dass sie sich schließlich auszahlen werden: »Sie kriegen das schon hin, wenn Sie sich dahinter klemmen!«

►► Unangemessene Schonung ist das Gegenteil von ermutigender Führung: Sie bedeutet Kleinmachen bzw. Kleinhalten. Statt Mitarbeiter in Watte zu packen, gilt es, sie zu fordern und ihnen Leistung abzuverlangen – wobei entscheidend ist, dass dieses Fordern spürbar von der Überzeugung getragen ist, die Aufgabe mit genügend Anstrengung und Engagement bewältigen zu können. ◄◄

5.8.2 Alles verstehen, heißt keineswegs, alles verzeihen

Je besser wir verstehen, warum sich jemand so verhält, wie er sich verhält, desto schwerer wird es, ihn dafür zu verurteilen. Und desto schwieriger wird es auch, ärgerlich oder wütend zu werden oder jemanden zu verachten. Aber das heißt noch lange nicht, alles hinzunehmen. Wenn Sie verstehen, weshalb ein Mitarbeiter oder eine Mitarbeiterin im Umgang mit Kollegen oder Kunden immer wieder denselben Fehler macht, beispielsweise aufbrausend reagiert oder immer sofort klein beigibt, heißt das keineswegs, dass Sie sich damit abfinden müssen. Im Gegenteil: Dann haben Sie viel bessere Voraussetzungen dafür, dieses Verhalten zu beeinflussen, als wenn Sie überhaupt nicht nachvollziehen können, wie sich jemand so verhalten kann.

Allerdings ist es dafür notwendig, eine Verwechslung hinter sich zu lassen, die im allgemeinen Sprachgebrauch sehr verbreitet ist, nämlich die von »Verstehen« und »Einverstanden-Sein«. Ein typisches Beispiel sind jene hitzigen Diskussionen, die im politischen Raum immer aufflammen, wenn über die Lebensgeschichte und den Werdegang von Straftätern gesprochen oder geschrieben wird. Viele Menschen wollen diese biografischen Hintergründe gar nicht wissen, weil sie der Meinung sind, sie dienten nur zur Entschuldigung oder gar zur Rechtfertigung dieser Straftaten: »Alles verstehen heißt alles verzeihen!«

Die fälschliche Gleichsetzung von Verstehen und Einverstanden-Sein hat eine krude Konsequenz: Sie führt unmittelbar in eine selbstauferlegte Empathieblockade. Wer so denkt, der *darf* nicht verstehen, wenn er nicht einverstanden sein will. Das Problem dabei ist allerdings, dass mit dem Verstehen auch die Chance zur Beeinflussung unter die Räder kommt: Wenn wir ein Verhalten nicht verstehen, haben wir auch kaum die Möglichkeit, gezielt auf seine Veränderung hinzuwirken. Dann bleiben uns nur zwei Ansatzpunkte, nämlich moralische Appelle, deren Wirkungslosigkeit in Hunderttausenden von »Feldversuchen« belegt wurde, und das Ausüben von Druck oder Zwang, was ebenfalls nicht die optimale Strategie für eine gute Zusammenarbeit ist.

Wie unsinnig die Verwechslung von Verstehen und Einverstanden-sein ist und wie überflüssig die Angst, was man versteht, auch verzeihen zu müssen, sollten gerade die Fans von Psycho-Krimis wissen: Wenn der Kriminalkommissar sich mit unglaublicher Empathie in den Täter hineindenkt und den Tathergang ebenso feinfühlig wie schlüssig rekonstruiert, dann tut er das ja nicht, um dem Täter am Schluss verständnisvoll auf die Schulter zu klopfen und zu sagen: »An deiner Stelle hätte ich genauso gehandelt« – er tut es, um ihn zu überführen und ihm zum krönenden Abschluss die Handschellen anzulegen. Alles verstehen, heißt eben doch nicht, alles verzeihen.

Selbst Psychotherapeuten, die gemeinhin als Weltmeister im Verstehen gelten, werden keineswegs dafür bezahlt, mit allem einverstanden zu sein, was sie mit viel Empathie schließlich verstanden haben. Ihre Patienten kommen ja nicht zu ihnen, um nach vielen Therapiesitzungen schließlich zu hören, dass ihre Depressionen oder ihre Panikattacken für den Therapeuten sehr nachvollziehbar und völlig in Ordnung sind – sie wollen geheilt werden. Nicht einmal hier heißt »alles verstehen« offenbar, alles in Ordnung zu finden. Also verabschieden wir uns von dieser unsinnigen Gleichsetzung!

Zwar sind Sie als Führungskraft weder Kriminalkommissar noch Psychotherapeut; ihre Aufgabe ist weder, Übeltäter ihrer gerechten Strafe zuzuführen noch psychisch Kranke zu heilen. Ihr Job beschränkt sich darauf, einigermaßen normale Mitarbeiter dazu zu bringen, ihre Aufgaben optimal zu bewältigen. Doch wenn es darum geht, nicht optimales Verhalten in geeigneteres Verhalten zu überführen, ist Empathie ebenso nützlich wie in der Therapie oder bei der Verfolgung von Straftätern. Denn je besser wir verstehen, aus welchen Gründen – und zu welchem Zweck! – sich jemand in ungeeigneter Weise verhält, desto wirksamer können wir intervenieren. Und desto besser können wir unsere Vorgehensweise so wählen, dass sie nicht in einen Machtkampf mit dem Betreffenden mündet, sondern zu einer gemeinsamen Arbeit an einem gemeinsamen Problem wird.

►► Das Verstehen ungeeigneten Verhaltens dient nicht seiner Entschuldigung, sondern seiner Veränderung. Je besser eine Führungskraft versteht, aus welchen Gründen und zu welchem Zweck sich jemand so verhält wie er oder sie sich verhält, desto wirksamer kann sie ansetzen, um ungeeignetes in optimales Verhalten zu verwandeln. ◄◄

5.8.3 Sich zufriedengeben mit dem, was man bekommt

Verständnisvolle Vorgesetzte stehen oft im Verdacht, nachsichtige Vorgesetzte zu sein – und damit letztlich ihrem Unternehmen zu schaden, weil sie dessen Leistungsansprüche nicht konsequent genug gegenüber den Mitarbeitern durchsetzen. Doch hinter dieser Annahme steckt letztlich der gleiche Denkfehler wie hinter »alles verstehen heißt alles verzeihen«: Wer versteht, weshalb die Leistung oder das Verhalten eines Mitarbeiters oder einer Mitarbeiterin nicht optimal ist, muss sich deswegen keinesfalls damit abfinden – er hat im Gegenteil das wirksamste Mittel an der Hand, ihn bzw. sie zum Positiven zu beeinflussen.

In einem Punkt ist das Vorurteil allerdings berechtigt: Wer seinen Mitarbeitern verständnisvoll begegnet, wird kaum dazu in der Lage sein, ihnen gegenüber seine Forderungen oder die des Unternehmens, wie es in der Managersprache heißt, *knallhart* und *rücksichtslos* durchzusetzen. Was auf Deutsch meist nur heißt, den Druck gnadenlos so weit zu erhöhen, dass entweder die geforderten Ergebnisse herauskommen – oder die Mitarbeiter zumindest, wie auf einer

Galeere, unter hohem Stress ihr Möglichstes geben, solange sie dies durchhalten.

Wer seinen Mitarbeitern verständnisvoll begegnet, ist daher tatsächlich in Schwierigkeiten, wenn er keinen Weg sieht, ihnen trotz seines Verständnisses - oder gerade *dank* seines besseren Verständnisses - zu einem erfolgreicheren Verhalten zu helfen. Ein besseres Verständnis führt in der Tat zu einer »Beißhemmung« - was aber auch ganz in Ordnung ist, denn ein Vorgesetzter soll seine Mitarbeitern ja nicht beißen, er soll sie entwickeln. Wer keine Idee hat, wie er Mitarbeiter entwickeln könnte, die nicht die erforderliche Leistung bringen, der sitzt als verständnisvoller Vorgesetzter in der Tat in der Klemme: Er ist nicht brutal genug, um seine Mitarbeitern *trotz* mangelnden Verständnisses auf die Spur zu zwingen, und nicht qualifiziert genug, um sie *mithilfe* seines Verständnisses weiterzubringen. Dann ist er wirklich hilflos.

»Leistungszurückhaltung«

Doch auch Druck hilft ja allenfalls dann, wenn Mitarbeiter ihre Leistung bewusst oder aus Schlendrian zurückhalten. Wenn es sich in einem Team zum Beispiel eingebürgert hat, die Pausenzeiten immer weiter zu verlängern, sodass immer weniger Arbeitszeit für die Arbeit übrig bleibt, dann ist als Erstes die Frage, wie eine solche Verwahrlosung der Sitten eigentlich einreißen konnte und ob das möglicherweise mit einer entweder desinteressierten oder konfliktscheuen Führung zu tun hat. Dann ist es in der Tat höchste Zeit, dass der oder die Vorgesetzte die Disziplin wieder herstellt und auf der Einhaltung der arbeitsvertraglichen Pflichten besteht.

Allerdings lohnt es sich, wenn solch ein Schlendrian eingerissen ist, darüber nachzudenken, ob dahinter nicht ein tiefer gehendes Problem steckt - oder sogar mehrere. Zum einen legt es die Vermutung nahe, dass diese Mitarbeiter keinen sehr starken Bezug zu ihrer Arbeit haben und offenbar nicht sehen, welchen Beitrag sie damit zu einem größeren Ganzen leisten. Möglicherweise empfinden sie ihre Arbeit als sinnentleert, vermutlich mangelt es ihnen an Zugehörigkeitsgefühl (→ Kap. 2.2) und erst recht an einem Gefühl der Mitverantwortung für das Ganze, also an Gemeinschaftsgefühl. Das wirft zum anderen die Frage auf, wo eigentlich der Vorgesetzte ist, der diesen Zustand hat entstehen lassen, und wie er seine Rolle versteht: Er ist mit hoher Wahrscheinlichkeit Teil des Problems.

Natürlich kann man sich auf den Standpunkt stellen, den Mitarbeitern mangele es ganz einfach an Pflichtbewusstsein: Sie hätten ihren arbeitsvertraglichen Verpflichtungen nachzukommen, gleich ob sie einen Sinn in ihrer Tätigkeit sehen und sich zugehörig fühlen oder nicht. Aber ein solcher moralisierender Standpunkt erweist sich bei näherem Hinsehen als Realitätsverweigerung: Möglicherweise hätte man mit Appellen an das Pflichtgefühl vor 100 Jahren noch etwas bewirken können; in der heutigen Zeit wird man mit einer solchen Forderung keinen Mitarbeiter zu einer Verhaltensänderung bewegen.

Das gilt erst recht, wenn Mitarbeiter ihre Leistung absichtlich zurückhalten oder sich bewusst unkooperativ verhalten. Denn dann stellt sich ja die Frage, warum bzw. zu welchem Zweck sie das tun. Und es liegt die Vermutung nahe, dass sie es machen, um entweder ihren Vorgesetzten oder das Unternehmen für eine (subjektiv empfundene) schlechte Behandlung zu bestrafen oder sich für erlittenes Ungemach zu rächen. Der Versuch, sie mit Druck, Drohungen und Sanktionen zur Leistung zu zwingen, würde dann mit ziemlicher Sicherheit in einen Machtkampf münden, und es ist keineswegs sicher, dass der Vorgesetzte den gewinnen würde. Es kann sogar sein, dass diese Leistungszurückhaltung dem – unbewussten – Zweck dient, einen solchen Machtkampf zu provozieren, um dem oder der Vorgesetzten zu zeigen, wer wirklich am längeren Hebel sitzt.

Die Leistungsbereitschaft wieder herstellen

Trotzdem kann und darf man sich mit solch unbefriedigenden Situationen natürlich nicht abfinden. Doch statt des wenig aussichtsreichen Versuchs, die bockigen Mitarbeiter mit Druck zu Mehrleistungen zu zwingen, bietet sich als Ausweg genau das Konzept der ermutigenden Führung an. Schließlich muss es darum gehen, die vorhandenen Hindernisse auszuräumen, statt mit dem Kopf durch die Wand zu wollen.

Die Aufgabe des Vorgesetzten ist dabei, von den Mitarbeitern ebenso freundlich wie fest ihre Leistung einzufordern. Das beginnt damit, aufkommenden Schlendrian zu thematisieren – und zwar am besten, *bevor* er eingerissen ist. Wenn sich dabei herausstellt, dass dahinter ein tiefer liegendes Problem steht, gleich ob es ein mangelndes Zugehörigkeitsgefühl ist oder irgendwelche offenen Rechnungen, dann muss das bearbeitet und in Ordnung gebracht werden.

Je besser eine Führungskraft versteht, was ihre Mitarbeiter daran hindert, sich voll zu engagieren und ihre bestmögliche Leistung zu bringen, desto eher ist sie dazu in der Lage, solche Leistungsstörungen auf eine konstruktive Weise auszuräumen. Und desto mehr Ansatzpunkte liefert ihr genau dieses Verständnis für eine gezielte Ermutigung. So kann sie die Mitarbeiter Schritt für Schritt zu immer höheren Leistungen zu führen, und zwar ohne dabei unangemessenen Druck zu machen oder kontraproduktiven Stress auszulösen.

►► Wer versteht, weshalb die Leistung oder das Verhalten eines Mitarbeiters oder einer Mitarbeiterin nicht optimal ist, muss sich deswegen keinesfalls damit abfinden – er hat im Gegenteil die besten Voraussetzungen dafür an der Hand, ihn oder sie mithilfe ermutigender Führung zum Positiven zu beeinflussen. ◄◄

5.9 Verbreitete Hindernisse auf dem Weg zu ermutigender Führung

Wenn ermutigende Führung so viele Vorzüge hat, warum ist sie dann nicht weiter verbreitet? Ein Grund ist sicherlich, dass es ohne das nötige psychologische Hintergrundverständnis gar nicht so einfach ist, den »Trick« hinter der ermutigenden Führung zu durchschauen bzw. ihre innere Logik zu verstehen. Es fühlt sich zwar gut an, ermutigend geführt zu werden, und es ist angenehm, ermutigende Mitarbeiter und Kollegen zu haben. Aber es ist gar nicht so leicht, klar zu erkennen, was diese Menschen eigentlich tun (und erst recht, was sie nicht tun), sodass man es nachmachen könnte. »Der hat so eine Art, die es leichter macht«, heißt es dann – aber was das genau ist und wie man es für sich übernehmen könnte, erschließt sich daraus nicht.

Vor allem aber gibt es in vielen Unternehmen eine Reihe von Überzeugungen, Gewohnheiten und (Un-)Sitten, die das genaue Gegenteil von Ermutigung bewirken und es auch sehr schwer machen, ein ermutigendes Klima aufzubauen. Diese schädlichen Gewohnheiten gilt es zu erkennen und ihre kontraproduktive Wirkung zu verstehen, um sie letztlich abstellen zu können. Oder sie zumindest so weit zurückzudrängen, dass sich ihre schädlichen Auswirkungen im Rahmen halten.

5.9.1 Notorische Defizitorientierung

»Wenn neun von zehn Zielen im grünen Bereich sind und eines nicht, zieht er garantiert das zehnte heraus und hackt darauf herum«, beklagten sich viele Außendienst-Mitarbeiter einer großen Vertriebsorganisation, und sie bezogen sich dabei nicht auf einen bestimmten Vorgesetzten, sondern auf den in ihrem Unternehmen vorherrschenden Führungsstil. Tatsächlich sind viele Organisationen geprägt von einer chronischen Defizitorientierung: Den überwiegenden Teil der Zeit, die Führungskräfte mit ihren Mitarbeitern verbringen, wird über die Dinge geredet, die *nicht* in Ordnung sind.

Halb ungewollter Fokus auf das Negative

Das muss seine Ursache gar nicht in einer negativen Grundhaltung der Vorgesetzten haben: Dieser negative Fokus ergibt sich, wenn man nicht aufpasst, ganz von alleine – und zwar selbst dann, wenn der Vorgesetzte bewusst nicht nach dem Grundsatz handelt »Nicht geschimpft ist genug gelobt«. Auch wenn er darauf achtet, die neun erreichten Ziele anzuerkennen, sind diese Erfolge schnell abgehakt: Was lässt sich da groß drüber reden?

Sehr viel mehr Diskussionen gibt es bei den Dingen, die nicht im grünen Bereich sind: Hier fragen die Führungskräfte nach, und die Mitarbeiter rechtfertigen, warum es nicht besser ging und weshalb alles viel schwieriger ist als sich der Chef das vorstellt. Worauf wiederum die Vorgesetzten finden, die Ausflüchte und Rechtfertigungen der Mitarbeiter so nicht stehen lassen zu dürfen …

Aus diesem Ping-Pong von Nachfassen und Rechtfertigen entwickelt sich schnell eine lange Diskussion, die ausgesprochen negativ getönt ist und alle Beteiligten herunterzieht. Normalerweise empfindet daher keiner der Beteiligten solche Gespräche als hilfreich, aber es ist schwierig, aus dieser Negativspirale herauszukommen. Andererseits: Wenn es niemandem nützt, hat es auch keinen rechten Sinn, damit weiterzumachen.

►► Viele, viel zu viele Gespräche von Führungskräften mit ihren Mitarbeitern kreisen um das, was nicht in Ordnung ist. So verständlich und naheliegend diese Defizitorientierung auch ist, die Wirkung ist dennoch entmutigend: Statt konstruktiver Dialoge löst sie Abwehrreaktionen und Selbstverteidigung aus, die niemanden weiterbringen. Im ungünstigsten Fall bewirkt sie sogar ein Nachlassen der Anstrengungen, weil die Mitarbeiter davon ausgehen, dass der oder die Vorgesetzte ohnehin nicht zufrieden ist und noch einmal alles ändern wird. ◄◄

5.9.2 Ängstlichkeit und Fehlervermeidung

Verwandt mit der Defizitorientierung ist das Streben danach, keine Fehler zu machen und auch keine zuzulassen. Die sicherste Art, keine Fehler zu machen, ist, gar nichts zu machen bzw. nichts zu entscheiden. Denn, so eine alte Bürokratenregel, nur wer nichts macht, macht auch nichts verkehrt.

Vorgesetzte, die auf keinen Fall einen Fehler machen wollen, treiben ihre Mitarbeiter oft zur Verzweiflung, weil sie ewig brauchen, um Entscheidungen zu treffen. Und zwar nicht, weil sie die Sache so lange liegen ließen, sondern weil sie sie immer wieder zur Hand nehmen, vielfach hin und her überlegen – und den Vorgang dann erst einmal zur Seite legen, weil sie sich mit keiner der zur Diskussion stehenden Alternativen so richtig wohl fühlen und sich die Sache deshalb noch einmal in Ruhe durch den Kopf gehen lassen wollen. Selbst auf die Frage »Fällt es Ihnen schwer, Entscheidungen zu treffen?« würden sie wahrscheinlich mit einem unsicheren »Ja und Nein« antworten.

Als Spezialisten für Qualität, Sicherheit, Controlling oder Revision können solche Menschen gerade wegen ihres extremen Strebens nach Fehlerlosigkeit eine nützliche Rolle spielen, aber sie sollten eigentlich nicht in Führungspositionen sein. Denn hier werden solche Menschen zum Problem: Mit ihrer Angst vor Fehlentscheidungen verunsichern und entmutigen sie auch ihre Mitarbeiter. Zugleich wird ihre Abteilung oft zum Engpass für das gesamte Unternehmen und erwirbt sich so nicht den allerbesten Ruf, was ebenfalls auf das Selbstvertrauen der Mitarbeiter zurückwirkt. Ein ermutigendes Teamklima kann in einem solchen

Umfeld kaum entstehen – schon deshalb nicht, weil der Vorgesetzte dazu erst einmal selber den Mut zur Festlegung aufbringen müsste. Was zeigt, dass Ermutigung nur möglich ist in den Grenzen des eigenen Mutes: Ein überängstlicher Vorgesetzter wird seine Mitarbeiter im Zweifelsfall eher entmutigen als ermutigen.

Hohe Qualitätsansprüche

Überaus entmutigend ist auch, wenn Vorgesetzte mit nichts zufrieden sind und immer noch etwas auszusetzen und zu verbessern haben. So wie der Leiter des Vorstandsbüros in einem DAX-Konzern, der bei seinen Mitarbeitern für seine Pingeligkeit verrufen war. Er war sich der Kritik bewusst und rechtfertigte sich mit dem Argument, Vorlagen für den Vorstand müssten einfach von absolut makelloser Qualität sein. So sehr er das bedauere, er könne in seinem Verantwortungsbereich kein Lernen aus Erfahrung zulassen, weil der Vorstand das nicht akzeptieren würde.

Auch mit dieser Haltung werden Vorgesetzte unweigerlich zum Engpass für ihre Abteilung und möglicherweise für das ganze Unternehmen: Alles läuft über ihren Schreibtisch, vor dem sich trotz all ihrer Überstunden ein gewaltiger Stau bildet. Und da solche Vorgesetzte extrem viel zu tun haben, haben sie auch nicht die Zeit, ihre Änderungen mit den Mitarbeitern durchzusprechen, damit sie daraus für die Zukunft lernen können. Zugleich sind sie unersetzlich, weil bei dieser Arbeitsweise ja weder eine kompetente Vertretung noch geeigneter Nachwuchs aufgebaut wird.

Und auch hier ist die Wirkung auf die Mitarbeiter die perfekte Entmutigung: Da sie ohnehin nicht damit rechnen können, dass ihre Vorlagen ohne erhebliche Korrekturen verwendet werden und zum Teil sogar völlig umgearbeitet werden, ist es für die Mitarbeiter auf Dauer extrem schwierig, mit Motivation und Engagement bei der Sache zu bleiben. Da ihre Frustration aber umso größer ist, je mehr Mühe sie sich mit einer Ausarbeitung gemacht haben, geben sie das Ziel, »perfekte Vorlagen« zu erstellen, früher oder später auf und beschränken sich darauf, halbfertige Entwürfe abzugeben, an denen ihr Chef sich dann »austoben« kann. Die Unzulänglichkeit dieser Papiere wiederum bestätigt den Chef in seiner Haltung, dass an einer vollständigen Überarbeitung sämtlicher Vorlagen leider kein Weg vorbei führt.

Tatsächliches und vermeintliches Besserwissen

Ein Problem, mit dem sich jeder Vorgesetzte zurechtfinden muss, ist, dass unterschiedliche Menschen in aller Regel unterschiedliche Vorgehensweisen zur Erledigung der gleichen Aufgabe wählen. Es ist daher selten, dass Mitarbeiter die Aufgabe exakt genau so lösen wie es der Vorgesetzte an ihrer Stelle getan hätte. Vorgesetzte müssen daher lernen zu unterscheiden: Ist die Aufgabe tatsächlich *schlecht* gelöst oder ist sie nur *anders* gelöst? Und falls sie tatsächlich schlecht gelöst ist, ist sie so schlecht gelöst, dass es erforderlich ist einzugreifen, oder ist die Lösung des Mitarbeiters vielleicht nur etwas ungelenker als die des Vorgesetzten, aber durchaus auch brauchbar?

Wer diese Unterscheidungen nicht trifft, wird für seine Mitarbeiter unweigerlich zum Demotivator, erstens weil er ihnen viel zu häufig ins Lenkrad greift, zweitens weil er sie vor die unlösbare Aufgabe stellt, zu erraten, wie er, der Chef, diese Aufgabe lösen würde. Es ist extrem frustrierend, immer wieder korrigiert zu werden, ohne zu verstehen, nach welchem System und welchen Kriterien diese Eingriffe erfolgen. Am Anfang sagt sich der Mitarbeiter noch: »Ich kann das *noch* nicht« – aber irgendwann kippt sein inneres Selbstgespräch um in: »Es hat keinen Zweck«.

Deshalb müssen gerade Führungskräfte, die sehr kompetent sind und einen hohen Qualitätsanspruch an die eigene Arbeit wie an die ihrer Abteilung haben, aufpassen, dass sie mit ihren spontanen Interventionen nicht ungewollt entmutigend und demoralisierend wirken. Machen Sie sich bewusst: Sie wurden in Ihre heutige Position vermutlich auch deshalb befördert, weil Sie mehr Kompetenz und Erfahrung haben als die meisten Ihrer Mitarbeiter. Also ist wahrscheinlich, dass Sie viele Dinge auch besser können als sie.

Wenn Sie wollen, dass Ihre Mitarbeiter in Kompetenz und Qualität zu Ihnen aufschließen, erreichen Sie das nur, indem Sie sie ausbilden und trainieren. Dazu zählt insbesondere, ihnen *vorab* zu sagen, worauf es (Ihnen) ankommt, und ihnen zeitnah ein Feedback zu geben – und zwar ein Feedback, das sich nicht nur auf Fehler und Unzulänglichkeiten bezieht, sondern auch Fortschritte registriert und anerkennt, was erfolgreich umgesetzt worden ist. Dazu zählt aber auch, sich selbst darüber klar zu werden, was tatsächlich unverzichtbare Qualitätsstandards sind und was nur Ihre persönlichen Vorlieben.

►► Vorgesetzte, die sich von ihrer Angst vor Fehlern und Fehlentscheidungen bestimmen lassen, entmutigen ihre Mitarbeitern eher als dass sie sie ermutigen, indem sie ihnen Ängstlichkeit vorleben und sie daran hindern, ihre eigenen Erfahrungen zu machen. Um ermutigend zu führen, muss man daher auch am eigenen Mut arbeiten, denn man kann andere Menschen letztlich nur in den Grenzen des eigenen Mutes ermutigen. ◄◄

5.9.3 Führungskräfte, die gefallen wollen

Im Gegensatz zu ängstlichen Führungskräften sind Vorgesetzte, die geliebt und bewundert werden wollen, oft gute Ermutiger: Manche können ihre Mitarbeiter geradezu begeistern und inspirieren, sich auf neue Dinge einzulassen und ihre bisherigen Grenzen zu überschreiten. Allerdings bringen sie oft nicht die Geduld und Beharrlichkeit mit, um die betreffenden Mitarbeiter Stück für Stück bei ihrer tatsächlichen Weiterentwicklung zu unterstützen; oftmals geben sie nur Anstöße und wecken große Hoffnungen, die dann in Enttäuschung münden. Denn ihre Motivation ist meist mehr »ichhaft« als sachbezogen: Ihnen geht es eher darum, Eindruck zu machen, als darum, ihre Mitarbeiter mit dem nötigen langen Atem zu entwickeln.

Führungskräfte, die geliebt oder bewundert werden wollen, sind zudem meist zu nachgiebig. Ihre eigenen emotionalen Bedürfnisse machen sie erpressbar: Wenn der Mitarbeiter mit Liebesentzug droht oder statt mit Bewunderung mit Verachtung reagiert, gehen sie in die Knie und geben klein bei.

Wenn in Bezug auf einen Geschäftsführer oder Vorstand gesagt wird, er sei »wirklich sehr nett«, ist das daher meistens keine gute Nachricht. Fast immer erweist sich im weiteren Gespräch, dass der Betreffende eine Schleppe an ungelösten Konflikten hinter sich herzieht. Auch verschleppte Personalprobleme gehören zum charakteristischen Symptombild »netter« Manager. Hier wird der Preis der Nettigkeit sichtbar, nämlich das Vermeiden, Verschieben und Verschleppen unangenehmer Entscheidungen aus dem ebenso verzweifelten wie vergeblichen Bemühen, es allen recht zu machen. So schwer es auch fallen mag, erfolgreiche Führung erfordert das Klären, Durchstehen und Ausräumen von Konflikten und nicht deren kunstvolles Umschiffen. Wer dazu als Manager nicht bereit und in der Lage ist, hat, so hart es klingen mag, seinen Beruf verfehlt.

»Hilfsbereitschaft« und »Kollegialität«

Ähnliches gilt für andere verräterische Attribute wie »hilfsbereit«, »kollegial« oder »guter Kumpel«. Nichts gegen echte Hilfsbereitschaft, die sich auf die selbstlose Unterstützung in Notsituationen oder den freiwilligen Ausgleich von Belastungen bezieht. Doch was im täglichen Leben als Hilfsbereitschaft bezeichnet wird, ist oftmals nur eine Mischung aus Verwöhnung und Konfliktscheu: Dahinter verbirgt sich nicht selten die Tendenz von Vorgesetzten, unbeliebte Arbeiten lieber selbst zu erledigen als sie den dafür zuständigen Mitarbeitern oder Kollegen abzuverlangen – und damit einen Konflikt zu riskieren.

Auch »kollegiale« und »kumpelhafte« Chefs drücken sich mit ihrem geselligen Auftreten vor einem notwendigen Konflikt, nämlich dem, dass sie als Vorgesetzte eben nicht mehr Teil des Teams sind, sondern dessen Vorgesetzter. Ihre Aufgabe wäre es, Forderungen an ihre Mitarbeiter zu stellen und sich mit ihren Leistungen auseinanderzusetzen, nicht, sich mit ihnen zu verbrüdern.

Es hilft alles nichts: Wer führen will, muss akzeptieren, dass diese Rolle auch mit einem Verlust von Nähe und der Bewältigung von Konflikten zu tun hat. Wer dies nicht will, sollte es besser lassen.

►► Führungskräfte, die geliebt oder bewundert werden wollen, können vordergründig ermutigend erscheinen, aber sie gehen in die Knie, wenn sie ihre Mitarbeiter fordern oder einen Konflikt riskieren müssten. Für echte Ermutigung fehlt ihnen zudem in aller Regel die Ausdauer und Beharrlichkeit. ◄◄

5.9.4 Zusammentreffen von Dominanz und Hierarchie

Führungskräfte und erst recht Top Manager sind häufig »Alphatiere«: Sie treten meist recht dominant und bestimmt auf. Charakteristisch für solche Menschen ist weiterhin, dass sie rasch urteilen und zu den meisten Fragen eine klare Meinung haben – und sie auch sehr dezidiert vertreten. Oft sind sie ungeduldig, und wenn sie verstanden haben (oder meinen, verstanden zu haben), was der andere sagen möchte, neigen sie schon mal dazu, ihm ins Wort zu fallen. Was Alphatieren häufig fehlt, ist ein Bewusstsein dafür, dass sie mit ihrer bestimmenden Art viele Menschen überrollen, einschüchtern und an die Wand drücken. Sie waren eben schon immer etwas schneller und durchsetzungsfähiger als andere, deshalb sind sie heute da, wo sie sind. Verständlich, wenn sie nicht sehen, was daran auf einmal falsch sein sollte.

Die Wirkung der Hierarchie

Was diese selbstbewussten Manager in aller Regel nicht sehen, ist die kumulierte Wirkung von persönlicher Dominanz plus hierarchischer Überordnung: Wenn solch eine ungeduldige, harsche Antwort oder ein präzises, kritisches Hinterfragen von einem Kollegen auf der gleichen Hierarchiebene käme, würden das die meisten Menschen als dessen persönliche Eigenart empfinden, auf die sie in der Kommunikation mit ihm gefasst wären – und sie würden entsprechend dagegen halten. Bei einem Geschäftsführer, Vorstand oder sonst einem »Hierarchen« bekommen sie einen Schreck und empfinden die Reaktion als Abfuhr, Rüffel oder sogar als Ohrfeige – und zwar meist ohne dass der betreffende Manager diese Wirkung seiners Verhaltens überhaupt registriert.

Das liegt auch daran, dass Hierarchien von oben meist völlig anders wahrgenommen werden als von unten. Selbst in Firmen, die nach Wahrnehmung ihrer Mitarbeiter eine sehr steile Hierarchie haben, mit einer ausgeprägten »Kastentrennung« zwischen oben und unten, sind Top Manager meist fest davon überzeugt, in einer flachen Hierarchie zu leben und persönlich sehr zugänglich zu sein: »Zu mir kann doch jeder kommen und mir offen seine Meinung sagen!«

Dass das wegen des Vorzimmers und des prallen Terminkalenders nicht ganz so einfach ist – und dass generell der Schritt durch ihre Zimmertür nicht jedem im Haus genauso leicht fällt wie ihnen, ist ihnen in der Regel nicht bewusst. Dass sie oft unter Termindruck stehen und deshalb nicht für jeden, der sie vielleicht ansprechen möchte, wie ein Muster an Geduld und Zugewandtheit wirken, ebenfalls nicht. Und dass ihre schnellen und bestimmten Reaktionen auf viele Menschen, die sie nicht so gut kennen, einschüchternd wirken, schon gar nicht.

Phantombilder und Projektionen

Oft hört man Top Manager, wenn es um ihre Fremdwahrnehmung geht, mit einer Mischung aus Erstaunen, Betroffenheit und Ratlosigkeit sagen: »Ich verstehe das wirklich nicht. Ich reiße doch niemandem den Kopf ab. Wer mich kennt, weiß doch, dass man mit mir reden kann!« Unser Kollege Hermann Bayer nennt das den *Doggen-Effekt*: Doggen, sagt er, seien ausgesprochen verspielte Tiere – aber niemand will mit ihnen spielen, weil sie so riesig sind und so große Zähne haben. Der Punkt ist: In Hierarchien ist es gar nicht erforderlich, sich distanziert und unnahbar zu geben – dafür sorgt schon die Eigendynamik des Systems.

Dabei spielt der Aspekt des Sich-Kennens oder Nicht-Kennens eine Schlüsselrolle: In kleineren Firmen haben die Mitarbeiter meist noch genügend Kontakt zu ihrem obersten Chef, um ihn einschätzen zu können und auch mit seinem persönlichen Stil, einschließlich seiner Dominanz, klarzukommen. Doch je größer Organisationen werden, desto seltener wird der persönliche Kontakt zwischen der Spitze der Hierarchie und den mittleren und unteren Ebenen. Und je seltener persönliche Kontakte sind oder sich nur auf rituelle Gelegenheiten beschränken, desto mehr wird das persönliche Sich-Kennen durch etwas ersetzt, was der Philosoph und Managementtrainer Rupert Lay eine *Phantombildung* nennt: Die Mitarbeitern zeichnen sich ihr Bild von den »Oberen« nach dem, was sie bei ihren wenigen Kontakten erlebt oder über zwei oder drei Ecken gehört haben (Lay 1989).

Das heißt, die mangelnde direkte Erfahrung wird ersetzt durch Projektionen, die immer auch persönliche Beimischungen haben: In sie fließt nicht nur das Verhalten der realen Personen ein, sondern auch das Bild der einzelnen Mitarbeiter von »denen da oben«. Psychoanalytiker würden hier von *Vater-Projektionen* sprechen, in die auch unverarbeitete eigene Konflikte wie etwa der zwischen Rebellion und Unterwerfung einfließen können. Tatsächlich werden Top Manager zu ihrer eigenen Verblüffung von unten meist als sehr viel größer und mächtiger wahrgenommen als sie sich selbst erleben.

Daran lässt sich auch nicht viel ändern. Natürlich würde es helfen, wenn die Mitarbeiter aller Ebenen mehr Kontakt zu den Vorständen und übrigen Top Managern hätten, und wo dies zum Beispiel im Rahmen von Kultur-Projekten gelingt, kann man buchstäblich dabei zuschauen, wie sich Phantombilder in Luft auflösen. Doch je größer die Organisation, desto weniger besteht die Möglichkeit, eine ausreichende Zahl von Mitarbeitern so regelmäßig in Kontakt mit dem Top Management zu bringen, dass solche Vorurteile gar nicht erst entstehen können.

Bewusster Dominanzverzicht

Auch wenn mehr Kontakt durchaus helfen kann, einschüchternde Phantombilder zu entschärfen: Ermutigung erfordert einen bewussten Dominanzverzicht. Wer Mitarbeiter zu Offenheit und Kritik ermutigen möchte, tut daher gut daran, sich bewusst ein Stück zurückzunehmen und Dominanzverzicht zu üben.

Das ist anstrengend, denn es erfordert wenigstens einen teilweisen Verzicht auf jene unbekümmerte Authentizität, die viele Top Manager sonst an den Tag zu legen gewohnt sind. Aber es hilft nichts: Wenn Ihre spontane Wirkung auf Menschen, die Sie nicht kennen, einschüchternd und entmutigend ist, haben Sie nur die Wahl, entweder Ihr Spontanverhalten etwas stärker auf Sozialverträglichkeit zu kontrollieren oder – entmutigend zu bleiben. Das heißt nicht, um das noch einmal deutlich zu sagen, dass Sie etwas falsch machen: Es ist der Größenunterschied, genauer: der aus der Perspektive von unten nach oben subjektiv wahrgenommene Größenunterschied, der die Einschüchterung bewirkt.

►► In Verbindung mit dem Hierarchieunterschied wirkt persönliche Dominanz, wie sie vielen Top Managern zu eigen ist, leicht einschüchternd und entmutigend auf Menschen, die mit ihren obersten Chefs nur selten Kontakt haben. Wer Mitarbeiter zu Offenheit und Kritik ermutigen möchte, tut daher gut daran, sich bewusst ein Stück zurückzunehmen und Dominanzverzicht zu üben. ◄◄

5.9.5 Druck machen, um die Leistung zu steigern

Wenn ein Projekt hinter dem Zeitplan zurückliegt oder die erzielten Ergebnisse enttäuschend sind, greifen viele Manager zu einer ebenso simplen wie archaischen Sofortmaßnahme: Sie erhöhen ganz einfach den Druck. Es ist dann mehr eine Stilfrage, ob dies dezent geschieht (»Ich würde mir wünschen, dass ...«), mit Zuckerbrot und Peitsche (»Ich habe eine sehr hohe Meinung von Ihnen. Bitte enttäuschen Sie mich nicht!«) oder mit unverhohlenen Drohungen (»Wenn Sie nicht wollen – es stehen zehn andere vor der Tür!«).

Das Grundmuster bleibt dasselbe: Viele Manager sind offenbar fest davon überzeugt, dass man nur genügend Druck machen muss, damit Mitarbeiter »das Unmögliche möglich machen«. Statt einen Beitrag zur Lösung der bestehenden Probleme zu leisten, schaffen diese Führungskräfte kurzerhand ein zusätzliches – und vertrauen darauf, dass dieses zusätzliche Problem die Mitarbeiter »motivieren« wird, das ursprüngliche Problem rasch zu lösen. Die betreffenden Führungskräfte machen es sich also ziemlich einfach, wenn sie auf diese Art mit Problemen, Verzögerungen oder unvorhergesehenen Schwierigkeiten umgehen.

Hinter dem Erhöhen des Drucks steht die stillschweigende Annahme, dass die Mitarbeiterinnen und Mitarbeiter die bestehenden Probleme durchaus lösen könnten, wenn sie sich nur mehr anstrengen würden. Das heißt, solche Führungskräfte führen das Problem – ohne sich inhaltlich damit befasst zu haben – auf Faulheit, Nachlässigkeit, mangelnde Ernsthaftigkeit oder mangelndes Interesse zurück. Das mag im Einzelfall durchaus einmal zutreffen: Vermutlich weiß jeder aus eigener Erfahrung, dass es auch bei ihm selber Aufgaben gibt oder gab, um die er sich einfach nicht genügend gekümmert hat, um ein anständiges Ergebnis zu erzielen. Doch wer dies ungeprüft als »Standarderklärung« für alle Termin- und Ergebnisprobleme verwendet, verrät damit zwar mehr als er wollte über sein Menschenbild, aber er wird damit den wenigsten Mitarbeitern – und den wenigsten Problemen – gerecht.

Während »ein bisschen« Druck tatsächlich dazu beitragen kann, die Konzentration, die Fokussierung und damit die Produktivität zu steigern, schlägt die Anspannung bei einer weiteren Erhöhung des Drucks in Hektik, Aktionismus und ziellose Betriebsamkeit um, die mehr der Abfuhr von Stress als der Zielerreichung dient. Mit der Folge, dass die Produktivität sinkt.

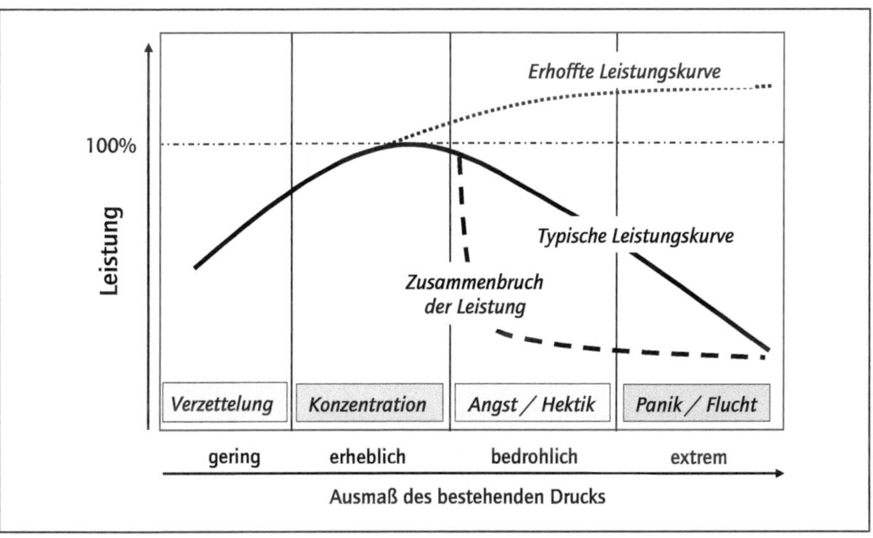

Abb. 9 Wachsender Druck verschlechtert die Leistung, unter Umständen bis zum Kollaps

Bei einer weiteren Steigerung des Drucks setzt eine »Transformation der Motivation« ein. Das heißt, die Motivation der Beteiligten richtet sich dann nicht mehr auf die Erreichung des gemeinsamen Ziels, sondern auf das Retten der eigenen Haut. Wohl jeder Mensch hat schon die Erfahrung gemacht, dass er, unter massivem Druck stehend, in Gedanken immer wieder dazu abschweift, was für katastrophale Folgen ein Versagen für ihn hätte und was er tun könnte, um diesem Risiko zu entkommen.

Für den Fortschritt in der Sache sind solche Überlegungen natürlich völlig unproduktiv; sie kosten nur Zeit und Energie. Aus der subjektiven Perspektive der Betroffenen aber sind sie völlig naheliegend. Denn je weniger Hoffnung sie noch haben, das Ziel zu erreichen, desto wichtiger wird es, an dem absehbaren Scheitern zumindest nicht schuld zu sein. Wie der Psychologe Steffen Schiedek in seiner Dissertation (2003, S. 48 ff.) feststellt, kann die Leistung bei komplexen Aufgaben sogar völlig kollabieren, wenn der kritische Punkt überschritten wird, genau wie ein Bogen bricht, den man überspannt hat. Schiedek nennt das die »Katastrophentheorie«: Nach dem Überschreiten dieser Schwelle gib es keinen Weg mehr zurück.

In Teams ist ein typisches Kennzeichen dieses »Umkippens« das Aufkommen von Schuldzuweisungen: Wer über die Schuldfrage streitet, unterstellt damit ja implizit, dass die Sache selbst nicht mehr zu retten ist und es jetzt nur noch darum geht, wer die Prügel bekommt. Schuldzuweisungen sind letztlich Ent-*Schuld*-igungen: Sie dienen dazu, sich selbst von jeder Mitverantwortung für das Scheitern reinzuwaschen. Damit lenken sie die Aufmerksamkeit jedoch in eine völlig falsche Richtung, denn die Klärung der Schuldfrage trüge, selbst wenn sie denn gelänge, nichts dazu bei, den entstandenen Terminverzug oder die inhaltlichen Probleme zu beheben. Stattdessen kosten Debatten um die Schuldfrage nicht nur Zeit und Kraft, sondern bewirken einen Zerfall des Teamzusammenhalts, der die Probleme endgültig unlösbar macht.

»Menschen unter Zeitdruck denken nicht schneller«

Aber wie kommt es überhaupt, dass Druck so leicht negative Auswirkungen hat? Das liegt im Wesentlichen darin, dass das Gefühl, unter Druck zu stehen, psychologisch nichts anderes ist als die Auswirkung von Angst. Eine gewisse Dosis von Angst – wie etwa die Sorge, einen Vortrag zu vermasseln, wenn wir ihn nicht genügend vorbereiten – wirkt disziplinierend und veranlasst uns dazu, uns rechtzeitig und konzentriert an die Arbeit zu machen, statt noch mehr Zeit mit nebensächlichen Dingen zu vertrödeln.

Doch schon jene niedrige Dosis Angst ist weder unserer Leistungsfähigkeit noch unserer Gesundheit zuträglich, wenn sie zum Dauerzustand wird. Denn Angst bewirkt nicht nur eine Fokussierung der Aufmerksamkeit, sondern auch eine körperliche Aktivierung – und zwar umso mehr, je größer sie wird. Das heißt, Angst drängt uns zur (körperlichen) Aktion; geordnetes Denken hingegen fällt mit wachsendem Stress immer schwerer.

Wenn es darum ginge, wie Tom DeMarco bildhaft schreibt, Galeerensträflinge anzutreiben, wären Druck und Angst durchaus wirksame Motivatoren, denn sie versetzen den Körper tatsächlich in höhere Leistungsbereitschaft, allerdings nur vorübergehend. Wenn es hingegen um eine primär geistige Leistung geht, wird körperliche Aktivierung schnell kontraproduktiv, denn »Menschen unter

Zeitdruck denken nicht schneller« (DeMarco 2001, S. 51). Im Gegenteil: Sie denken langsamer und schlechter, weil ihre Gedanken mehr auf die Vermeidung negativer Konsequenzen gerichtet sind als auf das Erreichen des Ziels.

►► Während leichter Druck dazu beitragen kann, die Fokussierung und Konzentration zu erhöhen, wird starker Druck sehr schnell kontraproduktiv und führt zu einem Abfallen der Leistung oder sogar zu deren völligem Zusammenbruch. Entscheidend ist dabei nicht die Meinung der Vorgesetzten, wie viel Druck herrscht, sondern allein die subjektive Sicht der Adressaten. ◄◄

5.9.6 Interne Konkurrenz

Viele Top Manager halten es firmenintern mit dem Sprichwort: Konkurrenz belebt das Geschäft. Während sie im externen Wettbewerb manchmal über eine etwas niedrigere Dosierung dieser Belebung froh wären, setzen sie bei ihrer Mannschaft darauf, durch »ein bisschen Konkurrenz« alle Beteiligten zu größeren Leistungen anspornen zu können. Und sie haben damit insofern auch Recht, als die meisten Menschen lieber zu den Gewinnern zählen als »gute Verlierer« zu sein, und sich daher tatsächlich mehr anstrengen.

Der Haken ist nur, dass diese Rechnung nicht aufgeht, weil nicht *alle* zu den Besten zählen können und auch nicht 70 oder 50 Prozent, sondern höchstenfalls 10, 20 oder 30 Prozent. Weil aber niemand ein Verlierer sein möchte, wird die Konkurrenz zu einer Barriere für die Zusammenarbeit. Reibungsverluste, Fouls und Intrigen sind die zwangsläufige Folge. Denn denen, die trotz aller Anstrengungen nicht zur Spitzengruppe zählen, bleibt nur die Wahl, sich entweder aus dem Wettbewerb zurückzuziehen – oder zu versuchen, sich auf andere Weise durchzusetzen.

►► Fouls, Manipulationen und andere kontraproduktive Tricks sind keine »unerwünschte Nebenwirkung« einer verschärften Konkurrenz, sondern deren logische und unvermeidliche Folge. ◄◄

Wachsende ethische Kompromissbereitschaft

Wie weit Menschen dabei gehen, ist zum einen eine Frage der persönlichen Ethik, also der real gelebten Werte, zum anderen eine Frage davon, wie sehr sie unter Druck stehen. Wobei die Erfahrung zeigt, dass die »ethische Kompromissbereitschaft« unter Druck wächst: Sehr viele Menschen neigen dazu, wenn sie sich in die Enge getrieben fühlen, Mittel als noch vertretbar anzusehen, die sie in entspannterem Zustand als inakzeptabel zurückweisen würden. Das gilt erst recht, wenn sie sehen oder auch nur vermuten, dass ihre Konkurrenten mit ähnlichen Mitteln arbeiten. Diese »interessenabhängige Ethik« kann man beklagen, aber nur begrenzt beeinflussen. Auch Strafandrohungen helfen hier nur wenig: Selbst die Androhung harter Sanktionen schreckt diejenigen kaum, die nicht mehr viel zu verlieren haben.

In jedem Fall muss man die Frage stellen, ob es ein weises Konzept der Mitarbeiterführung ist, Spielregeln zu schaffen, die nur dann funktionieren, wenn sich alle Mitspieler fair verhalten, notfalls auch entgegen ihren eigenen Interessen. So betrachtet, entpuppt sich das Anstacheln der internen Konkurrenz letztlich als ein recht naives Führungsmodell. Es ist nun einmal so: Menschen reagieren auf Anreize. Insofern ist es nicht sonderlich klug, Anreize zu schaffen, die unsportliches Verhalten zu einer vorteilhaften Option machen.

Doch selbst Mitarbeiter, die nicht zu Fouls und anderen kontraproduktiven Tricks greifen, werden eines ganz sicher nicht tun, wenn sie clever sind: Sie werden ihre Kollegen-Konkurrenten sicher nicht unterstützen.

Konkurrenz und Kooperation

Aber ist ein Leben ohne Konkurrenz überhaupt vorstellbar? Gibt es nicht immer eine natürliche Konkurrenz zwischen Menschen bzw. generell zwischen Lebewesen der gleichen Art, und erst recht zwischen ehrgeizigen Nachwuchskräften in einem Unternehmen? Doch, die gibt es in der Tat – nichts liegt uns ferner, als das in Zweifel zu ziehen. Lebewesen der gleichen Art konkurrieren um viele Dinge: um Nahrung, Lebensräume, Geschlechtspartner, Status, Macht und um mancherlei anderes.

Doch in der Natur gibt es keineswegs nur Konkurrenz, es gibt auch *Kooperation* – und zwar nicht nur zwischen Individuen, die untereinander verwandt sind. Auch ohne verwandtschaftliche Bindungen ist Kooperation immer dann sinnvoll, wenn dabei für jeden Einzelnen unter dem Strich mehr herauskommt als wenn er sich alleine bemühen würde. Deshalb macht es für Wölfe Sinn, im Rudel zu jagen, für Affen, in Horden zu leben, und für manche Vögel, in Kolonien zu brüten.[12]

Als soziales Wesen ist der Mensch noch mehr als andere Arten auf die Gemeinschaft und Kooperation mit anderen Menschen angewiesen: Der Mensch ist seinen Mitmenschen eben nicht nur Wolf, sondern auch Jagdgefährte, Lehrer, Spielkamerad und Geschäftspartner. Das gilt erst recht in unserer heutigen Zeit und in unserer hochkomplexen, arbeitsteiligen Gesellschaft, wo Einzelkämpfer ohne Kooperation mit anderen nicht lebensfähig wären.

12 Mehr zur biologischen Seite von Kooperation und Konkurrenz bei Wickler/Seibt (1985) und Voland (2007). Eine überzeugende spieltheoretische Begründung der Kooperation liefert Robert Axelrod in »Die Evolution der Kooperation« (2005).

Für jedes soziale System stellt sich vielmehr die Frage, welches Mischungsverhältnis von Konkurrenz und Kooperation im übergeordneten Interesse liegt. Bei den meisten gesellig lebenden Tierarten lautet das Prinzip ganz simpel: Zuerst müssen die Rangverhältnisse geklärt sein; ab dann gilt (überwiegend) Kooperation. Zwar kommt es immer wieder mal vor, dass sich einzelne Individuen zulasten anderer Gruppenmitglieder Vorteile zu verschaffen versuchen, und das löst dann einige Aufregung und kurzfristige Reibereien aus. Dennoch ist das Verhältnis zwischen den Mitgliedern eines Rudels oder einer Horde überwiegend von Kooperation gekennzeichnet.

Das hat seinen Grund vermutlich einfach darin, dass kooperierende Gruppen in der Entwicklungsgeschichte erfolgreicher waren als konkurrierende, weil bei der Kooperation in Summe für jeden Einzelnen mehr herauskam. Allerdings ist die Frage berechtigt, ob dieses Mischungsverhältnis auch für unsere heutigen Lebens- und Arbeitsverhältnisse noch optimal ist: Benötigen wir tendenziell mehr Konkurrenz als früher, oder würden wir mit weniger Wettbewerb und mehr Kooperation besser fahren? Müssen Manager die interne Konkurrenz heute anstacheln, um das Optimum für die heutige Zeit zu erreichen, oder sollten sie sie eher dämpfen?

In Wirklichkeit ist die Situation noch komplizierter: Das Ausmaß an Konkurrenzbereitschaft, das ein Individuum braucht, um Karriere zu machen, ist mit hoher Wahrscheinlichkeit nicht identisch mit dem Ausmaß an interner Konkurrenz, das ein Unternehmen braucht, um eine optimale Gesamtleistung zu erzielen. Im Grunde wäre es blanker Zufall, wenn diese beiden Optima zusammenfielen. Falls sie aber divergieren, besteht ein Konflikt zwischen dem »individuellen Optimum« und dem übergeordneten Optimum, und dann wäre es erst recht eine wichtige Führungsaufgabe, hier steuernd einzugreifen – und in die richtige Richtung zu steuern.

Mehr Konkurrenz bei größerem Kooperationsbedarf

Was die individuelle Konkurrenzbereitschaft betrifft, hat sich in der (aus Sicht der Evolution) kurzen Zeit seit Beginn der Industrialisierung wohl nicht allzu viel geändert: Der Kampf um den eigenen Platz in der Rangordnung wurde schon immer mit großem Einsatz geführt, denn er entschied in früheren Zeiten nicht nur über Ansehen und Fortpflanzungschancen, sondern auch über den bevorzugten Zugang zu Nahrung, über Gesundheit und Sicherheit und, wenn es hart auf hart ging, über das eigene Überleben sowie das der eigenen Nachkommen. Dennoch war das kein permanenter Kampf: Wenn die Verhältnisse geklärt waren, dann war erst einmal Ruhe. Dann herrschten tatsächlich »klare Verhältnisse«, und man konnte zusammenarbeiten. Daran änderte sich nur etwas, wenn neue Mitspieler – wie zum Beispiel Heranwachsende – hinzukamen.

Heute ziehen sich die Kämpfe dagegen oft in die Länge: Da sie nicht mehr physisch ausgetragen werden, gibt es oftmals über längere Zeiträume hinweg keine klare Entscheidung. So erstreckt sich der Wettbewerb um die Prämien und um die Position als »Verkäufer des Jahres« definitionsgemäß über ein volles Jahr; daran schließt sich unmittelbar der nächste Wettbewerb an. Sobald der eine Wettbewerb zu Ende ist, müssen die Gewinner ihre Position behaupten, während einige der letztjährigen Verlierer sie attackieren. Auch das Ringen um eine Beförderung kann sich, zumal in Zeiten flacherer Hierarchien, über Jahre hinziehen.

Noch gravierender ist wohl, dass die Gruppenzusammensetzungen viel schneller wechseln als in früheren Zeiten: Jeder neue Mitarbeiter oder jede neue Kollegin, jede neue Projektorganisation und erst recht Wechsel in der Führung erfordern eine erneute Klärung der Kräfteverhältnisse. Mit anderen Worten, unsere heutigen Lebensverhältnisse sind weit mehr von Konkurrenz geprägt als frühere Zeiten. Die Konkurrenz wird vielleicht nicht mehr so rabiat ausgetragen, dafür ist sie allgegenwärtig und immerwährend. Dieser Dauerstress hat nicht nur gesundheitliche Auswirkungen, sondern auch ökonomische, denn unter der permanenten Konkurrenz leidet zwangsläufig die Zusammenarbeit und damit die Produktivität.

Anstacheln oder mäßigen: Was ist das richtige Maß?

Viele Top Manager sind selbst »sehr kompetitiv« – nicht zuletzt weil sie damit gute persönliche Erfahrungen gemacht haben. Dementsprechend sehen sie Mitarbeiter, die ihrerseits sehr kompetitiv sind, mit Wohlgefallen. Weil aber jedem Gewinner mindestens ein Verlierer gegenüber steht, ist trotzdem zu bezweifeln, ob solche kompetitiven Mitarbeiter tatsächlich das Idealbild sind, an dem sich die gesamte Unternehmenskultur ausrichten sollte: Die Auswirkungen auf das Teamklima und die Gesamtproduktivität sind mit ziemlicher Sicherheit negativ.

Das wird noch deutlicher, wenn wir uns die Frage stellen, welche persönlichen Ziele solche kompetitiven Menschen mit ihrem siegorientierten Verhalten eigentlich verfolgen: Geht es ihnen primär um die Sache, oder geht es ihnen in erster Linie um die eigene Person? Wollen sie mit ihrem kompetitiven Verhalten den größtmöglichen Beitrag zum Ganzen leisten? Oder geht es ihnen primär darum, der Beste zu sein und dafür bewundert zu werden? Vermutlich kommt man kaum an der Feststellung vorbei, dass ihr »Durchsetzungswillen« in den meisten Fällen eher selbstbezogen und »ichhaft« ist – und damit letztlich gegen die Gemeinschaft gerichtet! Es ist daher kein Zufall, dass sich Durchsetzungswillen insgesamt eher negativ auf Teamklima und Teamleistung auswirkt.

Optimale Leistung erbringt ein Team nur dann, wenn alle seine Mitglieder an einem Strang ziehen, ohne sich Gedanken zu machen, wie sie dabei wegkommen. Viele Menschen haben irgendwann einmal in ihrem Leben die Erfahrung solch einer rivalitätsfreien Zusammenarbeit gemacht und dabei erlebt, wie ihr Team dabei über sich selbst hinausgewachsen ist und sie trotz aller Anstrengungen eine ungeheure Freude an ihrer Arbeit hatten. Und viele sehnen sich zeitlebens nach dieser Erfahrung zurück – was sich auch darin widerspiegelt, dass in intern entwickelten Leitbildern sehr häufig Begriffe wie »Teamgeist«, »vertrauensvolle Zusammenarbeit« und »eingeschworene Gemeinschaft« auftauchen.

Doch eine rivalitätsfreie Zusammenarbeit kann sich nur entfalten, wenn jedes einzelne Teammitglied sich in der Gruppe angenommen und zugehörig fühlt, wenn interne Konkurrenz keine Bedrohung ist und infolgedessen auch niemand vor der Notwendigkeit steht, permanent wachsam und verteidigungsbereit zu sein. Beides zusammen geht nicht: Wenn auch nur ein Teammitglied die eigene Profilierung über die Sachaufgabe stellt, ist der Teamgeist infrage gestellt, und das gesamte Team ist in der Gefahr, zurückzufallen auf das Normalmaß des Arbeitslebens: weniger Spaß, weniger Erfolg, dafür aber mehr Gelegenheit zur Profilierung.

►► Interne Konkurrenz macht es für die Mitarbeiter sinnvoll, nicht die Sache in den Mittelpunkt zu stellen, sondern ihre eigene Profilierung. Auch wenn viele »kompetitive« Mitarbeiter dazu gerne bereit sind, schwächt dies sowohl den Teamgeist als auch die Gesamtleistung und entmutigt viele Mitarbeiter. ◄◄

6 Ermutigend führen lernen

Durch die Art ihrer Führung nehmen Vorgesetzte erheblichen Einfluss auf den Mutpegel ihrer Mitarbeiter und ihrer Organisationseinheit. Aber sie treffen dabei nicht auf »unbeschriebene Blätter«, sie treffen auf Menschen, die eine lange Vorgeschichte von Er- und Entmutigung haben. Das macht die Ermutigung von Erwachsenen schwieriger als die von Kindern oder Jugendlichen: Sie haben ein festes Bild von sich selber und sind darin nicht mehr so leicht zu erschüttern. Das heißt nicht, dass es unmöglich ist, aber dass es anspruchsvoller ist: Es braucht eine höhere Präzision, ein gutes Timing und vor allem Beharrlichkeit und den Mut, die Mitarbeiterinnen und Mitarbeiter zu fordern.

6.1 Ermutigung vs. ermutigende Führung

Was ist der Unterschied zwischen Ermutigung und ermutigender Führung? Wie wir in Kapitel 3 festgestellt haben, besteht unsere gesamte Kommunikation im Alltag aus einer Mischung von ermutigenden und entmutigenden Signalen: Wir signalisieren uns gegenseitig nicht nur, womit wir inhaltlich einverstanden sind und womit nicht, sondern zum Beispiel auch, wie viel Nähe bzw. wie viel Distanz wir uns von einem Gesprächspartner wünschen, welche Verhaltensweisen wir angemessen finden und vieles andere. Unabhängig von Hierarchie und Status, Bekanntschafts- und Verwandtschaftsgrad fließen ständig ermutigende und entmutigende Impulse zwischen Menschen, die sich regelmäßig, gelegentlich oder zufällig begegnen, hin und her. Deshalb gilt auch für die ermutigende Führung all das, was wir dort über Ermutigung festgestellt haben.

Die Besonderheit ermutigender Führung liegt in der Besonderheit beruflicher Beziehungen und speziell der Beziehung zwischen Vorgesetzten und Mitarbeitern: Das sind ja weder Zufallsbegegnungen noch lose Kontakte, sondern recht enge, auf Dauer angelegte Beziehungen, die dem gemeinsamen Erzielen definierter Resultate dienen. Berufstätige verbringen ähnlich viel Zeit mit ihren Kollegen, Vorgesetzten und Mitarbeitern wie mit ihrer Familie – und ein Vielfaches mehr als mit ihren engsten Freunden und Bekannten.

Zugleich ist die Arbeit ein wesentlicher Inhalt unseres Lebens und unserer Identität: Nicht nur Berufstätige, sondern auch die meisten Rentner definieren sich über den Beruf, den sie ausüben oder ausgeübt haben. Das zeigt sich zum Beispiel daran, wie sie sich vorstellen: »Ich bin/war bei Firma …« und: »Ich bin/war Ingenieur …«

Ergebnisorientierte Zweckbeziehungen

Im Gegensatz zu privaten sind berufliche Beziehungen Zweckgemeinschaften: Man trifft sich nicht zum Vergnügen, sondern um Arbeit zu erledigen und Resultate zu erzielen. (Was Vergnügen nicht prinzipiell ausschließt, aber es ist nicht das primäre Ziel, sondern allenfalls eine willkommene Begleiterscheinung der Tätigkeit.) Wie sehr die Zweckorientierung im Vordergrund steht, ergibt sich schon daraus, dass das Ganze vertraglich geregelt ist, in Form eines Arbeitsvertrags, der Leistungen und Gegenleistungen festlegt.

Von dieser Zweckorientierung ist auch die Struktur der Beziehungen am Arbeitsplatz geprägt: Die betriebliche Hierarchie ordnet die Beschäftigten Organisationseinheiten zu, die für unterschiedliche Aufgaben zuständig sind, und sieht für jede Organisationseinheit einen Vorgesetzten und diverse Mitarbeiter vor. Die Vorgesetzten sind dabei jeweils für die Ergebnisse ihrer Abteilungen bzw. Organisationseinheiten verantwortlich – und damit auch für die Arbeitsleistung und die Arbeitsergebnisse ihrer Mitarbeiter. Diese Rollenverteilung prägt die Beziehungen zwischen Mitarbeitern und Vorgesetzten: Aufgabe der Vorgesetzten ist, ihre Mitarbeiter so zu führen, das heißt ihr Verhalten so zu lenken (!), dass die gewünschten Resultate erreicht werden.

Diese Rollenverteilung macht die Beziehungen zwischen Vorgesetzten und Mitarbeitern zu ganz besonderen Beziehungen: Erstens ist die Beziehung asymmetrisch, nicht allein wegen der hierarchischen Über- und Unterordnung, sondern auch deswegen, weil der eine für die Leistung und die Ergebnisse des anderen verantwortlich ist und deshalb auch das Recht und die Pflicht hat, auf die Leistung und das Arbeitsverhalten des anderen Einfluss zu nehmen. Zweitens hat der Mitarbeiter die arbeitsvertragliche Verpflichtung, den Weisungen seines Vorgesetzten Folge zu leisten, jedenfalls sofern sie sich in einem vernünftigen und zumutbaren Rahmen bewegen.

Reflektorischer Widerstand gegen Fremdbestimmung

Psychologisch ist das durchaus eine heikle Konstellation. Denn prinzipiell mögen es Menschen nicht, wenn jemand in ihren Handlungsspielraum eingreift oder ihnen gar Vorschriften macht. Auf Versuche von Fremdbestimmung reagieren Menschen beinahe reflektorisch mit einem Gefühl, das die Psychologie *Reaktanz* nennt[13]: mit Unmut und dem Bedürfnis, ihre Handlungsfreiheit gegen-

13 Die Theorie der psychologischen Reaktanz zählt zu den am intensivsten untersuchen und am besten abgesicherten Erkenntnissen der Sozialpsychologie. Sie besagt, dass jeder Eingriff in unsere Handlungsfreiheit vorhersagbar zu einer »Aufwertung der eliminierten Alternative« führt und dass Menschen mit umso mehr Unmut und Widerstand auf solche Eingriffe reagieren, (1) je wichtiger ihnen die eliminierte Alternative ist, (2) je fester sie auf ihr Bestehen vertraut haben und (3) je größer das Ausmaß der Freiheitseinschränkung ist. Der letzte Punkt bedeutet unter anderem, dass Gebote zu mehr Reaktanz

über fremder Einflussnahme zu verteidigen. Das heißt praktisch, sie reagieren widerspenstig und sperren sich dagegen, sich den Forderungen des anderen zu fügen. Das kann sich in offenem Widerstand niederschlagen; häufiger ist in hierarchischen Strukturen aber verdeckter sowie »schlafender« Widerstand, das heißt ein Widerstand, der nicht sofort zutage tritt, sondern sich darin äußert, dass nach einiger Zeit des Abwartens schrittweise das ursprüngliche Verhalten zurückkehrt.

Die arbeitsvertraglichen Verpflichtungen mildern diese natürliche Reaktanzreaktion, aber sie beseitigen sie nicht völlig: Mitarbeiter sind zwar bereit, sich von ihrem Vorgesetzten sagen zu lassen, was sie tun sollen und wie sie es tun sollen; ja, sie erwarten solche Anweisungen sogar und sind irritiert, wenn sie sie nicht bekommen. Trotzdem gibt es eine sehr sensible Grenze zwischen Vorgaben, die als legitim oder sogar als notwendig akzeptiert werden, und solchen, die sie als unangemessen oder gar als Übergriff betrachten. Ein Vorgesetzter, der seine Mitarbeiterinnen und Mitarbeiter im Unklaren über seine Erwartungen lässt, löst Desorientierung und Verunsicherung aus; eine Vorgesetzte, die sich zu tief ins Detail einmischt oder ständig wechselnde Vorgaben macht, ruft damit wachsenden Unmut und zunehmende Reaktanz hervor.

Dabei unterscheiden sich Menschen darin, wie schnell und wie heftig sie mit Widerstand reagieren: Manche sind da recht »gutmütig« und entsprechend leicht zu führen, andere reagieren ziemlich schnell mit Unwillen und (offenem oder verdecktem) Widerstand, wenn sie das Gefühl haben, dass ihnen jemand »ins Lenkrad greift« oder ihnen stärkere Vorgaben macht als sie es für angemessen halten. Das gilt besonders für Personen, die großen Wert auf Selbstbestimmung und ihren eigenen Weg legen, sowie für Menschen, die (aus ihrer Sicht) zu detaillierte Vorgaben leicht als Missachtung oder Geringschätzung ihrer Fähigkeiten verstehen.

Das bringt Führungskräfte in ein Dilemma: Einerseits ist es ihre originäre Aufgabe, Einfluss auf das Verhalten ihrer Mitarbeiter zu nehmen, um es optimal auf die Ziele des Unternehmens und ihres Bereichs auszurichten, andererseits sollten sie dabei nach Möglichkeit vermeiden, Reaktanz und unnötige Widerstände auszulösen. Das erfordert ein feinfühliges Vorgehen – besonders dann, wenn es um eine Verhaltensänderungen geht. Dann ist es besonders wichtig, bei seinen Interventionen ihren Anspruch auf Selbstbestimmung zu achten: Wenn die Mitarbeiter den Eindruck bekommen, der Vorgesetzte wolle sie einfach nur »nach seiner Pfeife tanzen lassen« oder nach seinen Vorstellungen zurechtbiegen, dann ist ihr Widerstand sicher.

führen als Verbote, weil Verbote typischerweise nur eine Handlungsalternative eliminieren, Gebote (wie zum Beispiel standardisierte Prozesse) alle bis auf eine.

Beziehungsfallen

Gerade die Nähe und Intensität der Führungsbeziehung birgt, ähnlich wie im Privatleben, das Risiko von Verschleiß- und Abnutzungserscheinungen: Es besteht die Gefahr, dass man sich nach einer vergleichsweise harmonischen Anfangszeit im Laufe der Zeit immer mehr auf die Nerven geht, bis man es schließlich kaum noch miteinander aushält. Dann kann jede kleinste Bemerkung zu sehr heftigen und scheinbar völlig überschießenden Reaktionen führen, wie etwa dazu, dass der Hinweis auf einen Tippfehler zu einem Tränenausbruch oder zu heftigen Vorwürfen führt.

Die vermeintliche Irrationalität solcher Reaktionen erschließt sich, wenn man ihre Vorgeschichte kennt und vor allem die Spuren, die sie in der Beziehung hinterlassen haben. Dann steht der Tippfehler, der den Tränenausbruch oder die Retourkutsche ausgelöst hat, womöglich in einer langen Kette von Kritteleien an allen möglichen Details, denen kaum positive, anerkennende Signale gegenüberstehen. Und die Spur, die das in den Beziehungen hinterlassen hat, ist möglicherweise das Gefühl, von diesem Vorgesetzten nicht akzeptiert zu sein, der, gleich wie sehr man sich anstrengt, trotzdem immer etwas sucht und findet, an dem er herummäkeln kann.

Der Beziehungsverschleiß kommt in der geschäftlichen Zusammenarbeit auf ganz ähnliche Weise zustande wie im Privatleben, nämlich dadurch, dass wir gerade bei den Menschen, die uns am nächsten sind, oft am wenigsten Sorgfalt im gegenseitigen Umgang an den Tag legen. Während wir Menschen, denen wir nur gelegentlich begegnen, meist höflich und zuvorkommend behandeln und uns buchstäblich »von unserer besten Seite zeigen«, neigen wir zuweilen dazu, uns gegenüber unserer nächsten Umgebung allzu »authentisch« zu geben: Wenn wir schlechte Laune haben, sind wir mürrisch, wenn uns etwas nicht gefällt, meckern und nörgeln wir, wenn wir uns nicht angemessen behandelt fühlen, reagieren wir beleidigt oder strafend.

Kein Wunder, dass das auf die Dauer zu Verschleiß führt: Eine solche ungebremste Authentizität[14] hält auf die Dauer die beste Beziehung nicht aus. Sichtbar wird das oft an einer wachsenden Empfindlichkeit und Dünnhäutigkeit im gegenseitigen Umgang: Wenn Menschen, die sich – gleich ob in der Firma

---

14 Zu den seltsamsten Moden unserer Zeit zählt die kritiklose Glorifizierung der Authentizität. Natürlich ist es schön, wenn Führungskräfte keine aufgesetzte Maske tragen, sondern sich so geben, wie sie wirklich sind – zumindest dann, wenn sie, so wie sie sind, einigermaßen erträglich sind. Aber wollen wir es wirklich zum Ideal erheben, Missmut, schlechte Laune, Ärger, Beleidigtsein oder Niedergeschlagenheit ungehemmt und »authentisch« auszuleben – oder wäre nicht vielleicht gerade bei Führungskräften ein bisschen mehr Selbstbeherrschung und Selbstkontrolle wünschenswert? Auch jähzornige Tyrannen, sadistische Schleifer und zynische Manipulateure können, so wie sie sind, sehr authentisch sein. Das soll nicht heißen, dass Authentizität prinzipiell etwas Schlechtes wäre – es heißt nur, dass sie nicht automatisch etwas Gutes und unter allen Umständen Anstrebenswertes ist.

oder im Privaten - gut kennen, »jedes Wort auf die Goldwaage legen« und mit Misstrauen und Defensivität auf jede Bemerkung reagieren, wenn man den Eindruck hat, dass die »Gürtellinie« immer weiter nach oben wandert und man im Grunde kein Wort mehr sagen kann, ohne missverstanden (?) zu werden, dann läuft etwas schief. Dann mangelt es, wenigstens aus Sicht des Adressaten, offenkundig an Akzeptanz, was zugleich bedeutet, dass er sich nicht zugehörig fühlt und damit nur eingeschränkt leistungsfähig ist (→ Kap. 2.2).

Schlüsselrolle der Beziehungsqualität

Gerade unsere engsten Beziehungen, gleich ob beruflich oder privat, bedürfen eigentlich besonderer Achtsamkeit und Sorgfalt - und damit auch einer besonderen Selbstdisziplin. Das ergibt sich schon aus der schieren Häufigkeit der Kontakte: Wenn sich in die Beziehungen zu Mitarbeitern, Kollegen und Vorgesetzten Störungen eingeschlichen haben, ist man damit buchstäblich Tag für Tag und häufig sogar mehrmals am Tag konfrontiert, was ungleich belastender ist als eine angespannte Beziehung zu einer Abteilung, mit der man nur selten zu tun hat, oder zu einem schwierigen Kunden oder Lieferanten.

Doch unsere engsten Beziehungen sind - auch im beruflichen Bereich! - nicht nur quantitativ, sondern auch qualitativ von besonderer Bedeutung. Wie viele Untersuchungen zeigen, erklärt die Beziehung zum eigenen direkten Vorgesetzten mehr als 50 Prozent der Arbeitszufriedenheit, und die Beziehungen zu Mitarbeitern und Kollegen kommen gleich danach. Das ist auch leicht nachvollziehbar, denn es ist schwer, es Tag für Tag an einem Arbeitsplatz auszuhalten, an dem man das Gefühl hat, so wie man ist, von Vorgesetzten, Kollegen und/oder Mitarbeitern nicht akzeptiert und vor ihren Ansprüchen nicht »gut genug« zu sein.

Jede Art von Führung und Zusammenarbeit wird schwierig, wenn einer oder mehrere der Beteiligten das Gefühl haben, dass es an dieser grundlegenden Akzeptanz fehlt. Ermutigende Führung jedoch wird völlig unmöglich, wenn der Adressat aufgrund einer belasteten Vorgeschichte jede Bemerkung als mögliche Kritik oder potenziellen Angriff versteht. Sie ist deshalb zwingend auf gute zwischenmenschliche Beziehungen und ein gutes Teamklima angewiesen - was wiederum voraussetzt, dass der oder die Vorgesetzte sich nicht gehen lässt, sondern bewusst darauf verzichtet, Ärger, schlechte Laune und andere trennende Gefühle ungehemmt auszuleben, und sich durchgängig freundlich und beherrscht verhält.

Respekt, Wertschätzung - und Selbstbeherrschung

Natürlich ist es nicht allein Sache des Vorgesetzten, für gute Beziehungen und ein entspanntes Teamklima zu sorgen; daran müssen alle Teammitglieder mitwirken: Wo immer sich in einem Team nur einer für das Ganze verantwortlich fühlt, wird kein optimales Ergebnis herauskommen. Da wir das Verhalten anderer Menschen aber immer nur indirekt über unser eigenes Verhalten beeinflussen können und da der Vorgesetzte überdies einen besonderen Einfluss auf das Teamklima hat, beginnt ermutigende Führung damit, dass er seinen bestmöglichen Beitrag dazu leistet. Und zwar nicht nur im Positiven durch aktive Anstrengungen, ein gutes Klima zu schaffen (→ Kap. 6.4), sondern auch durch Selbstdisziplin und das Unterlassen von Verhaltensweisen, die die persönlichen Beziehungen und das Teamklima belasten.

Forderungen nach Respekt und Wertschätzung im gegenseitigen Umgang sind modern, wohlfeil – und schnell abgenickt. Auf den Prüfstand kommen sie jedoch nicht in Schönwetterperioden, sondern dann, wenn sich Unzufriedenheit, Enttäuschung und Verärgerung in die Zusammenarbeit einschleichen – und erst recht dann, wenn sich solche Gefühle wiederholen und beginnen, die Grundstimmung im Team oder gegenüber bestimmten Mitarbeitern zu prägen. Erst wenn man so richtig sauer auf einen Mitarbeiter oder eine Mitarbeiterin ist, weist sich, wie viel einem Respekt und Wertschätzung in der Praxis wert sind.

Natürlich ist es in solchen Fällen das Beste, ein klärendes Gespräch zu führen und bei Bedarf auch mehrere, um wieder auf einen gemeinsamen Nenner zu kommen (→ Kap. 8.4). Mindestens ebenso wichtig ist aber, in einer solchen Situation Verhaltensweisen zu unterlassen, die die Beziehungen und das Teamklima weiter belasten. Hier geht es ganz banal um Höflichkeit, Selbstbeherrschung und Selbstdisziplin – Forderungen, die ein wenig altmodisch klingen, aber von großer Bedeutung sind, um zu verhindern, dass aus einer momentanen Verstimmung heraus unnötig Porzellan zerschlagen wird.

Zwar kann man einwenden, die Unterdrückung von Ärger und Enttäuschung sei auf die Dauer keine Lösung. Auch wenn es keinerlei Belege dafür gibt, dass sie Magengeschwüre verursacht oder ein erhöhtes Herzinfarkt-Risiko mit sich bringt, ist es doch möglich, dass die unterdrückte Enttäuschung oder Verärgerung unterschwellig in der Körpersprache oder auch in der Wortwahl spürbar wird. Zudem sind nicht die negativen Gefühle das eigentliche Problem, sondern die Gedanken und Bewertungen, die diese Gefühle ausgelöst haben: »Der ist wirklich zu blöd …!«, »So ein elender Schlamper!« oder was auch immer.

Doch auch wenn das alles stimmt, ist es trotzdem besser, seine Neigung zu einem Zornesausbruch zu unterdrücken und sich, statt beleidigend zu werden, zur Höflichkeit zu zwingen. Selbstdisziplin und Beherrschung sind in der Tat keine *Lösung* – aber sie sind ein unverzichtbares Instrument zur Verhinderung von Schäden (vgl. Eifert/McKay/Forsyth 2013).

Gerade in Beziehungen, die auf Dauer angelegt sind, ist dieser Punkt nicht zu unterschätzen. Denn es ist ungleich schwieriger, eine angeknackste Beziehung wieder zu »reparieren«, die man mit einer oder mehreren unbeherrschten Reaktionen schwer beschädigt hat, als sich zu beherrschen, sich dem momentanen Zorn nicht hinzugeben und sich zu Höflichkeit und Disziplin zu zwingen

– oder zur Not eine Auszeit zu nehmen. Zudem dauert die »Reparatur« einer beschädigten Beziehung ungleich länger – falls sie überhaupt gelingt, ohne dass bleibende Narben und schlecht verheilte Wunden übrig bleiben.

►► Ermutigende Führung ist ein spezieller Anwendungsfall der Ermutigung, der seine Besonderheiten hat. Zum einen findet Ermutigung hier im Kontext beruflicher Beziehungen statt, die in der Regel hierarchisch strukturiert sind, bei denen es um Leistung und um Ergebnisse geht und in denen der Vorgesetzte für die Ergebnisse seiner Mitarbeiterinnen und Mitarbeiter verantwortlich ist. Zum anderen ist Führung eine recht enge und auf Dauer angelegte Beziehung, die ganz ähnlichen Risiken von Verschleiß und Abnutzungserscheinungen ausgesetzt ist wie private Beziehungen, vor allem wenn sich Nachlässigkeiten, Unfreundlichkeit und zunehmende Gereiztheit in den Umgang einschleichen. Ermutigende Führung ist nur möglich, wenn es gelingt, gute persönliche Beziehungen und ein gutes Teamklima – im wörtlichen Sinne – zu pflegen. Dafür sind nicht nur Respekt und Wertschätzung erforderlich, sondern auch Höflichkeit und Selbstbeherrschung. ◄◄

6.2 Die eigene Wirkung kennenlernen

Ermutigung ist, was von den Adressaten als Ermutigung empfunden wird. Für Entmutigung gilt dasselbe. Die entscheidende Frage ist daher nicht, was wir mit unserem Verhalten erreichen wollten, sondern was wir damit *bewirken*. Das betrifft keineswegs nur die Aktivitäten, mit denen wir andere Menschen bewusst ermutigen wollen, es betrifft unsere gesamte Ausstrahlung. Bevor wir uns damit befassen, wie wir andere Menschen und speziell unsere Mitarbeiter und Mitarbeiterinnen *gezielt* ermutigen können, ist es daher nützlich, ein Gefühl für unsere *ungezielte* Wirkung zu entwickeln. Denn was immer wir gezielt tun, um andere zu ermutigen, es baut ja auf dieser Gesamtwirkung auf und wird durch sie entweder verstärkt oder abgeschwächt, im ungünstigsten Fall sogar neutralisiert oder aufgehoben.

Ungewollt entmutigendes Verhalten

Menschen haben unterschiedliche persönliche Stile. Manche sind von ihrem gesamten Auftreten und Verhalten her eher ermutigend, andere sind von ihrer Ausstrahlung her eher entmutigend. Das äußert sich zum Beispiel darin, dass manche Menschen – oft ohne genau zu wissen, wie sie das machen – mühelos eine Atmosphäre schaffen, in der sich andere unbefangen und akzeptiert fühlen, und sie damit auch ermutigen, sich so zu geben wie sie sind. Andere erscheinen erst einmal distanziert, kritisch und anspruchsvoll – und wirken damit auf viele Menschen eher einschüchternd und beklemmend. Wenn sie etwas tun oder sagen, was ermutigend gemeint ist, muss ihr Impuls eine sehr viel höhere Hürde überwinden, um auch ermutigend zu wirken, als bei dem freundlichen Zeitgenossen.

Bei vielen Menschen, darunter auch vielen Führungskräfte, kann ihr Kommunikationsstil unter Stress »umkippen«: Unter Normalbedingungen sind sie freundlich und angenehm im Umgang, wenn sie aber ungeduldig werden, sich ärgern oder sonst wie unter Druck geraten, können sie unangenehm werden: Dann werden sie unter Umständen kalt wie Eis, sarkastisch oder entwickeln eine beängstigende Schärfe, werden aggressiv und verletzend, machen Vorwürfe und Schuldzuweisungen oder drücken ihre Mitarbeiter mit unbeantwortbaren Fragen in die Ecke (»Wie konnten Sie nur übersehen, dass …«, »Warum haben Sie denn nicht daran gedacht …«).

Für Menschen, die sie besser kennen, überschattet dieses Umkippen die gesamte Zusammenarbeit, auch die Phasen, in denen sie freundlich und zugänglich sind. Denn Bedrohlichkeit hat Vorrang: Wenn wir von einem Vorgesetzten wissen, dass er zuweilen »ausrastet«, gehen wir vorsichtiger mit ihm um und überlegen uns genau, was wir sagen und was besser nicht, um ihn nicht zu reizen. Für Außenstehende ist oft unverständlich, wieso Mitarbeiter einem scheinbar so zugänglichen Vorgesetzten nicht mit mehr Offenheit begegnen, aber wenn man sie danach fragt, lautet die Antwort häufig nur: »Warten Sie mal ab, bis Sie seine andere Seite kennengelernt haben …«

Auswirkungen der Hierarchie

Diese Auswirkungen ihres Handelns sind den Akteuren nicht immer bewusst. Gerade Führungskräfte unterschätzen häufig, in welchem Ausmaß sie durch das Zusammentreffen ihrer persönlichen Dominanz und ihrer Hierarchieposition eine einschüchternde Wirkung auf Menschen ausüben, die in der Hierarchie unter ihnen stehen und ihnen möglicherweise auch vom »Kampfgewicht« her unterlegen sind, weil sie beispielsweise weniger eloquent oder weniger selbstsicher sind als sie selbst (→ Kap. 5.9.4). Zwar ist ihnen (meistens) durchaus bewusst, dass sie ungeduldig sind, schnell urteilen und dazu neigen, rasch und dezidiert ihre Meinung zu sagen, auch und gerade, wenn sie einen Vorschlag für untauglich halten. Aber sie unterschätzen die Folgen.

Was im Gespräch auf gleicher Ebene nur als unverblümte Direktheit wirkt, kann deshalb in der Kommunikation von Vorgesetzten mit ihren Mitarbeitern – und erst recht bei der Kommunikation über mehrere Hierarchieebenen hinweg – zum Problem werden. Ihr rasches und kritisches Urteil kommt dann unter Umständen als barsche Abfuhr an: »Ich hatte meinen Vorschlag noch gar nicht zu Ende gebracht, da hatte er ihn schon vom Tisch gewischt.« Wobei Führungskräfte meist nicht erfahren, welche Lehren die Betroffenen aus solchen Erfahrungen ziehen: »Ich werde mich hüten, nochmal einen Vorschlag zu machen, wenn ich zum Lohn dafür, dass ich mir Gedanken gemacht habe, nur eine auf den Deckel bekomme.«

Von der Wirkung her betrachtet, ist das Entmutigung in Reinform – auch wenn es höchstwahrscheinlich nicht so gemeint war. Doch es hilft nichts: Nicht die Absicht, allein die Wirkung zählt. Da nützt es nichts zu sagen, die Mitarbeiter sollten halt nicht so empfindlich sein. Oder zu behaupten: »Meine Leute kennen mich doch, sie wissen ja, dass es nicht so gemeint ist.« Wenn das richtig ist, sollte es an offenen Worten, Vorschlägen und Ideen ja nicht mangeln – falls es daran aber fehlt, ist die Wirkung vermutlich doch eine andere, und das Argument weckt den Verdacht, eine Schutzbehauptung zu sein.

Feedback zur eigenen Wirkung einholen

Wer als Vorgesetzter lernen möchte, seine Mitarbeiter zu ermutigen, für den ist daher ein wichtiger erster Schritt, die eigene Wirkung zu erforschen. Und dabei den Mut zu haben, auch solchen Hinweisen aufmerksam nachzugehen, die er nicht so gerne hört. Positive Rückmeldungen sind zwar angenehm, bestätigend und damit auch ermutigend, aber man lernt nicht viel aus ihnen. Zudem kann man sich gerade in ausgeprägt hierarchischen Strukturen nie ganz sicher sein, wie ehrlich gemeint sie tatsächlich sind.

Hinweise auf entmutigende Verhaltensmuster – genauer, auf Verhaltensweisen, die von einigen / manchen / etlichen / vielen Menschen als entmutigend empfunden werden – fühlen sich nicht so gut an, eröffnen aber mehr Lernchancen. Wichtig ist, sich dabei nicht selbst unter Druck zu setzen: Das Einholen von Feedback zwingt Sie zu nichts, eröffnen Ihnen aber Wahlmöglichkeiten, die Sie zuvor nicht hatten. Sie können sich dann fragen: Will ich weiterhin das Risiko in Kauf nehmen, in bestimmten Situationen bzw. auf manche Menschen entmutigend zu wirken? Wenn ja, können Sie einfach weitermachen wie bisher. Wenn nicht, steht es Ihnen frei, etwas an ihren Verhaltensgewohnheiten zu ändern.

Möglicherweise wird Ihnen dabei bewusst, dass Ihre hierarchische Position doch größeren Einfluss auf die Wahrnehmung Ihres Verhaltens und Ihrer Person hat als Sie bislang dachten. Ihre subjektive Wahrnehmung ist vielleicht, dass Sie mit ihren Mitarbeitern völlig locker und authentisch umgehen. Manche Mitarbeiter sehen das vielleicht ähnlich und benehmen sich entsprechend ungezwungen – und man kann Ihnen nur wünschen, dass das möglichst viele sind.

Doch bei vielen anderen Mitarbeitern herrscht vielleicht das Bewusstsein vor, dass Sie als ihr Vorgesetzter doch erheblichen Einfluss auf ihr Wohlbefinden, ihre Beurteilung sowie auf ihre Vergütung und ihre Karriere haben. Und dass es daher in ihrem wohlverstandenen Eigeninteresse liegt, nicht zu riskieren, Sie zu verärgern oder zu verstimmen. Wenn diese Mitarbeiter daher den Eindruck haben, dass Sie bestimmte Dinge nicht hören wollen, dann tun sie Ihnen den Gefallen.

Die Perspektive der Adressaten in Erfahrung bringen

Es hilft nichts: Für die Wirkung zählt allein die Sicht der Adressaten. Denn die richten ihr Verhalten an ihrer eigenen Sichtweise aus, nicht nach der Ihren. Wenn Sie also wissen wollen, was die Sichtweise der Mitarbeiter oder mittleren Führungsebenen ist, dann fragen Sie sie, wie hierarchisch sie ihr Unternehmen empfinden und woran sie dies festmachen. Und widerstehen Sie dann der Versuchung, die ersten Beispiele zu Missverständnissen oder Sonderfällen zu erklären, sonst werden keine weiteren kommen.

Doch es ist nützlich, sich nicht nur zu der empfundenen Hierarchie, sondern auch und vor allem zu der eigenen Ausstrahlung von Zeit zu Zeit ein Feedback zu holen. Dabei sind zwei Themen besonders wichtig, nämlich zum einen: Wie viel Akzeptanz und Wertschätzung erleben ihre Mitarbeiterinnen und Mitarbeiter von Ihnen? Haben sie eher das Gefühl, auch mit unausgegorenen Gedanken zu Ihnen kommen zu können, oder handeln sie eher nach dem Motto »Gehe nicht zu deinem Fürst, wenn du nicht gerufen wirst«? Wie ermutigend oder entmutigend ist das Klima, das Sie – aus deren subjektiven Sicht – ausstrahlen?

Und zum anderen: Wie reagieren Sie aus Sicht Ihrer Mitarbeiter, wenn Dinge angesprochen werden, die Sie nicht gerne hören und/oder die im Widerspruch zu Ihrer Sichtweise stehen? Wie aufgeschlossen gehen Sie aus deren Sicht mit Widerspruch und Kritik um, als wie »kritikfähig« werden Sie von Ihrer Umgebung wahrgenommen? Fällt es Ihren Mitarbeitern eher leicht, Ihnen gegenüber kritische Punkte auf den Tisch zu bringen, oder überlegen sie es sich dreimal, bevor sie es tun?

Ist und Soll annähern

Drei Dinge sind dabei wichtig: Erstens zielen diese Fragen bewusst auf die *subjektive Sichtweise* Ihrer Mitarbeiter und nicht auf objektive Wahrheit. Denn allein die Wahrnehmung Ihrer Mitarbeiterinnen und Mitarbeiter prägt ihr Handeln, nicht die Realität. Zweitens, dieses Feedback verpflichtet Sie zu nichts, außer, sich damit auseinanderzusetzen. Sie müssen nicht so werden, wie die Mitarbeiter Sie gerne hätten; ebenso wenig müssen Sie sich verpflichtet fühlen, sich irgendeinem fiktiven Idealbild anzunähern, das in diesen Fragen vielleicht mitschwingt, außer, sie wollen dies selber.

Drittens, die spannendsten Punkte bei Feedbacks sind immer die, wo Selbstbild und Fremdbild nicht deckungsgleich sind. All die Punkte, bei denen die Sichtweise Ihrer Mitarbeiter mit der Ihren übereinstimmt, sind zwar eine Bestätigung, über die Sie sich freuen dürfen, doch die größten Lernchancen liegen dort, wo die Sichtweisen auseinandergehen. Wo dies der Fall ist, widerstehen Sie daher der Versuchung, zu »beweisen«, dass in Wirklichkeit doch Sie Recht haben. Spüren Sie stattdessen der Frage nach, wie es kommt, dass die

Mitarbeiter manche Ihrer Verhaltensmuster anders aufnehmen als sie von Ihnen gemeint waren.

Reagieren Sie nach Möglichkeit nicht spontan auf dieses Feedback, sondern denken Sie in Ruhe darüber nach. Und leiten Sie dann die Schlussfolgerungen daraus ab, die Sie selbst für richtig halten. Wenn Sie möchten, können Sie Ihre Mitarbeiter über Ihre Entscheidungen informieren – aber wie Sie sich wirklich entschieden haben, wird sichtbar aus dem, was Sie tun.

►► Bevor wir uns damit befassen, wie wir unsere Mitarbeiter gezielt ermutigen können, ist es nützlich, ein Gefühl für unsere ungezielte Wirkung zu entwickeln und vor allem herauszufinden, ob die eigene Ausstrahlung auf nachgeordnete Ebenen eher ermutigend oder entmutigend ist. Denn gerade aus der hierarchiehöheren Position unterschätzt man leicht, welche Wirkung das Zusammentreffen von persönlichem Auftreten und Hierarchieposition hat. Deshalb ist es nützlich, hierzu regelmäßig ein ehrliches Feedback von seinen Mitarbeitern und Mitarbeiterinnen einzuholen. ◄◄

6.3 Selbstermutigung ist die Basis für die Ermutigung anderer

Möglicherweise finden Sie die Überschrift irritierend: Müssen sich Führungskräfte denn selbst ermutigen? Ist es nicht Teil des Anforderungsprofils an Führungskräfte, souverän und mutig zu sein? Aber wenn es zutrifft, dass (die meisten) Führungskräfte auch nur Menschen sind, dann wird es wohl so sein, dass Selbstzweifel und pessimistische Gedanken auch vielen Führungskräften nicht völlig fremd sind. Das kann die unterschiedlichsten Themen und Aufgaben betreffen – zum Beispiel auch die ermutigende Führung selbst (»Schaffe ich es in meinem Alter überhaupt noch, meinen eingeschliffenen Führungsstil umzustellen?«) und das, was sich damit erreichen lässt (»Wenn ich an meine schwierigsten Mitarbeiter denke, kann ich mir kaum vorstellen, dass bei ihnen Ermutigung etwas nützt!«).

Sie sind inzwischen vertraut genug mit der Wirkung innerer Selbstgespräche, um zu wissen, dass solche pessimistischen Gedanken den Keim ihrer Erfüllung in sich tragen. Dieses Problem lässt sich nicht lösen, indem wir beschließen, einfach keine solchen Gedanken mehr zu haben. Denn es ist unmöglich, absichtlich *nicht* an etwas zu denken. Man kann solche entmutigenden Gedanken allenfalls wegschieben – doch wenn man das tut, kann man sich darauf verlassen, dass sie pünktlich wieder zur Stelle sind, sobald sich die ersten Rückschläge einstellen. Selbstermutigung heißt nichts anderes, als die negativen inneren Dialoge durch ermutigende Gedanken zu ergänzen.

Ein freundschaftliches Verhältnis zu sich selbst entwickeln

Selbstermutigung, das klingt im ersten Moment so, als wollten wir uns, wie weiland Münchhausen, am eigenen Haarschopf aus dem Sumpf ziehen. Doch was in der physikalischen Welt nicht möglich ist, funktioniert in der psychologischen sehr wohl. Denn unsere positiven oder negativen Selbstgespräche beeinflussen ja unsere Gefühle, und unsere Gefühle beeinflussen unsere Erwartungen und unser Verhalten, einschließlich dessen, was wir nonverbal zum Ausdruck bringen. Wenn es uns also gelingt, unsere Selbstgespräche ermutigender zu gestalten, verändern wir nicht nur unsere Gefühlslage, sondern auch unser Auftreten, unsere Ausstrahlung und damit unsere Außenwirkung.

Zudem prägen unsere Selbstgespräche auch unsere Erinnerungen an den aktuellen Vorgang sowie unsere Zuversicht oder Skepsis bei künftigen ähnlichen Aufgaben. Wenn wir uns vorwerfen, wie dumm und ungeschickt wir uns wieder einmal angestellt haben, ist es ganz natürlich, dass wir erstens ein Gefühl von Niedergeschlagenheit entwickeln, zweitens die Situation in schlechter Erinnerung behalten und drittens in künftigen ähnlichen Situationen geringeres Zutrauen in unsere Fähigkeiten haben.

Wenn wir dagegen freundlicher mit uns umgehen, würden wir uns zwar eingestehen, dass die Aktion kein Erfolg war, würden aber auch registrieren, dass wir trotzdem einige Dinge besser gemacht haben als beim letzten Mal. Bei dieser Betrachtung fühlen wir uns nicht bloß besser, sondern behalten die Situation auch in besserer Erinnerung und trauen uns deshalb in künftigen ähnlichen Situationen mehr zu. Flapsig gesagt: Wenn wir unsere Erfahrungen ohnehin selbst machen, können wir sie ja auch gleich so machen, dass sie nützlich für uns sind.

Sich selbst zu ermutigen, ist etwas völlig anderes als »positives Denken«. Selbstermutigung heißt nicht, verkorkste Situationen nachträglich schönzureden, und es heißt erst recht nicht, Misserfolge und Niederlagen unter schamloser Beleidigung unserer eigenen Urteilsfähigkeit so umzudeuten, dass sie am Schluss (beinahe) wie ein Erfolg aussehen. Vielmehr geht es darum, so nüchtern wie möglich Negatives wie Positives zu bilanzieren, sich aber wegen der Mängel weder selbst abzustrafen noch voreilige Schlüsse im Bezug auf mangelnde Talente und Fähigkeiten zu ziehen, also bei Misserfolgen keine negativen Verallgemeinerungen in Bezug auf sich selbst vorzunehmen.

Selbstermutigung heißt, stattdessen eine klare, konstruktive und engagierte Schlussfolgerung für den nächsten Versuch abzuleiten. Das heißt, wir nehmen den aktuellen Misserfolg, wenn es denn einer war, so wie er ist, zur Kenntnis, aber wir betrachten ihn nicht als Nachweis unserer Unfähigkeit, sondern als Zwischenstand in einem Lernprozess, auf den selbstverständlich der nächste Schritt folgen muss und folgen wird – und zwar immer mit dem Mut zur Unvollkommenheit: »So wie ich bin, bin ich gut genug!«

»So wie ich bin, bin ich gut genug«

Die Aussage, dass wir »gut genug« sind, ist kein Aufruf zur Selbstgefälligkeit. Sie bedeutet nicht, dass wir uns für vollkommen halten und uns nicht mehr weiterentwickeln bräuchten. Selbstverständlich sind wir nicht vollkommen, und deshalb liegt es in unserem besten Interesse, beharrlich an unserer Weiterentwicklung zu arbeiten. Die Frage ist nur, wie wir in diesem »Streben nach Vollkommenheit« am besten vorankommen: Indem wir uns ständig mit dem Gefühl quälen, nicht gut genug zu sein, und uns selbst tadeln, kritisieren und klein machen, weil wir wieder irgendetwas nicht perfekt gemacht haben, oder indem wir uns von diesem eingeübten Selbstentmutigungsprogramm verabschieden zugunsten des »Mutes zur Unvollkommenheit«, der uns einen weit besseren, weil konstruktiveren und ermutigenderen Umgang mit uns selbst nahelegt.

Statt uns ständig selbst vorzuwerfen, wie blöd wir sind, weil wir wieder etwas falsch gemacht haben, könnten wir ja auch akzeptieren, dass der Weg zur Meisterschaft nicht mit Meisterschaft beginnt, sondern allenfalls dort endet. Dann könnten wir vielleicht auch etwas wohlwollender und geduldiger mit uns sein. Wenn wir für uns selber akzeptieren, dass wir nicht am Ziel sind, sondern in einem Entwicklungsprozess, wäre es stattdessen sinnvoll, unsere Aufmerksamkeit darauf zu richten, was wir schon besser gemacht haben als beim letzten Mal und was wir beim nächsten Mal noch besser machen wollen. Uns Fehler zuzugestehen, aber auch Weiterentwicklung, Fortschritte zu registrieren und uns vor allem zu entscheiden, an der Sache dranzubleiben (»Ich schaffe das schon irgendwie!«), das ist Selbstermutigung.

So betrachtet, ist der größte Feind der Ermutigung der Perfektionismus, sowohl im Umgang mit sich selbst als auch im Umgang mit anderen. Es ist uns Menschen nun einmal nicht gegeben, fehlerlos und perfekt zu sein. Die Weigerung, dies wahrzuhaben, mündet unweigerlich darin, dass wir an allem etwas auszusetzen haben. Im Bezug auf die eigene Person führt er zu einer ständigen Selbstbeobachtung und Selbstkritik: Er lenkt die Aufmerksamkeit weg von der Sache, um die es geht, hin auf die eigene Person.

Das führt bei gelungenen Leistungen zur Selbstgefälligkeit (»Wie war ich, Fans?«), bei misslungenen zu Enttäuschung und Verzweiflung (»Was bin ich für ein Versager! Das liegt mir einfach nicht!«). Oft führt es auch in die Selbstblockade, weil viele Menschen lieber gar nichts tun als etwas, was ihren hohen Ansprüchen oder denen ihrer Umgebung nicht genügt. Doch immer lenkt dieses ichhafte, selbstbezogene Denken von dem ab, worum es eigentlich geht, nämlich von der Sache selbst sowie davon, was die gegebene Situation von uns verlangt. Denn eigentlich geht es nicht um die eigene Person, sondern einzig und allein darum, wie es Theo Schoenaker so treffend formuliert hat, »mutig und unvollkommen etwas beizutragen«, nach dem Motto: »Ich bin nicht auf der

Welt, um der Beste zu sein, sondern um mein Bestes zu geben!« (2002, S. 74 f.) Deshalb ist der Mut zur Unvollkommenheit so wichtig.

Entmutigende Gedanken kritisch hinterfragen

In seinem Buch *Authentic Happiness* macht Martin E. P. Seligman (2002), der Begründer der *Positiven Psychologie*, eine bemerkenswerte Feststellung: Von niemanden auf der Welt würden wir uns jene destruktive Kritik und die ständigen Vorhaltungen gefallen lassen, mit denen wir uns selbst tagtäglich in unseren Selbstgesprächen malträtieren. Wenn uns jemand regelmäßig vorwerfen würde, uns ungeschickt anzustellen und schon wieder etwas falsch gemacht zu haben, nichts auf die Reihe zu bekommen oder gar, generell ein Versager zu sein, würden wir das mit Schärfe zurückweisen und früher oder später die Beziehung abbrechen. Nur von uns selbst lassen wir uns derartigen Schwachsinn widerspruchslos gefallen.

Man kann darüber spekulieren, ob aus dieser permanenten Selbstkritik das introjizierte Über-Ich spricht, also die verinnerlichte Stimme unserer Eltern, Lehrer oder Erzieher, die uns ständig kritisch beobachten und uns unbarmherzig auf unsere Fehler und Unzulänglichkeiten hinweisen. Man kann aber auch einfach beschließen, das nicht länger mit sich zu machen, sondern solch destruktiver Selbstkritik künftig entschlossen entgegenzutreten. Dafür müssen wir keine neuen Fähigkeiten erlernen, meint Seligman, sondern nur von einer Fähigkeit Gebrauch machen, die wir längst gut trainiert haben, nämlich die Fähigkeit, uns gegen Angriffe überzeugend zu verteidigen und erfolgreiche Streitgespräche zu führen.

»Wenn wir (…) die gleichen Anklagen gegen uns selbst richten, stellen wir sie normalerweise nicht in Frage – obwohl sie häufig falsch sind. Der Schlüssel zum Hinterfragen der eigenen pessimistischen Gedanken ist, sie erstens zu erkennen und sie zweitens so kritisch zu disputieren, als wenn sie von einer anderen Person geäußert worden wären, etwa von einem Neider, der möchte, dass wir uns schlecht fühlen.« (Seligman 2002, S. 93; eigene Übersetzung) Er empfiehlt dazu das *ABCDE-Modell*, das auf Albert Ellis, den Begründer der Rational-Emotiven Therapie zurückgeht:

- **A Ärgerliches Ereignis** (Adversity): Wir stellen fest, was real geschehen ist.
- **B Bewertung, Beurteilung, Überzeugung** (Beliefs): Wir beobachten, wie wir die Situation beurteilen, einschließlich unserer negativen Selbstbewertungen.
- **C Konsequenz, Folgen** (Consequences): Wir rekonstruieren, welche Ängste, Befürchtungen und andere negativen Gefühle diese negativen Bewertungen in uns ausgelöst haben.
- **D Diskussion, Hinterfragen** (Disputation): Wir hinterfragen kritisch, ob unsere Beurteilung der Situation durch die festgestellten Tatsachen gedeckt ist oder ob wir mit unseren Bewertungen und Schlussfolgerungen über die

Sachlage hinausgeschossen sind und unzulässige Verallgemeinerungen vorgenommen haben. Dann arbeiten wir heraus, welche Schlussfolgerungen die Fakten tatsächlich hergeben[15];

- **E Entscheidung** (Energization): Wir entscheiden uns auf Basis einer kritischen Würdigung der Beweislage, keine überzogenen Schlussfolgerungen aus der Sachlage zu ziehen, sondern die Situation realistisch zu bewerten und mit neuer Energie einen neuen Anlauf zu machen.

Wie Ellis und Seligman übereinstimmend feststellen, kann das, was wir nach Misserfolgen zu uns selbst sagen, ähnlich haltlos sein wie die Angriffe eines eifersüchtigen Konkurrenten, die Beschimpfungen eines wütenden Lehrers oder die Katastrophenphantasien überbesorgter Eltern. Unsere spontanen Erklärungen für Misserfolge sind oft völlig verzerrt und entspringen eher schlechten Denkgewohnheiten, die wir im Laufe unseres Lebens übernommen haben, als eine realistische Analyse der Situation und ihrer Konsequenzen zu liefern.

Vier starke Gegenargumente

»Das sind lediglich Meinungen«, sagt Seligman. »Und bloß weil eine Person fürchtet, nie wieder einen Job zu finden oder nicht liebenswert zu sein, bedeutet das nicht, dass es wahr ist. Es ist notwendig, einen Schritt zurückzutreten und sich von den eigenen pessimistischen Erklärungen zu distanzieren, zumindest lange genug, um ihren Wahrheitsgehalt zu überprüfen. Diese kritische Überprüfung, wie zutreffend diese Meinungen über die eigene Person sind, ist der Kern des Disputierens. Der erste Schritt ist zu erkennen, dass diese Meinungen der Überprüfung bedürfen, der nächste ist, dies in die Tat umzusetzen.« (2002, S. 95; eigene Übersetzung)

Martin Seligman nennt vier wirksame Gegenargumente gegen entmutigende Selbstgespräche. Das erste und stärkste ist die Forderung nach objektiven Beweisen und das Anführen von Gegenbeweisen. Dabei gilt die wissenschaftliche Regel: Jede Behauptung, die Allgemeingültigkeit beansprucht, ist durch ein einziges Gegenbeispiel zu widerlegen. Solche Gegenbeispiele sind meist nicht schwierig zu finden, weil entmutigende Gedanken sehr häufig auf wüsten Verallgemeinerungen bestehen.

Wer sich zum Beispiel vorwirft »Ich bin zu überhaupt nichts imstande!« oder »Du bist wirklich zu blöd für alles!«, der pauschalisiert gnadenlos – aber er macht es sich zumindest leicht, Gegenbeweise zu finden. Wer so generalisiert, kann

15 Albert Ellis spricht sogar von »wissenschaftlichem Disputieren«: Sein Ansatz ist, die Beweislage tatsächlich so rigoros zu überprüfen, wie es für eine wissenschaftliche Fachpublikation erforderlich wäre, und alle Schlussfolgerungen, die diesem Maßstab nicht standhalten, als »unwissenschaftlich« bzw. als »nicht beweiskräftig« zu verwerfen.

sich fragen: Welche objektiven Beweise gibt es für diese Aussage? Manchmal muss man selbst lachen, wenn man sieht, wie dünn die Beweislage ist – und wer über sich selbst lachen muss, ist aus dem Gröbsten heraus.

Die zweite Technik ist die Suche nach alternativen Erklärungen. Wie Seligman feststellt, haben die wenigsten Ereignisse nur eine einzige Ursache. Wenn Sie zum Beispiel ein Ziel nicht erreicht haben, kann das natürlich daran liegen, dass Sie völlig unfähig und zu nichts imstande sind. Es könnte aber auch daran liegen, dass Sie (oder Ihr Chef) sich für den Anfang ein bisschen viel vorgenommen haben, dass Sie nicht genügend Zeit dafür aufgewandt haben, dass sich die Rahmenbedingungen verschlechtert haben, dass sich ein Konflikt mit anderen Zielen ergeben hat, dass Ihnen andere Dinge dazwischengekommen sind, dass die Konkurrenz härter war als erwartet …

Damit wir uns richtig verstehen: Es geht hier nicht darum, Verantwortung abzuschieben und Ausflüchte und Alibis zu suchen – es geht darum, wegzukommen von der entmutigendsten Form aller Erklärungen für Misserfolge, nämlich von internalen, nicht veränderbaren und generalisierten Erklärungsmustern (→ Kap. 3.3).

Die dritte Methode aus Seligmans Katalog der Disputationen ist, die möglichen Konsequenzen zu hinterfragen und zu relativieren, die der Misserfolg hat. Sie setzt an der erwähnten dummen Angewohnheit an, die Albert Ellis *Katastrophisieren* nannte: der Neigung, die negativen Folgen eines Misserfolgs aufzubauschen und zu dramatisieren. Wenn wir einen Vortrag vermasselt haben, war das nicht bloß ein Flop, sondern ein *Desaster*, wenn wir vom Vorstand kritisiert wurden, war das nicht bloß eine Rüge, sondern eine *Hinrichtung*, wenn wir einen Flieger verpasst haben, ist das nicht bloß unangenehm, sondern *eine Katastrophe*.

Auch hier kann man sich, wie Ellis und Seligman empfehlen, fragen, welche objektiven Beweise es dafür gibt, dass das Problem tatsächlich so überwältigend und allumfassend ist – und wie es möglich ist, dass man eine halbe Stunde nach seiner »Hinrichtung« zum Mittagessen geht. Man kann sich aber auch einfach die tiefe Weisheit hinter der Frage unserer Edeka-Kassiererin bewusst machen: »Haben Sie's nicht ein bisschen kleiner?!«

Viertens schließlich kann man Erklärungsmodelle nicht nur aus der Perspektive betrachten, ob sie *wahr* sind, sondern auch aus der, ob sie *nützlich* sind, ob sie also zum Beispiel dabei helfen, sinnvoll mit der gegebenen Situation umzugehen und sie konstruktiv weiter zu gestalten. Pessimistische Erklärungsmuster von der Art »Das ist einfach nicht mein Ding« oder »Ich bin wirklich total unfähig!« helfen dabei ganz sicher nicht; sie sind eher dazu geeignet, einem die letzte Hoffnung zu rauben und einem den Schneid völlig abzukaufen. Sofern man nicht harte objektive Beweise für ihren Wahrheitsgehalt hat, sollte man sich daher von solchen Denkmustern der Selbstentmutigung konsequent verabschieden – am besten für immer.

►► Gerade für Führungskräfte ist die Fähigkeit wichtig, sich selbst zu ermutigen und destruktive, entmutigende Selbstgespräche zu überwinden. Denn nur wer mit sich selber einigermaßen im Reinen ist, kann andere ermutigen. Dazu ist es nötig, ein freundschaftliches Verhältnis zu sich selbst zu entwickeln, statt immer bloß der schärfste Kritiker seiner selbst zu sein.

Ein gutes Verhältnis zu sich selbst ist die beste Basis, um andere zu ermutigen. Dazu zählt, das Streben nach Vollkommenheit mit dem »Mut zur Unvollkommenheit« zu verbinden und, statt Perfektionismus von sich und anderen zu verlangen, »mutig und unvollkommen« seinen Beitrag zum Gesamterfolg zu leisten.

Wer merkt, dass er im Umgang mit sich selbst zu destruktiven Selbstgesprächen neigt, kann sich entscheiden, das nicht länger mit sich zu machen, sondern lernen, entmutigenden Selbstbewertungen konsequent entgegenzutreten. ◄◄

Übung zur Selbstermutigung: Die Kehrtwende

Wie sich immer wieder zeigt, sind wir nicht der alleinige Hausherr in unserem Kopf: Unsere Gedanken kommen und gehen, ohne dass wir sie gerufen und bewusst hereingebeten hätten. Das heißt aber keineswegs, dass die Gedanken, die gerade da sind und uns »beherrschen« (!), die einzigen möglichen und legitimen Gäste in unserem Kopf sind. Und es heißt auch nicht, dass sie sich, wie man es von Gästen erwarten würde, gut benehmen und freundlich und respektvoll zu uns, ihren Gastgebern, sind. Manche benehmen sich sogar ausgesprochen daneben: Sie beschimpfen uns, machen uns haltlose Vorwürfe und ziehen uns herunter.

Normalerweise gehen wir mit allen unseren Gedanken so um, als ob sie ein angestammtes und uneingeschränktes Aufenthaltsrecht in unserem Kopf hätten, unabhängig davon, wie sie sich aufführen und ob sie uns nützen oder schaden. Sie fühlen sich einfach so echt und authentisch an, dass wir überhaupt nicht darauf kommen, sie infrage zu stellen – es sind schließlich unsere eigenen Gedanken: Wir sehen die Dinge nun einmal so, wie wir sie sehen, gleich ob das erfreulich oder bedrückend ist, und können sie nicht einfach anders sehen.

Können wir nicht? Doch, können wir sehr wohl. Wir können Gedanken, die uns quälen oder schaden, die uns klein machen oder uns unsere Energie rauben, sehr wohl nach ihrem kurzen Besuch zur Tür begleiten und sie höflich, aber bestimmt verabschieden. Und wir können stattdessen einen anderen Gedanken, der besser und nützlicher ist, hereinbitten. Heißt: Wir können die objektiv gleiche Situation sehr wohl aus einer anderen Perspektive betrachten.

Reframing ohne Coach

Wenn uns andere dazu veranlassen, die gleiche Realität aus einer neuen Perspektive zu betrachten, nennt man das in der Psychologie *Reframing*: Man gibt demselben Bild einen neuen Rahmen (frame), und schon sieht alles ganz anders aus. Wenn uns beispielsweise vor einem schwierigen Gespräch graust, könnte uns ein guter Coach anbieten, dieses Gespräch als eine willkommene Gelegenheit zum Training unserer Konfliktfähigkeit zu betrachten. Wenn diese Betrachtungsweise für uns Sinn ergibt und wir sie übernehmen, haben wir – mit der Hilfe des Coachs – nichts anderes getan als die alte Bewertung »schreckliches Gespräch« hinauskomplimentiert und den neuen Gedanken »willkommene Gelegenheit« hereingelassen.

Bemerkenswert ist dabei: Die neue Betrachtung ist zwar eine völlig andere, aber sie ist nicht weniger echt und stimmig als die alte. Wenn sie uns künstlich, konstruiert und an den Haaren herbeigezogen erschiene (wie etwa: »Das wird ein wunderbares Gespräch, auf das ich mich sehr freue!«), würde das Reframing nicht funktionieren: Nicht jeder Rahmen passt zu jedem Bild. Aber das heißt keineswegs, dass es nur eine einzige »wahre und authentische Sichtweise« gibt, nämlich die, die uns unsere ersten spontanen Gedanken nahelegen. Fast immer gibt es mehrere Perspektiven, und wir sind frei, einen Blickwinkel zu wählen, der uns das Leben und die Weiterarbeit leichter macht - auch wenn unser erster ungebetener gedanklicher Besucher ein ganz anderer war.

Solch ein Reframing kann man auch ohne Coach durchführen, und Theo Schoenaker hat dafür die *Methode der Kehrtwende* entwickelt (Schoenaker 2006, S. 193 ff.). Sie besteht im Kern darin, uns negative Gedanken und Selbstgespräche, die unsere Leistungs- und Beziehungsfähigkeit beeinträchtigen, erst einmal bewusst zu machen und sie durch eine bewusste Entscheidung - die Kehrtwende - von negativ auf positiv zu wenden. Wenn das spontane Selbstgespräch etwa lautet: »Mir graut vor diesem Gespräch! Das wird bestimmt eine Katastrophe!«, könnte die Kehrtwende etwa lauten: »Es ist ja nicht das erste schwierige Gespräch, vor dem ich stehe. Ich weiß, dass ich Konflikte durchstehen und mit anderen Menschen eine tragfähige Lösung finden kann.«

Der Unterschied zum positiven Denken ist, dass die Kehrtwende nicht den Versuch macht, unangenehme oder schwierige Situationen schönzureden. Wenn der ursprüngliche Gedanke etwa lautet »Ich habe überhaupt keine Lust, mich mit dieser blöden Aufgabe zu beschäftigen«, dann wäre es kaum glaubwürdig, wenn wir uns einreden wollten: »Die Aufgabe macht mir Freude; ich kann kaum erwarten, sie zu beginnen.« Statt Schönfärberei ist resoluter Pragmatismus angesagt: »Die Arbeit muss ja getan werden. Statt sie lange vor mir herzuschieben, ist es besser, sie gleich zu erledigen.« Wenn es dann auch noch gelingt, einen Sinn in der ungeliebten Aufgabe zu entdecken, geht es noch besser: »Ich mache die unangenehme Arbeit gut und engagiert, denn sie ist ein Baustein zu meinem übergeordneten Ziel.«

In der Praxis hat es sich bewährt, die Kehrtwende schrittweise aufzubauen und einzuüben:

- Wenn Sie vor einer schwierigen Situation oder Aufgabe stehen, beobachten Sie Ihre negativen Selbstgespräche: Wie fühlen Sie sich dabei? Welches Verhalten legen Ihnen diese Gefühle nahe? Diese negativen Gedanken schreiben Sie auf ein Blatt Papier unter der Überschrift »Ursprüngliche Gedanken«.
- Suchen Sie bis zu drei Sätze heraus, die Sie besonders belasten.
- Machen Sie auf Ihrem Blatt zwei Spalten. Schreiben Sie diese negativen Sätze in die linke Spalte unter »Ursprüngliche Gedanken«.
- Lesen Sie diese Sätze laut und überzeugt vor. Spüren Sie, wie sie ihre Stimmung beeinflussen.
- Schreiben Sie in die rechte Spalte Ihre Kehrtwende: Was setzen Sie dem ursprünglichen Gedanken entgegen? Welche Gedanken könnten helfen, die Situation erfolgreich zu gestalten - beispielsweise Erinnerungen an erfolgreich bestrittene ähnliche Situationen oder das Bewusstmachen Ihrer Stärken? Formulieren Sie knapp und kraftvoll!
- Entscheiden Sie sich, Ihre negativen Gedanken zu stoppen.
- Lesen Sie sich Ihre Kehrtwende-Sätze laut und überzeugt vor: Wie betrachten Sie die Situation in positiver und hilfreicher Weise?

Der entscheidende Punkt an der Kehrtwende ist: Wir sind nicht wehrloses Opfer negativer Gedanken und Selbstgespräche – wir sind der Hausherr in unserem Kopf oder können es zumindest wieder werden, indem wir unnütze und schädliche Gedanken verabschieden und uns stattdessen nützlicheren – aber realistischen! – zuwenden.

Übung zur Selbstermutigung: Der situative Zielsatz

Oftmals im Leben ist es leichter, zu wissen, was wir *nicht* wollen, als anzugeben, was wir wollen. Aber ein klares Nein ist schon mal ein guter Anfang und kann uns helfen, unser Ziel zu bestimmen. So wie damals in der Pubertät, wo wir uns wahrscheinlich auch von Zeit zu Zeit mit einem entschiedenen »Nein!« gegen die Erwartungen von Eltern und Lehrern gestellt haben. Das hat zwar wohl auch zu einigen Konflikten geführt, aber es hat uns geholfen, unseren eigenen Weg zu finden.

Generell ist das Nein besser als sein Ruf, erst recht wenn es als Ausgangspunkt dazu dient, von dort aus positiv zu formulieren, was wir stattdessen tun wollen. Aber ein kraftvolles Nein ist der Anfang: »Nein, ich will mich nicht mehr über jede spitze Bemerkung ärgern«, »Nein, ich will nicht immer Ja sagen!«, »Nein, ich will nicht mehr ausrasten und zu schreien anfangen«, »Nein, ich will mich nicht mehr so oft unter beklemmendem Druck fühlen«, »Nein, ich will nicht mehr gute Miene zum bösen Spiel machen«, ... – das ist doch schon mal ein glasklarer Start!

Und was wollen wir stattdessen? Wenn wir beim Nein stehenbleiben, entsteht sozusagen ein Loch im Gesprächsablauf, das sich früher oder später wieder mit den alten Gewohnheiten füllt. Solange auf das Nein keine Alternative folgt, fixiert es unsere Aufmerksamkeit genau auf das, was wir nicht mehr wollen: Ärgern, Ja sagen, ausrasten oder was auch immer. Also müssen wir uns überlegen, was wir stattdessen tun wollen. Statt uns zum Beispiel zu ärgern, könnten wir unseren Gesprächspartner einfach anschauen und zu uns selbst sagen: »Mach's nicht so wichtig!«

Auf Basis seiner langjährigen Erfahrung hat Theo Schoenaker eine pragmatische Methode entwickelt, wie wir aus dem Nein einen wirksamen »situativen Zielsatz« ableiten können (2006, S. 197 ff.). Er lässt sich im geschäftlichen Kontext genauso gut einsetzen wie im Privatleben und eignet sich besonders gut, um wiederkehrende Stresssituationen zu entschärfen, indem er unser Blickfeld erweitert, uns unsere übergeordneten Ziele bewusst macht und unsere situationsadäquate Handlungskompetenz stärkt:

- Stellen Sie sich eine öfters vorkommende Problemsituation intensiv vor und spüren Sie, wie es Ihnen darin geht.
- Stoppen Sie diese Gedanken: Was wollen Sie nicht mehr? Verneinen Sie es nachdrücklich: »Nein, ich ärgere mich nicht«, »Nein, ich lasse mich nicht breitschlagen«, »Nein, ich werde nicht wütend«.
- Formulieren Sie Ihren Zielsatz: Was wollen Sie stattdessen tun? Leiten Sie über mit *sondern:* »Nein, ich ärgere mich nicht, *sondern* ich schaue ihn freundlich an und erkläre noch einmal, was ich erwarte«, »Nein, ich lasse mich nicht breitschlagen, *sondern* halte den Druck aus und sage: Das müsst ihr anders lösen.«

- Fügen Sie eventuell mit *denn* eine Begründung an: Warum handeln Sie so? »... ich erkläre noch einmal, was ich erwarte, *denn* er ist noch unerfahren und kann noch nicht alles beherrschen.«
- Spüren Sie Ihren Körper und beobachten Sie Ihr Verhalten: »Ich nicke mir innerlich zu und fühle mich ruhig und entspannt« oder »Ich lächle in mich hinein und atme zweimal tief ein und aus«.
- Formulieren Sie zum Schluss eine Bekräftigung, mit der Sie Ihren Zielsatz unterstreichen und der Ihre Fähigkeiten in einer Art Leitsatz auf den Punkt bringt: »Ich entwickle meine Mitarbeiter geduldig und beharrlich weiter.«
- Streichen Sie jetzt »sondern« und »denn« raus. Sprechen Sie Ihren situativen Zielsatz laut und überzeugt aus.

Mag sein, dass Sie sich bei einzelnen Schritten dieser Übung etwas befremdlich oder komisch vorkommen. Das macht nichts: Wenn man etwas Neues ausprobiert, ist das manchmal so und sollte Sie nicht abhalten. Wenn man den Nutzen ungewohnter Methoden kennenlernen will, muss man ihnen eine faire Chance geben und darf sie nicht an dem ersten Punkt, an dem sie sich seltsam anfühlen, fallen lassen. Wenn Sie ein Stück Erfahrung damit gesammelt haben, können Sie sie gern nach Ihrem Geschmack modifizieren. Doch für den Anfang ist es besser, erst einmal bei der bewährten Form zu bleiben und nicht sofort mit dem Modifizieren anzufangen, sonst beseitigt man mit der Irritation möglicherweise auch die Wirkung.

»Der situative Zielsatz kann eine sofortige Änderung von Gefühlen oder Verhalten bewirken«, schreibt Schoenaker, empfiehlt aber, den Zielsatz auch und gerade dann »bewusst zu denken, wenn Sie wieder in dem alten Muster handeln. Das ist paradox, aber es wirkt. Sie ärgern sich und sagen: ›Ich ärgere mich nicht.‹ Machen Sie ruhig weiter mit dem Ärgern. Der Widerspruch löst sich auf in Besinnung und Entspannung. Ein bisschen Humor kann nicht schaden.« (2006, S. 199 f.)

Geduld mit sich selbst und seinem Lernprozess

Wenn man eine Verhaltensänderung anstrebt, gibt es tatsächlich eine Phase, in der man es zu spät bemerkt, wenn man wieder auf der falschen Schiene ist. Ganz am Anfang merkt man überhaupt erst nachträglich, dass man sich wieder genau so verhalten hat wie man es eigentlich nicht mehr wollte. Später fällt es einem bereits mitten in der Situation auf – man ist aber trotzdem bereits wieder auf dem falschen Gleis.

In dieser Phase geben viele auf. Dabei haben wir zu diesem Zeitpunkt bereits zwei wichtige Fortschritte erzielt: Erstens merken wir überhaupt, welchem Muster wir folgen, zweitens bemerken wir es immer früher. Jetzt gilt es durchzuhalten, denn nun ist es nicht mehr weit: Wenig später merken wir es bereits, während wir gerade dazu ansetzen, es wieder nach dem alten Muster zu machen, aber wir kriegen die Kurve nicht mehr. Noch ein bisschen später kriegen wir sie dann, und dann haben wir es zum ersten Mal geschafft.

Trotzdem gibt es auch Fälle, in denen der situative Zielsatz nicht wirkt. Noch einmal Schoenaker: »Dann akzeptieren Sie am besten, dass Sie den alten Zustand offensichtlich noch nicht aufgeben wollen. Also nicht ärgern, nicht mit sich kämpfen, keine Schuldgefühle machen. Besser: Mach's nicht so wichtig. Morgen kommt wieder ein Tag.« (2006, S. 200) Aber das ist fast schon eine eigene Übung für ungeduldige Führungskräfte: etwas mehr Gelassenheit im Umgang mit sich selbst und anderen schwierigen Mitmenschen.

Fünf-Minuten-Übung: Kleine Selbstermutigung für zwischendurch

Oftmals ist uns viel zu wenig bewusst, was eigentlich unsere Stärken sind. Gerade wenn wir in gedrückter Stimmung sind, fällt es uns oft schwer, an unsere positiven Seiten zu denken und daraus Kraft zu schöpfen. Dem kann man vorbeugen, schlägt Theo Schoenaker vor, indem man eine Liste mit Antworten zu folgenden Fragen anlegt (2006, S. 228):

- Was finde ich gut an mir?
- Was finde ich gut an meiner Art, mit anderen Menschen umzugehen?
- Wo mache ich Fortschritte?
- Dank welcher Stärken stehe ich im Leben da, wo ich stehe?

Einschränkungen, Relativierungen und kleine und große »Abers« haben auf dieser Liste nichts verloren. Natürlich haben wir auch Schwächen, um die wir wissen und an denen wir arbeiten. Aber es ist weder erforderlich noch sinnvoll, jede Liste von Stärken sofort wieder mit Einschränkungen und Abstrichen zu relativieren.
Wenn Sie diese Liste von Zeit zu Zeit in die Hand nehmen und ergänzen und aktualisieren, prägt sie sich so gut ein, dass sie uns auch in schwachen Stunden präsent ist. Und wenn nicht, wissen wir zumindest, wo wir suchen müssen.

6.4 Ein ermutigendes Teamklima schaffen

Wer sich selbst auf diese Weise annimmt und ermutigt, hat damit die Basis dafür geschaffen, andere zu ermutigen. Ermutigung beginnt damit, ein wohlwollendes Klima in seinem Team zu schaffen. Denn die indirekte Ermutigung ist, wie wir in Kapitel 4.4 gesehen haben, das Fundament, das die direkte Ermutigung braucht, um ihre Wirkung entfalten zu können. Ganz zentral ist dabei, ein Klima zu schaffen, in dem sich alle Teammitglieder zugehörig, akzeptiert und geschätzt fühlen können – und zwar wirklich alle, nicht alle bis auf ein oder zwei.

Allen Mitarbeitern ein Zugehörigkeitsgefühl vermitteln

Wie macht man das praktisch, allen Mitarbeitern ein Zugehörigkeitsgefühl zu vermitteln? Bei den meisten Mitarbeitern ist das vermutlich kein Problem, weil sie sich von sich aus zugehörig fühlen – und wenn es kein Problem gibt, muss man es auch nicht lösen. Aber in vielen Teams gibt es auch ein paar Personen, die eher am Rande oder etwas außerhalb der Gruppe stehen und die oft auch durch ihr Verhalten zum Ausdruck bringen, dass sie sich nicht zugehörig fühlen oder sich ihrer Zugehörigkeit zumindest nicht sicher sind (→ Kap. 2.2). Sie sind zum Beispiel nicht mit dabei, wenn die anderen in der Kaffeeküche stehen oder in die Mittagspause gehen, oder sie warten, ob sie angesprochen werden. Oft stehen sie ein bisschen außerhalb des Informationsflusses; nicht selten bringen sie auch durch das Leben der »irrtümlichen Nahziele« (→ Kap. 2.3) zum Ausdruck, dass sie sich ihrer Zugehörigkeit nicht sicher sind.

Diese am Rande Stehenden gilt es bewusst anzusprechen und in die Teamarbeit zu integrieren – und dies auch von den anderen Teammitgliedern zu verlangen. Denn deren Integration ist Aufgabe aller Teammitglieder und nicht allein des oder der Vorgesetzten. Sie kann zum Beispiel durch die Übertragung von Sonderaufgaben gemeinsam mit einem anderen Teammitglied gefördert werden, durch ihre bewusste Einbeziehung in den Informationsfluss und in informelle Teamaktivitäten wie zum Beispiel den gemeinsamen Gang in die Kantine, aber auch durch ein indirektes Thematisieren der Zugehörigkeit: »Und was ist mit Ihnen? Brauchen Sie eine gesonderte Einladung?«

Solch ein Satz mag auf den ersten Blick ungeduldig und wie ein leichter Rüffel wirken, doch er ist ein Beispiel dafür, dass Ermutigung nicht immer auf Samtpfötchen daherkommt. Denn indirekt bringt er zum Ausdruck: »Du gehörst selbstverständlich dazu – also sei bitte nicht so schwierig und erwarte keine Sonderbehandlung!« Gerade dadurch, dass der Vorgesetzte dem Betreffenden *keine* Sonderbehandlung gewährt, sondern indirekt seine Zögerlichkeit rügt, unterstreicht er dessen Zugehörigkeit.

Ein ermutigendes Teamklima erfordert weiter, dass man sich in der Gruppe sicher fühlen kann und nicht ständig in Abwehr- oder Verteidigungsbereitschaft sein muss. Das macht es erforderlich, für einen freundlichen und respektvollen Umgangston zu sorgen und ihn auch selber zu pflegen. Wenn Mitarbeiter damit rechnen müssen, bei unerwünschten Äußerungen zurückgewiesen, »gegrillt« oder in Verlegenheit gebracht zu werden, dann werden sie vorsichtig – jedenfalls die meisten. Und dann entwickelt sich schnell ein destruktives Klima, das von Rache und Vergeltung geprägt ist: »Haust du meinen Vorschlag, hau ich deinen Vorschlag!«

Der Vorgesetzte bestimmt diese klimatischen Bedingungen natürlich nicht alleine, aber er setzt den Ton. Wenn er freundlich und geduldig ist, gut zuhört und auch diejenigen zum Sprechen bringt, die normalerweise nicht so viel sagen, dann relativiert es sich, wenn ein paar aggressivere Charaktere in der

Gruppe sind. Deren Kritik verliert an Bedeutung, wenn der oder die Vorgesetzte Interesse zeigt und sich für das Positive an den vorgebrachten Gedanken begeistert. Auch zum Thema Perfektionismus setzt er Signale, wenn er selbst Mut zur Unvollkommenheit aufbringt, sich zu gemachten Fehlern bekennt und bereit ist, sich seinem eigenen Anteil an Problemen zu stellen.

Dämpfen interner Konkurrenz

Wichtig ist auch, die interne Konkurrenz zu dämpfen, statt sie zusätzlich anzuheizen. Manche Menschen sind ohnehin sehr kompetitiv, sei es von Hause aus oder weil sie meinen, sich nur so einen Platz in der Gruppe sichern zu können. Das gilt gerade auch für jüngere und für neue Mitarbeiter, die sich ihres Platzes noch nicht gewiss sind. Doch Konkurrenz heißt Verdrängung: Durch ihr Vorpreschen bringen sie unweigerlich andere Teammitglieder unter Druck, die sich angegriffen fühlen und sich ihrer Haut wehren.

Manche Führungskräfte sehen das mit klammheimlicher Freude, denn wenn die etablierten Teammitglieder unter Druck kommen, müssen sie sich mehr anstrengen, und das kommt den Vorgesetzten gerade dann zupass, wenn sie ohnehin der Meinung waren, diese Teammitglieder könnten ruhig etwas mehr Einsatz zeigen. Doch wie in Kapitel 5.9.6 dargelegt, ist es eine vergebliche Hoffnung, die Vorteile interner Konkurrenz ernten zu können, ohne ihren Preis zu bezahlen: Wo Konkurrenz herrscht, kämpft jeder für sich alleine, und was noch schlimmer ist, wenigstens einen Teil seiner Energie setzt er dafür ein, gegen die anderen zu kämpfen bzw. sich gegen ihre Attacken zu verteidigen.

Unter dem Strich ist interne Konkurrenz daher ein Produktivitätskiller. Teams sind in Summe ungleich effektiver, wenn alle auf das gleiche Ziel hinarbeiten und in erster Linie das Mannschaftsergebnis zählt. Dann und nur dann ist es für jeden Einzelnen vernünftig, seinen größtmöglichen Beitrag zum Gesamtergebnis zu leisten, statt die eigene Leistung in den Mittelpunkt zu stellen und eifersüchtig darauf zu achten, dass jede seiner Einzelleistungen adäquat in der Leistungsbeurteilung Berücksichtigung findet (und die Fehler der Konkurrenten ausreichend wahrgenommen werden).

Teamerfolg vor Einzelleistung

Wo Konkurrenz herrscht, stellt sich für jeden Mitspieler die logische Frage: Was muss ich tun, um mich im Wettbewerb zu behaupten und ein möglichst gutes persönliches Ergebnis zu erzielen? Wenn es dagegen in erster Linie um den Teamerfolg geht, lautet die logische Frage: Wie kann ich am besten zum Teamerfolg beitragen? Welche Regeln gelten, bestimmt zu einem maßgeblichen Teil der oder die Vorgesetzte – und beeinflusst damit entscheidend das Verhalten: Je mehr er auf Einzelleistungen Wert legt und die Leistungen der

Teammitglieder vergleicht, desto mehr Rivalität erzeugt er; je mehr Wert er auf das Gesamtergebnis legt, desto mehr fördert er die Zusammenarbeit.

Doch er beeinflusst damit nicht nur das Ergebnis, sondern auch das Teamklima. Zwar gibt es auch bei einer scharfen internen Konkurrenz immer ein paar, die sich freuen, aber zugleich gibt es viele Verlierer. Und da Verluste nach einer Faustregel des Nobelpreisträgers Daniel Kahneman (2011) doppelt so schmerzlich sind wie Gewinne erfreulich, ist die Summe über das gesamte Team negativ. Zudem liegt über jedem momentanen Triumph der »Schatten der Zukunft«, wie es der Spieltheoretiker Robert Axelrod (2000) genannt hat. Denn »nach dem Spiel ist vor dem Spiel«: Die nächste Runde steht bevor, und da muss jeder schauen, dass er seine Position behauptet und sie nach Möglichkeit verbessert, zumindest aber nicht abrutscht.

Das führt unweigerlich zu einem angespannten Teamklima, in dem jeder für sich alleine kämpft: nicht nur für die notorischen Verlierer, sondern auch für diejenigen, die sich ohne Aussicht, jemals einen Spitzenplatz zu erringen, im Mittelfeld halten – und letztlich sogar für die Gewinner. Denn je weiter sie vorne stehen, desto mehr haben sie zu verlieren und desto größer wird der Druck. Auch wenn viele das mit markigen Sprüchen zu überspielen suchen, weiß jeder, der einige Male an der Spitze war, dass in der nächsten Runde alles andere als ein Spitzenplatz eine Niederlage wäre. Entsprechend verbissen wird er um den Sieg kämpfen – und entsprechend wenig wird er tun, um seine Kollegen-Konkurrenten zu unterstützen. Denn damit würde er, auch wenn das noch so gut für den Teamerfolg wäre, am eigenen Ast sägen.

Indirekte Ermutigung	Direkte Ermutigung
▪ Freundlicher Blick, freundliche Stimme ▪ Interesse zeigen, zum Sprechen anregen ▪ Aufmerksames Zuhören ▪ Engagement, Fokus auf Positives ▪ Für den anderen da sein, aber Grenzen setzen (Verbindlichkeit) ▪ Freundlich und fest die Richtung bestimmen (generell) ▪ Dämpfen interner Konkurrenz ▪ Eigenen Anteil an Problemen erkennen ▪ Eigene Unvollkommenheit annehmen/ Fehler zugeben ▪ Beziehung herstellen und halten ▪ Gelassenheit (»Mach's nicht so wichtig!«) ▪ Klärung von Belastungsmomenten ▪ Berechenbarkeit, Beharrlichkeit	▪ Sinnvolle und attraktive Ziele ▪ Klarheit der Erwartungen ▪ Fordern, Leistung abverlangen (dem Leistungsstand / -potenzial angemessen) ▪ Deutliches und abgewogenes Feedback, auch zu kritischen Themen ▪ Fortschritte wahrnehmen und benennen ▪ Versuche anerkennen ▪ Wahrnehmen und Fördern von Stärken ▪ Impulse zu neuen Versuchen geben ▪ Freundlich und fest die Richtung bestimmen (im konkreten Fall) ▪ Zusammenhänge erklären ▪ Einfühlsames Gespräch über aktuelle Schwierigkeiten ▪ Verweigern (!) von unnötiger Hilfe ▪ Beharrlichkeit, Konsequenz
Direkte Ermutigung in Abwesenheit der indirekten geht ins Leere	

Abb. 10 Direkte und indirekte Ermutigung in der Führung

Mit vereinten Kräften auf gemeinsames Ziel hinarbeiten

Völlig anders ist die Ausgangslage und damit auch das Klima, wenn das ganze Team mit vereinten Kräften auf ein gemeinsames Ziel hinarbeitet. Je mehr das gemeinsame Ziel im Vordergrund steht, desto weniger Sinn ergibt es, untereinander zu konkurrieren und sich gegenseitig auszustechen. Stattdessen wird es dann sinnvoll, sich gegenseitig zu unterstützen, und ohne Rücksicht auf Zuständigkeiten bei Bedarf dort auszuhelfen, wo Not am Mann ist. Kompetitives Verhalten wird dann als dysfunktional erkannt und von der Gruppe missbilligt; Engagement und Hilfsbereitschaft werden anerkannt und ermutigt.

Wenn alle auf ein gemeinsames Ziel hinarbeiten, ist die Zusammenarbeit nicht nur produktiver, sondern macht auch weit mehr Spaß und ist erfüllender, hat der Flow-Forscher Mihaly Csikszentmihalyi festgestellt: »Eine solche Gruppe wird sich sehr weitgehend selbst organisieren, und sie wird offen sein für die Zukunft – ein sich entwickelnder Organismus und nicht ein geschlossenes System. Die Bindungen, die entstehen, wenn diese Gruppe ungehindert an einer gemeinsamen Aufgabe arbeitet, können ein unendlich befriedigendes Gemeinschaftsgefühl aufkommen lassen.« (2003, S. 267)

Tatsächlich scheint es so zu sein, dass die allermeisten Menschen tief in sich ein Bedürfnis haben, an etwas mitzuwirken, das größer ist als sie. Wenn sie ein Ziel haben, für das sie sich begeistern können, wachsen Teams buchstäblich über sich hinaus. Dann arbeiten sie nicht nur mit Feuereifer an ihrem Vorhaben, sondern sind auch äußerst innovativ und überwinden größte Schwierigkeiten, bis hin zu dem Punkt, wo sie selber sagen: »Das hätten wir uns niemals zugetraut.«

Dieses Glücksgefühl des Aufgehens in einer anspruchsvollen Aufgabe ist es, was Csikszentmihalyi als *Flow* bezeichnet. Man kann dieses Flow-Gefühl, wie er entdeckt hat, nicht planmäßig herbeiführen, aber man kann gezielt die Bedingungen schaffen, unter denen es sich entfalten kann. Die drei wichtigsten Vorbedingungen dafür sind »klare Zielvorgaben, die an sich wandelnde Gegebenheiten angepasst werden können; unmittelbare Rückmeldung, was das eigene Handeln angeht; ein ausgewogenes Verhältnis zwischen den Anforderungen der jeweiligen Aufgabe und den Fähigkeiten dessen, der sie ausführen soll.« (2003, S. 269)

►► Ein zentraler Baustein ermutigender Führung ist, ein ermutigendes Teamklima zu schaffen. Das beginnt damit, dafür zu sorgen, dass sich alle Teammitglieder zugehörig, akzeptiert und geschätzt fühlen. Freundlichkeit, Interesse und gutes Zuhören helfen, eine offene Atmosphäre im Team herzustellen, in der man ohne Angst seine Meinung vertreten kann. Das Dämpfen interner Konkurrenz ist wichtig, damit die Teammitglieder nicht rivalisieren, sondern mit vereinten Kräften auf die gemeinsamen Ziele hinarbeiten. ◄◄

Übung: Bessere Ergebnisse durch mehr Mut

Diese Übung kennen Sie schon aus dem ersten Teil; wir übertragen sie jetzt nur auf die Team- oder Abteilungsebene. Aber Achtung: Sie ist zwar einfach, aber nicht leicht!

Einmal angenommen, Sie und Ihr Team / Ihre Abteilung wären mutiger, was würden Sie dann anders machen ...

- in Bezug auf Ihre internen oder externen Kunden?
- in Bezug auf Ihre internen oder externen Lieferanten?
- in der team- oder abteilungsinternen Zusammenarbeit?
- bei eingespielten Abläufen und Ritualen?

Nehmen Sie sich genügend Zeit für diese Übung. Denken Sie am besten mehrfach im Abstand von einigen Tagen darüber nach!

6.5 Das »klassische Führungshandwerk« professionell ausüben

So selbstverständlich es klingt, für Mitarbeiter ist extrem wichtig, zu wissen, was genau von ihnen erwartet wird und welche Ziele sie erreichen sollen. Denn nur dann haben sie eine Chance, diesen Erwartungen gerecht zu werden und das zu erreichen, was die allermeisten Mitarbeiter wollen, nämlich gute Arbeit machen und als wertvolle Mitarbeiterinnen und Mitarbeiter geschätzt werden.

Doch in der Realität hängen nicht nur neue Mitarbeiter häufig in der Luft: Sie haben weder wirkliche Klarheit, was genau der oder die Vorgesetzte von ihnen erwartet, noch erfahren sie, ob und in welchem Umfang sie diesen Erwartungen genügen. Das ist hochgradig verunsichernd und entmutigend, auf die Dauer sogar demoralisierend, gerade für neue und unsichere Mitarbeiter, die liebend gerne alles richtig machen würden, aber nicht nach genaueren Instruktionen zu fragen wagen, aus Angst, sich mit so einer Frage zu blamieren.

Klare Ziele, klare Erwartungen, klares Feedback

Ermutigende Führung beginnt daher damit, dass man als Vorgesetzter seine Hausaufgaben macht und seinen Mitarbeitern erstens klar sagt, was man von ihnen erwartet, und ihnen zweitens zeitnah (!) ein deutliches und konstruktives Feedback gibt, ob und in welchem Umfang ihre Arbeit diesen Erwartungen genügt. Das ist streng genommen noch keine ermutigende Führung, sondern klassisches Führungshandwerk (vgl. Malik 2000). Umgekehrt ist es aber überaus entmutigend, wenn es an dieser Klarheit fehlt. Denn dann muss der Mitarbeiter immer befürchten, dass der Vorgesetzte im Nachhinein unzufrieden mit seiner Arbeit ist. Deshalb gehört dieser Blick auf das klassische Führungshandwerk zum Erlernen ermutigender Führung dazu – und sei es auch nur, um das Thema als erledigt abzuhaken.

Die Frage, was die Erwartungen an einen Mitarbeiter sind, scheint in vielen Fällen so klar auf der Hand zu liegen, dass es sich darüber kaum zu reden lohnt. Aber das gilt meist nur auf einer oberflächlichen Ebene. Klar, ein Vertriebsmitarbeiter soll möglichst viel Geschäft hereinbringen – um das zu wissen, braucht man keine Instruktionen. Doch die Unklarheiten beginnen schon bei der Frage, was mit »viel Geschäft« gemeint ist: Mehr Umsatz oder mehr Ertrag? Möglichst jeden Auftrag mitnehmen, auch wenn Preiszugeständnisse erforderlich sind, oder Verzicht auf Geschäfte, bei denen der Kunde allein auf den Preis schaut? Möglichst viel Neugeschäft oder Pflege und Entwicklung der bestehenden Kunden? Volle Konzentration auf die Einführung neuer Produkte oder optimale Ausschöpfung der vorhandenen? Hard-Selling oder Aufbau langfristiger Beziehungen? Kundenbindung über Beratung und Service oder Minimierung des Zeiteinsatzes pro Auftrag?

So betrachtet, ist die pauschale Aussage »möglichst viel Geschäft hereinbringen« keine Antwort, sondern deren Verweigerung: Sie lässt alles Wesentliche im Unklaren. Um dem Mitarbeiter eine Orientierung zu geben, mit der er wirklich etwas anfangen kann, muss daher zuallererst Klarheit über die von ihm erwarteten Resultate hergestellt werden. Denn es liegt auf der Hand, dass Hard-Selling eine völlig andere Arbeitsweise erfordert als der Aufbau langfristiger Kundenbeziehungen. Oft stellt sich dabei heraus, dass das Formulieren klarer Erwartungen doch mehr Mühe ist als es scheint: Klare Erwartungen zu formulieren, setzt voraus, sich über seine Erwartungen klar zu sein – oder es zu werden.

Es ist prinzipiell besser, seine Erwartungen *vorab* klar zu machen, als sich *nachträglich* darüber zu beschweren, dass man eigentlich etwas ganz anderes erwartet hatte, ganz besonders aber in der Führung. Das stößt indes in der Praxis an zwei Grenzen: Erstens an die Grenze der Fähigkeit des Vorgesetzten, an alles Wesentliche zu denken und seine Erwartungen spezifisch genug zu beschreiben, zweitens an die Grenze des Mitarbeiters oder der Mitarbeiterin, all dies aufzunehmen, zu verstehen und richtig einzuordnen. Trotzdem ist es wichtig, sich damit Mühe zu machen, weil nachträgliche Korrekturen immer unangenehmer sind als eine klare Ausrichtung von Beginn an.

Jeder Mitarbeiter sollte seine Aufgaben und Erfolgsmaßstäbe so genau kennen, dass er selbst beurteilen kann, ob er gute Arbeit leistet, denn Selbst-Controlling ist prinzipiell besser als Fremdcontrolling. Das ist nicht immer lupenrein zu verwirklichen, weil sich Anforderungen ändern können und es oft auch notwendig ist, widersprüchliche Anforderungen unter einen Hut zu bringen. Aber gerade dann sollten diese Dinge im Voraus besprochen werden, denn es ist nicht nur unbefriedigend, sondern auch hochgradig verunsichernd, wenn man oft erst im Nachhinein erfährt, worauf es – wenigstens aus Sicht des eigenen Chefs – angekommen wäre.

Sinn und Zweck – und eigener Beitrag zum Ganzen

Doch die Mitarbeiter sollten nicht nur wissen, was von ihnen erwartet wird, sondern auch, was der Sinn und Zweck ihrer Aufgabe ist und zu welchem größeren Ziel sie mit ihrer Arbeit beitragen. Vor ein oder zwei Generationen hätte es vielleicht noch genügt, einem Arbeiter zu sagen, er solle einen Sandhaufen von links nach rechts schaufeln. Sehr sinnstiftend hätte er das wohl auch damals nicht gefunden, aber er hätte es getan, im Vertrauen darauf, dass sein Chef sich wohl etwas dabei gedacht haben wird. Heute dagegen kann man Menschen kaum noch zu Aufgaben motivieren, deren Sinn und Zweck ihnen nicht klar ist.

Aber die Erfordernis, zu einer Aufgabe auch ihren Sinn und Zweck »mitzuliefern«, ist nicht nur ein Tribut an den Zeitgeist. Einen Sandhaufen kann man von links nach rechts schaufeln, ohne den Sinn der Übung zu verstehen – bei anspruchsvolleren Aufgaben ist das meist nicht möglich. Sie kann man meist nur dann optimal bewältigen, wenn man verstanden hat, welches Ergebnis herauskommen soll und für welchen Zweck es benötigt wird. Wenn eine Mitarbeiterin beispielsweise nicht weiß, welcher Genauigkeitsgrad bei einer Kalkulation benötigt wird, besteht die Gefahr, dass sie entweder nicht genügend Sorgfalt und Mühe aufwendet oder viel zu viel Zeit in die Aufgabe steckt.

Bei sehr vielen Aufgaben ist es notwendig, dass die Mitarbeiter »mitdenken«. Mitdenken beginnt aber mit einer Bringschuld: Es setzt voraus, dem Mitarbeiter die Ziele und den Kontext so gut zu vermitteln, dass er überhaupt in der Lage ist, mitzudenken. Wenn man ihn im Unklaren lässt, worauf es ankommt, macht man es ihm beinahe unmöglich, gute Arbeit zu leisten. Zugleich hindert ihn dies, sinnvolle Entscheidungen zu treffen, und verunsichert ihn, wenn er diese Unklarheiten bemerkt. Denn dann muss er darauf gefasst sein, dass sein Chef oder seine Kollegen mit seiner Arbeit nicht zufrieden sind, ohne aber zu wissen, wie er es besser machen soll.

Mitarbeiter sollten deshalb nicht nur den Sinn und Zweck ihrer einzelnen Aufgaben verstehen, sondern sie sollten auch das übergeordnete Ziel kennen, zu dem sie mit ihrer Arbeit beitragen, und sich mit ihm identifizieren. Denn es macht einen Unterschied, ob jemand nur seine eigene Aufgabe sieht und sie so ausführt, wie er es nach bestem Wissen und Gewissen für richtig hält, oder ob er das Ziel hat, mit seiner Arbeit den bestmöglichen Beitrag zum Ganzen – beispielsweise zum Erfolg der Abteilung oder zu dem des ganzen Unternehmens – zu leisten.

Ermutigende Führung kann hier zum Beispiel heißen, für die eigene Abteilung oder den eigenen Verantwortungsbereich eine »Mini-Vision für den Hausgebrauch« zu entwickeln, die auf den Punkt bringt, worin der eigene Beitrag zum Gesamterfolg besteht, und den Mitarbeitern so bei ihrer Arbeit als eine Art »magnetischer Nordpol« dienen kann. Es ist ein Unterschied, ob beispielsweise eine Personalreferentin sagt: »Meine Aufgabe besteht darin, alle

Personalangelegenheiten für den Geschäftsbereich X zu erledigen« oder ob ihr Selbstverständnis lautet: »Mein Beitrag zum Erfolg des Geschäftsbereiches X ist, auf der Personalseite die Basis für diesen Erfolg zu schaffen«: Die erste Perspektive fokussiert nur auf die eigene Arbeit, die zweite auf das größere Ganze, nämlich den Erfolg des Gesamtsystems.

Durststrecken durchstehen

Nicht jede Aufgabe läuft von Anfang bis Ende problemlos durch, manchmal gibt es auch Durststrecken. Das kann unterschiedliche Gründe haben: Manchmal treten unerwartete Schwierigkeiten auf, manchmal dauert die Arbeit länger als man erwartet hatte, manchmal umfasst sie auch Tätigkeiten, die schlicht und einfach todlangweilig sind. In solchen Fällen versuchen Mitarbeiter gerne, die übernommene Aufgabe wieder loszuwerden, oft unter Vorwänden oder »mit List und Tücke«. Und das Entmutigendste, was der oder die Vorgesetzte tun könnte, wäre, diesen Versuchen nachzugeben bzw. ihnen auf den Leim zu gehen.

Denn wenn die Rückdelegation einer Aufgabe klappt, von der sich der Mitarbeiter – aus welchen Gründen auch immer – überfordert fühlte, dann ist er zwar zunächst erleichtert, aber er steckt zugleich eine Niederlage ein: Er ist an dieser Aufgabe gescheitert, er hat sie nicht geschafft, er ist ihr aus dem Weg gegangen. Das ist am deutlichsten, wenn das Problem in der tatsächlichen oder vermeintlichen Schwierigkeit der Aufgabe lag. Wenn der Chef sie an einen Kollegen gäbe und der sie löste, wäre eine entmutigende Schlussfolgerung unausweichlich: Der hat sie gelöst, ich nicht, also ist er besser als ich – wenigstens bei dieser Aufgabe, vielleicht aber auch generell.

Etwas anders ist es, wenn das Problem nicht in der Schwierigkeit der Aufgabe liegt, sondern daran, dass sie lästig, langweilig oder auf andere Weise unangenehm war. Dann kann es im ersten Moment ein richtiger kleiner Triumph sein, sie losgeworden zu sein und – unter unfreiwilliger Mitwirkung des Chefs – einen Dummen gefunden zu haben, der sie machen muss. (Oder genau genommen sogar zwei Dumme, nämlich außer dem Kollegen, den es »erwischt« hat, auch den Chef, der sich für dieses Spielchen einspannen ließ.)

Aber welche Auswirkungen hat es auf die Moral des Teams, wenn Einzelne damit durchkommen, Aufgaben, die ihnen lästig sind, an andere Teammitglieder weiterzureichen? Entweder entsteht dann eine Zwei-Klassen-Gesellschaft im Team, auf der einen Seite die Rosinenpicker, auf der anderen die Aschenputtel, oder ein Spiel »Jeder gegen Jeden«, oder es kommt zu einer Rebellion der »Underdogs« (was im Grunde die gesündeste Reaktion wäre).

Mit ziemlicher Sicherheit aber wären die übrigen Teammitglieder, vor allem im Wiederholungsfall, verärgert über den Betreffenden, der da eine Sonderrolle für sich beansprucht, und enttäuscht über ihren Vorgesetzten, der sie ihm einräumt. Und vermutlich würde sogar der Betreffende selbst, bei aller klammheimlichen Freude über seinen erfolgreichen Coup, in seinem tiefsten Inneren ahnen, dass er damit weder seinem Ansehen und seiner Zugehörigkeit zu der Gruppe einen Gefallen getan hat noch dem Gemeinschaftsgefühl des Teams. Wenn nicht, würde er es vermutlich bald erfahren.

Beim Überwinden von Durststrecken helfen

Deshalb sollten Führungskräfte Mitarbeiter nur in besonders begründeten Ausnahmefällen von übertragenen Aufgaben »entpflichten«, also etwa dann, wenn ein Mitarbeiter auch mit Unterstützung keine realistische Chance hat, die Aufgabe zu bewältigen, oder dann, wenn eine Mitarbeiterin wegen wichtigerer anderer Aufgaben eine Entlastung benötigt. Im Normalfall lautet die Regel: Was jemand begonnen hat, führt er auch zu Ende – erstens, damit er mit einem Erfolg aus der Sache herausgeht und nicht mit einer Niederlage, zweitens wegen der Wirkung auf das Team und um die Anreize möglichst gering zu halten, missliebige Aufgaben zurück zu delegieren.

Aber natürlich ist es nicht damit getan, Versuche zur Rückdelegation missliebiger Aufgaben abzuweisen. Ermutigende Führung muss mehr leisten, als die Mitarbeiter mit diesen Aufgaben sich selbst zu überlassen und, wenn der Termin näher rückt, den Druck zu erhöhen. Zwar müssen Mitarbeiter frühzeitig lernen, dass es eine »Bringschuld« ist, den Vorgesetzten zu informieren, wenn sie in Schwierigkeiten sind und der vereinbarte Termin gefährdet ist. Denn wenn der davon erst erfährt, wenn der verabredete Termin geplatzt ist, kommt er selbst in Nöte, weil er dann seinen eigenen Job nicht zuverlässig machen kann und für Vorgesetzte und Kollegen zum unsicheren Kantonisten wird.

Doch wichtig ist vor allem, bei Problemen möglichst frühzeitig in einen konstruktiven und ermutigenden Dialog zu kommen. Dabei geht es gerade nicht darum, dem Mitarbeiter voreilig zu helfen; es geht darum, mit ihm gemeinsam zu erkennen, wo das Problem genau liegt, und – ebenfalls gemeinsam mit ihm – eine Strategie zu dessen Bewältigung zu entwickeln. Für viele Mitarbeiter wird es dabei die erste große Ermutigung sein, wenn der Vorgesetzte bei Problemen freundlich, gelassen und konstruktiv reagiert, statt zu schimpfen, Druck zu machen oder genervt zu sein. Denn die Angst vor solchen Reaktionen ist einer der häufigsten Gründe, weshalb sich Mitarbeiter bei Problemen nicht von sich aus melden.

Unterstützung statt Entmündigung

Die erste klare Botschaft des Vorgesetzten sollte daher sein: Das kann passieren, dass man mit einer Aufgabe in Schwierigkeiten kommt – und es darf passieren. Im Grunde lässt es sich überhaupt nicht verhindern, außer, man würde sich bzw. seine Mitarbeiter heillos unterfordern. Die zweite Botschaft aber ist genauso wichtig: Wenn jemand Schwierigkeiten mit einer Aufgabe hat, ist die Konsequenz nicht, dass er sie abgenommen bekommt oder dass ihm oder ihr ein hyperaktiver Helfer alle Hindernisse aus dem Weg räumt. Ermutigende Führung heißt vielmehr, dass er die Verantwortung für die Aufgabe *behält*, aber Unterstützung dabei bekommt, ihr gerecht zu werden.

Eine sinnvolle Unterstützung bei Schwierigkeiten besteht darin, gemeinsam herauszufinden, wo das Problem liegt, und einen gezielten Anstoß zu dessen Lösung zu geben. Wenn sich zum Beispiel herausstellt, dass der Mitarbeiter den Mut verloren hat, weil er nicht auf Anhieb eine Lösung gefunden hat, besteht der Impuls vielleicht nur darin, ihm deutlich zu machen, dass er nicht auf eine geniale Eingebung, sondern auf Anstrengung setzen soll, und ihm genau diese Anstrengung abzuverlangen: »Machen Sie mal eine Liste mit zehn Optionen für das weitere Vorgehen – und dann reden wir nochmal drüber.«

Falls der Mitarbeiter vor der Komplexität der Aufgabe »in die Knie gegangen ist«, hilft es vielleicht, das Vorgehen gemeinsam mit ihm zu strukturieren – oder ihn, wenn er schon ein Stück weiter ist, zu bitten, selbst einen Vorschlag zu dessen Strukturierung auszuarbeiten, der dann besprochen wird. Falls ihm Fachwissen fehlt, kann man ihm den Zugang zu Experten ermöglichen. Falls sich hingegen herausstellt, dass dem Mitarbeiter die Aufgabe einfach nur zu anstrengend, zu langweilig oder zu unbequem ist, mag der ermutigende Impuls vielleicht auch einfach nur mit John South und Lynn Anderson lauten: »I beg your pardon / I never promised you a rose garden.«

Das ist ohne Sarkasmus gemeint. Viele Menschen haben in ihrer Jugend nicht gelernt, dass auch Fleiß, Mühe und Anstrengung zum Leben gehören. Das ist nicht ihre Schuld – und trotzdem ein gefährliches Defizit, das ihren Lebenserfolg sowohl im beruflichen als auch im privaten Bereich gefährdet. Führungskräfte, die dieser Verwöhnung ein Ende machen und ihnen abfordern, sich anzustrengen, müssen zumindest vorübergehend auf Proteste, Schmollen und verdeckte Widerstände gefasst sein. Auf mittlere Sicht ändert sich das, denn auch für die Betreffenden selbst ist es eine Befreiung, wenn sie merken, dass sie Mühsal, Anstrengung und Unbequemlichkeit aushalten und dazu in der Lage sind, Durststrecken zu überwinden.

Mitverantwortung für das Ganze lehren

Wie der St. Gallener Management-Professor Fredmund Malik zu Recht festgestellt hat, ist es ein unrealistischer Anspruch an die Arbeit, dass sie immer Spaß machen und mühelos von der Hand gehen müsste: »Kein Job kann immer nur Freude machen« (2000, S. 80) und: »Es müssen auch jene Jobs erledigt werden, die niemandem jemals Freude machen können« (2000, S. 82). Zwar ist es natürlich schön, wenn Mitarbeiter Spaß an ihrer Arbeit haben, daher sollte versucht werden, anstehende Aufgaben so zu verteilen, dass Aufgaben und

Vorlieben möglichst gut zusammenpassen. Aber das kann nicht heißen, dass all die Arbeiten liegen bleiben oder an den Vorgesetzten zurückfallen, die niemandem Spaß machen.

Trotzdem ist dieser Anspruch in einer verwöhnten Gesellschaft vorhanden – was man auf gesamtgesellschaftlicher Ebene am deutlichsten daran sieht, dass zahlreiche unangenehme Arbeiten von Müllabfuhr bis Schlachterei überwiegend von Ausländern bzw. Migranten erledigt werden. Aber auch innerhalb von Unternehmen gibt es die Tendenz, sich bei der Arbeit die Rosinen herauszupicken und Aufgaben liegen zu lassen, die man als unattraktiv oder »unter seiner Würde« ansieht, zum Teil mit einer Begründung, die ökonomisch klingt, aber in Wirklichkeit feudalistisch ist: »Dafür bin ich zu teuer!« Was ja eigentlich heißt: »Dafür bin ich zu edel.«

Dieses Rosinenpicken äußert sich nicht selten auch darin, dass Mitarbeiter Aufgaben nicht bis zu Ende erledigen, sondern sie halb- oder dreiviertelfertig liegen lassen. Die verbleibenden Detailarbeiten sind ihnen zu mühsam, langweilig oder unter ihrer Würde, also geben sie die Arbeit einfach so weiter, im Vertrauen darauf, dass sich um den »unbedeutenden Rest« schon jemand anders kümmern wird. Das Problem ist nur, dass mit solchen unfertigen Arbeiten meist nichts anzufangen ist. Vernachlässigt werden oft auch »Nebenarbeiten«, die in keiner Stellenbeschreibung stehen, aber für die Arbeitsfähigkeit eines Betriebs notwendig sind, wie Kopierpapier nachfüllen, die Spülmaschine ein- und ausräumen, Unterlagen geordnet ablegen: Manche Menschen gehen lieber dreimal vergeblich zum Kopierer, als ihn einmal nachzufüllen.

Solchen verwöhnten Tendenzen muss sich der Vorgesetzte entgegenstellen – aber ohne daraus ein moralisches Problem zu machen. Auch wenn es ärgerlich ist, die betreffenden Mitarbeiter sind weder böse noch faul, sie sind einfach nur von zu Hause gewohnt, dass jemand anderer – im Zweifelsfall eine übereifrige Mutter – ihnen diesen lästigen Kleinkram abnimmt: benutztes Geschirr abräumt, die Wäsche zusammenlegt und sie auch sonst vor den kleinen Mühen des Alltags bewahrt. Ihnen muss deutlich gemacht werden, und zwar auf ebenso freundliche wie feste Weise, dass es im Unternehmen niemanden gibt, der ihnen die Drecksarbeit abnimmt, und dass daher von ihnen erwartet wird, sowohl vollständige Arbeit abzuliefern als auch ihren Beitrag zum Funktionieren der Gemeinschaft zu leisten.

Man kann dafür mit Malik die etwas altmodisch und moralisch klingenden Worte Pflichtbewusstsein und Pflichterfüllung verwenden, man kann es aber auch einfach Mitverantwortung für das Ganze oder – individualpsychologisch – Gemeinschaftsgefühl nennen. Noch einmal Malik: »Wo immer die Arbeit Freude machen kann, ist das in Ordnung. Aber noch viel wichtiger ist, dass die Ergebnisse der Arbeit und die Effektivität, mit der sie getan wird, Freude machen und Stolz vermitteln. Gewöhnliche Führungskräfte begnügen sich mit dem Ersten; gute Führungskräfte schauen auf das Zweite. Sie verhelfen damit ihren

Mitarbeitern und sich selbst zu einem sehr viel höheren Maß an Motivation und Erfüllung. Sie tragen dazu bei, den Menschen, für die sie verantwortlich sind, zu helfen, das vielleicht Wichtigste im Leben zu finden – nämlich Sinn.« (2000, S. 86f.)

Offener Umgang mit Fehlern und Kritik

Eines der wichtigsten Dinge, das Führungskräfte ihren Mitarbeiterinnen und Mitarbeitern beibringen können, ist ein selbstbewusster und konstruktiver Umgang mit Fehlern und Kritik. Das lehren sie nicht durch das, was sie predigen, sondern durch das, was sie tun: Wie sie selber reagieren, wenn sie einen Fehler begangen haben oder kritisiert werden. Wenn ein Vorgesetzter keine Fehler zugeben kann und auf Kritik immer sofort mit Retourkutschen oder Rechtfertigungssuaden reagiert, zeigt er damit ja nicht bloß, dass er sich selbst keine Unzulänglichkeiten zugestehen kann, sondern er vermittelt zugleich, wie sein Idealbild von einer Führungskraft (oder generell von einem kompetenten Menschen) aussieht, nämlich perfekt, fehlerfrei und makellos.

Bei einem solchen Chef sind Mitarbeiter, die Wert auf Anerkennung und Wertschätzung legen, gut beraten, ihre Unzulänglichkeit ebenfalls nicht allzu offen zu tragen. Vor allem junge und ehrgeizige Mitarbeiter werden unter diesen Umständen rasch in das Spiel einstimmen: »Ich bin wie Sie, nicht wie die!« Die anderen mögen Fehler machen und auch ansonsten viele Unzulänglichkeiten besitzen, aber wir, die wirklich fähigen und kompetenten Menschen doch nicht. Deshalb ist es wichtig, dass der oder die Vorgesetzte am eigenen Beispiel deutlich macht: Fehler sind menschlich und damit unvermeidlich; entscheidend ist, wie man damit umgeht.

Trotzdem lehren Vorgesetzte den Umgang mit Fehlern und Kritik nicht nur durch das, was sie selbst tun, sondern auch durch das, was sie von ihren Mitarbeitern einfordern. Entgegen vielen Managementlegenden reicht es nicht aus, das gewünschte Verhalten heroisch »vorzuleben«: Viele Mitarbeiter würden es großartig finden, wenn ihr Chef ihnen einen offenen Umgang mit Fehlern und Kritik vorlebt, ohne daraus die geringste Verpflichtung zum »Nachleben« für sich selbst abzuleiten. Das muss uns nicht beunruhigen: Man kann ein Verhalten ja bewundern, ohne ihm gleich nacheifern zu wollen. Es heißt nur, dass Vorleben alleine nicht reicht – und dass es deshalb eine falsche Erwartung wäre, alleine darauf zu vertrauen.

Eine gute Fehlerkultur aufbauen

Ein sehr gescheiter Gedanke dazu kommt aus dem japanischen Qualitätsmanagement. Er lautet: Fehler kosten Geld, und sie kosten umso mehr Geld, je später sie erkannt und behoben werden. Zugleich sind sie aber auch eine

Lernchance – sofern es gelingt, ihren Ursprung zu erkennen und zu korrigieren. Wenn also schon ein Fehler passiert ist, was unangenehm genug ist, dann gilt es zumindest, die in ihm liegende Lernchance nutzen. Deshalb verlangen viele japanische Unternehmen rigoros die sofortige Offenlegung von Fehlern, und das Vertuschen von Fehlern ist verpönt: Wer einen Fehler vertuscht, beraubt sein Unternehmen der in ihm liegenden Lernchance und verschwendet so die Kosten dieses Fehlers nutzlos. (Liker 2006)

Das ist ein sehr mutiger, vorbildlicher Umgang mit Fehlern, vor allem wenn er gekoppelt ist mit einem guten Umgang mit den offengelegten Fehlern. Die Frage darf dann nicht sein: Wer war schuld? Denn diese Frage fördert, weil niemand sich schuldig (!) fühlen will, die Vertuschung und Verschleierung von Fehlern, und sie mündet unweigerlich in wechselseitige Schuldzuweisungen. Stattdessen lautet die Schlüsselfrage: Was lässt sich aus dem Fehler lernen und wie lässt sich dessen Wiederholung verhindern? Wo hat möglicherweise der Arbeitsprozess eine Schwachstelle? Welche Verbesserungen könnten das Fehlerrisiko an dieser Stelle reduzieren?

Konzeptionell ist das nicht schwierig. Die entscheidende Hürde liegt darin, dass dafür alle Teammitglieder, beginnend mit den Vorgesetzten, lernen müssen, Fehler, Mängel und Unzulänglichkeiten nicht mehr als Angriff auf ihr Selbstwertgefühl und als Bedrohung ihres Ansehens zu verstehen – was letztlich erfordert, Frieden mit der eigenen Unvollkommenheit zu machen. Das ist ein anstrengender Lernprozess, weil er im Grunde gar nicht den Umgang mit Fehlern betrifft, sondern den Mut, sowohl gegenüber sich selbst als auch gegenüber der Umgebung zur eigenen Unzulänglichkeit zu stehen. Aber gerade deshalb ist dies eine überaus lohnende Herausforderung, an der die ermutigende Führung sich bewähren kann und muss.

Streben nach kontinuierlicher Verbesserung

Eng verwandt damit ist das Streben nach *kontinuierlicher Verbesserung*. Wenn dieser Begriff nicht nur eine wohlfeile Managementfloskel sein soll, setzt das ja ein ständiges kritisches und selbstkritisches Hinterfragen sämtlicher Arbeitsweisen, -methoden und -prozesse voraus, einschließlich der eigenen Denk- und Verhaltensgewohnheiten. Und es setzt weiter voraus, dass man dieses Hinterfragen nicht nur selbst praktiziert, sondern es auch durch andere und nicht zuletzt durch die eigenen Mitarbeiter zulässt.

Das ist harter Tobak für Perfektionisten – oder, genauer gesagt, für Menschen, die in ihrem tiefsten Inneren glauben, nur dann »gut genug« zu sein, wenn sie alles richtig machen und fehlerlos bis zur Perfektion sind. Für sie ist schon die Grundannahme, die hinter kontinuierlicher Verbesserung steckt, eine Beleidigung, weil »kontinuierliche Verbesserung« ja impliziert, dass derzeit noch nicht alles perfekt ist und, noch schlimmer, es auch niemals sein wird. Das durchkreuzt die Sehnsucht, entweder schon an dem Punkt zu sein oder zumindest mit harter Arbeit dorthin kommen zu können, an dem alles perfekt – und damit unanfechtbar »gut genug« – ist.

Das ist wohl auch einer der Gründe, weshalb kontinuierliche Verbesserung zwar ein vielbeschworenes Lippenbekenntnis ist, die einschlägigen Programme aber vielerorts ohne nennenswerte Fortschritte vor sich hin dümpeln. Ähnlich wie eine Fehlerkultur ist eben auch kontinuierliche Verbesserung nicht bloß ein fachliches Vorhaben, für dessen Erfolg man nur bestimmte Methoden und Techniken anwenden muss, sondern es ist Arbeit an der Teamkultur sowie an der eigenen Person.

Gerade deshalb sind Selbstermutigung und ermutigende Führung die Schlüssel, um aus solchen Programmen die Potenziale herauszuholen, die in ihnen stecken. Wer eine Fehlerkultur aufbauen will, die diesen Namen verdient, ein ernsthaftes Qualitätsmanagement implementieren oder kontinuierliche Verbesserung zur gelebten Praxis machen möchte, für den ist es eben nicht damit getan, diverse Formulare auszufüllen oder bestimmte Rituale einzuüben, er muss an seine eigene Denkweise und an seine Einstellungen zu sich selbst heran. Das erfordert im Zweifelsfall mehr Mut als die Teilnahme an einer Zertifizierung.

Konstruktive Zusammenarbeit mit anderen Bereichen

Nichts ist leichter, als ein »Wir« zusammenzuschmieden in Abgrenzung gegen ein »Die«. Das ist ein uralter stammesgeschichtlicher Reflex: Die eigene Horde hält am besten zusammen im Kampf oder in der Abgrenzung gegen konkurrierende Horden. Und natürlich sind »Wir« dabei die Guten und »Die« die Bösen. Gruppen, die sich als Elite verstehen, geben sich oft Symbole, die sie abgrenzen gegen das gemeine Volk, wie etwa die Uhr am rechten Handgelenk. Das hilft sehr gut, um Teams zusammenzuschweißen, geht aber dummerweise zulasten der Zusammenarbeit mit anderen Bereichen. Besonders problematisch ist, wenn dieses Wir-Gefühl mit einem Gefühl von Überlegenheit einhergeht.

Wenn diese Abgrenzung nach außen, also zum Beispiel gegenüber Wettbewerbern erfolgt, kann sie durchaus zielführend sein; dann muss man nur höllisch aufpassen, dass sie sich nicht in einer arroganten Unterschätzung der Spielzüge dieser Wettbewerber niederschlägt, so wie die deutsche Industrie erst den Aufstieg der Japaner, dann der Koreaner und schließlich der Chinesen allzu lange nicht ernst genug genommen hat. Fatal ist aber, wenn sich diese Überlegenheitsgefühle nach innen richten. Denn dann führen sie mit hoher Wahrscheinlichkeit zu einem deutlichen Anstieg der Reibungsverluste.

Gerade wenn ermutigende Führung nicht in einem ganzen Unternehmen eingeführt wird, sondern nur in einem Bereich, ist es daher wichtig, darauf zu achten, dass sich aus dem Vergleich zwischen herkömmlicher und ermutigender Führung nicht ein falsches Elitebewusstsein entwickelt, das mit

Überlegenheitsgefühlen gegenüber den anderen Bereichen einhergeht. Damit ermutigende Führung auch in der Zusammenarbeit mit internen und externen Kunden und Lieferanten Verbesserungen bringt, muss das Ziel vielmehr sein, den Umgang mit ihnen sowohl mutiger als auch ermutigender zu gestalten (→ nachfolgende Übung).

►► Ermutigende Führung beginnt damit, das klassische Führungshandwerk gut zu machen: Für klare Erwartungen und Ziele zu sorgen, den Sinn der Aufgaben und ihren Beitrag zum größeren Ganzen zu vermitteln, den Mitarbeitern ein ehrliches und ermutigendes Feedback zu geben, sie beim Überwinden von Durststrecken zu unterstützen und sie zur persönlichen Weiterentwicklung anzuregen. Weiter gehört dazu, einen offenen Umgang mit Fehlern und Kritik vorzuleben und einzufordern, eine Kultur der kontinuierlichen Verbesserung aufzubauen und für eine konstruktive Zusammenarbeit mit anderen Bereichen und Abteilungen zu sorgen. Auch wenn manches davon Mut erfordert, ist das für sich genommen noch keine ermutigende Führung – aber es profitiert enorm davon, wenn es auf ermutigende Weise gemacht wird. ◄◄

Fünf-Minuten-Übung: Ermutigung eines jungen Mitarbeiters I

Aufgabe

Stellen Sie sich einen jungen Mitarbeiter vor, an dessen Fähigkeiten Sie glauben, der aber noch nicht da ist, wo er sein sollte. (Am besten wählen Sie dafür einen realen Mitarbeiter oder eine Mitarbeiterin, den oder die Sie vor nicht allzu langer Zeit eingestellt haben.) Wie können Sie ihn bzw. sie ermutigen, seine/ihre Potenziale zu realisieren?

Bitte nehmen Sie sich fünf Minuten Zeit, möglichst viele Ideen, Ansatzpunkte und Möglichkeiten aufzulisten, wie Sie diesem jungen Mitarbeiter helfen könnten, voranzukommen. Machen Sie auch dann noch weiter, wenn die »erste Welle« an Ideen durch ist und neue Ideen spärlicher fließen. Sie werden sehen: Es gibt noch sehr viel mehr Möglichkeiten!

(Ein paar Gedanken zu dieser Übung finden Sie nachstehend.)

Fünf-Minuten-Übung: Ermutigung eines jungen Mitarbeiters II

Gedanken

Wahrscheinlich sind Ihnen eine ganze Menge von Ideen und Möglichkeiten eingefallen, wie Sie die betreffende Person ermutigen könnten, und Sie haben gemerkt: Auch nach der ersten Welle von Ideen fällt einem noch eine ganze Menge mehr ein – so viel, dass man sich gerade in der Begeisterung des Aufbruchs hüten muss, es zu übertreiben und die Adressaten mit einer Flut von Ermutigungen zu überrollen.

Was ist der Grund, weshalb Ihnen so viele Möglichkeiten eingefallen sind? Und weshalb ist die direkte Ermutigung in solchen Fällen in aller Regel kein großes Problem? Der tiefere Grund dürfte darin liegen, dass Sie diesen Mitarbeiter akzeptieren, eine gute Meinung von ihm haben und an sein Potenzial glauben. Um die Methoden der indirekten Ermutigung brauchen

Sie sich so einem Fall keine großen Gedanken zu machen: Die fallen Ihnen ganz von alleine ein, wenn Sie einen solchen Mitarbeiter weiterentwickeln wollen.
Weil Sie freundlich und wohlwollend mit ihm umgehen, Interesse zeigen und anfängliche Fehler nicht so wichtig machen, spürt der Mitarbeiter mit ziemlicher Sicherheit, dass Sie an ihn glauben, und empfindet schon dies als Ermutigung. Wenn Sie ihm dann noch den einen oder anderen »direkten Schubs« geben, ist alles auf einem guten Weg. Dann müssen Sie nur noch darauf achten, die Ermutigung nicht zu hoch zu dosieren, damit der Mitarbeiter nicht Angst bekommt, Ihre Erwartungen zu enttäuschen, oder »abhebt« und sich schon als künftigen Abteilungsleiter sieht.

6.6 Direkte Ermutigung in der Führung

Der direkten Ermutigung bedürfen insbesondere die Mitarbeiter, die – aus welchen Gründen auch immer – ihr Potenzial und ihre Möglichkeiten noch nicht ausschöpfen. Dazu zählen vor allem drei Gruppen: zum einen junge bzw. relativ neue Mitarbeiter, die noch dabei sind, sich im Unternehmen, im Team und in ihrer neuen Aufgabe zurechtzufinden, und einfach noch etwas Zeit und Anleitung brauchen, bis sie ihre volle Leistung bringen. Bei ihnen kommt es zum einen darauf an, mit indirekter Ermutigung (→ Kap. 6.4) dazu beizutragen, dass sie sich rasch in das Team integrieren, sich zugehörig fühlen und einen anerkannten Platz in der Gemeinschaft finden. Zum anderen sind sie, wie im vorigen Abschnitt beschrieben, besonders auf klare Ziele und Erwartungen sowie auf ein deutliches und ermutigendes Feedback angewiesen.

Zum zweiten sind es Mitarbeiter, die entweder mit ihrer gegenwärtigen Aufgabe oder Rolle oder auch mit ihren Kollegen Schwierigkeiten haben. Bei ihnen geht es darum, ihnen abzuverlangen und sie dabei zu unterstützen, eine vollwertige Leistung zu bringen und dabei gut mit ihren Kollegen zusammenzuarbeiten. Auch hier spielen klare Erwartungen und ein deutliches und ermutigendes Feedback eine Schlüsselrolle. (Mit den »schwierigen Fällen« befassen wir uns in Kap. 6.7 und 6.8.) Zum dritten geht es um Mitarbeiter, die ihren heutigen Job im Griff haben, gute Arbeit machen und allmählich reif für den nächsten Schritt wären, aber noch zögern, sich darauf einzulassen.

Die »braven Arbeitspferde« nicht vergessen

Doch über den Mitarbeitern, die besonders der Ermutigung bedürfen, sollte man jene nicht vergessen, die ruhig und verlässlich ihre Aufgaben erledigen und so »pflegeleicht« sind, dass man als Vorgesetzter in der Gefahr ist, sie zu vernachlässigen. Der Philosoph und Managementtrainer Rupert Lay hat immer wieder darauf aufmerksam gemacht, dass es sowohl menschlich als auch ökonomisch fatal ist, Menschen auf ihr bloßes Funktionieren als Zahnrädchen im großen Getriebe des Betriebs zu reduzieren. Denn dann sind sie früher oder später gezwungen, bevor sie völlig in Vergessenheit geraten, durch Nicht-Funktionieren darauf aufmerksam zu machen, dass sie mehr sind als bloß ein Zahnrädchen.

Damit es nicht so weit kommt, ist es ratsam, das Augenmerk nicht ausschließlich auf die kritischen Kandidaten zu richten, sondern von Zeit zu Zeit auch das Gespräch mit diesen »braven Arbeitspferden« zu suchen und mit ihnen darüber zu sprechen, wie es ihnen geht, wie wohl sie sich mit ihrer Aufgabe fühlen und ob sie mit der Situation zufrieden sind oder den Wunsch nach einer Veränderung haben. Das klingt so banal, dass man es kaum zu erwähnen wagt, aber es geht im Alltag häufig unter. Denn es gibt immer Dringenderes zu erledigen, und die Gespräche mit diesen Mitarbeitern lassen sich relativ leicht verschieben – bis sie sich irgendwann nicht mehr verschieben lassen, weil es dafür zu spät ist.

Persönliche Gespräche führen, nicht private

Solche Gespräche lassen sich nicht durch ein bisschen Smalltalk zwischendurch ersetzen, indem man diese Mitarbeiter etwa gelegentlich nach ihrem letzten Urlaub fragt oder danach, ob zu Hause alles in Ordnung ist. Wie Heinz Jiranek und Andreas Edmüller in ihrem Buch *Konfliktmanagement* (2003) klug herausgearbeitet haben, geht es in der Führung nicht darum, *private* Gespräche mit Mitarbeitern zu führen, sondern *persönliche:* Nicht, wie es in ihrem Privatleben geht, muss vorrangig besprochen werden, sondern, wie es ihnen in der Arbeit und mit ihrer Arbeit geht. (Natürlich darf auch über private Dinge gesprochen werden, sofern dies dem Mitarbeiter oder der Mitarbeiterin ein Anliegen ist. Aber dann in Ergänzung zu dem persönlichen Part und nicht als Ersatz dafür.)

Diese persönlichen Gespräche müssen nicht unbedingt lang sein – jedenfalls dann nicht, wenn sich herausstellt, dass soweit alles in Ordnung ist. Dann kann auch ein relativ kurzes Gespräch für die Betreffenden die Bestätigung sein, dass der Vorgesetzte sie trotz ihrer Pflegeleichtigkeit noch wahrnimmt und sie mit derselben Sorgfalt behandelt wie ihre Kollegen.

Ein solches Gespräch besteht vor allem aus einer Würdigung ihrer Leistung und einer Ermutigung zum Weitermachen. Das ist wichtiger als es scheint, denn wenn Mitarbeiter erst einmal das Gefühl entwickeln, ihre verlässliche Arbeit werde für selbstverständlich genommen und kaum noch registriert, während andere Kollegen für ihre »Zickigkeit« mit größter Aufmerksamkeit des Vorgesetzten belohnt werden, dann wissen sie, was sie zu tun haben, wenn sie ebenfalls mehr Aufmerksamkeit und Beachtung wollen.

Möglicherweise stellt sich bei einem solchen Gespräch aber auch heraus, dass es einen Handlungsbedarf gibt – und dann ist es besser, davon auf diese Weise zu erfahren als durch eine Krise oder Kündigung. In jedem Falle ist es aber ermutigend für solche Mitarbeiter zu sehen, dass ihre gute und verlässliche Arbeit wahrgenommen und geschätzt wird. Es unterstreicht ihr Gefühl von Zugehörigkeit und Verbundenheit und motiviert sie so dazu, ihre verlässliche Leistung auch weiterhin zu bringen und damit weiter eine tragende Säule der Abteilung und des Unternehmens zu bleiben.

Das falsche Bild von dem großen Getriebe

Das Bild, das viele Top Manager von einem guten Unternehmen haben, ist, wie sie bei Vorträgen immer wieder unaufgefordert verraten, das von einem großen, gut geölten Getriebe: Viele Zahnrädchen, die reibungslos ineinander greifen und hoch effizient vor sich hin schnurren, um den gewünschten Output zu produzieren. Vor allem für Techniker ein sehr befriedigendes, ja geradezu idyllisches Bild – und zugleich trotz aller scheinbaren Dynamik ein völlig statisches. Denn das reibungslose Funktionieren des großen Getriebes setzt ja voraus, dass sämtliche Zahnrädchen dauerhaft an ihrem Platz bleiben und auf Dauer starr und verschleißfrei ihre Aufgabe erfüllen.

Für Zahnrädchen mag das die Erfüllung ihres Lebenstraums sein – für Menschen ist es eher eine gruselige Vorstellung. Denn es würde sie ja auf ewig im Status quo einmauern: Wenn auch nur ein einziges Zahnrädchen wüchse oder sich weiterentwickelte, würde das ganze schöne Getriebe nicht mehr funktionieren. Also müssen Vorgesetzte, die diesem Ideal huldigen, ein Interesse daran haben, jedes Zahnrädchen so lange wie möglich in seiner heutigen Funktion zu halten, jedes Wachstum zu unterbinden und veränderte Zahnrädchen umgehend auszutauschen, weil sie die Funktion des Ganzen in Gefahr bringen: Die Idylle entpuppt sich als Zwangsjacke.

Insofern führt der Getriebe-Vergleich auf eine völlig falsche Spur. Realistischer wäre vielleicht der Vergleich mit einem Biotop. Auch ein Biotop bedarf einer (meist selbstgesteuerten) Koordination, damit es als Ganzes funktionsfähig bleibt, und lässt nicht beliebige Entwicklungen zu. Dennoch eröffnet es sehr viel mehr Freiräume und Entwicklungsmöglichkeiten. Seine einzelnen Teilsysteme und Individuen unterschiedlichster Arten können bleiben, wie sie sind, sie können sich aber auch – in den Grenzen des Biotops – entwickeln, ohne dass sofort alles zum Stillstand kommt. Und deren Entwicklungen können sogar zum Vorteil des Gesamtsystems sein und weitere neue Entwicklungen ermöglichen.

Ohne die Metapher überzustrapazieren, kann man sowohl in Unternehmen als auch in anderen Biotopen drei Arten von Mitarbeiterentwicklung unterscheiden:

- Die Entwicklung in die heutige Aufgabe und innerhalb der heutigen Aufgabe, die man mit dem Anwurzeln, Anpassen und dem Sich-Durchsetzen von Pflanzen vergleichen kann
- die Entwicklung aus der heutigen Aufgabe in andere Funktionen oder auch in neue »ökologische Nischen«, wie sie sich etwa durch das Wachstum oder die Veränderung des Unternehmens ergeben können

- die Entwicklung über die heutige Aufgabe und – potenziell – über das Unternehmen hinaus, die auch zur Abwanderung in ein anderes Biotop, etwa in eine andere Funktion oder Abteilung, zum Firmenwechsel oder zum Schritt in die Selbstständigkeit führen kann.

Die Entwicklung für die und innerhalb der heutigen Aufgabe ist Kerngeschäft der Führung und bedarf keiner langen Abhandlung: Mitarbeiter dazu anzuhalten und sie dabei zu unterstützen, die erforderlichen fachlichen Kenntnisse und persönlichen Fähigkeiten zu erwerben, um ihre heutige Aufgabe gut zu machen und auf dem Stand der Dinge zu bleiben, ist die vorrangige Aufgabe im Rahmen der Mitarbeiterentwicklung.

Über die heutige Aufgabe hinaus

Schon etwas schwieriger ist es, zu erkennen, wann Mitarbeiter reif sind für den nächsten Schritt, sei es für eine Erweiterung ihres Aufgaben- und Verantwortungsgebiets, für eine Job Rotation oder für den nächsten Karriereschritt. Schwieriger ist das aus zwei Gründen. Erstens erfordert es einen achtsamen Blick über die aktuelle Aufgabe hinaus auf die Person, die sie macht: Dazu muss man erkennen, wann die aktuelle Aufgabe für die Person »zu klein« wird. Zweitens kann das Eigeninteresse des Vorgesetzten an einem reibungslos schnurrenden Getriebe den Tatendurst hemmen. Denn den Mehraufwand, der mit solchen Weiterentwicklungen verbunden ist, trifft zum guten Teil ihn, ihr Nutznießer ist dagegen nicht mehr notwendigerweise er selbst.

Bei Mitarbeitern, die drängen, weil sie ehrgeizig sind und Karriere machen wollen, kommt man daran auf die Dauer kaum vorbei. Da muss dann nur offen besprochen werden, ob sie tatsächlich schon so weit sind, wie sie zu sein glauben, und es müssen die nächsten Lernschritte festgelegt werden. Schwieriger ist es bei Mitarbeitern, die vielleicht auch schon an die Grenzen ihrer heutigen Aufgaben gestoßen und zunehmend unterfordert sind, aber vielleicht unsicher sind, ob sie sich weitere Karriereschritte zutrauen sollen – und vielleicht auch, ob dieser Gedanke von ihrem Chef oder ihrer Chefin als Illoyalität empfunden werden könnte. Hier gilt es tatsächlich, sie zu ermutigen, den nächsten Schritt zuerst einmal als reale Möglichkeit für sich anzunehmen und dann schrittweise die Voraussetzungen dafür zu schaffen.

Bei Mitarbeitern, die allmählich reif sind für den nächsten Schritt, ist nicht immer gleich eine Beförderung möglich, weil vielleicht keine geeignete Position frei ist, – und sie ist auch nicht immer die optimale Lösung. Vor jeder Beförderung sollte geklärt werden, und zwar sowohl im Gespräch mit dem betreffenden Mitarbeiter als auch durch sorgfältige Diskussionen im Management, ob er oder sie tatsächlich den Anforderungen der zu besetzenden Position entspricht oder nur aus der bisherigen »herausgewachsen« ist. Maßstab für eine Beförderung müssen die Anforderungen der künftigen Position sein, sonst macht man möglicherweise aus einem unterforderten Experten eine ungeeignete Führungskraft.

Doch Weiterentwicklung heißt längst nicht mehr nur Beförderung. Die Bandbreite ist sehr viel größer, sie muss aber ausgeleuchtet und genutzt werden. Im Vertrieb kann es die Betreuung anspruchsvollerer und komplexerer Kunden bis hin zu einem Key Account Management sein, in der Produktion die Führung komplizierterer Anlagen oder die Betreuung komplexer Aufträge, weiter die Anleitung und Einarbeitung neuer Mitarbeiter, die Leitung von Projekten oder Teilprojekten, die Verantwortung für Sonderaufgaben und vieles mehr.

Auch für Mitarbeiter, die sich noch nicht sicher sind, ob sie in eine Führungskarriere wechseln wollen, sind solche erweiterten Aufgaben oftmals die bessere Alternative zu einer sofortigen Beförderung: In einer zeitlich befristeten Führungsrolle können sie sich erproben und auf dieser Basis entscheiden, ob sie diesen Schritt machen wollen; falls nicht, können sie ohne Gesichtsverlust zurück in ihre Fachfunktion.

Hier kommt es darauf an, die optimale Passung zwischen den Entwicklungsinteressen der Person und dem Veränderungsbedarf bzw. den Gestaltungsspielräumen des Unternehmens zu finden, um die persönliche Weiterentwicklung des Betreffenden optimal mit dem Nutzen für die Firma zu verbinden. Und auch hier ist dies keineswegs nur eine Bringschuld der Vorgesetzten, solche Optionen zu finden und aufzutun; vielmehr kann und soll sich durchaus auch der Mitarbeiter oder die Mitarbeiterin selbst Gedanken machen, wie Ideen von beiderseitigem Nutzen aussehen könnten.

Neue ökologische Nischen erschließen

Innnerhalb von Biotopen sind Entwicklungen immer auch davon getrieben, welche Lücken und Nischen sich neu auftun. Ganz Ähnliches gilt in wachsenden Unternehmen, die sich im Zuge ihres Wachstums immer weiter differenzieren und so neue Spezialisierungen ermöglichen. So manche Karriere kam dadurch zustande, dass jemand zunächst auf eigene Faust ein neues Geschäftsfeld vorantrieb, und es gibt Fälle, wo das beharrliche Vorantreiben ihres Feldes die Betreffenden bis in den Vorstand führte. Doch bei genauerem Hinsehen stand dahinter meist nicht nur Eigeninitiative, sondern auch die Ermutigung durch gute Vorgesetzte.

Das Gleiche gilt, wenn Märkte oder Unternehmen durch Umbrüche gehen: Genau wie die Globalisierung in vielen Geschäften neue Nischen eröffnet hat und immer noch eröffnet, entstehen im Zuge der Digitalisierung neue Entwicklungschancen für Menschen, die die Lust und den Mut dazu haben, sich auf (relatives) Neuland zu begeben und sich auf unkartiertem Gelände zu erproben. Geeignete Kandidaten hierzu zu ermutigen, liegt im gemeinsamen Interesse der Einzelnen wie ihres Unternehmens.

Aber natürlich sind die Entwicklungsinteressen der einzelnen Mitarbeiter und die Entwicklungsmöglichkeiten, die das Unternehmen bietet, nicht immer perfekt synchron. In stagnierenden Geschäften zum Beispiel bieten sich Karrierechancen oft nur im Rahmen der natürlichen Fluktuation. Und natürlich kommt es auch vor, dass die Entwicklung des Mitarbeiters in eine Richtung geht, für die das Unternehmen keinen ausreichenden Bedarf hat.

In diesen Fällen ist es letztlich eine unternehmensethische Frage, wie weit das Unternehmen und der Vorgesetzte solche Entwicklungen unterstützen, selbst wenn sie den Mitarbeiter am Ende vielleicht auch aus dem Unternehmen hinausführen. Rupert Lay nennt das »die verantwortete Abwägung zwischen Individualinteressen und Systeminteressen«, in der Führungskräfte nach seinem »Biophilie-Postulat« so entscheiden sollten, wie es menschliches Wachstum und menschliche Entwicklung befördert (Lay 1994).

Letztlich ist es wohl für niemanden befriedigend, einen Mitarbeiter in einer Funktion festhalten zu wollen, über die er zunehmend hinauswächst. Sicherlich erfordert es Größe, jemanden dazu zu ermutigen, seinen eigenen Weg zu gehen, auch wenn absehbar ist, dass sich die Wege dann wohl trennen werden, aber letztlich ist es wohl richtig.

►► Direkte Ermutigung in der Führung heißt vor allem, Mitarbeiter zur Weiterentwicklung anzuregen. Das gilt sowohl für die optimale Erfüllung der heutigen Aufgaben, wo klare Ziele und Erwartungen sowie ein deutliches und ermutigendes Feedback eine Schlüsselrolle spielen, als auch für die Weiterentwicklung über die heutigen Aufgaben hinaus.
Hier sollten Führungskräfte darauf achten, wann Mitarbeiter von ihren heutigen Aufgaben nicht mehr ausreichend gefordert sind und sich zu langweilen beginnen, um dann mit ihnen in ein Gespräch einzutreten, was für sie der nächste Schritt sein könnte. Besonders herausfordernd ist dabei, die individuellen Entwicklungswünsche und den Nutzen für das Unternehmen in Einklang zu bringen. ◄◄

Fünf-Minuten-Übung: Fähigkeiten – vorgegeben oder entwickelbar?

Aufgabe

Sind die nachfolgenden Eigenschaften, Fähigkeiten und Talente nach Ihrer Meinung oder Kenntnis fest vorgegeben und ab einem gewissen, eher frühen Lebensalter kaum noch beeinflussbar, oder sind sie nach Ihrer Einschätzung durch regelmäßige Übung, Fleiß und Beharrlichkeit auch bei Erwachsenen noch entwickelbar?

	vorgegeben, kaum beeinflussbar		teils / teils		weitgehend entwickelbar
Allgemeine Intelligenz	O	O	O	O	O
Mathematische Fähigkeiten	O	O	O	O	O
Soziale Kompetenz	O	O	O	O	O
Empathie / Einfühlungsvermögen	O	O	O	O	O
Führungsqualitäten	O	O	O	O	O
Konfliktfähigkeit	O	O	O	O	O
Rhetorische Eloquenz	O	O	O	O	O
Verkäuferische Fähigkeiten	O	O	O	O	O
Sprachliche Fähigkeiten	O	O	O	O	O
Künstlerische Fähigkeiten	O	O	O	O	O
Musikalität	O	O	O	O	O
Sportliche Leistungsfähigkeit	O	O	O	O	O
Mentale Ausdauer	O	O	O	O	O
Feinmotorisches Geschick	O	O	O	O	O
Praktische Intelligenz	O	O	O	O	O
Lebenszufriedenheit	O	O	O	O	O
Summe	___	___	___	___	___

Wenn Sie Ihre Kreuzchen aufsummieren, können Sie feststellen, ob Sie, über alle genannten Eigenschaften und Fähigkeiten hinweg, eher zu einem statischen (= kaum veränderbar) oder zu einem dynamischen Menschenbild (= weitgehend entwickelbar) neigen.
Was das zu bedeuten hat und welche Folgen es hat, lesen Sie im Folgenden.

Fünf-Minuten-Übung: Fähigkeiten – vorgegeben oder entwickelbar? II
Gedanken
Objektiv sind die meisten dieser Fragen schwer zu beantworten. Selbst für die analytische Intelligenz, die viele für fest vorgegeben und unveränderlich halten, ist die Beweislage keineswegs so klar wie häufig angenommen. Die ersten Intelligenztests wurden entwickelt, um die *Entwicklung* der Intelligenz zu messen, nicht um einen statischen Intelligenzquotienten zu diagnostizieren, der vermeintlich das ganze Leben lang konstant bleibt (Dweck 2009). Und die bekannten Schwankungen des IQ zwischen verschiedenen Messungen müssen nicht zwangsläufig auf die Ungenauigkeit psychologischer Messinstrumente zurückgehen: Sie könnten sich auch aus Veränderungen des IQ erklären.
Noch schwieriger wird es, wenn man sich auf das breite Mittelfeld konzentriert: Mag sein, dass die obersten fünf Prozent, also die Ausnahmebegabungen, und die untersten fünf Prozent, die körperlichen oder neurologischen Dysfunktionen, tatsächlich nicht veränderbar sind. Trotzdem könnte der breite Bereich dazwischen in hohem Maße trainierbar sein. Für viele Fähigkeiten,

von der virtuosen Beherrschung eines Musikinstruments bis zur Meisterschaft im Schach gilt bekanntermaßen die *Zehntausend-Stunden-Regel*: Was so elegant und souverän von der Hand geht, dass alle Welt an ein naturgegebenes Ausnahmetalent glaubt, ist in Wahrheit das Resultat von langem, beharrlichem Üben. Und mit ziemlicher Sicherheit gilt die Zehntausend-Stunden-Regel auch für etliche andere Fähigkeiten, in denen systematisches Üben nicht so gebräuchlich ist wie in der Musik oder im Leistungssport.

Mindestens ebenso wichtig wie die objektive Seite ist aber die subjektive: Die *Meinung*, die wir über die Entwickelbarkeit oder Unveränderlichkeit der diversen Fähigkeiten haben, also die Frage, ob wir ein statisches oder ein dynamisches Menschenbild haben. Wie wir im nachfolgenden Abschnitt sehen werden, beeinflusst der *Glaube*, dass eine bestimmte Fähigkeit trainierbar oder nicht trainierbar ist, maßgeblich unser Verhalten, und zwar sowohl im Umgang mit uns selbst als auch im Umgang mit anderen Menschen.

Zugleich bestimmt er maßgeblich, ob wir uns bzw. unsere Mitarbeiter sich weiterentwickeln oder nicht: Der Glaube an fest vorgegebene Talente ist hochgradig entmutigend. Denn dann kann man nicht viel machen: Dann hat man es entweder, oder man hat es nicht. Der Glaube an die Entwickelbarkeit dagegen ist ermutigend; sie spornt zum Lernen und zur Anstrengung an. Auf diese Weise wird man vielleicht nicht alles erreichen, was man sich erträumt hat, aber das Maximale, das die tatsächliche Entwickelbarkeit der jeweiligen Fähigkeit zulässt.

6.7 Ihre Mitarbeiter: Konstanten oder Variablen?

Viele Führungskräfte sind ziemlich schnell darin, Menschen zu beurteilen. Rasch machen sie sich ein Bild davon, was ihre Mitarbeiter können und was sie nicht können, welche Stärken und Schwächen sie haben. Dabei sondieren sie sozusagen den Raum des Schlosses, in dem die Betreffenden sich gerade befinden (→ Kap. 3.5), und beurteilen, welche Figur sie darin machen – was ja auch notwendig ist, um Mitarbeiter richtig einschätzen und einsetzen zu können. Eine entscheidende Frage ist aber, ob sie bei ihrem Urteil nur den derzeitigen Raum sehen oder auch dessen Türen: Die Möglichkeiten zur Weiterentwicklung, die hinter diesen Türen liegen, sowie die Chancen und Potenziale, die diese Mitarbeiter – zum Teil versteckt – besitzen.

Prüfen Sie doch einmal anhand der nachfolgenden Übung, wie Sie selbst Ihre Mitarbeiter sehen: Sehen Sie sie »als Konstanten«, mit all den Stärken und Besonderheiten, die sie bei ihnen festgestellt haben, aber auch mit ihren Schwächen, Defiziten und Unzulänglichkeiten? Oder sehen Sie auch deren Entwicklungsmöglichkeiten, mit einem klaren Blick auf den derzeitigen Stand, aber auch mit einer Idee, was aus ihnen werden könnte und wozu sie sich bei beharrlicher Förderung und Forderung entwickeln könnten? Oder ist das von Person zu Person unterschiedlich?

Übung: Statik oder Dynamik

Wählen Sie aus Ihrer Mannschaft drei Mitarbeiter aus: Einen Ihrer besten, einen Ihrer schwächsten, und jemanden aus dem Mittelfeld.

- Überlegen Sie zu jedem dieser Mitarbeiter, wie lange Sie ihn schon kennen, und beschreiben Sie mit ein paar Stichworten, wie Sie ihn sehen.
- Denken Sie zurück an die Zeit, als Sie ihn kennengelernt haben: Welchen Eindruck hat er damals auf Sie gemacht? War er damals im Grunde genauso wie heute, oder hat sich seit damals Wesentliches an seinem Auftreten und Verhalten geändert?
- Falls sich etwas geändert hat, kennen Sie die Auslöser und Gründe dafür?
- Wo sehen Sie die betreffenden Mitarbeiter in ein oder zwei Jahren? Werden sie sich in Ihrer Erwartung weiterentwickelt haben oder werden sie im Wesentlichen weiter da stehen wo sie heute sind?
- Wie hoch schätzen Sie für jeden dieser Mitarbeiterinnen und Mitarbeiter die Chance einer positiven Weiterentwicklung? Wie hoch schätzen Sie die Wahrscheinlichkeit einer Verschlechterung?

Viele Führungskräfte tendieren zu einem »gemischten Bild«: Bei den jüngeren und ambitionierten Mitarbeitern sehen sie neben dem derzeitigen Leistungsstand sehr wohl auch ihre Potenziale. Bei den weniger ambitionierten Älteren dagegen nehmen sie vor allem deren Grenzen und Defizite wahr, bemerken kaum Veränderungen und haben auch wenig Hoffnung, dass sich da etwas in Bewegung bringen ließe. Für das, was sie mit ihrer Abteilung oder ihrem Bereich vorhaben, erleben sie diese Mitarbeiter nicht als ihre Chance, sondern als ihre Begrenzung.

Statisches vs. dynamisches Selbst- und Menschenbild

Intuitiv spüren viele Führungskräfte, dass es bei Erwachsenen und vor allem bei Älteren deutlich schwieriger ist, sie zu entwickeln: Sowohl ihr Selbstbild ist gefestigter als auch die Sicht der Umgebung auf sie. Das gilt leider nicht nur im positiven Sinne: Zwar stehen sie in der Regel stabil im Leben und sind nicht mehr so leicht aus dem Gleichgewicht zu bringen, aber zugleich ist auch ihr Selbstbild oft starr und statisch geworden. Die Betreffenden wissen, was ihre Stärken und Schwächen sind, vor allem aber sehen sie sich selbst häufig als Konstante: Sie sind, wie sie sind, und genauso sicher wissen sie auch, dass sie so bleiben werden. Das heißt, sie glauben meist selbst nicht, dass sie sich noch nennenswert verändern oder weiterentwickeln werden – und ihre Umgebung, beginnend mit ihren Vorgesetzten, glaubt es in der Regel auch nicht.

Im ungünstigsten Fall treffen hier zwei Einflussfaktoren zusammen, von denen jeder für sich schon tödlich für jede Weiterentwicklung sind, nämlich ein statisches Selbstbild und ein statisches Fremdbild. Wie die Stanforder Psychologie-Professorin Carol Dweck herausgefunden hat, ist es ein buchstäblich lebensentscheidender Unterschied, ob wir unsere Fähigkeiten als fest vorgegeben und kaum veränderbar betrachten oder ob wir davon überzeugt sind, sie durch Lernen, Anstrengung und Training verbessern zu können. Und ein ebenso entscheidender Unterschied ist, ob unsere wichtigsten Bezugspersonen von einem statischen oder einem dynamischen Menschenbild ausgehen, ob sie es also für möglich halten, dass wir uns weiterentwickeln könnten, oder ob sie uns das nicht zutrauen. (Dweck 2009)

Wer seine Fähigkeiten und die anderer Menschen als vorgegeben und unveränderlich betrachtet, dem bleibt im Wesentlichen nur, herauszufinden, wo seine Talente bzw. die seiner Mitarbeiter liegen und wo nicht - und sich damit abzufinden. Daran ändern lässt sich ja nichts: Eine zutiefst entmutigende Sichtweise. Wer die Welt so sieht, für den lohnt es sich weder, an seinen eigenen Fähigkeiten zu arbeiten noch, in die Entwicklung von Mitarbeitern zu investieren. Das Einzige, was er oder sie tun kann, ist, zu versuchen, die tatsächlichen Fähigkeiten eines Menschen möglichst schnell und trennscharf zu beurteilen, und ihn entsprechend seiner Talenten und Fähigkeiten einzusetzen.

Wer ein statisches Menschenbild hat, neigt daher zu digitalen Urteilen (»guter Mann« vs. »Pfeife«). Doch auch im Bezug auf die eigene Person bleibt ihm nur das Schwanken zwischen Hoffen und Bangen: Wenn er etwas gut hinbekommen hat, ist das ein beglückender Beweis dafür, dass er besondere Talente und Fähigkeiten besitzt - und vielleicht insgesamt etwas Besonderes ist, möglicherweise sogar ein »Naturtalent«, ein »Überflieger« oder ein »kleines Genie«. Falls er etwas nicht hinbekommen hat, ist das der deprimierende Beleg dafür, dass er auf diesem Gebiet - oder generell - unbegabt, unfähig, ein Versager ist. Und er kann nur hoffen, dass die Umgebung diesen Beweis für seine Inkompetenz nicht mitbekommen hat, und versuchen, seine Unzulänglichkeit vor ihr zu verbergen.

Fünf-Minuten-Übung: Durchgefallen - und nun?

(In Anlehnung an Dweck 2009, S. 207 f.)

Einer Ihrer talentiertesten Nachwuchsmitarbeiter hat sich mit Ihrer Unterstützung für ein MBA-Studium an einer führenden Business School beworben. Nun hat er gerade die Nachricht bekommen, dass er den Zulassungstest nicht bestanden hat und daher leider nicht aufgenommen wird. Wie reagieren Sie?

- Sie sind tief enttäuscht über sein Versagen. Sie hätten seine Talente und Fähigkeiten deutlich höher eingeschätzt. Nun müssen Sie wohl der Tatsache ins Auge sehen, dass Sie ihn überschätzt haben.
- Sie sind enttäuscht, trösten die Nachwuchskraft aber, dass sie beim Bearbeiten des Zulassungstests anscheinend nicht die optimale Tagesform hatte, und bringen Ihre Überzeugung zum Ausdruck, dass sie den Test angesichts ihrer Talente und Begabungen beim nächsten Mal hundertprozentig bestehen wird.
- Sie erklären der Nachwuchskraft, sie solle nicht traurig sein: Die Bedeutung von MBA-Ausbildungen werde heutzutage ohnehin maßlos überschätzt; sie solle ihre Talente besser in der praktischen Arbeit im Unternehmen unter Beweis stellen.

- Das kann nicht mit rechten Dingen zugegangen sein. Sie sind zutiefst davon überzeugt, dass Ihre Nachwuchskraft große Talente und Fähigkeiten besitzt und daher fairerweise die Zulassung hätte bekommen müssen. Wahrscheinlich ist das Zulassungsverfahren doch nicht so objektiv wie es zu sein vorgibt, oder es diskriminiert Bewerber, deren Muttersprache nicht Englisch ist.
- Sie sehen sich den Zulassungstest einmal genauer an und kommen, kaum überrascht, zu dem Ergebnis, dass er völlig ungeeignet ist, um die Eignung von Kandidaten für eine MBA-Ausbildung bzw. eine anspruchsvolle Management-Position zu überprüfen.
- Sie sagen der Nachwuchskraft, dass sie das Anspruchsniveau des Zulassungstests und seinen Schwierigkeitsgrad offenkundig unterschätzt und sich nicht genügend vorbereitet hat. Sie solle ihr Abschneiden daher als Rückmeldung nehmen und sich auf den Hosenboden setzen, um die Chancen zu verbessern, dass sie den Test beim nächsten Mal besteht.

Die ersten fünf Reaktionen entspringen bei aller Unterschiedlichkeit einem statischen Menschenbild: Im ersten Fall wird die Nachwuchskraft fallengelassen, aufgrund der stillschweigenden Annahme, ihr (vorgegebenes und unveränderliches) Talent zu hoch eingeschätzt zu haben. Im zweiten Fall wird sie zwar trotz der aufkommenden Enttäuschung (noch) nicht fallengelassen, sondern getröstet – aber man kann sich ausmalen, was für ein Druck beim nächsten Anlauf auf ihr lasten wird. Die dritte Reaktion ist ein Saure-Trauben-Argument: Sie erklärt nachträglich das Ziel für unattraktiv, an dem man gescheitert ist.
Die vierte und die fünfte Reaktion sind der Versuch, äußere Umstände für das Scheitern verantwortlich zu machen, also Ausreden und Alibis dafür zu finden. Lediglich die letzte Reaktion stellt einen Bezug zwischen den *Anstrengungen* (statt den Talenten!) und dem Ergebnis her und spornt zu zusätzlichen Anstrengungen an. Eine Garantie, den Test beim nächsten Mal zu schaffen, kann natürlich auch eine dynamische und damit ermutigende Sichtweise nicht bieten, aber immerhin die bestmögliche Chance: Auch mit Fleiß und Vorbereitung ist nicht alles erreichbar, aber deutlich mehr, als wenn man das Vorhaben entweder ganz aufgibt oder wenn man beim zweiten Versuch lediglich auf eine bessere Tagesform hofft.

Völlig unterschiedlicher Umgang mit Misserfolgen und Rückschlägen

Wer von der Entwickelbarkeit seiner Talente und Fähigkeiten überzeugt ist, für den sind Erfolge ein Beleg dafür, dass er auf dem richtigen Weg ist und seine Anstrengungen sich gelohnt haben. Vor allem aber sind Misserfolge und Rückschläge für ihn keine Katastrophe, die sein mangelndes Talent beweisen, sondern nur ein – vielleicht enttäuschender – Zwischenstand in einem Lern- und Entwicklungsprozess, und zugleich ein wertvolles Feedback darüber, wo er steht und wo er sich noch verbessern kann oder muss. Dynamisch denkende Menschen wissen, dass die Götter vor den Erfolg den Schweiß gesetzt haben, und sind überzeugt, dass sie mit Fleiß und Anstrengung vielleicht nicht alles, aber doch ziemlich viel erreichen können. Deshalb sind sie auch nicht so leicht zu entmutigen – weder in Bezug auf sich selbst noch in Bezug auf ihre Mitarbeiter.

Menschen mit einem dynamischen Selbstbild verkraften Rückschläge daher besser, sie lernen daraus, strengen sich dann umso mehr an und entwickeln sich weiter, während Menschen mit einem statischen Selbstbild dazu neigen, alles, was ihnen nicht ohne Anstrengung zufliegt, als aussichtslos fallenzulassen. Ein Indikator für ein statisches Menschenbild ist denn auch die Erwartung, dass sich auf den Gebieten, auf denen man wirklich begabt ist, Erfolge ohne jede Mühe einstellen müssen - und im Umkehrschluss die Tendenz, Gebiete, auf denen dies nicht der Fall ist, rasch aufzugeben. Die falsche Annahme, dass man für Aufgaben, die einem nicht zufliegen, einfach nicht genügend Talent besitzt, ist die fatalste Begleiterscheinung eines statischen Selbstbilds.

Noch verheerender ist ein statisches Menschenbild bei Führungskräften, aber auch bei Eltern, Lehrern und Trainern. Bei ihnen äußert sich der Glaube an fest vorgegebene Fähigkeiten und Begabungen etwa darin, dass sie bei Erfolgen das *Talent* ihrer Schützlinge loben, nicht ihre Anstrengungen. Damit vermitteln sie ihnen das Gefühl, etwas Besonderes zu sein - und Anstrengung daher nicht nötig zu haben, jedenfalls nicht in gleichem Ausmaß wie ihre minder begabten Altersgenossen. Die Schattenseite dieses statischen Bilds ist, dass damit jede Prüfung oder Herausforderung zur stressreichen »Talentprobe« wird - mit dem hohen Risiko, sich zur allgemeinen Enttäuschung doch als unbegabt (»überschätzt«) zu erweisen.

Dementsprechend reagieren statisch denkende Führungskräfte, Lehrer und Trainer auch häufig falsch und entmutigend auf Misserfolge und Rückschläge: Statt ihre Schützlinge dann zu mehr Anstrengungen und beharrlicher Weiterarbeit anzuspornen, flüchten sie entweder in Entschuldigungen (»unfaire Beurteilung«), oder sie sind zutiefst enttäuscht über deren Versagen (→ obige Übung). Mit beidem machen sie alles noch schlimmer, weil sowohl das eine als auch das andere bei ihren Schützlingen ein statisches Selbstbild zementiert.

Fünf-Minuten-Übung: Statische oder dynamische Sicht auf Mitarbeiter

Wie sehr stimmen Sie den folgenden Aussagen zu? (nach Dweck 2009)

- Nach meiner Erfahrung bleibt die Leistung eines Mitarbeiters oder einer Mitarbeiterin über die Jahre mehr oder weniger konstant.
- Wenn ich die Intelligenz sowie die übrigen Fähigkeiten und Begabungen eines Mitarbeiters oder einer Mitarbeiterin kenne, kann ich den weiteren Werdegang ziemlich gut vorhersehen.
- Als Vorgesetzer habe ich keinen Einfluss auf die intellektuelle Leistungsfähigkeit sowie auch die Talente und Begabungen meiner Mitarbeiterinnen und Mitarbeiter.

Je mehr Sie diesen Aussagen zustimmen, desto statischer ist Ihr Menschenbild. Wenn Sie sich zu einer dynamischeren Sichtweise entscheiden könnten, also zu einer, die sowohl Ihnen selbst als auch Ihren Mitarbeitern mehr Möglichkeiten zur Weiterentwicklung zutraut, hätten Sie eine bessere Basis für die Ermutigung und könnten mit hoher Wahrscheinlichkeit mehr Entwicklung bewirken.

Ihre Wahrnehmung bestimmt Ihr Handeln

Das Problem mit der statischen Sichtweise ist: Bei den Menschen, bei denen Sie hauptsächlich ihre Grenzen und Unzulänglichkeiten sehen, ist die Wahrscheinlichkeit groß, dass Sie Recht behalten. Denn mit ziemlicher Sicherheit werden Sie sie auch so behandeln – und sie damit auf den Status quo festlegen und sie, was ihre Entwicklungsmöglichkeiten betrifft, eher entmutigen als ermutigen.

Das muss keineswegs heißen, dass sie unfreundlich mit ihnen umgehen: Schon allein durch die Aufgaben, die Sie ihnen geben, sowie durch die, die Sie ihnen nicht geben, sondern anderen übertragen, vermitteln Sie ihnen ein ziemlich deutliches Feedback darüber, was Sie von ihren Fähigkeiten halten; desgleichen dadurch, welche Leistungen Sie loben und welche Sie nicht loben. Denn wenn Sie etwas loben, dann muss es ja wohl mehr als eine Selbstverständlichkeit gewesen sein: Sie werden sie vermutlich nicht dafür loben, dass sie morgens ihr Büro gefunden und ihren Rechner eingeschaltet haben.

Jeder Mitarbeiter registriert wachsam das implizite Feedback, das ihm sein Vorgesetzter mit seinem Lob oder seiner Kritik vermittelt – auch diejenigen, die uns ziemlich unsensibel und abgestumpft erscheinen. Aber es bedarf ja keiner großen Sensibilität, um sich darin bestätigt zu sehen, dass einem der Vorgesetzte nicht viel zutraut: »Danke, das war in Ordnung!« heißt im Klartext: »Für *Ihre Verhältnisse* war es in Ordnung!« Am deutlichsten wird das in dem ebenso überschwänglichen wie zwiespältigen Lob: »Toll! Super! Das hätte ich Ihnen ja gar nicht zugetraut!« Wobei es für die entmutigende Wirkung gar nicht erforderlich ist, dass der Nachsatz ausgesprochen wird – man hört ihn auch so.

Dynamisierung Ihres Selbst- und Menschenbilds

Wenn Sie lernen wollen, ermutigend zu führen und auch in schwierigen Fällen wirksam zu ermutigen, ist es ein guter Anfang, sowohl Ihr Selbst- als auch Ihr Menschenbild zu dynamisieren, also sowohl sich als auch anderen mehr Entwicklungsmöglichkeiten zuzutrauen. Es geht dabei nicht darum, den Schalter mit Gewalt von 0 auf 1 umzulegen. Und natürlich ist es auch nicht sinnvoll – und nicht möglich –, sich zu einer dynamischeren Sichtweise zu zwingen. Aber vielleicht wäre ein guter Einstieg, sich zu überlegen, welcher Irrtum Ihnen lieber wäre: Würden Sie Ihre eigenen Entwicklungsmöglichkeiten wie auch die Ihrer Mitarbeiter lieber unter- oder lieber überschätzen?

Um dies zu beantworten, ist es nützlich, über die jeweiligen Konsequenzen nachzudenken. Wenn Sie Ihre Entwicklungsmöglichkeiten sowie die Ihrer Mitarbeiter unterschätzen, werden Sie in vielen Fällen, wo es durchaus Verbesserungsmöglichkeiten gäbe, entweder gar keine oder nur halbherzige Anstrengungen unternehmen. Das wird aber häufig dazu führen, dass Sie Ihre

Potenziale bzw. die Ihrer Mitarbeiter nicht ausschöpfen. Wenn Sie umgekehrt die Entwicklungspotenziale überschätzen, werden Sie sich zuweilen vielleicht vergeblich anstrengen bzw. Ihren Mitarbeitern nutzlose Anstrengungen zumuten. Aber immerhin werden Sie dabei die vorhandenen Potenziale ziemlich voll ausschöpfen. Und Sie haben zudem die Chance, dass vielleicht doch mehr geht, als Sie gedacht haben.

Also: Welcher Irrtum ist Ihnen lieber? Wir stehen hier vor einer Schlüsselfrage der Ermutigung, vor allem der Ermutigung in schwierigen Fällen. Denn Halbherzigkeiten sind oft der Keim des Scheiterns: Einen Mitarbeiter zu ermutigen, an dessen Entwicklungsmöglichkeiten Sie in Ihrem tiefsten Inneren nicht glauben, macht keinen Sinn – Sie beweisen sich damit am Ende meist nur, was Sie sie sich gleich gedacht haben, nämlich dass es nichts nützt. Fairerweise sollten Sie Ihre Mitarbeiter also nur ermutigen, wenn Sie ihnen in Ihrer Überzeugung eine reale Chance geben, den Schritt nach vorne auch zu schaffen. Ein Tick mehr Vertrauen – und Hoffnung – auf die Entwicklungsfähigkeit von Menschen kann hier reich belohnt werden.

►► Eine entscheidende Voraussetzung für ermutigende Führung ist, dass man überhaupt an die Entwicklungsfähigkeit der betreffenden Mitarbeiter und ihrer Fähigkeiten glaubt. Das ist bei jungen, talentierten und ambitionierten Mitarbeitern weniger schwierig als bei Älteren und nicht Ambitionierten. Vor dem Hintergrund eines statischen Menschenbilds macht es nicht viel Sinn, sie zu ermutigen, deshalb ist eine notwendige Voraussetzung für ihre Ermutigung, das eigene Selbst- und Menschenbild zu »dynamisieren«, das heißt, diesen Menschen mehr Entwicklungsmöglichkeiten zuzutrauen als bisher. ◄◄

Übung: Ermutigung eines schwierigen Mitarbeiters I

Aufgabe

Stellen Sie sich einen langjährigen Mitarbeiter vor, einen Schwachleister, dessen Arbeitsergebnisse weit hinter denen Ihrer übrigen Mitarbeiter zurückbleiben und an dem Sie sich schon seit Jahren vergeblich die Zähne ausgebissen haben. (Am besten wählen Sie als Beispiel einen realen Mitarbeiter, mit dem Sie schon seit längerer Zeit äußerst unzufrieden sind.) Wie können Sie diesen Mitarbeiter ermutigen, mehr zu leisten und wenigstens einen Teil seiner Potenziale zu realisieren?

Nehmen Sie sich zehn Minuten Zeit, um Ideen, Ansatzpunkte und Möglichkeiten aufzulisten, wie Sie diesen schwierigen Mitarbeiter dazu motivieren könnten, besser zu werden. Versuchen Sie, auf eine vergleichbare Zahl von Möglichkeiten zu kommen wie zuvor bei dem jungen, ehrgeizigen Mitarbeiter!

(Einige Gedanken zu dieser Übung finden Sie auf der folgenden Seite.)

Übung: Ermutigung eines schwierigen Mitarbeiters II

Vermutlich ist es Ihnen diesmal deutlich schwerer gefallen, Ansatzpunkte zu finden, wie Sie diesen schwierigen Mitarbeiter ermutigen könnten, und Sie sind nicht annähernd auf die gleiche Zahl von Möglichkeiten gekommen wie zuvor bei dem vielversprechenden Mitarbeiter. Wahrscheinlich waren Sie auch deutlich weniger motiviert, überhaupt nach Möglichkeiten zu suchen. Beides war vorherzusehen, und wir bitten um Entschuldigung, wenn wir Sie frustriert haben.

Warum war das vorherzusehen? Weil es unmöglich ist, jemanden zu ermutigen, den man nicht akzeptiert und an dessen Entwicklungsmöglichkeiten man nicht glaubt. Und noch unmöglicher, jemanden zu ermutigen, über den man verärgert, wütend und geradezu verzweifelt ist. Selbst wenn Sie sich von Begriffen wie »Schwachleister« oder »Zähne ausbeißen« innerlich distanziert haben, gibt es einfach Menschen, mit denen uns eine lange Geschichte wechselseitiger Enttäuschungen und Frustrationen verbindet – oder trennt. Diese Geschichte lässt sich nicht ausblenden, deshalb ist es gar nicht so einfach, solche Menschen zu akzeptieren: Trotz all ihrer Fehler und Unzulänglichkeiten, trotz all des Ärgers, den sie uns schon gemacht haben. Deshalb ist die Ermutigung schwieriger oder leistungsschwacher Mitarbeiter die größte Bewährungsprobe der ermutigenden Führung und gewissermaßen ihre »Königsdisziplin«. Sie erfordert nicht nur mehr Ausdauer, Zähigkeit und Beharrlichkeit, sondern auch einige Arbeit an sich selbst. Lesen Sie im folgenden Abschnitt, worauf es dabei ankommt!

6.8 Ermutigung in schwierigen Fällen

Man kann niemanden beeinflussen,
wenn nicht zuvor eine freundliche
Beziehung hergestellt worden ist.
(Rudolf Dreikurs)

Fast jede Führungskraft hat ein oder zwei Mitarbeiter, die sie innerlich abgeschrieben hat. Sie laufen halt mit und machen ihre Arbeit, so gut es eben geht. Das ist nicht so gut und nicht so viel wie bei den anderen, aber es ist besser als gar nichts. Deshalb haben viele Vorgesetzte mit den betreffenden Mitarbeitern auch, oft nach langen, vergeblichen Kämpfen, eine Art unausgesprochenen »Burgfrieden« geschlossen: Die betreffenden Mitarbeiter machen so einigermaßen ihre Arbeit, und dafür lässt sie der Vorgesetzte in Ruhe. Deshalb wollen Führungskräfte diese Mitarbeiter, auch wenn sie sie innerlich als »Schwachleister« betrachten, normalerweise auch weder verärgern noch weiter demotivieren: Das würde nach ihrer Überzeugung außer Ärger nichts bringen, allenfalls eine weitere Reduzierung der Leistung nach sich ziehen und zugleich nutzlose Spannungen ins Team tragen.

Das lässt schon erkennen, dass die Entmutigung in solchen Fällen eine beiderseitige ist: Nicht nur die betreffenden Mitarbeiter haben hier offenbar resigniert, auch die Vorgesetzten haben die Hoffnung aufgegeben, die Betreffenden noch zu mehr Leistung veranlassen zu können. Deshalb fassen sie diese Mitarbeiter zum Beispiel auch bei Beurteilungen mit Samthandschuhen an, auch wenn die übrigen Teammitglieder das nicht fair finden. Selbst wenn die Geschäftsleitung noch so nachdrücklich eine stärkere Differenzierung der Beurteilungen und eine klare Benennung unzureichender Leistungen fordert, vermeiden die Vorgesetzten es hier, Klartext zu reden, weil sie ahnen, dass sie das auch nicht weiterbringen wird.

Schonen heißt entmutigen

Trotzdem ist es letztlich entmutigend, solche Mitarbeiter zu »schonen«, sie also nicht mit den gleichen Leistungserwartungen zu konfrontieren wie die übrigen Mitarbeiter: Schonen tut man Alte, Kranke und Schwache – Menschen, die vorübergehend oder dauerhaft nicht im Vollbesitz ihrer körperlichen oder geistigen Kräfte sind. Jemanden zu schonen, heißt zugleich, ihm zu signalisieren, dass man ihn nicht für voll leistungsfähig hält. Deshalb lehnen ältere Leute nicht selten ab, wenn ihnen etwa in der Bahn ein Platz angeboten wird – und verwahren sich auf diese Weise dagegen, als eingeschränkt leistungsfähig behandelt zu werden.

Auch wenn sich leistungsschwache Mitarbeiter die Schonung gefallen lassen, trifft sie das darin mitschwingende Feedback in ihrem Selbstwertgefühl und entmutigt sie weiter. Sie wissen sehr wohl, dass sie weniger leisten als andere und ein entsprechend geringeres Ansehen in der Gruppe genießen. Glücklich und zufrieden sind sie damit nicht, aber sie haben sich mit ihrer Situation abgefunden: »So bin ich nun einmal, und so ist das Leben.« Sie finden sich sozusagen in einem ziemlich schäbigen Raum von Schoenakers Schloss wieder, in den sie am Ende ihres Wegs durch viele Türen gelangt sind, und haben keine Hoffnung mehr, dass eine der Türen in attraktivere Teile des Gebäudes führen könnte.

Trotzdem wären wohl die allermeisten von ihnen froh, wenn sie auch so leistungsfähig wären wie ihre Kollegen und ein höheres Ansehen genössen. Gleich wie weit Entmutigung und Resignation bei ihnen fortgeschritten sind, tief in ihrem Inneren schlummert wohl bei fast jedem noch der Rest einer Hoffnung, dass das Leben auch anders sein könnte. Erwachsene lassen sich davon meist weniger anmerken als Kinder, die ihre Gefühle noch relativ offen tragen. So berichtet Carol Dweck: »Im Lauf meiner Arbeit habe ich erlebt, wie hartgesottene Jungs Tränen vergießen, wenn sie feststellen, dass sie intelligenter werden können. Es passiert oft, dass Kinder sich von der Schule abwenden und Gleichgültigkeit vortäuschen, doch wir irren uns, wenn wir meinen, dass es irgendeinem der Schüler tatsächlich egal ist.« (2009, S. 229)

Deshalb ist jener Burgfrieden auch das exakte Gegenteil von ermutigender Führung: Statt »Fordern und Ermutigen« läuft dieses Stillhalteabkommen auf

»Schonen und Entmutigen« heraus. Dieses Ausweichen vor dem Problem ist zwar verständlich, wenn bzw. weil es dem Vorgesetzten hier selbst an Mut und an Hoffnung fehlt, aber das natürlich macht dies nichts besser, sondern zementiert nur die Problemlage und lässt sie allen Beteiligten aussichtslos erscheinen.

Immerhin wird aus dieser Perspektive verständlich, weshalb viele Vorgesetzte bei solchen Mitarbeitern die Leistungsbeurteilung frisieren. Denn mit einer ehrlichen oder gar »schonungslosen« Beurteilung wäre es ja nicht getan: Man bräuchte ein Konzept, wie es danach weitergeht. Wenn man – vielleicht nach vielen Jahren beschönigender Beurteilungen – seine wahre Meinung zum Ausdruck gebracht hat, kann man es damit ja nicht bewenden lassen. Wenn der Mitarbeiter oder die Mitarbeiterin das kritische Feedback nicht bloß als Tritt ans Schienbein oder gar als Kriegserklärung empfinden soll, müsste es von einem Angebot begleitet sein, das ihm oder ihr – und zwar aus deren Sicht! – eine Perspektive eröffnet.

Die Nahziele hinter den Minderleistungen

Minderleistungen mit Dummheit oder Faulheit, Trägheit, Bequemlichkeit oder gar mit Verstocktheit zu erklären, bringt gar nichts. Genau genommen sind das überhaupt keine Erklärungen, sondern nur negative Etikettierungen: Man erklärt das beobachtete Verhalten auf diese Weise zum Charaktermerkmal und damit für unveränderlich, aber eine wirkliche *Klarheit* im Sinne einer Entschlüsselung der inneren Logik dieses Verhaltens erhält man damit keineswegs. Stattdessen hindert uns die Etikettierung daran, Tatsachen zur Kenntnis zu nehmen, die nicht zu unserer pauschalisierenden Pseudoerklärung passen, wie etwa, dass die angeblich so dummen oder faulen Mitarbeiter an anderer Stelle zu beträchtlichen Anstrengungen bereit und zu beachtlichen Leistungen in der Lage sind.

Eine Erklärung für Minderleistungen können dagegen die »störenden Nahziele« liefern, die wir in Kapitel 2.3 kennengelernt haben. Unbefriedigende Leistungen eignen sich zum Beispiel hervorragend, um Vorgesetzte und Kollegen zu bestrafen oder um sie zu zwingen, sich mit einem zu beschäftigen und einem auf diese Weise wenigstens vorübergehend ein Gefühl von Zugehörigkeit zu vermitteln. Sehen wir uns noch einmal die vier Spielarten an, die Rudolf Dreikurs vor mehr als einem halben Jahrhundert herausgearbeitet hat (→ Kap. 2.3):

Wenn **Aufmerksamkeit und Beachtung** das unbewusste Ziel hinter unbefriedigenden Leistungen ist, dann ist das zwar nervig, aber trotzdem ein vergleichsweise harmloser Fall: Die Betreffenden erzwingen damit zwar Zuwendung, indem sie nicht mehr weiter wissen, Hilfe fordern, nutzlosen Wirbel veranstalten, Aufgaben zurückzudelegieren versuchen oder Ähnliches. Aber am Ende kommt nach all den zeitraubenden Komplikationen meistens doch ein ganz passables Ergebnis heraus – nur der Weg dorthin war mühsam. Deshalb werden solche Mitarbeiter auch in der Regel nicht zu den Minderleistern im engeren Sinne gezählt; sie gelten eher als etwas unselbständig und – klar, weil das ja das Ziel ihres Manövers ist – anstrengend.

Machtkämpfe, Racheakte und wechselseitige Bestrafungen

Schon deutlich schwieriger ist es, wenn das un- oder vorbewusste Ziel hinter den Minderleistungen in **Macht und Überlegenheit** liegt. Dann löst ihr Versagen, wie im folgenden Fallbeispiel, Ärger und Wut aus – und provoziert Vorgesetzte dazu, sich auf einen Machtkampf einzulassen: »Das wollen wir doch mal sehen!« Doch sich in einen solchen Kampf verstricken zu lassen, ist so ziemlich das Verkehrteste, was man tun kann, zumal man ihn mit hoher Wahrscheinlichkeit verlieren wird. Denn die Betreffenden sind in der Regel bereit, ihre gesamte Energie in diesen Machtkampf zu investieren, während sich der Vorgesetzte ja noch um tausend andere Dinge kümmern muss und daher strukturell im Nachteil ist.

Zumindest aber ist die Diagnose einfach: Das Streben nach Macht und Überlegenheit erkennt man ganz leicht daran, dass man ungewöhnlich wütend ist und dem betreffenden Mitarbeiter seine Grenzen aufzeigen möchte. Trotzdem sind auch solche Mitarbeiter im Normalfall keine echten Minderleister. Meistens beschränkt sich ihre Leistungsverweigerung auf eine begrenzte Aufgabe, die sie, aus welchen Gründen auch immer, um keinen Preis übernehmen wollen. Allerdings können solche Machtkämpfe aus dem Ruder laufen, wenn die Betreffenden aus dem Machtspiel, das sie – unbewusst, aber erfolgreich – angezettelt haben, nicht mehr herausfinden und sich deshalb zu einer dauerhaften Verweigerung verpflichtet fühlen.

Das Nahziel **Rache und Vergeltung** kann man ebenfalls leicht an den eigenen Emotionen erkennen, nämlich daran, dass der oder die Vorgesetzte vor ohnmächtiger Wut bebt. Falls Sie also derartige Gefühle in sich entdecken, dann ist die Wahrscheinlichkeit groß, dass der betreffende Mitarbeiter Sie (und/oder das gesamte Team) auf diese Weise für etwas bestraft, was ihn verletzt, gekränkt oder beleidigt hat. Doch auch dieses Nahziel geht normalerweise nicht mit dauerhaften Minderleistungen einher, außer wenn wechselseitige Bestrafungen und Rache in einer Abteilung zum Dauerzustand werden.

Fallbeispiel: Intelligente Rache oder: von Mitarbeitern zu Gegenarbeitern

Der medizinische Direktor einer Universitätsklinik war bekannt dafür, eine ausgesprochen schlechte Meinung über das Pflegepersonal seines Hauses und ein äußerst angespanntes Verhältnis zu ihm zu haben. Er hielt diese Berufsgruppen generell für dumm, faul und unmotiviert und machte aus dieser Meinung auch kein Geheimnis.

Wegen begrenzter Forschungsmittel hatte er gegen den heftigen Protest der Pflegedienstleitung angeordnet, dass die Krankenschwestern und Pfleger ab sofort bestimmte Hilfsaufgaben für

Forschungsprojekte zu übernehmen hatten, wie dies auch in anderen Universitätskliniken gängig war. Eines seiner eigenen Forschungsprojekte war dabei zur Machtprobe geworden. Das Pflegepersonal wagte keinen offenen Widerstand, doch der »MD« war außer sich, als er erfuhr, dass die Ergebnisse seiner Versuchsreihe allesamt unbrauchbar waren. Er schäumte vor Wut und verfluchte voller Ingrimm »die Unfähigkeit, das mangelnde Mitdenken und die freizeitorientierte Schonhaltung« des Pflegepersonals.

Es traf ihn wie ein Keulenschlag, als er darauf aufmerksam gemacht wurde, dass für die wortgetreue Fehlinterpretation seiner Anweisungen sehr viel mehr Anstrengung und Intelligenz erforderlich war als für deren »stumpfsinnigen Vollzug«. Sein wirkliches Problem war nicht die Dummheit des Pflegepersonals, sondern dessen Intelligenz – vor allem aber, dass die Mitarbeiter ihre Intelligenz nicht zur Lösung ihrer Aufgabe einsetzten, sondern zum Kampf gegen ihren Chef. In diesem Fall passte das Sprichwort vom Wald und dem Echo: Das Pflegepersonal ließ den medizinischen Direktor lustvoll auflaufen, nachdem er sie wiederholt beleidigt hatte und sie nun auch noch gegen ihren Willen zwingen wollte, ihm zu Diensten zu sein.

Das Beispiel zeigt, wie schnell ein Konflikt in Rache und Vergeltung umschlagen kann, vor allem wenn die Beziehungen schon aus dem Vorfeld belastet sind. Bei solch einem Konflikt geht es nicht mehr darum, eine annehmbare Lösung zu finden, es geht nur noch um Sieg und Niederlage bzw. um Rache und Vergeltung. Und zwar auf beiden Seiten: Der medizinische Direktor sann längst darüber nach, was er tun könnte, um das Pflegepersonal endgültig zu disziplinieren. Doch mit irgendwelchen Zwangsmaßnahmen würde er den Machtkampf natürlich nicht beenden, geschweige denn gewinnen. Er würde damit lediglich einen weiteren Schritt in die Eskalation von Kränkung und Rache machen.

Wenn hinter einer Leistungsverweigerung das Nahziel Rache und Vergeltung steht, ist weniger Ermutigung angesagt als der Mut zu einer Konfliktklärung (→ Kap. 8); und zwar rasch, um einer weiteren Eskalation zuvorzukommen. Wenn der Konflikt noch frisch ist und die Verletzungen nicht sehr tief gegangen sind, hilft oft ein offenes Gespräch, das den Kränkungen nachgeht und sie nach Möglichkeit ausräumt. Denn die Tatsache, dass sich jemand an uns rächt, ist ja ein deutlicher Hinweis, dass wir ihn verletzt haben. Deshalb kann die schlichte Frage »Womit habe ich Sie gekränkt oder verletzt?« zu einer raschen Klärung beitragen. Wenn die Sache allerdings so eskaliert ist wie in unserem Fallbeispiel, kann allenfalls noch eine professionelle Konfliktmoderation helfen.

Mitarbeiter, die nur noch in Ruhe gelassen werden wollen

Die weitaus häufigste Ursache für echte und dauerhafte Minderleistungen ist jedoch das Nahziel **Verweigerung und Versagen**. Wie in Kapitel 2.3 beschrieben, tun die betreffenden Menschen entweder gar nichts mehr oder nur noch das Allernötigste, versagen bei fast allen Aufgaben, verweigern sich jeder Neuerung, beweisen sich als unfähig, und vor allem strahlen sie Apathie aus und stecken ihre Umgebung einschließlich ihrer Vorgesetzten damit an.

Im beruflichen Kontext ist die Verweigerung dabei meist nicht so total wie beispielsweise bei »schlechten« Schülern, die zuweilen tatsächlich keinen Strich mehr tun und allenfalls noch sporadisch zum Unterricht erscheinen. Eine solche Totalverweigerung wäre vor dem Hintergrund der arbeitsvertraglichen Pflichten denn doch zu riskant, weil sie zu einer umgehenden Kündigung führen könnte. Die betreffenden Mitarbeiter arbeiten in der Regel durchaus noch mit, bewegen sich dabei aber qualitativ oder quantitativ an der untersten Grenze des gerade noch Akzeptierten. Sie leisten deutlich weniger als ihre Kollegen und/oder verweigern bestimmte Aufgaben. Im Laufe der Zeit haben sie ihre Vorgesetzten so weit gebracht, den erwähnten »Burgfrieden« mit ihnen zu schließen.

Während die ersten drei Nahziele in der Umgebung von Stufe zu Stufe mehr kämpferische Energie mobilisiert haben, löst das Nahziel Verweigerung und Versagen eine geradezu lähmende Energielosigkeit aus: Verweigerer sind in aller Regel sehr gut darin, auch ihre Umgebung zu entmutigen – und sie so davon abzubringen, weitere Versuche zu unternehmen, sie doch noch zu einem aktiveren Beitrag zu bewegen. Das ist indes keine Faulheit und auch keine Böswilligkeit, es ist tiefe Entmutigung: das Gefühl, ein hoffnungsloser Fall zu sein.

Solche Situationen sind meist bei allen Beteiligten unbewusst von einem statischen Selbst- bzw. Menschenbild geprägt: Sie sind alle miteinander davon überzeugt, dass sich an dieser Leistungsschwäche, gleich was sie tun, nichts ändern lässt. Wenn die Vorgesetzten trotzdem sporadisch Anläufe zu einer Veränderung machen, dienen die oft nur dazu, sich und anderen zu beweisen, dass man wirklich alles versucht hat. Solche mutlosen Versuche sollten daher unbedingt unterlassen werden, denn weitere »Beweise« für die Aussichtslosigkeit sind exakt das Letzte, was man in so einer Situation braucht: Statt Ermutigung zu sein, verstärken sie die allseitige Entmutigung.

Erfolgreiche Entmutigung der Ermutiger

Je mehr sich das Selbstbild »Ich kann das nicht!« verfestigt hat, desto schwieriger wird es mit der Ermutigung. Wenn jemand die Hoffnung aufgegeben hat, eine Sache erlernen zu können, dann will er vor allem eines: sich weitere Niederlagen und Enttäuschungen ersparen. Die Hoffnung, es vielleicht doch noch zu schaffen, wird dann verdrängt durch die Furcht, erneut zu scheitern und so ein weiteres Mal schmerzlich mit der eigenen »Dummheit« oder »Unfähigkeit« konfrontiert zu werden. Ihre unausgesprochene Botschaft ist: »Ich weiß doch, dass ich dafür zu blöd bin – ich will das nicht noch zehn weitere Male bestätigt bekommen!«

Wer keine Hoffnung mehr hat, macht einen Bogen um das jeweilige Thema und fühlt sich durch Mitmenschen, die ihn dennoch zu neuen Anläufen drängen, nicht ermutigt, sondern nur genervt. Solche Menschen reagieren deshalb nicht positiv auf Versuche, sie zu ermutigen, sondern abweisend. So paradox es zunächst klingen mag: *Entmutigte Menschen entmutigen ihre Ermutiger, um von ihnen in Ruhe gelassen zu werden.* Diese zunächst überraschende Reaktion wird völlig verständlich, wenn man sich klarmacht, dass sich diese Menschen ganz einfach weitere Niederlagen und Enttäuschungen ersparen wollen: Sie »wissen«, dass weitere Anstrengungen auf diesem Gebiet sinnlos und damit nur eine nutzlose Quälerei sind.

Wer tief entmutigte Menschen ermutigen will, sollte sich daher darauf gefasst machen, dass das kein leichter Gang wird. Seine ermutigenden Impulse werden mit ziemlicher Sicherheit nicht dankbar angenommen werden; vielmehr muss er sich warm anziehen, um am Ende nicht selbst als der Entmutigte dazustehen. In jedem Fall aber wird er einige Empathie, Fantasie und vor allem viel Beharrlichkeit an den Tag legen müssen, um sich in seiner Ermutigung nicht entmutigen zu lassen. Aber was heißt »warm anziehen«? Es heißt vor allem Selbstermutigung – und einen langen Atem entwickeln.

Ermutigende Führung muss mit Selbstermutigung beginnen

Als Vorgesetzter kann man nicht beliebig lange warten, bis bzw. ob ein Mitarbeiter oder eine Mitarbeiterin Ansätze dazu zeigt, doch endlich einen Schritt nach vorne zu machen. Wenn ein Mitarbeiter in seiner Leistung hinter dem zurückbleibt, was man fairerweise von ihm erwarten kann, oder ein unangemessenes Verhalten an den Tag legt, hat der Vorgesetzte nicht nur das Recht, sondern die Pflicht, einzuschreiten. Und zwar umgehend, bevor sich das unerwünschte Verhalten noch weiter verfestigt und sich ein falsches »Gewohnheitsrecht« herausbildet.

Hier wird der Unterschied zwischen »normaler« Ermutigung und ermutigender Führung sichtbar: Normalerweise würde man mit der Ermutigung einfach aufhören, wenn der Adressat zu erkennen gibt, dass er ein Thema oder eine Aufgabe nicht angehen will. In der Führungsverantwortung ist das nicht möglich. Wenn ein Mitarbeiter bestimmte Aufgaben nicht machen oder bestimmte Kunden nicht mehr besuchen will, kann der Vorgesetzte dies nicht ohne Weiteres hinnehmen und die Aufgabe an einen anderen Mitarbeiter weiterreichen.

Auf der anderen Seite bringt es auch nichts, diese Tätigkeiten einfach anzuordnen und den Mitarbeiter dann mit der Aufgabe alleine zu lassen. Viele klassische Vorgesetzte würden in solchen Situationen entweder Druck machen, um denn Mitarbeiter »auf Linie zu bringen« – oder wegschauen. Für einen Vorgesetzten, der verstanden hat, dass solche Verhaltensweisen häufig auf Entmutigung, mangelndes Selbstvertrauen und/oder ein fehlendes Zugehörigkeitsgefühl zurückgehen, scheidet ein solches Vorgehen aus.

Der erste und wichtigste Ansatzpunkt der Ermutigung ist daher in solchen Fällen nicht der Mitarbeiter, sondern der Vorgesetzte. Bevor er den Burgfrieden aufkündigt und sich an die Ermutigung des betreffenden Mitarbeiters macht, muss er erst einmal für sich selbst so weit sein, dass er erstens dazu in der

Lage ist, seine eigene Entmutigung zu überwinden und wieder an eine positive Entwicklung dieses Mitarbeiters zu glauben, und zweitens bereit ist, wieder eine positive Beziehung zu dem oder der Betreffenden herzustellen, da die unter der Vorgeschichte wahrscheinlich erheblich gelitten hat. Am Anfang steht also gerade bei schwierigen Mitarbeitern die Selbstermutigung, nicht die Ermutigung des Mitarbeiters oder der Mitarbeiterin (→ Kap. 6.2).

Enttäuschung und Groll statt Hoffnung

Ein erstes wichtiges Ziel der Selbstermutigung ist, die eigene Einstellung zu dem betreffenden Mitarbeiter oder der Mitarbeiterin zu überprüfen und zu korrigieren, damit wir überhaupt wieder zu einer wohlwollenden Beziehung bereit und in der Lage sind. Wenn wir uns als Führungskraft an jemandem die Zähne ausgebissen haben, heißt das ja, dass der oder die Betreffende uns unsere Grenzen aufgezeigt hat. Obwohl wir uns wirklich angestrengt und uns alle Mühe gegeben haben, müssen wir einräumen: Es ist uns nicht gelungen, sie zu erreichen und zu motivieren – oder »ihn zu knacken«, wie manche Manager mit unterschwelliger Aggressivität sagen würden. Wir sind an ihm gescheitert: Er war in seiner Mutlosigkeit stärker als wir, hat uns eine Niederlage zugefügt. Wir haben in unserer Führungsaufgabe versagt. Es ist viel verlangt, einen solchen Menschen zu akzeptieren oder gar ein gewisses Wohlwollen ihm gegenüber zu empfinden.

Und dennoch: Ermutigen können wir nur, wenn wir ohne Groll sind, an seine Potenziale glauben und innerlich auf seiner Seite stehen. Wenn wir einfach nur die Zähne zusammenbeißen und uns zwingen, ihn ab sofort zu ermutigen, wären die Chancen gering, dass wir die nötige Akzeptanz ausstrahlen, damit er diese unsere Interventionen als Ermutigung empfindet. Denn sein Verhältnis zu uns ist angesichts der gemeinsamen Vorgeschichte vermutlich auch nicht viel besser als das unsere zu ihm. Mit anderen Worten, er würde unsere angestrengt-ermutigenden Impulse kaum annehmen, sondern sie eher mit Misstrauen registrieren und sich fragen, was wir jetzt wieder im Schilde führen.

Wer daher als Führungskraft in solch einer Situation ermutigen will, hat zunächst einmal die schwierige Aufgabe vor sich, sich trotz der belasteten Vorgeschichte selbst zu ermutigen. Der unverzichtbare erste Schritt ist in solchen Fällen die Arbeit mit und an sich selbst, denn solange Sie innerlich davon überzeugt sind, dass dieser Mitarbeiter oder diese Mitarbeiterin ein hoffnungsloser Fall ist, werden Sie Recht behalten. Das heißt, so lange ist das Beste, was Sie tun können, gar nichts zu tun außer vielleicht, zu einem besseren Klima im wechselseitigen Umgang beizutragen.

Die erste und zentrale Frage ist daher, ob Sie überhaupt bereit und in der Lage sind, Ihr Bild von dem betreffenden Mitarbeiter zu verändern – und zwar nicht, indem Sie sich selbst belügen und in einem Verzweiflungsakt positiven Denkens versuchen, die Schwächen dieses Mitarbeiters auszublenden und ihm stattdessen ungeahnte Fähigkeiten anzudichten. Mit ziemlicher Sicherheit sind Sie schlicht nicht dumm und blind genug, um solch einen offenkundigen Blödsinn zu glauben.

Ihre Sichtweise vervollständigen

Was Sie dagegen tun können, ohne sich selbst etwas vorzumachen, ist, ohne Ausblendung der bekannten Schwächen nach positiven Seiten des betreffenden Mitarbeiters zu suchen. Ist er wirklich auf ganzer Linie ein Versager und besitzt keine einzige positive Eigenschaft? Hat er wirklich noch nie in seinem Leben etwas zuwege gebracht oder gibt es bei ehrlicher Betrachtung doch einzelne kleine oder mittlere Erfolge, die vielleicht nicht auf gleichem Niveau liegen wie bei seinen Kollegen, aber zumindest ein bisschen besser sind als ganz schlecht? Ist er in seinem Leben außerhalb der Arbeit tatsächlich in gleicher Weise ein Versager wie in der Firma?

Falls Sie merken, dass Sie größte Schwierigkeiten haben, auch nur einige wenige positive Eigenschaften des betreffenden Mitarbeiters zusammenzubekommen, oder falls Ihre »positiven Eigenschaften« in Wirklichkeit nur sarkastisch formulierte Verachtung sind (»Hat ein sehr zuverlässiges Gespür dafür, wann Feierabend ist« oder »Hat die außergewöhnliche Gabe, mit der geringstmöglichen Leistung durchzukommen«), dann herrscht vermutlich verbrannte Erde zwischen Ihnen beiden. Und dann wird es Ihnen wahrscheinlich nicht mehr gelingen, ohne fremde Hilfe, sprich ein gutes Coaching, aus der verfahrenen Situation herauszukommen.

Falls Sie aber einzelne kleine Lichtblicke in der großen Finsternis entdecken, dann ist die erste Sofortmaßnahme, Ihr Bild von dem betreffenden Mitarbeiter um diese halb vergessenen positiven Aspekte zu vervollständigen, das heißt, ihn ganzheitlicher wahrzunehmen – und zwar weiterhin, ohne seine Schwächen dabei zu verleugnen oder zu verdrängen. Versuchen Sie, wenn Sie den Betreffenden sehen – auch und gerade, wenn Sie nicht direkt mit ihm sprechen, sondern ihn nur von der Seite oder in einem Meeting sehen –, an seine positiven Seiten zu denken. Und zwar zunächst, ohne etwas zu sagen (!).

Denn es hilft nichts: Akzeptanz ist das Fundament aller Ermutigung. Solange wir einen Menschen nicht akzeptieren können, so wie er ist, und es zugleich zumindest für möglich halten können, dass er sich trotz der schwierigen Vorgeschichte noch weiterentwickeln kann, können wir ihn auch nicht ermutigen. Der wohlwollende, freundliche Blick (→ Kap. 4.4) ist ein wichtiges Hilfsmittel, damit anzufangen, einen Menschen anders *sehen* zu lernen und dies auf indirekte Weise auszudrücken.

Zurück zur indirekten Ermutigung

Parallel dazu ist eine zweite Sofortmaßnahme aus dem Bereich der indirekten Ermutigung angezeigt. Angesichts Ihrer angeknacksten Beziehung wird der oder die Betreffende vermutlich alles, was Sie aktiv tun, mit Misstrauen oder zumindest Skepsis aufnehmen. Selbst wenn Sie nur freundlich – oder wenigstens etwas freundlicher als sonst – mit ihm sprechen, kann es sein, dass er oder sie sich misstrauisch fragt: »Was hat er jetzt vor? Worauf will er diesmal hinaus? Was kommt als nächstes?«

Eines können Sie aber immer tun, ohne Misstrauen zu wecken, selbst wenn Sie verärgert, enttäuscht oder unzufrieden sind: Sie können weitere beziehungsbelastende Verhaltensweisen unterlassen. Sie können zum Beispiel den Mund halten, wenn Sie merken, dass Sie gerade dazu ansetzen, wieder etwas Kritisches zu sagen oder ihm über den Mund zu fahren. Sie können darauf verzichten, reflexartig an ihm herumzumeckern und zu nörgeln. Sie können es unterlassen, ungeduldig zu reagieren und mit den Augen zu rollen, wenn er ansetzt, »wieder einmal« eine seiner langatmigen Erklärungen oder Ausreden vorzubringen oder sich verstockt zurückzuziehen.

Bei dieser »Beziehungsverbesserung durch Unterlassen« ist wichtig, einen realistischen Zeithorizont einzuplanen: Eine Beziehung, die Sie mit vereinten Kräften über viele Jahre »in die Grütze gefahren« haben, werden Sie auch mit einer Meisterleistung der Ermutigung nicht in ein oder zwei Wochen reparieren. Keine Methodik der Welt kann ihnen dafür eine magische Formel liefern: Dafür sind sowohl Ihre eigenen Wahrnehmungs- und Verhaltensreflexe als auch die Ihres Mitarbeiters viel zu sehr in die bisherige Richtung gebahnt. Planen Sie, je nachdem wie verfahren die Situation ist, ein Vierteljahr bis ein halbes Jahr ein – und freuen Sie sich, wenn es wider Erwarten schneller gehen sollte.

Unterlassen weiterer Entmutigung

Mit dem Unterlassen von Meckern und Nörgeln ist nicht gemeint, dass Sie dem Betreffenden nie wieder ein kritisches Feedback geben dürften. Es heißt lediglich, einmal für ein paar Monate mit einer Kritik Pause zu machen, mit der Sie bei ehrlicher Betrachtung ohnehin seit Jahren so gut wie nichts mehr bewirkt haben. Und es heißt weiter, dass wir uns zudem vor jeder Kritik darüber klar werden, zu welchem Zweck, mit welcher Absicht wir sie üben: Tun wir es, um unseren Ärger loszuwerden und den anderen zu bestrafen, oder tun wir es, um ihm ernsthaft dabei zu helfen, sich zu verbessern?

Das Ablassen von Ärger, Enttäuschung oder Wut dient nicht dazu, den anderen besser zu machen, sondern dazu, ihn kleiner zu machen – und genau so kommt es auch an. Statt den Adressaten besser zu machen, blockiert es ihn zusätzlich. Wenn der Betreffende weiß oder befürchtet, dass der Chef ohnehin an fast allem, was er tut oder unterlässt, etwas auszusetzen hat, schränkt das seine Leistungsfähigkeit noch mehr ein. Denn dann ist er erstens verunsichert und zweitens gezwungen, einen Teil seiner Energie für »Vorzensur« zu verwenden, also dafür, nichts Falsches zu sagen und auf keinen Fall einen Fehler zu machen.

Wann immer Sie verstimmt, verärgert oder wütend sind, ist deshalb die wirksamste Sofortmaßnahme, einfach den Mund zu halten.[16] Erinnern wir uns an Schoenakers Encouraging-Merksatz: »Mach's nicht so wichtig!« Auch wenn das nicht als ein Meisterstück in Sachen Ermutigung erscheinen mag: Schon allein der Verzicht auf nutzloses Gemeckere bewirkt über die Zeit die langsame Entkrampfung einer angespannten Beziehung und deren allmähliche Verbesserung, indem es ein akzeptierendes, wohlwollendes Klima schafft, in dem man sich frei bewegen kann und nicht ständig aufpassen muss, keine Fehler zu machen.

Geduld haben, Zeit lassen, kleine Entwicklungen wahrnehmen

Am Anfang wird es der Mitarbeiter vielleicht gar nicht bemerken, wenn Sie nicht mehr – oder wenigstens nicht mehr so oft – meckern, nörgeln und kritisieren. Aber nach einer Weile wird es ihm wahrscheinlich auffallen. Dann wird er sich mit einer Mischung aus Erleichterung, Verwunderung und Skepsis fragen, was jetzt los ist. Trotzdem wird es möglicherweise noch eine Weile dauern, bis er wagt, dies nicht nur für eine vorübergehende Erscheinung, sondern für eine dauerhafte Verbesserung zu halten. Und vielleicht wird er dann – je nach Mutpegel – erste vorsichtige Signale seinerseits erkennen lassen.

Geben Sie sich und ihm sechs bis acht Wochen Zeit, in der Sie ausschließlich (!) auf indirekte Ermutigung setzen! Das mag Ihnen sehr lange vorkommen – aber, einmal ehrlich, wie lange halten Sie den bisherigen Zustand schon durch? Und wie lange müssten Sie ihn noch durchhalten, bevor einer von Ihnen beiden entlassen, befördert oder pensioniert wird? Wenn Sie es zu eilig haben und zu früh vorpreschen, verlängert sich die Zeit: Es beschleunigt das Wachstum selten, wenn man ein zartes Pflänzchen von Zeit zu Zeit aus dem Boden zieht, um zu sehen, ob es schon gut angewurzelt hat.

Wenn sich die Beziehung nach ein paar Monaten verbessert hat, wird sich das Weitere geben. Vielleicht können Sie dann irgendwann darüber reden, wie Sie mit vereinten (!) Kräften die schwierige Vergangenheit überwinden und gemeinsam zu einer Zusammenarbeit finden könnten, die für beide Seiten befriedigender ist und Ihnen beiden mehr Lebensqualität in der Arbeit ermöglicht. Vielleicht

---

16 Sie müssen sich übrigens keine Sorgen machen, dass es zu gesundheitlichen Problem wie Magengeschwüren, hohem Blutdruck oder gar zu einem erhöhten Herzinfarkt-Risiko führt, wenn Sie Ihren Ärger und Ihre Wut nicht ausleben. Wie die Psychologie-Professoren Georg H. Eifert, Matthew McKay und John P. Forsyth in ihrem Buch *Mit Ärger und Wut umgehen* (2013) betonen, gibt es keinerlei empirische Belege dafür, dass es vorteilhaft für die eigene Gesundheit wäre, Dampf abzulassen, im Gegenteil: »Unter dem Strich ist das beliebte »Dampfablassen« nicht nur nutzlos, sondern macht die Dinge noch schlimmer.« (S. 40)

ist irgendwann ein persönliches Gespräch möglich, in dem Ihnen der Mitarbeiter mehr darüber sagt, wo es hakt und was sich ändern ließe. Vielleicht bemerken Sie aber auch einfach nur irgendwann, dass der Betreffende begonnen hat, ein klein bisschen anders und produktiver zu arbeiten.

Die Schlüsselrolle der indirekten Ermutigung

Spätestens an dieser Stelle spüren Sie vermutlich, dass die indirekte Ermutigung keineswegs bloß die langweilige kleine Schwester der »richtigen« Ermutigung ist, sondern ein eigenständiges und überaus wirksames Instrument. Sie ist wirklich die Basis, auf der alles Weitere aufbaut – und ohne die Sie die direkte Ermutigung einfach vergessen können. Denn eine gute Beziehung ist nun einmal die Voraussetzung für eine wirksame Einflussnahme.

Statt Ihre Hoffnung daher hauptsächlich auf die direkte Ermutigung zu richten und die indirekte als schmückendes Beiwerk zu unterschätzen, trifft es den Kern der Sache besser, die Schlüsselrolle der indirekten Ermutigung zu sehen und deshalb vor allem anzustreben, zu einem Profi auf diesem Gebiet zu werden.

Die direkte Ermutigung ist dann eher das »Tüpfelchen auf dem i«: Wenn das Verhältnis zu diesem Mitarbeiter wieder tragfähig geworden ist, können und sollten Sie natürlich mit ihm besprechen, welche Schritte zu einer besseren Leistung er sich vorstellen kann und wie sie ihn dabei unterstützen können. Und Sie dürfen ihn dann ruhig auch fordern, solange sie den Bogen dabei nicht überspannen. Viele kleine Schritte sind dabei realistischer als ein großer Sprung. Doch die Basis für all das ist, dass Sie überhaupt wieder eine Beziehung zu ihm aufbauen, auf deren Basis solche Gespräche möglich sind.

Geht es wirklich nicht schneller und effizienter?

Zum Schluss ein Wort an ungeduldige Manager: Möglicherweise sind Sie ja schon lange genervt, solch einen riesigen Führungsaufwand um einige Schwachleister treiben zu sollen, statt die wertvolle Zeit für andere Führungsaufgaben einzusetzen. Warum soll man diese Leute nicht einfach unter Druck setzen, bis es quietscht, und sie, wenn sie trotzdem keine Leistung bringen, einfach hinausschmeißen?

Dazu erstens: Bei den Mitarbeitern, die Sie wegen mangelhafter Leistungen bereits hinausgeworfen haben, erübrigt sich die Frage nach deren Ermutigung – wenigstens für Sie. Bei den leistungsschwachen Mitarbeitern, die Sie noch nicht hinausgeworfen haben, stellt sich die Frage, wieso Sie sie eigentlich noch haben.

Falls Sie in diesen Fällen gerade dabei sind, eine Trennung vorzubereiten, können und sollten Sie sich ein Ermutigungs-Intermezzo in der Tat sparen. Falls Sie aber, aus welchen Gründen auch immer, mit diesen Mitarbeitern weiter leben und arbeiten müssen, stellt sich zweitens die Frage, ob die markigen Worte von Druck und Hinausschmeißen nicht bloß Wunschphantasien sind, die früher oder später in das ebenso weinerliche wie haltlose Gejammer übergehen, dass man sich in unserem Rechtssystem ja leider von keinem Mitarbeiter trennen könne, gleich wie wenig er leiste und wie sehr er sich daneben benähme.

Falls Ihnen die Möglichkeit einer Trennung aber nicht zur Verfügung steht und Sie mit dem Versuch, den Mitarbeiter mit Druck zur Leistung zu zwingen, Ihr Pulver verschossen haben, stellt sich drittens die Frage, ob Sie eine Alternative zu einer ermutigenden Führung haben, und wenn ja, warum Sie sie dann noch nicht genutzt haben – oder ob nicht viertens das eigentliche Problem darin liegt, dass ermutigende Führung nicht zu Ihrem Menschenbild passt und/ oder Ihnen zu viel Anstrengung und Führungsarbeit abverlangt.

Fünftens, um diesen Punkt auch noch einmal zu unterstreichen: Unser Versprechen war und ist nicht, dass ermutigende Führung ein Spaziergang ist. Sie ist, wenigstens am Anfang und in schwierigen Fällen, weitaus anspruchsvoller und anstrengender als eine vorgeblich »knallharte« Führung mit Zahlen, die es sich bei genauerem Hinsehen hinter diesem knallharten Controlling ziemlich bequem eingerichtet hat. Der Grund, ermutigend zu führen, ist nicht, dass es weniger Arbeit wäre – er ist, dass dies ungleich bessere Chancen bietet, die wahren Potenziale der Mitarbeiterinnen und Mitarbeiter zu mobilisieren als eine heroische Selbststilisierung zum »toughen Manager«.

►► Was die Ermutigung in schwierigen Fällen so herausfordernd macht, ist, dass die Entmutigung in diesen Fällen meist alle Beteiligten umfasst: Nicht nur der Mitarbeiter ist entmutigt, sondern auch der Vorgesetzte hat kaum mehr Hoffnung, diesen Mitarbeiter jemals zu einer besseren Leistung bewegen zu können. Überdies ist in aller Regel auch die Beziehung belastet, weil der betreffende Mitarbeiter ein ständiger Stachel im Fleisch des Vorgesetzten ist: Er hindert ihn nicht nur daran, mit seiner Abteilung bessere Ergebnisse zu erzielen, sondern hat ihm auch eine persönliche Niederlage beigebracht, weil er daran gescheitert ist, aus diesem Mitarbeiter mehr Leistung herauszuholen.

Der erste Schritt ist in solchen Fällen daher nicht die Ermutigung des betreffenden Mitarbeiters, sondern die Selbstermutigung des Vorgesetzten: Er muss sein Bild dieses Mitarbeiters erweitern, ohne die Defizite auszublenden, auch seine Stärken und Potenziale sehen und sich dazu durchringen, ihn, so wie er ist, zu akzeptieren. Parallel dazu sollte er beginnen, die Beziehung allmählich zu verbessern, indem er Schluss macht mit beziehungsbelastendem Verhalten wie Meckern, Nörgeln und reflektorischer Kritik. Die indirekte Ermutigung muss er so lange durchhalten, bis sie greift – was durchaus mehrere Monate dauern kann.

Erst wenn sich das Verhältnis verbessert hat, haben direkte ermutigende Impulse eine Chance, den Adressaten zu erreichen. Deshalb ist die indirekte Ermutigung gerade in solch schwierigen Fällen wichtiger als die direkte. Erst wenn wieder eine Basis da ist, kann man mit Aussicht auf Erfolg gemeinsame kleine Schritte nach vorne verabreden. Und viele kleine addieren sich zu einem großen. ◄◄

7 Ermutigende Führung jenseits der Hierarchien

Der Begriff Führung suggeriert eine hierarchische Beziehung: Er lässt an eine Führungskraft denken und an einen (oder mehrere) Mitarbeiter, der oder die von ihr geführt werden. Dabei steht der Führende hierarchisch über den Geführten, es gibt also eine klare Über- und Unterordnung. Die modernen Heldensagen in den Medien und der Managementliteratur unterstreichen und perpetuieren dieses Bild: Sie zeigen uns Unternehmer, Top Manager und Spitzenpolitiker, die zwar zuweilen kritisiert werden, aber dennoch unbezweifelbar die »Chefs im Ring« sind. Kaum vorstellbar für viele Menschen, dass auch diese Häuptlinge Ermutigung bräuchten – geschweige denn, dass sie sie von nachgeordneten Ebenen annähmen.

Und dennoch verlaufen Ermutigung wie Entmutigung genauso auch von unten nach oben, und zwar ohne dass die Mitarbeiter dabei ihre Grenzen überschritten und sich etwas herausnähmen, was ihnen nicht zusteht. Ermutigung und Entmutigung werden ständig auch zwischen Kollegen ausgetauscht, wie auch zwischen Menschen, die aus irgendwelchen Gründen in einer Arbeitsbeziehung zueinander stehen, sei es, dass sie durch ein Projekt zusammengewürfelt wurden, als Kunden oder Lieferanten aufeinander treffen oder aufgrund irgendwelcher Umstände zeitweilig zusammenarbeiten müssen, und sei es auch nur, dass sie im Fahrstuhl steckengeblieben sind und sich nun darauf verständigen müssen, was sie tun und wie sie ihre gemeinsame Zeit auf gedrängtem Raum gestalten.

7.1 Nicht Ausnahme, sondern Normalität

Der klassische Fall der Führung innerhalb einer bestehenden Hierarchie bestimmt zwar immer noch unser Bild von Führung, doch bei genauerem Hinsehen ist er in der heutigen Zeit nur noch ein Fall unter vielen. Mindestens genauso häufig, vermutlich noch häufiger ist inzwischen Führung außerhalb der Hierarchie – was soviel heißt wie: Die Führung erfolgt hier ohne hierarchische Über- und Unterordnung und dementsprechend auch ohne Weisungsbefugnis:

- In Projekten gibt es zwar in aller Regel einen Projektleiter und gegebenenfalls einige Teilprojektleiter, aber sie sind normalerweise nicht die disziplinarischen Vorgesetzten ihrer Teammitglieder und können daher auch keine Weisungen erteilen. Selbst wenn sie in ihrer Projektrolle eine formale Anordnungsbefugnis haben, hätten sie es schwer, ihre Weisungen durchzusetzen, zumal, wenn die Teammitglieder nicht in Vollzeit für das Projekt abgestellt sind, sondern ihre Tagesaufgaben behalten haben – und sich deshalb, wenn sie nicht wollen, wie der Projektleiter will, immer auf andere Verpflichtungen berufen können.

- Größere Projekte werden häufig von externen Beratern geleitet, die gegenüber den Internen erst recht keine Weisungsbefugnis haben.
- Zuweilen läuft die Führung in Projekten sogar entgegen der formalen Hierarchie, weil auf Spezialgebieten nicht selten der Fachkundigste »den Lead« hat und nicht der Ranghöchste, genau wie in unbekanntem Gelände zweckmäßigerweise der Ortskundigste die Führung übernimmt und nicht der mit den meisten Schulterklappen. Zwar kann man formal argumentieren, dass die Führung in diesen Fällen »nur delegiert« ist – aber das ändert nichts daran, dass die Führung real bei dem Experten liegt. Doch es verändert den Charakter der Führung fundamental, wenn ein Mitarbeiter seinen Chef und seine Kollegen führt.
- Häufig benötigen Projekte Zuarbeit und Unterstützung von Fachabteilungen, die mit dem Projekt nichts zu tun haben und in keiner formalen Beziehung zu ihm stehen. Kaum ein Projekt könnte seine Ziele erreichen, wenn es sich allein auf seine Anordnungsbefugnis verlassen würde. Seine einzige Chance liegt darin, die Kooperation aller Mitwirkenden zu gewinnen.
- In der Zusammenarbeit von Kunden und Lieferanten ist es häufig notwendig, dass der Lieferant die Führung übernimmt, obwohl der Kunde der Auftraggeber und damit Herr des Verfahrens ist. Häufig wird der Lieferant sogar vom Kunden dafür bezahlt, dass er auf diesem Gebiet, auf dem er sich besser auskennt als der Auftraggeber, die Führung übernimmt.
- Auch Seminarleiter, Berater und Coaches haben eine Führungsrolle, ohne ihren Teilnehmern, Kunden oder Klienten etwas vorschreiben zu können. Oft führen sie dabei sogar ihre Auftraggeber, und die Auftraggeber erwarten eine solche Führung auch dezidiert, wiewohl sie ihre Letztentscheidung dabei in aller Regel nicht aus der Hand geben. Doch je größer der Wissensvorsprung des Experten ist, desto mehr muss sich der Auftraggeber wohl oder übel an den Empfehlungen des Experten orientieren.
- Im Grunde führen auch Verkäufer ihre Kunden (und potenziellen Kunden), auch wenn man das meistens nicht so nennen würde. Das gilt vor allem, wenn es um kompliziertere Produkte oder Dienstleistungen geht, mit denen der Kunde sich ohne die Beratung des Verkäufers kaum zurechtfinden würde.
- Spannend ist auch die Führung von »Freiwilligen« bzw. von ehrenamtlichen Mitarbeitern, also etwa in Vereinen, Verbänden oder Parteien. Solche Non-Profit-Organisationen haben zwar in aller Regel einen Vorstand und damit eine formelle Hierarchie, doch die besitzt keine Weisungsbefugnis: Wenn die Leute nicht so wollen, wie der Vorstand will, können sie deren Aufforderungen ignorieren und notfalls einfach gehen.

Die Notwendigkeit, die Adressaten »mitzunehmen«

In all diesen und zahlreichen anderen Fällen funktioniert Führung nur, wenn sie ihre Adressaten »mitnimmt«, sie also vom Sinn und Nutzen der jeweiligen Aufgabe überzeugt und sie dazu veranlasst, ihren Beitrag zum Gesamtergebnis zu leisten. Das macht das Führen ohne Hierarchie oder entgegen der Hierarchie wesentlich anspruchsvoller als hierarchische Führung. Wo es keine Weisungsbefugnis gibt und damit keine unausgesprochene Möglichkeit, für den Fall des Ungehorsams mit Konsequenzen zu drohen, wird sichtbar, dass das »Mitnehmen« und Ermutigen der Adressaten buchstäblich alternativlos ist.

Am deutlichsten wird das dort, wo Menschen sich freiwillig engagieren. Wenn sie keine Bezahlung dazu veranlasst, ihre Zeit und Arbeitskraft notfalls auch für Aufgaben einzusetzen, deren Sinn und Nutzen ihnen nicht so recht einleuchtet, hängt alles daran, ob es gelingt, sie für die Sache zu gewinnen und sie zu »motivieren«. Das heißt, dort ist es nicht bloß nützlich, sondern absolut unverzichtbar, sie erstens davon zu überzeugen, dass eine bestimmte Aufgabe wirklich sinnvoll ist und dass zweitens ihr Engagement tatsächlich einen Unterschied macht.

Bei genauerem Hinsehen gilt das im geschäftlichen Umfeld in ähnlicher Weise: Wenn es dem Leiter eines Seminars nicht gelingt, die Teilnehmer vom Sinn und Zweck einer Übung zu überzeugen, werden sie diese Übung entweder ganz verweigern oder sie so lustlos und halbherzig durchführen, dass sie ihren Zweck kaum erreichen kann. Und wenn es den Mitarbeitern eines Projekts nicht gelingt, die Fachabteilungen von der Bedeutung ihrer Unterstützung zu überzeugen, wird diese Unterstützung lange auf sich warten lassen und »minimalistisch« ausfallen.

Aber auch Projektteammitglieder lassen sich ungern befehligen. Sie arbeiten sehr viel bereitwilliger, wenn sich der Auftraggeber und der Projektleiter die Mühe gemacht haben, sie von der Bedeutung ihrer Aufgabe und ihres Beitrags zu überzeugen. Genau besehen gilt das sogar dort, wo eine formale Weisungsbefugnis existiert: Selbst dort sind Anweisungen nur ein sehr unvollkommener Ersatz für Motivation, vor allem bei Aufgaben, bei denen Mitdenken und Engagement gefragt sind und ein stumpfsinniges Abarbeiten nicht genügt.

►► Auch wenn unser Bild von Führung immer noch stark von der Über- und Unterordnung einer betrieblichen Hierarchie geprägt ist, ist in der Praxis längst das Führen außerhalb der Hierarchie zu einem mindestens ebenso häufigen Fall geworden. Sogar das Führen entgegen der formalen Hierarchie ist keine Ausnahme mehr, weil oft die fachlichen Experten ihre Chefs oder Auftraggeber führen müssen.
Diese Art von Führung ist anspruchsvoller, weil sie sich nicht auf formale Befugnisse zurückziehen kann, sondern auf sich selbst gestellt und darauf angewiesen ist, die Adressaten »mitzunehmen«, das heißt, ihre Kooperation für die jeweilige Aufgabe zu gewinnen. ◄◄

7.2 Führen ohne Weisungsbefugnis

Natürlich gilt die Notwendigkeit, die Leute mitzunehmen, auch innerhalb einer klassischen Hierarchie. Aber dort haben Vorgesetzte im Notfall zumindest noch die Möglichkeit, sich auf ihre formale Weisungsbefugnis zurückzuziehen, Anweisungen zu erteilen und auf die Angst der Mitarbeiter vor den möglichen Folgen einer offenen Arbeitsverweigerung zu spekulieren. Auf diese Weise werden sie zwar kein großes Engagement mobilisieren, aber zumindest können sie so ein notdürftiges Funktionieren sicherstellen. Eine Meisterleistung ist es natürlich nicht, auf diese Weise zu führen, aber immerhin eine letzte Rückzugsmöglichkeit, die beim Führen außerhalb der Hierarchie nicht zur Verfügung steht.

Motive für freiwillige Unterstützung

Wer dagegen außerhalb der Hierarchie führt, ist auf sich alleine gestellt: Er steht »nackt« da, ohne formale Befugnisse, auf die er sich berufen kann, und mit nichts in der Hand außer der eigenen Persönlichkeit. Das heißt, er muss diejenigen, die er führen will oder muss, allein durch sein eigenes Handeln für sein Vorhaben gewinnen. Um dies zu erreichen, muss er erstens eine gute Beziehung zu seinen Adressaten aufbauen und sie zweitens für die Aufgabe »motivieren«, das heißt, eine überzeugende Verbindung zwischen ihren Zielen und Interessen einerseits und den zu erledigenden Aufgaben andererseits herstellen.

Aber was veranlasst Menschen überhaupt dazu, sich für Aufgaben zu engagieren und dabei von jemandem führen zu lassen, wenn sie dazu nicht verpflichtet sind und sich deshalb auch keiner Führung unterwerfen müssten? Im Grunde gibt es dafür nur zwei mögliche Motive: Zum einen eine positive Beziehung und persönliche Bindung zu der Person, die sie um ihre Mitwirkung und Unterstützung bittet, zum anderen einen positiven Bezug zu der Aufgabe und/oder den hinter ihr stehenden Zielen. Wobei es natürlich am besten für Motivation und Engagement ist, wenn beide Motive zusammentreffen.

Die persönliche Bindung steht zum Beispiel im Vordergrund, wenn Menschen Freunden oder Verwandten bei deren Vorhaben helfen, etwa bei einem Umzug, dem Hausbau oder der Vorbereitung eines Festes, aber auch, wenn sie ihnen in schwierigen Lebenssituationen beratend und unterstützend zur Seite stehen. Neben altruistischen Motiven spielt dabei auch das Motiv eine Rolle, gebraucht zu werden und etwas Nützliches beitragen zu können. Dazu kommt etwas, was in der Soziobiologie als *Reziprozität* bzw. *reziproker Altruismus* bezeichnet wird: die Erwartung, im Falle eines eigenen Bedarfes ebenfalls Unterstützung zu erhalten.

Hilfsbereitschaft und reziproker Altruismus spielen auch in Unternehmen, Behörden und Non-Profit-Organisationen eine wichtige Rolle: Wohl keine Organisation wäre lebensfähig, wenn sich ihre Mitglieder nicht auch dort gegenseitig unterstützen würden, wo sie keine formale Verpflichtung dazu haben, indem sie sich zum Beispiel Auskünfte geben, fachliche Zuarbeit leisten oder in anderer Weise gegenseitig aushelfen. Wäre das nicht der Fall, würden zum Beispiel die allermeisten Projekte auf der Stelle »verhungern«. Aber auch kaum eine Linienfunktion kommt ohne gelegentliche Unterstützung aus anderen Bereichen aus.

Die entscheidende Klammer ist hier die Zugehörigkeit zu einem gemeinsamen »Wir«, also zur gleichen Firma oder Organisation – und im besten Fall auch das Commitment zu der gemeinsamen Sache. Mitarbeiter und Führungskräfte, die es an Hilfsbereitschaft mangeln lassen und sich den Anfragen von Kollegen verweigern mit dem Argument, dass sie »dafür nicht bezahlt werden«, handeln sich schnell den Ruf ein, unkollegial zu sein. Allerdings stößt die kollegiale Hilfsbereitschaft dann an ihre Grenzen, wenn sie mit so viel Aufwand verbunden wäre, dass die eigentlichen Aufgaben in Gefahr kämen.

Bindeglied gemeinsame Ziele und Interessen

Das andere wichtige Motiv, sich zu engagieren und dabei von jemand anderem führen zu lassen, ist das eigene Interesse an der Sache oder den Zielen des Vorhabens. Wenn Kunden sich zum Beispiel von Lieferanten oder Beratern führen lassen und für derartige Vorhaben sogar erhebliche Zeit und Ressourcen aufwenden, steht dahinter in der Regel ihr Eigeninteresse, ein Vorhaben zu realisieren, das ihrem eigenen Nutzen dienen soll. Ihr Motiv, sich dabei von dem jeweiligen Experten führen zu lassen, ist schlicht und einfach, dass ihnen das als der effizienteste Weg erscheint, ihr Ziel zu erreichen. Dabei behalten sie sich aber in der Regel die wesentlichen Entscheidungen vor – von einer Kurskorrektur bis hin zum Abbruch des Vorhabens.

Genau in diesem Entscheidungsvorbehalt liegt allerdings ein wichtiger Unterschied zu der hierarchischen Führung: In diesen Fällen lässt man sich zwar von dem jeweiligen Experten führen und leiten, doch die wesentlichen Entscheidungen werden (in der Regel) nicht von dem Führenden getroffen – die treffen die »Geführten« selbst.[17] Dies gilt zumindest für die Fälle, wo der Geführte zugleich der Auftraggeber oder dessen Beauftragter ist.

17 Wobei sich zuweilen auch die Experten dabei ein Vetorecht gegen die Entscheidungen ihres Kunden vorbehalten – wie der Bergführer, der sich aus Sicherheitsgründen vorbehält, eine Tour auch dann abzubrechen, wenn der Kunde unbedingt noch auf den Gipfel möchte, oder der Lieferant, der sich weigert, eine dysfunktionale Anlagenkonstellation zu verkaufen. Aber das ändert nichts daran, dass in diesen Fällen Führung nicht automatisch gleichbedeutend mit Entscheidungsbefugnis ist.

Freiwilligkeit und der Anspruch auf Mitsprache

Wie wichtig diese gemeinsamen Ziele und Interessen sind, zeigt sich wenn sie fehlen. Wenn den Adressaten die Ziele nichts bedeuten und sie auch nicht durch eine gemeinsame Klammer mit ihnen verbunden sind, haben sie keinen Grund – und entsprechend auch keine Motivation –, dafür ihre Zeit und Energie einzusetzen. Dann sind sie vielleicht noch zu Gefälligkeiten wie zu einem Gespräch oder zur Beantwortung einiger Fragen bereit, wenn man sie höflich darum bittet, aber kaum zu einem größeren Einsatz.

Dieses Problem kennen Projektleiter, deren Teammitglieder ungefragt oder entgegen ihrem Wunsch zu ihrem Projekt »abkommandiert« wurden, wie auch Trainer, deren Teilnehmern ihr Seminar »obligatorisch« oder »zur Besserung« verordnet wurde: In solchen Konstellationen braucht man mit der eigentlichen Arbeit gar nicht anzufangen, solange man sie nicht trotzdem für das Projekt bzw. das Seminar gewinnen konnte. Und man hat am Anfang erst einmal hauptsächlich damit zu tun, sie aus ihrer trotzig-abweisenden Reaktanz herauszulocken.

Dies zeigt, wie sehr in Konstellationen, wo es keine formale oder vertragliche Verpflichtung zur Mitarbeit gibt, der Aspekt der Freiwilligkeit an Bedeutung gewinnt: Gleich ob es um die Entsendung zu einem Seminar oder die Abordnung zu einem Projekt geht, sofern dies nicht ohnehin auf ihren ausdrücklichen Wunsch erfolgt, wollen Mitarbeiter gefragt und um ihre Zustimmung gebeten werden – und reagieren bockig, wenn dies nicht geschieht.

Zugleich ergibt sich aus der Freiwilligkeit auch ein erhöhter Anspruch auf Mitsprache: In Projekten erwarten Teammitglieder stärker als in der Linien-Zusammenarbeit, dass ihre Sichtweisen aufgenommen und in das Ergebnis integriert werden. Das heißt, es geht hier stärker um eine Konsensbildung: Einsame Entscheidungen des Projektleiters gegen das Votum des Teams würden hier nicht ohne Weiteres akzeptiert.

Das macht diese Art von Führung anspruchsvoller: Ein Projektleiter steht damit vor der Notwendigkeit, einen Konsens »herbei zu moderieren«, der sowohl rational Sinn ergibt als auch emotional für alle Beteiligten annehmbar ist. Das intensive Bemühen um einen Konsens ist also wenigstens in diesem Fall nicht Ausfluss von Führungsschwäche und des mangelnden Muts zu klaren Entscheidungen, sondern ein durchaus richtiges und sinnvolles Verständnis der eigenen Führungsrolle.

Führung von Ehrenamtlichen

Der Prototyp der Freiwilligkeit ist jedoch die ehrenamtliche Arbeit, das heißt, das unbezahlte Engagement in Non-Profit-Organisationen. Während es sich bei der Mitarbeit in Projekten ja zumindest noch um bezahlte Arbeitszeit handelt, die zudem dem ausdrücklichen Wunsch des eigenen Unternehmens entspricht, handelt es sich bei der Entscheidung, sich in der eigenen Freizeit unbezahlt für ein Anliegen zu engagieren, ja in der Tat ausschließlich um einen »Akt der Freiwilligkeit« – und zwar um einen, der prinzipiell jederzeit widerrufen werden kann.

An der Führung ehrenamtlicher Organisationen lässt sich daher besonders gut studieren, wie das Führen ohne Weisungsbefugnis funktioniert. Auch wenn Non-Profit-Organisationen in der Regel eine gewählte Verbandsspitze haben und ab einer gewissen Größe meist sogar eine mehrstufige Hierarchie, so halten sich doch die Weisungs- und Durchgriffsrechte der Verbandsführung in sehr engen Grenzen: Ehrenamtlichen Mitarbeitern kann man nichts befehlen, und wenn man es dennoch versucht, können sie einfach ihren Hut nehmen – oder unbeeindruckt weiterhin das tun, was sie für richtig halten.

Wie unser Interview mit dem BUND-Vorsitzenden Prof. Hubert Weiger zeigt (→ Kap. 13), folgt die Führung einer ehrenamtlichen Organisation tatsächlich in mancher Hinsicht anderen Regeln, und sie liefert gerade dadurch viele Anregungen für eine ermutigende Führung »professioneller« im Sinne hauptberuflicher Organisationen: Sie steht vor der Wahl, entweder eine schwache Führung zu sein, die sich darauf beschränkt, Kompromisse und Konsenslösungen zu moderieren, so gut es eben geht, und sich dabei so einigermaßen zwischen den unterschiedlichsten Wünschen und Interessen durchzulavieren, oder die Aktiven durch eine starke und aktive Führung »mitzunehmen«, sie für ihre Vorstellungen zu gewinnen und den Verband durch das eigene Handeln zu stärken, zu ermutigen und weiterzuentwickeln.

Aus der Ermutigung einer ehrenamtlichen Organisation lernen

Wie das Interview zeigt, liegt die Kunst darin, die freiwilligen Aktiven (»das Ehrenamt«) und ihre Motivations- und Denkstrukturen sehr genau zu verstehen und sich selbst sowie die hauptamtliche Organisation in gewisser Weise in ihren Dienst zu stellen – aber nicht, um selbst rückstandsfrei in dessen Denkstrukturen aufzugehen, sondern um zu erkennen, wo die Stärken dieses Verbandes sind, die genutzt und gestärkt werden wollen, aber auch, wo Schwächen liegen und welche ermutigenden Impulse dabei helfen könnten, den Verband in Richtung auf seine Ziele weiterzuentwickeln.

Wenn Weiger etwa konstatiert, dass es im Naturschutz keine Tradition zu feiern gebe und dass Erfolge nicht herausgestellt, sondern schnell vergessen würden, dann ist das nicht das Genörgel eines Verbandsfunktionärs, sondern das Erkennen eines kritischen Schwachpunkts und zugleich Grundlage für die Ableitung der eigenen Führungsaufgabe: Seine Ermutigung setzt genau an diesen Punkten an, indem sie zum Beispiel über die Institutionalisierung von Festen ein positiveres Klima erzeugt und das Gemeinschaftsgefühl stärkt, indem sie dem Verband durch das Bewusstmachen von Erfolgen mehr Stolz und

Selbstvertrauen vermittelt und den Aktiven durch unzählige Besuche vor Ort Anerkennung für ihre Arbeit und Rückendeckung gibt.

Gerade bei großen Organisationen kommt es dabei auf die kumulierte Wirkung ermutigender Impulse an: Sporadische Interventionen bewirken nicht viel, doch beharrliche Ermutigung über Jahre hinweg verändert selbst große und stark dezentralisierte Organisationen, zumal diese Linie von einer wachsenden Zahl von Führungspersonen auf allen Ebenen aufgegriffen wird. Dann setzt schließlich die potenzierende Wirkung der Ermutigung (→ Kap. 3.5) auf der Ebene einer ganzen Organisation ein – was zeigt, dass es auch ohne Weisungsrechte und mit sehr begrenzten Durchgriffsmöglichkeiten machbar ist, die Kultur einer Organisation entscheidend weiterzuentwickeln.

Gerade weil die Führung von Ehrenamtlichen voll darauf angewiesen ist, die Leute mitzunehmen und sie durch beharrliche Ermutigung weiterzuentwickeln, lässt sich daraus sehr viel für ermutigende Führung generell lernen. So wie man für die Ermutigung von Individuen verstehen muss, wo deren Ängste, Zweifel und Minderwertigkeitsgefühle liegen, kommt es auch für die Ermutigung von Organisationen darauf an, deren »innere Grenzen« zu erkennen, die der kritische Engpass für deren Weiterentwicklung sind, und dort mit kontinuierlichen gezielten Impulsen anzusetzen – und diesen Weg vor allem mit großer Beharrlichkeit und Ausdauer über lange Zeit durchzuhalten.

Begründete Zuversicht wecken

Das Schöne an ermutigender Führung ist, dass sie auf Weisungsbefugnisse und die Rückendeckung einer Hierarchie nicht angewiesen ist. Je mehr sie auf der Basis von Gleichwertigkeit erfolgt, desto weniger ändert sich durch den Entfall der Weisungsbefugnis und der direkten Durchgriffsmöglichkeiten. Aber desto ehrlicher und ungeschützter muss man sich dem stellen, was seine potenziellen Mitstreiter wirklich bewegt, was ihre Ziele, Interessen und Bedürfnisse sind und wo ihre Vorbehalte, Ängste und Zweifel liegen.

Wer ein Projekt starten und voranbringen möchte, das auf ein gewisses Maß an Freiwilligkeit angewiesen ist, steht auch in einer hauptberuflichen Organisation vor einer Ermutigungsaufgabe. Und er muss seinen potenziellen Mitstreitern mindestens zwei Fragen überzeugend beantworten, nämlich erstens: Warum soll ich meine Zeit und Kraft dafür einsetzen? Und zweitens: Warum soll ich glauben, dass bei diesem Vorhaben wirklich etwas herauskommt?

Die Antwort auf die erste Frage lautet im Grunde immer recht ähnlich: Weil das Vorhaben der Mühe wert ist und Ihr Beitrag dazu gebraucht wird. Aber es ist oft sehr wichtig, dass dies tatsächlich ausgesprochen und nicht nur stillschweigend vorausgesetzt wird: Auch die zweite Antwort scheint naheliegend, aber je nach Vorgeschichte ist es manchmal schwer, sie überzeugend zu geben. Wenn es in einem Unternehmen der Normalfall ist, begonnene Projekte auch erfolgreich abzuschließen, dann ist die Antwort klar, und entsprechend wird die Frage kaum gestellt.

Anders in Unternehmen, in denen es eine lange Geschichte gescheiterter und versandeter Projekte gibt: Dort steht die Frage nach den Erfolgsaussichten unüberhörbar im Raum, ob sie nun ausgesprochen wird oder nicht. Und gerade weil die Antwort klar scheint, reißt sich kaum jemand darum, an einem neuen Projekt mitzuarbeiten – nicht, weil die Leute seine Ziele nicht für sinnvoll hielten, sondern weil sie keinen großen Glauben daran haben, dass ihr Fleiß und ihre Mühe von Erfolg gekrönt sein werden. Ohne die Hoffnung auf einen Erfolg ist auch keine Energie da.

Eine verantwortete Antwort geben

Doch gerade in solchen Fällen kommt es darauf an, eine überzeugende und ermutigende Antwort zu geben – und sie kann nicht bloß lauten: Dieses Mal ist alles anders. Ziehen wir als Referenz noch einmal eine ehrenamtliche Organisation heran: Dort könnte man niemanden dazu bewegen, sich für ein Vorhaben zu engagieren, das die Adressaten für aussichtslos halten. In einem Wirtschaftsunternehmen kann man sie mit ein wenig Druck und Drängeln wohl dazu bringen, lustlos zu den ersten Projektsitzungen zu erscheinen – aber kaum dazu, sich mit Schwung und Zuversicht an die Arbeit zu machen.

Deshalb ist es hier genauso wichtig, eine überzeugende Antwort auf die Frage zu geben, warum man an den Erfolg des Vorhabens glauben sollte. Und diese Antwort muss *verantwortet* gegeben werden, was so viel heißt wie: Die Verantwortlichen sollten gute Gründe für ihre Zuversicht haben und die volle persönliche Verantwortung für das Vorhaben übernehmen, statt die Leute nur ein weiteres Mal und mit vollmundigen Verheißungen und ungedeckten Versprechungen zur Mitarbeit motivieren.

Anderenfalls besteht die große Gefahr, dass ihr Projekt zu einem weiteren Glied in einer langen Kette schlechter Erfahrungen wird, die das Unternehmen in Summe zu einer entmutigten Organisation machen: Zu einem weiteren ausgebrannten Wrack am Straßenrand – und damit zu einer weiteren Warnung, sich nicht auf die gefährliche Route ins Neuland außerhalb der Routinen einzulassen. Zwar lässt sich natürlich weder in Unternehmen noch etwa in der politischen Arbeit von Verbänden jemals eine Erfolgsgarantie geben. Aber zumindest eine realistische Perspektive sowie eine schlüssige Strategie, um das Ziel zu erreichen, müssen vorhanden sein, sonst läuft man Gefahr, mit dem »großen Aufbruch« nur verbrannte Erde zu hinterlassen.

Je größer die ausgesprochene oder unausgesprochene Skepsis ist, desto wichtiger sind *Zwischenziele* und schnelle Anfangserfolge. Ermutigung heißt hier auch, solche Zwischenziele zu setzen und erste Erfolge bekannt zu machen und zu würdigen. Ermutigung bleibt bei Projekten jedoch eine Daueraufgabe, nicht nur, aber ganz besonders in Organisationen, die eher entmutigt sind. Das heißt, es ist nicht damit getan, am Anfang des Projekts Zuversicht zu verbreiten, die Führung muss die Mitarbeiter auch entlang des gesamten Weges und vor allem in schwierigen Phasen bei der Stange halten.

►► Ohne Weisungsbefugnis ist Führung noch ein Stück anspruchsvoller – und ermutigende Führung noch ein Stück wichtiger. Denn wenn man sich nicht auf seine hierarchische Position zurückziehen kann, ist man umso mehr darauf angewiesen, die Adressaten »mitzunehmen«, indem man eine gute Beziehung zu ihnen aufbaut und eine überzeugende Verbindung zwischen dem jeweiligen Vorhaben und ihren Zielen und Interessen herstellt. Je höher der Grad an Freiwilligkeit ist, desto größer ist in der Regel auch der Anspruch auf Mitsprache, sowohl was die Mitarbeit überhaupt betrifft als auch, was inhaltliche Entscheidungen angeht. Und desto wichtiger ist es, die Mitstreiter erstens davon zu überzeugen, dass ihr Beitrag einen Unterschied macht, und zweitens, dass das gesamte Vorhaben Aussicht auf Erfolg hat. ◄◄

7.3 Ermutigung nach oben

Geradezu entrüstet weisen viele Menschen den Gedanken zurück, sie könnten und sollten auch ihre Vorgesetzten ermutigen, und möglicherweise sogar deren Vorgesetzte im Top Management: »Wie käme ich denn dazu? Die werden doch viel besser bezahlt, da sollen sie für ihre Ermutigung gefälligst selbst sorgen! Warum sollte ich die ermutigen?!« Die Antwort ist einfach: Aus blankem Eigeninteresse. Wer jemals unter einem ängstlichen, mutlosen Chef gearbeitet hat, weiß, dass mutige Vorgesetzte zwar anstrengender und fordernder sind, zugleich aber auch verlässlicher und berechenbarer.

Auch Vorgesetzte brauchen Ermutigung

Ängstliche, übervorsichtige Vorgesetzte können für ihre Mitarbeiter zum Albtraum werden, vor allem wenn die Furchtsamkeit mit einem ausgeprägten Ehrgeiz gepaart ist: Dann wollen die Betreffenden ihr Umfeld – und vor allem ihre Chefs – einerseits mit außergewöhnlichen Ergebnissen beeindrucken, andererseits wollen sie dafür kein Risiko eingehen – eine Kombination, die sich ausnehmend schlecht verträgt. Und die sich für die nachgeordneten Ebenen in einem Wechselbad von überehrgeizigen Plänen und furchtsamer Absicherung niederschlägt, samt vorsorglicher Schuldzuweisungen für den Fall des Scheiterns. Wer unter einem solchen Chef leidet, würde sich wahrscheinlich sehnlichst einen mutigeren Vorgesetzten herbeisehnen. Doch beim Sehnen muss man es nicht belassen: Man kann auch aktiv etwas dafür tun: Ermutigung nach oben.

Aber nicht nur ängstliche, unsichere oder aus anderen Gründen schwache Chefs können von Zeit zu Zeit Ermutigung vertragen. Wenn es stimmt, dass jeder Mensch Ermutigung braucht, und (die meisten) Vorgesetzte(n) auch Menschen sind, folgt daraus, dass auch (die meisten) Vorgesetzte(n) Ermutigung brauchen. Es wäre ja geradezu albern anzunehmen, dass Selbstzweifel und Minderwertigkeitsgefühle enden, sobald man eine bestimmte Hierarchiestufe erklommen hat. Und es wäre auch nicht sehr viel realistischer, davon auszugehen, dass nur Menschen Karriere machen, die keine Selbstzweifel und Minderwertigkeitsgefühle kennen.

Das ausgeprägte Selbstbewusstsein, das viele Manager an den Tag legen, steht dazu nicht im Widerspruch. Und es ist auch nicht nur Fassade – jedenfalls nicht bei allen Führungskräften. Zwar gibt es Vorgesetzte, die sich mühsam antrainiert haben, als »Heldenmaskenträger« durchs Leben zu gehen, und es gibt andere, bei denen Spötter von einem »völlig unverschuldeten Selbstvertrauen« sprechen, aber es gibt auch etliche, die durchaus ein gesundes und häufig auch berechtigtes Selbstbewusstsein besitzen, einfach weil sie wissen, dass sie nicht bloß Karriere gemacht, sondern auch eine Menge für ihr Unternehmen erreicht haben: Sie haben ihren Verantwortungsbereich im Griff, können gute oder sehr gute Ergebnisse vorweisen und werden sowohl von ihren Mitarbeitern als auch von ihren Vorgesetzten und Kollegen geschätzt. Da ist es durchaus nachvollziehbar, wenn sie zwar nicht selbstzufrieden, aber sehr wohl selbstbewusst und im Reinen mit sich selbst sind.

Doch auch selbstbewusste Führungskräfte sind immer wieder mit schwierigen Situationen und Entscheidungen konfrontiert: Sollen sie ihrem Chef klar sagen, dass sie den eingeschlagenen Weg für falsch und gefährlich halten? Sollen sie noch einmal einen Anlauf machen, dem Vorstand eine neue Idee zu »verkaufen«, obwohl der beim ersten Anlauf so abweisend reagiert hat? Wie sollen sie mit einem Mitarbeiter umgehen, dessen private Probleme immer mehr auf seine Arbeitsleistung in der Firma durchschlagen? Sollen sie wiederkehrende Reibungen mit einer Nachbarabteilung zur »Chefsache« machen oder die Klärung den dafür verantwortlichen Mitarbeitern überlassen?

Weder Sakrileg noch Anmaßung

Ob man als Mitarbeiter in solchen Fällen überhaupt die Gelegenheit zu einer Ermutigung hat, hängt natürlich davon ab, ob darüber ein Gespräch zustande kommt. Das ist auch eine Frage des gegenseitigen Verhältnisses – aber auch eine Frage des Schaffens von Gelegenheiten. Genau wie bei anderen Formen der Ermutigung, kann die Initiative auch hier von beiden Seiten ausgehen. Einfacher ist es sicher, wenn einen der Vorgesetzte nach seiner Meinung fragt, aber genauso kann man ihn auch auf ein Thema ansprechen, wenn man den Bedarf dafür sieht. Und davor sollte man sich auch nicht scheuen: Der Vorgesetzte hat ja immer die Möglichkeit, sich einem solchen Gespräch zu entziehen, wenn er es nicht möchte. Aber wer sollte ihn ermutigen, wenn nicht diejenigen, die täglich mit ihm arbeiten?

Vielen Menschen macht die Vorstellung, ihre Vorgesetzten zu ermutigen, auch deshalb Schwierigkeiten, weil sie finden, dass ihnen das nicht zusteht: »Wer bin ich denn, meinen Chef zu ermutigen oder gar den Vorstand oder die Geschäftsführung?!« Da Ermutigung aber auf dem Menschenbild der Gleichwertigkeit aufbaut, ist Ermutigung nach oben weder ein Sakrileg noch Amtsanmaßung. Das genau ist eben der Unterschied zu Lob und Anerkennung: Wer seinem Chef verbal auf die Schulter klopft, muss sich über eine indignierte Reaktion nicht wundern. Wer ihm dagegen ein ermutigendes Feedback gibt, indem er etwa sagt: »Das hat mir weitergeholfen«, liefert ihm eine Information, über die er sonst nur spekulieren könnte, nämlich, wie nützlich das gerade stattgefundene Gespräch für den Mitarbeiter war.

Wie alle Ermutigung, so funktioniert auch die Ermutigung von Vorgesetzten am besten, wenn sie frei ist von unangebrachtem Ehrgeiz und klammheimlichem Überlegenheitsstreben à la »Ich mache einen besseren Menschen aus Ihnen«. Und wie sonst, so ist auch hier die indirekte Ermutigung der beste Anfang. Auch wenn der Vorgesetzte großen Einfluss auf das Klima in seinem Verantwortungsbereich hat, ist er keineswegs der einzige, der Einfluss auf das Klima hat: Auch jeder einzelne Mitarbeiter und jede Mitarbeiterin trägt dazu bei, und das heißt auch, dass jeder einzelne Mitarbeiter mit darüber bestimmt, wie ermutigend oder entmutigend das Klima zum Beispiel bei Meetings und Besprechungen, aber auch im normalen Arbeitsalltag der Abteilung ist.

Akzeptanz und Zugehörigkeitsgefühl

Ebenfalls kein Sakrileg ist der Gedanke, dass Akzeptanz und Zugehörigkeit auch für Führungskräfte von Bedeutung sein können. Bei gestandenen Managern wird das in der Regel kein großes Thema sein, doch bei neuen und unsicheren Vorgesetzten kann es das sehr wohl. Wenn jemand zum Beispiel gerade erst seine erste Führungsposition übernommen hat, wäre es nicht ungewöhnlich, wenn er dabei auch Ängste und Selbstzweifel empfände und sich in seinen inneren Selbstgesprächen mit Fragen herumschlüge wie: »Kann ich das überhaupt: Führen?«, »Werden mich die Mitarbeiter (oder gar meine bisherigen Kollegen) als Vorgesetzten akzeptieren?« oder »Was mache ich, wenn die sich nicht von mir führen lassen wollen?«

Wenn man diesen Gedanken erst einmal wagt, erscheinen manche seltsamen und schwer verständlichen Verhaltensweisen von Führungskräften plötzlich in einem neuen Licht. Wenn manche Vorgesetzte sich zum Beispiel in scheinbar völlig unnötiger Weise autoritär gebärden, keine Diskussion über von ihnen getroffene Entscheidungen zulassen und auf widerspruchsloser Umsetzung bestehen, muss man sich ja fragen, wozu, also zu welchem Zweck sie das tun. Die

Antwort könnte darin liegen, dass es ihre Reaktion auf ein Gefühl mangelnder Akzeptanz ist, gemäß der privaten Logik: »Wenn sie meine Entscheidungen nicht akzeptieren, muss ich mich eben auf diese Weise durchsetzen, sonst werde ich zur Lachnummer!«

Auch anbiederndes Verhalten kann aus der Angst entstehen, mit einer klareren und mutigeren Führung nicht akzeptiert zu werden und nicht mehr zu seinem Team dazuzugehören. Wohl jeder, der in seine erste Führungsposition befördert wurde, spürt, dass sein Verhältnis zu dem Team nicht mehr dasselbe ist wie davor: Er hat jetzt eine andere Rolle und ist nicht mehr »einfach einer von uns«. Damit, dass sie nicht mehr in der gleichen selbstverständlichen Weise dazugehören, haben viele frischgebackene Führungskräfte erst einmal zu kämpfen, bis sie sich mit ihrer neuen Rolle zurechtgefunden haben.

Um neue Vorgesetzte zu ermutigen, ihre Rolle anzunehmen und sie in angemessener Weise auszufüllen, kann man natürlich externe Coaches engagieren. Desgleichen können erfahrenere Führungskräfte als Mentoren ihre jüngeren Kollegen dabei unterstützen, in ihre neue Rolle hineinzuwachsen. Aber auch die Mitarbeiter können dazu, sofern sie dazu bereit sind, einen wichtigen Beitrag leisten, indem sie ihren neuen Chef direkt und indirekt ermutigen. Ermutigung heißt hier zunächst einmal nichts anderes, als dem neuen Vorgesetzten zu zeigen, dass man ihn als Person und in seiner Rolle akzeptiert.

Ermutigung nach oben in der Praxis

Dabei geht es nicht um Ergebenheitsadressen, und es geht erst recht nicht darum, seinem Chef (oder dessen Chef) plump auf die Schulter zu klopfen: »Sie führen wirklich super!« Vielmehr geht es um ganz normales Verhalten. Man kann sich ja ganz einfach fragen: Woran würde ich als neuer Vorgesetzter bzw. neue Vorgesetzte erkennen, dass meine Mitarbeiter mich als Person und in meiner Führungsrolle anerkennen und akzeptieren? Wahrscheinlich würde man zu dieser Einschätzung kommen, wenn sie die eigenen Entscheidungen zwar nicht unkritisch, aber insgesamt doch eher positiv aufnehmen, wenn sie zwar Anregungen geben oder Änderungsvorschläge einbringen, aber den eigenen Entscheidungen nicht frontal widersprechen, wenn sie uns bei wichtigen Themen nach unserer Meinung fragen würden und so weiter.

Ermutigend für den unerfahrenen Vorgesetzten wäre also wohl, wenn sich die Mitarbeiter ungefähr so verhielten. Ermutigung nach oben heißt, genau das zu tun. Natürlich sollen und müssen Führungskräfte auch lernen und dazu in der Lage sein, mit Kritik, Gegenargumenten und sogar heftigem Widerspruch umzugehen. Wer aber einen unsicheren Vorgesetzten ermutigen möchte, tut gut daran, diese »Lernchancen« wenigstens am Anfang nicht zu hoch zu dosieren.

Denn wenn man sie zu häufig oder zu scharf kritisiert, bestätigt man sie möglicherweise in ihrer Befürchtung, in ihrer Führungsrolle nicht akzeptiert zu sein und sich umso mehr »durchsetzen« zu müssen. Natürlich kann einen niemand daran hindern, dies trotzdem zu tun – aber man muss dann mit den Folgen leben, das heißt mit einem Vorgesetzten, der, nicht zuletzt infolge der eigenen Interventionen, um sein »Überleben« als Führungskraft kämpft und dabei möglicherweise ziemlich strapaziös wird.

Kämpfen oder ermutigen?

Wenn sich ein unsicherer Vorgesetzter, wie im obigen Beispiel, ausgesprochen autoritär aufführt, kann man als Mitarbeiter natürlich frontal dagegen halten, vielleicht auch mit einiger kämpferischer Energie, um ihm deutlich zu machen, dass es so nun wirklich nicht geht. Eher unwahrscheinlich ist in diesem Fall freilich, dass der Vorgesetzte seinen Fehler »einsieht« und korrigiert: Er verhält sich ja nicht so, weil er dies für den besten aller Führungsstile hielte, sondern aus der Angst, als Führungskraft nicht ernst genommen zu werden, wenn er es nicht schafft, sich durchzusetzen. Die heftige Gegenwehr der Mitarbeiter wird ihn daher nicht veranlassen, seinen autoritären Stil zu korrigieren, sondern ihn eher dazu bringen, ihn zu verstärken: Der Machtkampf geht damit so richtig los.

Die ermutigende Alternative dazu könnte sein, das autoritäre Verhalten in der akuten Situation erst einmal hinzunehmen und im Nachgang zwei Dinge zu tun: Erstens, ihm, wie oben besprochen, durch das eigene Verhalten zu zeigen, dass man ihn und seine Führung akzeptiert, zweitens, ihm bei einer passenden Gelegenheit in einem freundlichen und akzeptierenden Klima ein Feedback zu geben, in dem man ihm deutlich macht, dass er mit seinem Abwürgen von Diskussionen und seinem barschen Insistieren auf getroffenen Entscheidungen mehr Unmut und Widerstand auslöst als nötig wäre.

Wenn dies gepaart ist mit der Botschaft, dass man ihn und seine Führung akzeptiert und sich gerade deshalb etwas mehr Bereitschaft zur Diskussion wünscht, stehen die Chancen gut, dass die Ermutigung nach oben gelingt. Das ist ohne Zweifel anspruchsvoller als eine Palastrevolution, aber es ist möglich: ein Beispiel dafür, dass Ermutigung nach oben auch nicht einfacher ist als die nach unten.

Verunsicherung durch Dissens

Doch Akzeptanz und Zugehörigkeit sind keineswegs nur ein Thema von unerfahrenen und schwachen Führungskräften. Wie sehr selbst ausgesprochen kompetente und erfahrene Menschen von positiven sozialen Signalen abhängig sind, kann man leicht mit einem etwas bösen (Gedanken-) Experiment herausfinden: Man setze sich in den Vortrag eines sehr guten und sachkundigen Redners, und zwar auf einen Platz, den er ständig in seinem Sichtfeld hat, und schüttele bei etwa der Hälfte seiner Aussagen deutlich erkennbar den Kopf. Schon nach kurzer

Zeit wird der Redner deutliche Zeichen von Irritation und Verunsicherung zeigen, weniger selbstbewusst erscheinen, defensiver oder auch aggressiver reden, mehr Argumente und Begründungen vorbringen und so weiter.

Der Grund für diese Irritation und Verunsicherung ist nicht, dass dieser Redner in seinem tiefsten Inneren doch weniger selbstsicher ist als sein Auftreten vermuten ließ; er liegt schlicht darin, dass er eben auch ein Mensch und damit ein soziales Lebewesen ist, das auf die Akzeptanz und den Respekt seiner Umgebung angewiesen ist.

Wobei das besonders Tückische an dem beharrlichen Kopfschütteln ist, dass der damit signalisierte Widerspruch nicht zuordenbar und nicht greifbar ist: Der Redner erfährt nicht, warum dieser Zuhörer nicht einverstanden ist und wo der Dissens genau liegt, er erfährt nur, dass da offenbar irgendetwas sein muss, was diesen Zuhörer zu seinem beharrlichen Kopfschütteln veranlasst. Deshalb versucht er ebenso angestrengt wie vergeblich zu erraten, wo die Einwände dieses Zuhörers liegen könnten, bekommt aber als Rückmeldung immer nur neues Kopfschütteln, das ihm den Misserfolg seiner Anstrengungen signalisiert.

Das ist interessanterweise ganz anders, wenn der Redner weiß oder vermutet, dass im Publikum auch Kritiker oder Gegner seiner Sichtweise sitzen – so wie es häufig im politischen Raum der Fall ist. Dann kann und wird er keine breite Zustimmung erwarten, und insofern werden ihn das Kopfschütteln oder die Zwischenrufe des einen oder anderen Teilnehmers eher anspornen als verunsichern. Und er kann dann wählen, ob er versuchen will, seine Kritiker zu erreichen und zu überzeugen, oder ob er ihre Gegnerschaft nutzt, um seine Anhänger sowie die Unentschlossenen für sich und seine Sichtweise zu gewinnen. Offensichtlich ist es viel leichter, mit Angriffen und Kritik aus dem gegnerischen Lager umzugehen, als mit Ablehnung aus den eigenen Reihen, die letztlich die eigene Akzeptanz und Zugehörigkeit infrage stellt.

Ermutigung nach ganz oben

Dies gilt auch auf oberen und obersten Führungsebenen. Top Manager sind sich zwar in der Regel bewusst, dass sie kaum eine Entscheidung treffen können, die von niemandem kritisiert wird, stehen aber dennoch vor dem Dilemma, sich von der Kritik weder abschotten zu können noch von ihr überwältigen zu lassen – und das ist erheblich schwieriger als es aus den unteren Etagen der Organisation scheint.

Manche Top Manager »retten« sich aus diesem Dilemma, indem sie sich mit Bewunderern umgeben und Mitarbeiter, die sie zu oft oder zu deutlich kritisieren, aus ihrer Umgebung verbannen (Maccoby 2004). Damit ersparen sie sich die wiederkehrenden narzisstischen Kränkungen, also Beeinträchtigungen ihres Selbstwertgefühls, die mit jeder Kritik an ihren Handlungen und Entscheidungen und erst recht mit ständiger Kritik einhergehen – allerdings um den Preis eines wachsenden Realitätsverlusts. Nicht zuletzt deshalb hat der Philosoph und Managementtrainer Rupert Lay in seinen Seminaren und Vorträgen immer wieder empfohlen, jeder Top Manager solle sich wenigstens einmal im Jahr einer Situation aussetzen, in der niemand seine berufliche Position kennt, um auf diese Weise wenigstens von Zeit zu Zeit ein ungefiltertes Feedback zu erhalten.

Doch die entgegengesetzte Strategie, statt einer weitgehenden Abschottung jede Kritik ernst zu nehmen und an sich heranzulassen, kann auch leicht die Grenzen des Verträglichen übersteigen – gerade im Top Management, wo es kaum eine Entscheidung gibt, die nicht auch Risiken und Schattenseiten hat und an der deshalb auch immer irgendjemand etwas auszusetzen hat. Viel Lebensklugheit liegt deshalb in der Haltung von Volker Kronseder, dem langjährigen Vorstandsvorsitzenden der *Krones AG*, der seinen nächsten Mitarbeitern halb scherzhaft die Direktive gibt: »Ich will nicht jeden Tag Kritik von euch hören, aber einmal im Monat dürft ihr schon etwas sagen!« (→ Interview Kap. 12)

Das richtige Maß finden

Wobei die eigentliche Botschaft von Kronseder natürlich nicht die »Taktfrequenz« ist, sondern die Aufforderung, es mit der Kritik nicht zu übertreiben, sondern sie sinnvoll und sozialverträglich zu dosieren. Denn die Erfahrung zeigt: Wann immer ein Top Manager den Mut aufbringt, sich mehr als bisher der Kritik zu stellen, wird er, wenn man nicht steuernd eingreift, mit einer derartigen Menge an Kritik überschüttet, dass er daraus möglicherweise seine Lehre fürs Leben zieht und diesen »Fehler« nie wieder macht.

Es ist dann manchmal, als ob ein Bann gebrochen wäre: Jeder muss noch etwas sagen, ergänzen, draufsatteln, hinzufügen, oft ohne jeden Blick dafür, wann das richtige Maß überschritten ist. Das mag nachvollziehbar sein, sachdienlich ist es nicht. Auch wenn es tausendmal stimmen mag, dass sich einfach so viel angestaut hat, ist mit einem solchen Dammbruch nichts gewonnen, wenn er im Resultat dazu führt, dass die Bereitschaft, sich der Kritik zu stellen, eher zurückgeht als wächst.

Ermutigung nach oben heißt, den Mut zu einem konstruktiv-kritischen Feedback zu haben und konkrete Anstöße zur Verbesserung zu geben, dabei aber Augenmaß an den Tag zu legen und sorgsam darauf zu achten, eine kontraproduktive Überdosierung zu vermeiden. Denn auch nach oben gilt, wie für jede Ermutigung: Letztlich zählt nicht, was ausgesprochen, sondern was angenommen wurde. Mit anderen Worten, in der Ermutigung nach oben geht es nicht darum, uns selbst oder anderen unseren Mut zu beweisen, es geht darum, im richtigen Moment einen konstruktiven und annehmbaren Impuls zur Weiterentwicklung zu geben.

►► Auch wenn dieser Gedanke viele Menschen erst einmal überrascht und irritiert: Auch Vorgesetzte brauchen Ermutigung – und das gilt keineswegs nur für schwache und unerfahrene Vorgesetzte, wenn auch bei ihnen vielleicht besonders. Aber Zweifel und Unsicherheiten sind menschlich, und da kann eine ehrliche, konstruktiv-kritische Rückmeldung überaus hilfreich sein. ◄◄

8 Mutiger Umgang mit Konflikten

Viele Menschen, darunter auch viele Führungskräfte bekennen freiwillig, dass der Umgang mit Konflikten nicht ihre Stärke ist. Doch was als entwaffnende Offenheit seinen Charme hat, eignet sich nicht als Ausrede oder Alibi. Denn Konflikte sind Teil des Lebens, und erst recht sind sie eine zentrale Führungsaufgabe. Führung ist zu einem wesentlichen Teil Konfliktmanagement: Von der Prävention über die Früherkennung und die Klärung divergierender Erwartungen bis hin zum Nachhalten und Durchsetzen getroffener Vereinbarungen zählt die Bewältigung von Konflikten zu den wichtigsten Aufgaben von Führungskräften. Dementsprechend ist unverzichtbar, dass sie diese Aufgabe erstens überhaupt annehmen und dass sie sie zweitens gut machen.

8.1 Pflichtaufgabe Konfliktklärung

Die Erkenntnis und das Bekenntnis, dass der Umgang mit Konflikten nicht zu den eigenen Stärken zählt und auch nicht zu den bevorzugten persönlichen Hobbies, kann daher nur zwei mögliche Konsequenzen haben: Entweder die Einsicht, deshalb für eine Führungsposition nicht geeignet zu sein, mit der Konsequenz, sich eine andere Aufgabe zu suchen, die weniger konfliktträchtig ist. Oder aber, diese für Führungskräfte unverzichtbare Fähigkeit angesichts der erkannten Schwäche umso beharrlicher und intensiver zu trainieren. Denn Konfliktfähigkeit ist für Führungskräfte nicht Kür, sondern Pflicht.

Dafür ist es nützlich, sich von falschen Erwartungen ebenso zu lösen wie von einem statischen Selbstbild (→ Kap. 6.7): Die allerwenigsten Menschen sind Naturtalente im Konfliktmanagement. Aber das ist auch nicht erforderlich: Konstruktive Konfliktbewältigung kann man lernen, und der erreichte Professionalisierungsgrad ist weitaus mehr abhängig von der Zahl der aufgewendeten Übungsstunden als von einer Naturbegabung, die man entweder hat oder nicht hat. Mit Übung ist dabei allerdings nicht die Häufigkeit gemeint, mit der man dieselben Fehler schon wiederholt hat, sondern tatsächlich ein Training mit Anleitung, Feedback und Selbstreflexion. Wem die Zehntausend-Stunden-Regel der Meisterschaft hier zu hoch gegriffen erscheint, der kann zumindest mal mit ein paar hundert Stunden anfangen.

Ebenfalls nicht erforderlich ist, dass einem der Umgang mit Konflikten Spaß macht. Freude daran haben, am Anfang, die wenigsten Menschen. Denn natürlich wäre es sehr viel angenehmer, wenn die Dinge von vornherein so liefen, wie man sie sich vorstellt, und getroffene Vereinbarungen immer umgesetzt würden.

Aber die Notwendigkeit von Führung ergibt sich ja gerade daraus, dass dies nicht immer so ist. In solchen Fällen liegt die Führungsaufgabe darin, möglichst geräuschlos und ohne großes Drama dafür zu sorgen, dass die Dinge auf den richtigen Weg kommen. Ob das Spaß macht, ist eine nachrangige Frage – entscheidend ist, dass es getan wird, und zwar professionell.

Mutiger Umgang mit Konflikten beginnt damit, die Führungsaufgabe Konfliktmanagement als Herausforderung anzunehmen, gleich ob man es gern macht oder nicht. Dazu zählt auch die Entscheidung, die (Haupt-) Verantwortung für die konstruktive und ermutigende Klärung anstehender Konflikte zu übernehmen. Aber nicht die alleinige Verantwortung: Das wäre eine Selbstüberforderung, denn natürlich haben auch der oder die anderen Beteiligten einen Einfluss auf den Konfliktverlauf und tragen deshalb auch eine Mitverantwortung. Auch wenn man die Hauptverantwortung übernimmt, ist daher wichtig, nicht die ganze Last der Welt auf die eigenen Schultern zu nehmen, sondern den anderen Beteiligten ihre Mitverantwortung zu lassen – und sie bei Bedarf auch einzufordern.

►► Konfliktmanagement, das heißt die Prävention, Klärung und Bewältigung von Konflikten, ist eine zentrale Führungsaufgabe, vor der man sich in einer Führungsposition nicht drücken kann und darf. Diese Fähigkeit ist keine Naturbegabung; sie kann und muss erlernt werden. ◄◄

Fünf-Minuten-Übung: Ihre Einstellung zu Konflikten: Aufgabe

Wenn Sie besser verstehen wollen, wie Sie jenseits aller offiziellen Erklärungen über Konflikte denken und was dabei Ihre Gefühle und Ihr Handeln bestimmt, laden wir Sie zu einer kurzen Übung ein.

Nehmen Sie dazu einfach einen Zettel und einen Stift und schreiben Sie fünf Minuten lang so viele Stichworte und Assoziationen wie möglich auf, die Ihnen zum Thema Konflikte in den Sinn kommen. Filtern sie dabei nicht, sondern schreiben Sie einfach jedes Stichwort und jede Assoziation auf, die Ihnen in den Sinn kommt. Es geht um Menge, nicht um Qualität!

Und jetzt los!

Fünf-Minuten-Übung: Ihre Einstellung zu Konflikten: Auswertung

Markieren Sie auf Ihrer Stichwortliste all die Begriffe mit grüner Farbe oder einem Pluszeichen, die für Sie persönlich eher eine positive Konnotation haben. Markieren Sie in Gelb oder lassen Sie unmarkiert all die, die für Sie persönlich weder eine positive noch eine negative Bedeutung haben, sondern eher neutral sind. Und markieren Sie mit Rot oder mit einem Minuszeichen all die Begriffe, die für Sie persönlich eher einen negativen Beigeschmack haben.

Und dann zählen Sie einfach aus.

Wenn Ihr Bild ähnlich aussieht wie bei den meisten unserer Seminarteilnehmer, sind mindestens 70 Prozent aller Assoziationen negativ getönt. Dies zeigt das Problem: Für die meisten Menschen sind Konflikte etwas Negatives; sie gehen mit Befürchtungen und negativen Erwartungen an sie heran. Dies bestimmt unweigerlich auch ihr Handeln: Entweder agieren sie in Konfliktsituationen überängstlich, ausweichend und defensiv, oder aber sie gehen übertrieben forsch und kämpferisch an die Sache (bzw. an ihre Konfliktpartner) heran – womit sie oft genau die Reaktionen auslösen, die sie befürchten.

Wenn Sie möchten, können Sie noch ein Stück tiefer analysieren. Wenn Sie Ihre »roten Punkte« durchsehen: Was sehen Sie durch Konflikte eher bedroht – Ihre Beziehungen zu anderen Menschen und die Harmonie im Zusammenleben und Zusammenarbeiten oder Ihre eigenen Interessen und Bedürfnisse? Wenn Sie eher Ihre Interessen und Bedürfnisse in Gefahr sehen, tendieren sie möglicherweise eher zu einer ruppigen Durchsetzung, wenn Sie eher die zwischenmenschliche Harmonie bedroht sehen, neigen Sie wohl eher zur Vermeidung und Verharmlosung von Konfllikten.

8.2 Die drei Phasen der Konfliktklärung

Bei der Klärung von Konflikten lassen sich drei Phasen unterscheiden, nämlich eine Vorphase, die sehr kurz sein, sich aber auch über längere Zeit hinziehen kann, das eigentliche Konfliktgespräch sowie die Nacharbeit.

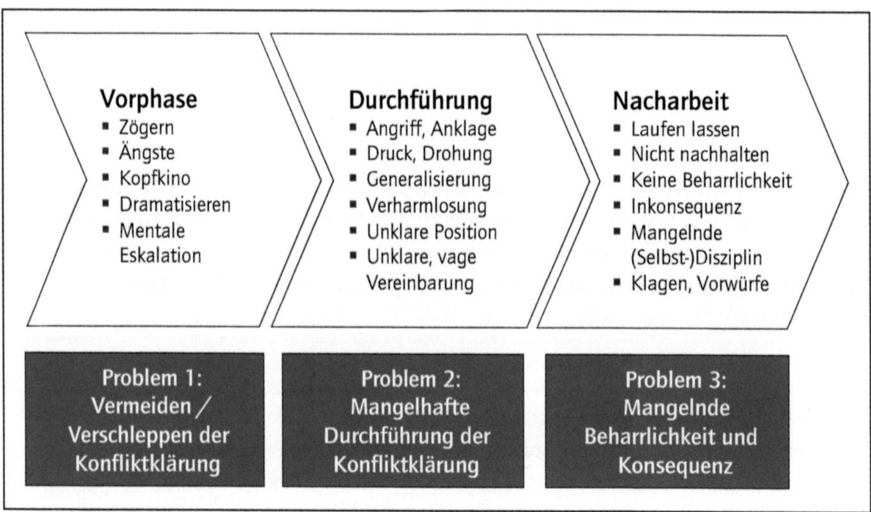

Abb. 11 Die drei Phasen der Konfliktklärung und ihre häufigsten Probleme

Die Schlüsselrolle der Vorphase

Obwohl sie meist kaum beachtet wird, ist die *Vorphase* wohl die wichtigste von allen, weil sie die Weichen für alles Weitere stellt. Wenn Führungskräfte im Ernstfall nicht umsetzen, was sie in Konfliktmanagement-Seminaren trainiert oder aus Büchern gelernt haben, liegt es meistens daran, dass dabei dieser Vorphase sowie dem, was im Vorfeld eines Konflikts im eigenen Kopf passiert, nicht genügend Beachtung geschenkt wurde. Denn die innere Haltung, mit der wir in einen Konflikt hineingehen und ihn ansprechen, die Erwartungen, Hoffnungen und Befürchtungen, die der Handelnde damit verbindet, die Vorgehensweise, die er wählt, entwickeln sich alle in dieser Vorphase.

Auch ob jemand ein Ärgernis oder Problem umgehend anspricht oder ob er es verschleppt und tage- oder gar wochenlang zwischen einerseits und andererseits schwankt, ob er explodiert oder gelassen bleibt, ob er aggressiv wird, klar auf den Punkt kommt oder mit verlegenem Lachen und tausend Entschuldigungen nur vage Andeutungen macht, ob er maßlos übertreibt oder das Problem bis zur Unkenntlichkeit verharmlost, das ist alles eine Folge davon, was für Filme er in seinem »Kopfkino « produziert und einmal oder vielfach abgespielt hat. Wenn wir im Vorfeld eines Konflikts unsere inneren Selbstgespräche (→ Kap. 3.3) ohne Aufsicht lassen, dann wird der ganze weitere Konfliktverlauf zum Glücksspiel.

Deshalb ist es so wichtig, durch diese Vorphase nicht nur irgendwie hindurch zu schlittern, sondern sie für eine sorgfältige innere Vorbereitung zu nutzen. Was nicht zwangsläufig heißt, dass diese Phase sehr viel Zeit in Anspruch nehmen muss: Mit wachsender Erfahrung genügen oft ein paar Minuten, notfalls sogar ein kurzer Augenblick. Zum Üben allerdings wird man mehr Zeit veranschlagen müssen.

Konfliktgespräch und Nacharbeit

Eine gute innere Vorbereitung ist die halbe Miete für das eigentliche *Konfliktgespräch*. Die meisten Regeln für Konfliktgespräche passen wie maßgeschneidert mit ermutigender Führung zusammen, wie beispielsweise Akzeptanz, Gleichwertigkeit, indirekte Ermutigung. Ein paar zusätzliche Tipps und Regeln helfen, solche Gespräche konstruktiv und ergiebig zu gestalten und zu greifbaren Ergebnissen zu kommen. Wichtig ist hier vor allem, im Gespräch nicht zu reaktiv zu sein und das eigene Ziel einer konstruktiven Klärung immer im Auge zu behalten.

Viele Menschen glauben, ein Konflikt wäre ausgeräumt, wenn man sich ausgesprochen und auf eine von beiden Seiten annehmbare Vereinbarung geeinigt hat. Diese Annahme ist ihrerseits wohl die häufigste Ursache von Folgekonflikten und deren Eskalationen. Denn eine Vereinbarung mit der Lösung eines Konflikts zu verwechseln, ist, wie einen Bauplan mit einem Haus zu verwechseln. Ein

Konflikt ist *noch nicht* ausgeräumt, wenn eine Vereinbarung getroffen ist, sondern erst dann, wenn diese Vereinbarung umgesetzt wurde und sich in der Praxis bewährt hat. Dies sicherzustellen, darum geht es in der *Nacharbeit.*

Zwischen einem Plan und seiner Umsetzung können viele Hindernisse liegen, beginnend mit der Möglichkeit, dass eine der Parteien von vornherein nie beabsichtigt hatte, die Vereinbarung einzuhalten, bis hin zu dem Fall, dass sich die getroffene Vereinbarung selbst beim besten Willen als nicht umsetzbar erweist. Wer daher auf ein Nachhalten verzichtet und allein auf das Prinzip Hoffnung setzt, riskiert ein böses Erwachen. Aus dieser Enttäuschung entstehen leicht Folgekonflikte, die von großer Empörung gespeist sind: Obwohl Sie doch alles getan haben, um den ursprünglichen Konflikt konstruktiv zu klären, lässt Sie die andere Seite nun im Regen stehen und missachtet die getroffenen Vereinbarungen. Das kann sehr viel Zorn, Verärgerung und Wut auslösen.

►► Die wichtigste und zugleich die am meisten vernachlässigte Phase der Konfliktklärung ist die Vorphase, in der es darum geht, sich innerlich vorzubereiten und sich so einzustimmen, dass man zu einem konstruktiven Konfliktgespräch überhaupt bereit und in der Lage ist. Sie stellt die Weichen. Wird sie vernachlässigt, wird es kaum gelingen, im eigentlichen Konfliktgespräch einen förderlichen Kurs zu halten. Nicht zu unterschätzen ist außerdem die Nacharbeit, denn ein Konflikt ist nicht dann bereinigt, wenn eine Lösung gefunden wurde, sondern erst, wenn diese Lösung umgesetzt ist und sich in der Praxis bewährt. ◄◄

8.3 Innere Vorbereitung und Einstimmung

Wir nennen die erste Phase bewusst *Vorphase* und nicht Vorarbeit oder Vorbereitung, weil die Begriffe Vorbereitung oder Vorarbeit implizit unterstellen, dass Sie die Entscheidung, den Konflikt anzusprechen, bereits getroffen haben. In Wirklichkeit steht aber meist nicht von Anfang an fest, ob wir ein Problem ansprechen oder ob wir es auf sich beruhen lassen. Diese Entscheidung kommt erst im Laufe der Vorphase zustande und ist eine ganz zentrale Weichenstellung. Ganz am Anfang nehmen wir zwar eine Störung, eine Irritation oder ein Ärgernis wahr, aber wir haben uns noch nicht festgelegt, wie wir damit umgehen.

Ansprechen oder nicht: eine Entscheidung treffen ...

Wenn das Problem entweder sehr groß oder kaum der Rede wert ist, dann ist die Entscheidung in aller Regel einfach und geht sehr schnell: Dann ist uns auf der Stelle oder nach kurzem Nachdenken klar, dass wir die Störung zum Thema machen müssen bzw. dass es sich nicht lohnt, darauf einzugehen. Schwieriger ist es in den Fällen, die irgendwo dazwischen liegen. Dann kann es unter Umständen Tage oder Wochen dauern und mit etlichen mentalen Pendelbewegungen einhergehen, bis wir endgültig entschieden haben, den Punkt entweder zu ignorieren oder auf den Tisch zu bringen.

Sofern wir überhaupt eine klare Entscheidung treffen. Viel Stress und Ärger entsteht im Alltag nämlich genau daraus, dass Menschen sich nicht entscheiden können bzw. wollen, ob sie über ein Problem, eine Irritation oder ein Ärgernis hinweggehen oder ob sie das Thema ansprechen und damit sozusagen offiziell zum Konflikt erklären möchten: Einerseits scheint ihnen die Sache nicht wichtig genug, um daraus ein großes Thema zu machen, andererseits stört oder ärgert es sie doch so sehr, dass sie sich nicht einfach damit abfinden wollen. Oder sie haben nicht den Mut, den Konflikt offen auf den Tisch zu bringen, können sich aber auch nicht dazu durchringen, ihn abzuhaken.

Also tun sie etwas, was für jede Beziehung, gleich ob im Beruf oder im Privatbereich, fatal ist: Sie sprechen den Punkt nicht direkt an, finden sich aber auch nicht damit ab, sondern wählen die mutloseste denkbare Lösung: Sie maulen, schmollen, beklagen sich gegenüber Dritten oder geben auf sonst eine indirekte Weise ihrem Unbehagen oder ihrer Unzufriedenheit Ausdruck. Damit ziehen sie aber nur die Stimmung nach unten, ohne zu einer Klärung und einer Behebung des Problems beizutragen. Die Folge ist ein Anwachsen der Unzufriedenheit und Gereiztheit bei allen Beteiligten. Unter Umständen entstehen sekundäre und tertiäre Störungen, und die Gründe zur Unzufriedenheit werden immer mehr.

… oder für immer schweigen

Das Erste und Dringendste, was man daher tun sollte, wenn einem bewusst wird, dass man sich gerade ärgert oder genervt ist, ist, eine klare Entscheidung zu treffen, den Punkt entweder offen auf den Tisch zu bringen oder nicht. Und falls man sich entscheidet, ihn zu ignorieren, dann aber auch in aller Konsequenz, also ohne das eigene Missvergnügen auf indirekte Weise zum Ausdruck zu bringen.

Das ist, wenn man sich wirklich dazu entschieden hat, meist leichter als gedacht, vor allem wenn man dabei den Schoenaker-Merksatz »Mach's nicht so wichtig!« beachtet. Denn in der Tat bauschen wir manche Punkte unnötig auf, um uns besser über sie empören zu können – und wenn wir mit dem Aufbauschen aufhören, lässt automatisch auch die Empörung nach.

Falls sich aber herausstellt, dass das Ignorieren und Abhaken partout nicht klappen will, bleibt immer noch die zweite mutige Variante, nämlich, den Punkt unverzüglich anzusprechen. Nur für ein halbherziges Verhalten und verdeckte Appelle und Bestrafungen sollten wir uns zu schade sein: Das ist letztlich nicht nur eine Frage der Fairness, weil andere ja nicht erraten können, was einen stört, sondern auch eine der Selbstachtung. Denn auch wenn einem das Schmollen oder Beklagen gegenüber Dritten eine vorübergehende Entlastung verschafft, spüren oder ahnen wir ja selbst, dass das eine recht mutlose Reaktion auf das Problem ist.

Methodische innere Vorbereitung

Falls Sie sich dafür entschieden haben, das Problem oder den Konflikt anzusprechen, ist jetzt der richtige Moment, in eine bewusste innere Vorbereitung einzusteigen. Dabei kommt es darauf an, über die »mentale Generalprobe« hinauszukommen, die die meisten Menschen in ihren inneren Selbstgesprächen vor einem Konflikt machen: In dieser mentalen Generalprobe spielen wir den möglichen Dialog vor unserem inneren Auge bzw. Ohr durch, optimieren ihn dort, wo wir mit dem fiktiven Verlauf nicht zufrieden sind, und lassen diesen selbstgedrehten Film möglicherweise vielfach auf unserer inneren Leinwand ablaufen. Dieses Grübeln schadet in der Regel nicht, sofern wir uns dabei nicht verrennen oder zusätzlich nervös machen, aber es nützt auch nicht viel: Der reale Verlauf ist meistens ein völlig anderer; diese Art der Vorbereitung hält meistens nur bis zur ersten Entgegnung.

Der erfahrene Konfliktforscher und Mediator William Ury schlägt in seinem Buch *Getting to Yes with Yourself* (2015)[18], basierend auf seinen Erfahrungen mit schwierigen Verhandlungen, eine völlig andere Vorgehensweise vor. Er empfiehlt, sich als erstes selbst Empathie entgegenzubringen (»put yourself in *your own* shoes first«, S. 19), das heißt, die eigenen Gefühle und Gedanken, Hoffnungen und Befürchtungen bewusst wahrzunehmen und seine dahinter liegenden Bedürfnisse zu erkennen: Was will ich wirklich erreichen? Was ist mein eigentliches Anliegen hinter meinem vordergründigen Gesprächsziel? Was ist mir wichtig? Was macht mir Sorgen? Wie soll das Gespräch meine Beziehung zu meinem Konfliktpartner beeinflussen und wie nicht?

Die eigenen Ziele und Bedürfnisse erkennen

Der Sinn und Zweck dieser Fragen ist es, seine wirklichen Ziele und Bedürfnisse zu erkennen, statt sich in taktischen Manövern und situativen Spielzügen zu verlieren. Denn die tieferen Bedürfnisse, die hinter unseren kurzfristigen Gesprächszielen, Positionen und Forderungen stehen und die uns eigentlich am wichtigsten sind, sind uns oft nicht voll bewusst. Und solange sie uns nicht bewusst sind, ist es auch schwer, auf eine Lösung hinzuarbeiten, die ihnen gerecht wird.

18 Eine ausführliche zusammenfassende Rezension dieses sehr lesenswerten Buchs finden Sie unter http://www.umsetzungsberatung.de/service/read.php?nr=360

Dann insistieren wir unter Umständen auf Forderungen, die gar nicht unser eigentliches Anliegen sind, und übersehen Dinge, die uns sehr viel wichtiger wären. Vor allem aber neigen wir ohne ein klares Bild unserer Ziele dazu, im Gespräch zu reaktiv zu sein, das heißt, mehr auf das Verhalten unserer Kontrahenten zu antworten als unsere eigenen Ziele und Interessen zu verfolgen.

Drei Techniken empfieht Ury spezifisch: Erstens, sich mit einem gewissen inneren Abstand wohlwollend (!) selbst zu beobachten (»see yourself from the balcony«, S. 20 ff.). Zweitens, bewusst auf die eigenen unausgesprochenen Gedanken und Gefühle zu achten (»listen [to yourself] with empathy«, S. 27 ff.) und drittens, eine Ebene tiefer, die eigenen tieferen Bedürfnisse hinter diesen Gefühlen zu entdecken (»uncover your needs«, S. 31 ff.). Als nützliche Strategie, an diese tieferen Bedürfnisse heranzukommen, empfiehlt er, aufmerksam auf Gefühle der Unzufriedenheit zu achten, denn sie zeigen in aller Regel auf unbeachtete Sorgen und Interessen.

Wenn wir uns einfühlsam »vom Balkon aus beobachten«, fällt uns vielleicht auf, wie wütend dieser Mensch da unten, der wir selber sind, gerade ist, und wie sehr ihm der Sinn danach steht, seinem Kontrahenten einen Denkzettel zu verpassen, den er so bald nicht vergessen wird. Wenn wir uns aber tiefer in seine Gefühle hineindenken und einfühlen, erkennen wir vielleicht, dass hinter dieser Wut eine Art »Opfergefühl« steht, das heißt das Gefühl, jener anderen Person ausgeliefert zu sein, die ihm immer wieder Schwierigkeiten macht und keinerlei Rücksicht auf seine Bedürfnisse und Interessen zu nehmen scheint. Als tieferes Bedürfnis hätte sich damit der Wunsch herauskristallisiert, der Kontrahent solle unsere Interessen achten, statt sie einfach zu ignorieren.

Ärger, Wut und Schuldzuweisungen

Hinter Ärger, Wut und aggressiven Handlungsimpulsen steht letztlich sehr oft die Befürchtung, dass die eigenen Anliegen, Interessen und Bedürfnisse unter die Räder kommen könnten, wenn man nicht mit allem Nachdruck für sie eintritt und Menschen, die sie nicht achten, in ihre Schranken verweist.

Diese Angst um die eigenen Bedürfnisse ist sehr häufig der kritische Punkt sowohl für Konfliktgespräche als auch für ihre Vorbereitung: Sie macht Menschen unsensibel gegenüber den Bedürfnissen anderer und bringt sie in eine aggressive Stimmung – auch Führungskräfte. Aus der Angst, zu kurz zu kommen, versteifen sich Menschen häufig auf starre Positionen, bauschen Probleme auf oder machen unangemessen viel Druck. Das heißt, diese Befürchtung trennt die Konfliktparteien und bringt sie in Stellung gegeneinander.

Aus derselben Quelle speisen sich auch Vorwürfe, Schuldzuweisungen sowie die Vorstellung, dass andere Menschen verantwortlich für unseren Ärger und die insgesamt unbefriedigende Situation wären – und wir selber deren unschuldige Opfer. Doch die Vorstellung, die Umgebung müsse sich so verhalten, wie wir es uns wünschen, ist ebenso egozentrisch wie unrealistisch: Andere Menschen verhalten sich so, wie es für sie Sinn ergibt und nicht so, wie wir es gerne hätten.

Aber noch aus einem anderen Grund sind Schuldzuweisungen ein zweischneidiges Schwert: Sie verschaffen uns zwar Entlastung, indem sie uns das Gefühl geben, unschuldig an den bestehenden Problemen zu sein, entmutigen uns aber gleichzeitig und machen uns zum Gefangenen der Situation, weil sie unseren Einfluss auf die Lage und ihre weitere Entwicklung ignorieren und uns vor uns selbst ohnmächtiger erscheinen lassen als wir sind.

Verantwortung für die Situation sowie die eigenen Bedürfnissen übernehmen

Anstelle von Schuldzuweisungen empfiehlt William Ury daher, Verantwortung für die Situation zu übernehmen – und zwar im Sinne des darin steckenden Wortes Antwort, also im Sinne der Fähigkeit und Bereitschaft, die gegebene Situation als Aufgabe anzunehmen und eine konstruktive Antwort auf sie zu geben. Wenn wir die Verantwortung für uns selbst und andere Beziehungen annehmen, werden wir handlungsfähig. Das ist anstrengender als auf andere zu zeigen, aber es ist zugleich befreiend, weil wir dann nicht mehr (vergeblich) darauf warten müssen, dass die anderen sich anders verhalten, sondern selbst agieren können.

Dazu zählt auch, die Verantwortung für die eigenen Bedürfnisse zu übernehmen, statt unrealistische Ansprüche an das Verhalten anderer Menschen zu stellen. Um die Angst zu reduzieren, dass die eigenen Bedürfnisse unter die Räder kommen könnten, empfiehlt Ury, vor sich selbst ein unverbrüchliches Bekenntnis zu den eigenen Bedürfnissen abzulegen: Ganz gleich wie das Gespräch ausgeht, und selbst wenn es eine totale Katastrophe wird, ich übernehme selbst die Verantwortung für meine Bedürfnisse und kümmere mich um sie! Wobei er unterstreicht: »Das Schlüsselwort ist *ganz gleich wie*«. Denn damit verschafft man sich ein Stück innere Unabhängigkeit gegenüber dem Verhalten der anderen Beteiligten (S. 56).

Das unverbrüchliche Commitment zu den eigenen Bedürfnissen wirkt gerade dann entlastend, wenn man im Vorfeld eines Konflikts unter einer gewissen Anspannung steht. Denn damit macht man sich selbst unabhängiger vom Verhalten und den Reaktionen des Konfliktpartners. Selbst wenn er harsch und abweisend oder gar aggressiv reagieren sollte, muss uns das nicht aus dem Gleichgewicht bringen: Je besser und verlässlicher wir uns selbst achten, desto weniger sind wir auf die Achtung anderer angewiesen. Und desto unangestrengter können wir auch ausgesprochener Unfreundlichkeit mit Freundlichkeit begegnen.

Eine freundliche Grundhaltung entwickeln

Der häufigste Grund, weshalb Menschen in Konfliktgesprächen aggressiv oder defensiv reagieren, ist jedoch nicht, dass sie uns Böses wollen, sondern dass sie sich von uns angegriffen oder in die Enge getrieben fühlen. Ein weiteres wichtiges Element der inneren Vorbereitung ist daher, sich in eine freundliche Grundstimmung zu bringen, um zu verhindern, dass wir den Kontrahenten unnötig angreifen, und dazu in der Lage sind, ihn trotz des Konflikts nicht als Gegner, sondern als Partner zu sehen.

Um auch im Konflikt konstruktiv und gleichwertig mit anderen Menschen umzugehen, hat sich in der Individualpsychologie ein Prinzip bewährt, das lautet: »Tat und Täter trennen«. Man kann die »Tat«, also ein bestimmtes Verhalten, auf das Schärfste missbilligen und trotzdem den »Täter« als gleichwertigen Mitmenschen achten. Die Missbilligung der »Tat« kann und soll in aller Deutlichkeit angesprochen werden, ohne damit aber den »Täter« anzugreifen oder zu entwerten. Eine Aussage wie »Ich finde das überhaupt nicht in Ordnung!« oder »Das ist für mich nicht akzeptabel« kann man sehr wohl in aller Klarheit machen, ohne den Konfliktpartner als Person niederzumachen oder zu entwerten.

Der Leitgedanke dafür lautet »freundlich und fest«. Er hängt zusammen mit einem anderen Prinzip, das Rudolf Dreikurs vor mehr als einem halben Jahrhundert für Konfliktgespräche formuliert hat: *Weder kämpfen noch nachgeben*. Für Menschen, die mit diesem Denken nicht vertraut sind, klingt das im ersten Moment wie zwei Forderungen, die sich gegenseitig ausschließen. Wie kann man in einem Konflikt »weder kämpfen noch nachgeben«? Was soll man denn sonst tun? Die Antwort ist: Freundlich und fest das eigene Anliegen vertreten und auf einer einvernehmlichen Lösung bestehen.

Respekt und Akzeptanz als Grundhaltung

Freundlichkeit und Festigkeit sind deshalb zu vereinbaren, weil sie Tat und Täter trennen. Wenn wir einen Menschen insgesamt ablehnen, weil wir über sein Verhalten verärgert oder wütend sind, wird es uns kaum gelingen, ihm mit echter Freundlichkeit zu begegnen. Nur wenn wir uns klarmachen, dass jeder Mensch mehr ist als sein Verhalten, können wir ihn auch dann freundlich behandeln, wenn wir uns über ihn – nein: über sein Verhalten – geärgert haben, und diesem Verhalten zugleich unmissverständlich entgegentreten.

Das ist in der Praxis nicht ganz so einfach, denn wir neigen dazu, Menschen und ihr Verhalten gleichzusetzen: Wenn uns jemand regelmäßig auf die Palme bringt, lehnen wir ihn früher oder später auch als Person ab. Trotzdem ist es eigentlich eine überschießende Reaktion, einen Menschen komplett abzulehnen oder gar zu hassen, bloß weil uns sein Verhalten zur Raserei bringt. Wir fahren besser, wenn wir uns innerlich darauf beschränken, sein Verhalten zu missbilligen. Allerdings erfordert das eine bewusste Entscheidung, denn die spontanen Reflexe gehen ganz eindeutig in Richtung Generalisierung.

Damit, dass wir Person und Sache auseinanderhalten und dem Betreffenden trotz allem Akzeptanz und Respekt entgegenbringen, tun wir nicht so sehr ihm einen Gefallen als uns selber und unserer Fähigkeit, den Konflikt zu lösen. Denn wenn uns dies dank unserer gedanklichen Vorbereitung gelingt, wird der Umgang mit ihm wesentlich leichter. So stellt der erfahrene Verhandler William Ury fest: »Die leichteste Konzession, die Sie machen können, diejenige, die Sie am wenigsten kostet und den größten Nutzen bringt, ist, dem anderen Respekt entgegenzubringen.« (S. 117)

Empathie für den Konfliktpartner

Um dem anderen »trotzdem« Respekt entgegenzubringen, hilft es, das Blickfeld zu erweitern und uns in die Sichtweise des anderen hineinzuversetzen. Genau wie zuvor uns selbst, sollten wir nun auch unserem Konfliktpartner ein Stück Empathie widmen. Vermutlich hat er das, was er getan hat, ja nicht mit böser Absicht getan oder um uns zu ärgern oder sich an uns zu rächen. (Und wenn doch, würde es sich lohnen, die Empathie auch darauf zu richten, welchen Grund zur Rache wir ihm gegeben haben.)

Mit ziemlicher Sicherheit war sein Handeln ja aus seiner Sicht sinnvoll, sonst hätte er sich kaum so verhalten. Je besser wir uns in seine Sichtweise hineindenken können, desto schwerer wird es uns fallen, ihn in Bausch und Bogen zu verurteilen – und desto besser sind wir deshalb dazu in der Lage, »Tat und Täter zu trennen«.

Die größte Zumutung, die William Ury für seine Leser bereithält, lautet aber: »Respektiere sie, selbst wenn« (»respect them even if«, S. 115 ff.). Selbst wenn uns jemand mit offener oder verdeckter Feindseligkeit begegnet, zwingt uns das nicht, ihn ebenfalls abzulehnen – und wir sollten uns dazu auch nicht zwingen lassen. Das Prinzip, Ablehnung mit Respekt zu beantworten und Ausgrenzung mit Einbeziehung, greift nach Urys Erfahrung selbst dann, wenn man mit massiver Feindseligkeit konfrontiert ist.

Ury charakterisiert das als eine Art »psychologisches Jiu-Jitsu«, gegen das sich der andere auf die Dauer nicht wehren kann. Es ist zwar das genau Gegenteil von dem, was man spontan tun möchte, aber damit auch das genaue Gegenteil von dem, was der andere erwartet. Wenn wir es schaffen, Akzeptanz und Respekt durchzuhalten, wird es unseren Kontrahenten auf die Dauer kaum gelingen, bei ihrer feindseligen Linie zu bleiben.

►► Der Schlüssel zu erfolgreichen Konfliktgesprächen liegt nicht so sehr in der Gesprächsführung als in der inneren Einstimmung auf das Gespräch. Der erste Schritt sollte dabei sein, sich selbst Empathie entgegenzubringen und die eigenen tieferen Bedürfnisse zu verstehen, die die aktuelle Konfliktsituation im Hintergrund anheizen. Darauf aufbauend geht es darum, die Verantwortung sowohl für die Situation als auch für die eigenen Bedürfnisse zu übernehmen, statt Vorwürfe zu erheben und anderen die Schuld zuzuweisen. Schließlich ist es wichtig, Tat und Täter zu trennen, damit wir dem Verhalten deutlich entgegentreten können, ohne die andere(n) Person(en) abzulehnen. Die innere Vorbereitung war dann erfolgreich, wenn wir dazu bereit und in der Lage sind, unserem Konfliktpartner freundlich und fest, das heißt mit Akzeptanz und Respekt zu begegnen. ◄◄

Übung: Umgang mit Katastrophenphantasien

Wenn Sie von sich selber wissen, dass Sie dazu neigen, heikle Gespräche zu vermeiden oder auf die lange Bank zu schieben, hängt das vermutlich damit zusammen, dass solche Gespräche und ihre möglichen Folgen für Sie, vielleicht aufgrund von schlechten Erfahrungen aus der Vergangenheit, mit Ängsten, Sorgen und Befürchtungen befrachtet sind. Vielleicht neigen Sie auch zur Dramatisierung der möglichen Folgen und zu Katastrophenphantasien, also dazu, sich einen ausgesprochen unschönen Verlauf in den schrecklichsten Farben auszumalen.

Die folgenden Fragen können Ihnen helfen, Ihren Sorgen und Befürchtungen auf die Schliche zu kommen:

- Angenommen, ich würde das Thema ansprechen, was könnte möglicherweise die Folge sein?
- Wie könnte der/die andere reagieren? Was könnte er/sie über mich denken? Wie könnte er/sie sich möglicherweise rächen?
- Was könnten andere denken? Wie könnte die Umgebung reagieren? Welche Weiterungen könnte die Sache ziehen?
- Was könnte schlimmstenfalls passieren?
- Was will ich erreichen oder vermeiden, indem ich einen Bogen um das Thema mache?

Normalerweise neigen wir dazu, bei solchen Schreckensvorstellungen zwischen Dramatisierung und Selbstbeschwichtigung hin- und herzupendeln: Erst malen wir uns eine Katastrophe aus und steigern uns immer weiter hinein, dann trösten wir uns selbst, dass es so schlimm wohl doch nicht kommen wird, und entspannen uns für eine Weile – und dann fangen wir das gleiche Spiel von vorne an. Diese Selbstberuhigung und das Weglaufen vor der Angst funktionieren offensichtlich nicht; die Angst flackert immer wieder von Neuem auf.

Die bessere Methode ist, sich der eigenen Angst zu stellen, statt vor ihr davonzulaufen. Sehr gut bewährt haben sich dafür die folgenden drei Schritte:

1. Den schlimmsten denkbaren Fall als reale Möglichkeit akzeptieren. Statt sich einzureden, dass dieser Fall extrem unwahrscheinlich ist und bei realistischer Betrachtung überhaupt nicht eintreten kann, akzeptieren Sie, dass er eintreten kann, so unwahrscheinlich das auch sein mag: Ja, das kann passieren!
2. Den schlimmsten denkbaren Fall in aller Konsequenz zu Ende denken. In unseren Katastrophenphantasien lassen wir den Horrorfilm in unserem Kopf eine Weile laufen – und

halten den Film dann an der schrecklichsten Stelle an, weil wir es nicht mehr aushalten, und »baden« in der Katastrophe.

Lassen Sie den Film stattdessen weiterlaufen bis zum Ende: Endet der Film mit dem Weltuntergang? Mit Ihrer Hinrichtung? Mit Ihrem Ausschluss aus der zivilisierten Menschheit? Mit der fristlosen Kündigung? Damit, dass Sie nie wieder einen Job finden und unter Brücken schlafen müssen? Mit einer Abmahnung? Oder wie sonst?

Und wenn ja, wie geht es danach weiter? Selbst wenn es zu einem dieser Probleme kommen sollte, bleibt ja damit die Welt nicht an diesem Punkt stehen. Trotz allem, was passiert ist, wird am anderen Tag die Sonne aufgehen. Also, wie geht es danach weiter?

Wenn Sie den schlimmsten Fall in dieser Weise zu Ende denken, werden Sie mit großer Wahrscheinlichkeit feststellen, dass es zwar in der Tat unangenehm und vielleicht sogar sehr unangenehm wäre, wenn dieser Fall einträte, aber eben doch nicht jene grenzenlose Katastrophe, mit der Sie sich in Ihren Phantasien gequält haben. Wenn Sie an diesem Punkt sind, werden Sie nach einer Weile merken, dass eine Ruhe in Ihrem Inneren einkehrt, die Ihnen das Wegschieben der unangenehmen Gedanken und die Selbstbeschwichtigung nicht bieten konnte.

3. Dann – und erst dann! – sind Sie reif für den dritten Schritt. Er besteht darin, in aller Ruhe und Sorgfalt das Erforderliche zu tun, damit dieser schlimmste Fall nicht eintritt und die Sache einen guten Verlauf nimmt.

8.4 Ein klärendes Konfliktgespräch führen

Je besser die Vorbereitung und innere Einstimmung gelungen ist, desto weniger schwierig sollte das eigentliche Konfliktgespräch werden. Denn wenn wir es mit einer freundlichen, wohlwollenden inneren Haltung angehen, gibt es für unseren Konfliktpartner sehr viel weniger Grund, defensiv oder aggressiv zu reagieren. Das heißt nicht, dass wir damit schon am Ziel sind, aber wir haben zumindest die bestmöglichen Voraussetzungen für einen erfolgreichen Gesprächsverlauf.

Eine erste nützliche Regel ist, ohne lange Vorrede zur Sache zu kommen. Je schwieriger das zu besprechende Thema ist, desto unehrlicher wirkt es im Nachhinein, wenn man zuvor lange Small Talk gemacht oder über irgendwelche anderen Themen gesprochen hat.[19] Stellen Sie sich vor, Sie hätten sich entschieden, jemandem eine formelle Ermahnung oder gar eine Abmahnung auszusprechen. Da bekäme es nachträglich einen üblen Beigeschmack, wenn Sie davor mit ihm über ein Fachthema diskutiert oder über seinen Urlaub geplaudert hätten.

---

19 Kaum ein Thema ist von so starken interkulturellen Unterschieden geprägt wie der Umgang mit Konflikten. Die hier vorgeschlagenen Regeln gelten in erster Linie für den deutschsprachigen Raum sowie den nordeuropäischen Kulturkreis; in anderen Kulturkreisen gelten zum Teil völlig andere Regeln.

Kleinere Themen könnte man zwar auch unter der Überschrift »Ach, übrigens, was ich noch mit Ihnen besprechen wollte ...« an eine andere Besprechung anhängen. Aber ideal ist auch das nicht, denn dann endet das Zusammentreffen mit einem (wenigstens potenziell) unangenehmen Thema. Und der Endpunkt des heutigen Gesprächs ist der Einstiegspunkt für das nächste. Deshalb sollten unangenehme Themen möglichst gleich zu Anfang behandelt werden; dann hat das Gespräch insgesamt eine »aufsteigende Bewegungslinie«.

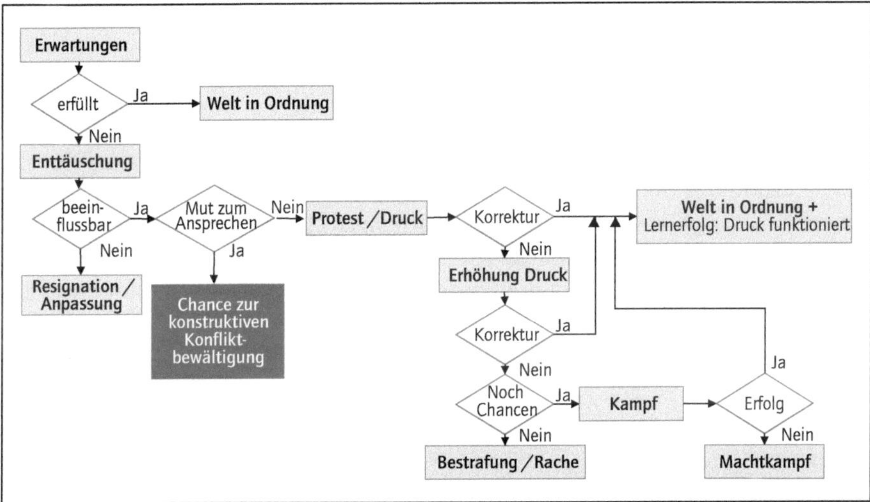

Abb. 12 Der Mut, einen Konflikt anzusprechen, ist die beste Möglichkeit, ihn auf konstruktive Weise zu bewältigen - anderenfalls besteht die Gefahr, dass er sich in Richtung Machtkampf oder Bestrafung und Rache entwickelt

Die drei W: Wahrnehmung - Wirkung - Wunsch

Für das Ansprechen des Problems empfiehlt sich die bekannte und bewährte *WWW-Struktur: Wahrnehmung – Wirkung – Wunsch.* Wichtig ist dabei, dass das erste W wirklich eine Wahrnehmung wiedergibt und nicht eine als Wahrnehmung getarnte Bewertung. Eine Bewertung wird nicht dadurch zu einer Wahrnehmung, dass man ein »Ich habe wahrgenommen ...« davor setzt: »Ich habe wahrgenommen, dass Sie mit dem Kollegen aus der Nachbarabteilung sehr arrogant umgesprungen sind!«

Eine Wahrnehmung muss ein beobachtbares Verhalten beschreiben, und »arrogant« ist sicherlich nicht beobachtbar, sondern die eigene subjektive Bewertung eines beobachteten Verhaltens – wobei offen bleibt, welches Verhalten eigentlich beobachtet wurde. Eine Beobachtung wäre dagegen: »Sie haben dem Kollegen gesagt, es sei nicht Ihr Problem, dass er gegenüber dem Kunden im Wort sei.«

»Das hat auf mich arrogant gewirkt«, wäre die Beschreibung einer Wirkung, allerdings eine, die wegen der darin enthaltenden Bewertung schwer annehmbar ist. Leichter verdaulich und nicht weniger klar wäre etwa die Aussage: »Ich habe das als sehr abweisend und kalt empfunden, als ob Ihnen das Problem des Kollegen völlig gleichgültig wäre.« Noch interessanter als die Wirkung auf den – in diesem Fall nur indirekt betroffenen – Vorgesetzten wäre aber wahrscheinlich die Wirkung auf den direkt betroffenen Kollegen, vielleicht auch die auf den Kunden und auf das eigene Unternehmen. Daran kann sich ein konkreter Wunsch anschließen: »Meine Bitte an Sie wäre, dass Sie künftig …«

Gelegenheit zur Stellungnahme geben

Wichtig ist dabei, den Gesprächspartner nicht zu überrollen, sondern ihm nach dieser Eröffnung Zeit zur Stellungnahme zu geben. Da er – im Gegensatz zu Ihnen – nicht vorbereitet ist, wird er möglicherweise einen Moment brauchen, um sich mit der Situation zurechtzufinden. Und es wäre nicht ungewöhnlich und auch nicht verwerflich, wenn er zunächst einmal mit Abwehr reagieren würde.

Dann kann es sinnvoll sein, freundlich und fest auf dem Punkt zu insistieren, aber nicht zu viel Druck zu machen, sondern eher zuzuhören und nachzufragen. Es hilft nichts, ärgerlich zu reagieren, wenn der Betreffende nicht gleich »einsichtig« ist, und es ist auch nicht sinnvoll, zu rasch auf ein Ergebnis oder eine Zusage zu drängen: Wenn sie – aus Sicht des Adressaten – unter Druck zustande gekommen ist, wird er sich daran nicht gebunden fühlen.

Eine gute Alternative zu diesem Dreischritt ist, den Wunsch noch ein wenig zurückzustellen und zunächst einmal nur die Wahrnehmung und die Wirkung zu beschreiben. Denn sonst besteht die Gefahr, dass die Diskussion zu schnell zu einer Lösung springt – und zwar zu einer Lösung, die hinterher nicht funktioniert, weil das »Problem hinter dem Problem« gar nicht ans Tageslicht kam und deshalb fortbesteht.

Denn vermutlich gibt es ja einen Grund, weshalb sich der Mitarbeiter gegenüber dem Kollegen so abweisend verhalten hat. Und wenn das so ist, wird eine Lösung, die diesen Grund außer Acht lässt, wahrscheinlich nicht dauerhaft funktionieren. (Das heißt nicht, dass dieser Grund die abweisende Haltung rechtfertigt – es heißt nur, dass er existiert und diese Haltung herbeiführt.)

Echte Konfliktklärung statt schneller Zustimmung

Das Ziel eines Konfliktgesprächs sollte nicht eine rasche Einigung sein, sondern eine wirkliche Klärung. Deshalb ist es wichtig, erst einmal ins Gespräch zu kommen und die Problemlage, so gut es geht, auszuleuchten. Eine allzu schnelle Zustimmung zu dem vorgebrachten Wunsch ist in vielen Fällen sogar ein Warnsignal, das bedeuten kann, dass der Konfliktpartner das unangenehme

Thema entweder gar nicht an sich heranlassen oder es möglichst rasch hinter sich bringen möchte. Diesen »Notausgang« verbaut man ihm, indem man den *Wunsch* zurückstellt, bis eine ausreichende Aufhellung der Situation erreicht ist.

Dabei können *öffnende Fragen* helfen, die ein echtes Interesse an der Sichtweise des Adressaten erkennen lassen: »Wie erleben Sie diesen Kollegen in solchen Situationen?«, »Wie ist Ihr Verhältnis zu ihm?« oder auch: »Was hat Sie dazu gebracht, so harsch auf sein Anliegen zu reagieren? Gibt es da möglicherweise eine Vorgeschichte?« Wenn der Mitarbeiter spürt, dass Sie an seiner Sichtweise wirklich interessiert sind, wird er sich wahrscheinlich öffnen – und dann gewinnen Sie einen ganz anderen Blick auf die Situation – und möglicherweise merken Sie dabei, dass Ihr ursprünglicher Wunsch etwas zu kurz gedacht war.

Aber das macht nichts, und es ist erst recht kein Grund, nervös zu werden – im Gegenteil: Es ist eine gute Nachricht, weil dann wahrscheinlich eine tragfähigere Lösung herauskommt als ohne dieses Verständnis. Wenn Sie die Sichtweise des Mitarbeiters verstehen, heißt das keineswegs, dass Sie ihm Recht geben müssen und Ihren Wunsch nach einer Verbesserung der Zusammenarbeit in den Kamin schreiben können (→ Kap. 5.8.2). An Ihrem Ziel, im Interesse des Unternehmens für eine bessere Zusammenarbeit zu sorgen, hat sich ja nichts geändert, nur hat sich durch das Gespräch vielleicht herausgestellt, dass für eine dauerhafte Lösung das Verhältnis des Mitarbeiters zu seinem Kollegen in der Nachbarabteilung verbessert werden muss. Das ist doch ein echter Erkenntnisfortschritt!

Sie brauchen auch keine Sorge zu haben, dass die Lösung des Problems damit an Ihnen hängen bleibt. Denn wie sollten Sie das Verhältnis Ihres Mitarbeiters zu seinem Kollegen verbessern? Diesen Schuh dürfen Sie sich schon deshalb nicht anziehen, weil Sie ihn unmöglich ausfüllen können: Sie können das Verhältnis der beiden nicht verbessern, schon gar nicht, wenn die beiden Betroffenen derweilen einen Platz auf der Zuschauertribüne einnehmen und Ihnen dabei zuschauen, wie Sie sich anstrengen.

Die Einzigen, die ihr Verhältnis in Ordnung bringen können, sind die beiden Protagonisten selbst. Und das kann auch von ihnen verlangt werden; schließlich werden sie vom Unternehmen nicht dafür bezahlt, sich gegenseitig Knüppel zwischen die Beine zu werfen, sondern so zusammenzuarbeiten, dass dabei ein Mehrwert für den Kunden entsteht. Das Einzige, was Sie dazu beitragen können und sollten, ist, durch Ihre Forderungen die Anreize entsprechend zu setzen – am besten in enger Absprache mit Ihrem Kollegen, der die Nachbarabteilung leitet.

Wenn sich der andere persönlich angegriffen fühlt

Auch wenn Sie sich dank einer guten Vorbereitung größte Mühe geben, Tat und Täter zu trennen und Ihrem Konfliktpartner ebenso freundlich wie fest zu begegnen, kann es sein, dass der sich trotzdem angegriffen fühlt und defensiv oder vielleicht auch aggressiv auf Ihre Kritik reagiert. Der Grund dafür liegt höchstwahrscheinlich darin, dass – nun ja, dass die allermeisten Menschen eben nicht zwischen Person und Sache trennen, schon gar nicht dann, wenn sie selbst mit einer Kritik konfrontiert sind. Die allermeisten Menschen interpretieren die Kritik spontan so: Wer mein Verhalten kritisiert, kritisiert mich!

Und in der Tat sind Person und Sache ja sehr viel enger miteinander verbunden als es jene kluge Regel suggeriert. Wenn jemand unser Verhalten kritisiert, dann fühlen wir uns beinahe unweigerlich auch als Person kritisiert. Denn unser Verhalten ist ja nichts, was unabhängig von unserer Person existiert und mit dem wir weiter nichts zu tun haben. Wer ein Verhalten kritisiert, erreicht damit gerade bei unsicheren Menschen sehr schnell den Punkt, an dem sie sich selbst, ihre Akzeptanz und ihr Zugehörigkeitsgefühl infrage gestellt sehen (→ Kap. 2.2). Das kann sich nicht nur in sehr defensiven Reaktionen – wie langen Erklärungen, Entschuldigungen, Rechtfertigungen – äußern, sondern auch in aggressivem Verhalten, wie zum Beispiel Vorwürfen, Klagen oder Gegenangriffen: »Ich würde von meinem Chef erwarten, dass er hinter mir steht, statt sich mit Leuten aus der Nachbarabteilung zu verbünden!«

Das gilt sogar schon, wenn jemand unsere Überzeugungen angreift. Denn es ist ja nicht so, dass Menschen überwiegend Gedanken, Meinungen und Vorschläge von sich geben, die sie innerlich nichts angehen. Vielmehr sind Person und Sache im richtigen Leben sehr eng verwoben: Wir stehen innerlich hinter unseren Aussagen und identifizieren uns mit unseren Positionen. Wenn daher jemand unsere Überzeugungen attackiert, empfinden wir das mit hoher Wahrscheinlichkeit so, dass es damit uns als Person angreift.

Wenn jemand beispielsweise einen unserer Vorschläge für »schwachsinnig« erklärt, kritisiert er damit keineswegs nur die Idee »als solche«, sondern natürlich auch uns, die wir sie vorgebracht haben, und greift unser Ansehen in der Gruppe an. Denn eine schwachsinnige Idee kann ja wohl nicht von einer intelligenten Person kommen.

Ähnlich, wenn jemand Dinge durchsetzen will, die nicht unseren Vorstellungen und Interessen entsprechen: Damit kommt er uns zwangsläufig nicht nur in der Sache, sondern auch als Person in die Quere. Und je härter er »in der Sache« auftritt, desto sicherer werden wir seine Position auch als Angriff auf unsere Person empfinden, weil sie etwa unsere Selbstachtung oder unsere Interessen infrage stellt.

Übung: Die Schwierigkeit, Person und Sache zu trennen

Stellen Sie sich vor, Sie haben gerade einen Fachvortrag gehalten, der sehr positiv aufgenommen wurde. In der Aussprache stellt einer der Teilnehmer höflich im Ton, aber glasklar in der Sache eine Ihrer zentralen Aussagen in Frage. Die Augen Ihrer Zuhörer richten sich erwartungsvoll auf Sie. Ist hier wirklich nur Ihre Sachaussage angegriffen, oder fühlen Sie sich auch als Person in ihrer Kompetenz und Autorität infrage gestellt?

Stellen Sie sich weiter vor, Sie hätten die Frage gut pariert, aber der Fragesteller meldet sich sogleich erneut zu Wort und fragt, weiterhin sehr höflich im Ton, aber insistierend in der Sache ein zweites Mal nach, wobei sichtbar wird, dass er, offenbar bestens vorbereitet, eine grundlegend andere Position vertritt als Sie.
Spätestens jetzt sind die Zuhörer hellwach und gespannt auf den Ausgang des sich abzeichnenden Zweikampfs. Manche scheinen auf Ihrer Seite zu sein und zu hoffen, dass es Ihnen gelingt, den »Angriff« abzuwehren; einige scheinen eher für den Fragesteller Partei zu nehmen; wieder andere sind einfach nur neugierig auf den Ausgang des Streitgesprächs, noch andere – die »Harmonieorientierten« – fühlen sich ungemütlich und hoffen, dass die stressige Situation bald vorbei ist.
Und nun sind Sie dran. Wie geht es Ihnen in dieser Situation? Fühlen Sie eine Anspannung? Ganz so einfach ist es offenbar nicht, Person und Sache zu trennen. Dem steht einfach entgegen, dass Menschen eine enge Bindung an ihre Gedanken, Überzeugungen und Ideen haben. Deshalb fühlen sie sich durch deren Infragestellung (fast) genauso angegriffen als wenn man sie persönlich attackiert hätte. Das gilt erst recht, wenn wir vor Publikum angegriffen oder kritisiert werden und die Gefahr eines Gesichtsverlustes droht.

Zielorientiert statt reaktiv

Lassen Sie sich daher bei aller Zugewandtheit in Ihrem Wunsch nach einer positiven Veränderung nicht entmutigen, bleiben Sie *freundlich und fest* und beharren Sie auf Ihrem Anliegen, *ohne zu kämpfen oder nachzugeben*.

Statt angesichts der heftigen Reaktionen Ihre Kritik abzuschwächen, ist es besser, dem Mitarbeiter deutlich zu machen, dass Sie zwar mit seinem Verhalten nicht einverstanden sind, ihn als Person aber schätzen: »Gerade weil ich viel von Ihnen halte und Sie als Mitarbeiter schätze, ist mir wichtig, dass Sie dieses Problem mit dem Kollegen aus der Nachbarabteilung in den Griff bekommen.«

Ein häufiger Fehler in schwierigen Gesprächen ist, dass die meisten Menschen zu reaktiv sind: Wir *reagieren* zu sehr auf die Aussagen und das Verhalten unserer Gesprächspartner, vor allem auf solche Bemerkungen, die wir falsch, störend oder unangebracht finden, und verlieren dabei unsere eigenen Ziele und Bedürfnisse aus den Augen. Wir hören eine spitze Bemerkung und verteidigen uns, finden einen Sachverhalt falsch dargestellt und müssen ihn sofort richtig stellen, fühlen uns angegriffen und verteidigen uns, lassen uns provozieren oder auf andere Weise von unserem Ziel abbringen. Auf diese Weise entgleitet uns mit unserem Ziel oft auch das Klima des Gesprächs – es polarisiert sich und belastet die Beziehungen zusätzlich, statt zusammenzuführen.

Hier macht sich eine gute Vorbereitung doppelt bezahlt: Je klarer wir unser Ziel vor Augen haben, desto weniger lassen wir uns von den kleinen Verlockungen und Provokationen der Situation dazu verführen, auf Nebengleise abzubiegen und uns immer weiter in Randthemen zu verheddern, die auf dem Weg zum eigentlichen Ziel nicht weiterbringen. Statt immer wieder auf Nebenschauplätze abzufahren, ist es besser, unbeirrt unser übergeordnetes Ziel anzusteuern, nämlich eine Klärung des Konflikts und eine dauerhafte Verbesserung der Situation.

Von der Klärung zur Vereinbarung

Anders als bei einem bloßen Feedback, bei dem man es bei dem Äußern eines Wunsches an den Adressaten bewenden lassen kann, ist es in der Führung oft notwendig, zu einer konkreten Vereinbarung zu kommen. Denn nicht in jedem Falle wird sich der Vorgesetzte zum Beispiel bloß auf das Versprechen seines Mitarbeiters verlassen wollen, er wolle *versuchen*, sein Verhältnis zu dem Kollegen in der Nachbarabteilung und die Zusammenarbeit mit ihm zu verbessern. Andererseits ist es auch nicht immer möglich – und auch nicht immer sinnvoll –, ad hoc einen detaillierten Maßnahmenplan festzulegen.

Es ist daher ein Stück Fingerspitzengefühl erforderlich, um bei der Vereinbarung weder zu pingelig zu sein noch sich mit einem allzu vagen Ergebnis zufrieden zu geben. Theoretisch schiene es vielleicht ideal, eine möglichst konkrete, nachprüfbare und am besten messbare Zielvereinbarung zu treffen, aber das wäre in vielen Fällen ein Overkill und käme zuweilen auch einer unangemessenen Gängelung des Mitarbeiters gleich, die wiederum vorhersagbar Reaktanz und Widerstand auslöst (→ Kap. 6.1).

Solch eine spezifische und überprüfbare Vereinbarung wird man daher am ehesten bei hartnäckigen Problemen fordern; beim ersten Gespräch wird man es dagegen meistens bei einer Vereinbarung belassen, die eher die grobe Richtung festlegt als spezifisch, messbar und terminiert zu sein.

Kein Ausbüxen zulassen

Wichtiger als die formale Qualität der getroffenen Vereinbarung ist deren Verbindlichkeit – und damit letztlich die Beziehungsqualität: Es ist ein riesiger Unterschied, ob der Mitarbeiter widerwillig und schon halb im Gehen »Ich schaue mal« knurrt oder ob er Ihnen in die Augen schaut und sagt: »Ich bringe das in Ordnung.«

Formal betrachtet, ist die zweite Aussage um keinen Deut konkreter als die erste, und dennoch liegen Welten zwischen ihnen: Aus der zweiten Aussage klingt die ehrliche Absicht, die gewünschte Veränderung herbeizuführen und die Übernahme von Verantwortung für dieses Ziel; aus der ersten klingt lediglich die Absicht, das lästige Gespräch mit einer möglichst vagen Zusage hinter sich zu bringen. Und jeder, der die beiden Aussagen hört oder liest, hat eine ziemlich sichere Vorahnung, wie die Sache weitergehen wird.

Hier ist der Mut des Vorgesetzten gefragt, ein klares Stopp-Signal zu setzen. Auch wenn der Mitarbeiter Ungeduld signalisiert und das Gespräch sichtlich beenden will, sollten Sie ihm keinesfalls erlauben, sich auf diese Weise aus der Sache heraus zu stehlen. Denn sonst lassen Sie sich kurz vor Torschluss noch über den Tisch ziehen. Deshalb ist das der Moment, um klar zu sagen: »Nein, auf diese Weise gehen wir nicht auseinander. Unser Gespräch ist erst zu Ende, wenn wir eine klare Verabredung getroffen haben. Kann ich mich darauf verlassen, dass Sie diese Sache in Ordnung bringen, oder nicht?«

Möglicherweise kommt dann – nach einem hörbaren Aufseufzen – sehr rasch eine Zusage, die dann deutlich belastbarer ist als die vorige. Oder die Diskussion geht dann erst richtig los. Doch in beiden Fällen war die Beharrlichkeit richtig: Im ersten, weil aus der vagen Absichtserklärung eine echte Vereinbarung geworden ist, im zweiten, weil das Wiederaufflammen der Diskussion zeigt, dass in Wirklichkeit noch gar nichts geklärt war. Und dass der Versuch, das Gespräch zu beenden, eigentlich nur dazu diente, der Übernahme einer Verpflichtung zu entwischen. Dieser »Notausgang« wurde durch die beherzte Intervention des Vorgesetzten versperrt – daher das Seufzen.

1. Auch wenn ich mit Ihrem Handeln nicht einverstanden bin, respektiere und achte ich Sie als Person und werde Sie auch entsprechend behandeln.
2. In meinen Augen ist es keine Belastung oder Gefährdung unserer Beziehung, dass wir einen Konflikt haben, sondern eine Chance, die Beziehung besser und für beide Seiten befriedigender zu machen.
3. Ich sage Ihnen direkt und konkret, was mich stört, statt es Sie indirekt spüren zu lassen oder gegenüber Dritten über Sie zu lästern.
4. Auch wenn ich mit Ihrem Handeln nicht einverstanden bin, unterstelle ich Ihnen weder Dummheit noch böse Absicht.
5. Mir ist klar, dass unser Konflikt nicht nur mit Ihnen zu tun hat, sondern auch mit mir und meinen Erwartungen.
6. Ich werde weder nachgeben noch gegen Sie kämpfen. Ich will gemeinsam mit Ihnen nach einer für uns beide annehmbaren Lösung suchen.
7. Ich möchte Ihre Ziele, Bedürfnisse und Erwartungen verstehen und wünsche mir von Ihnen, dass Sie das Gleiche mit meinen versuchen. Denn ich gehe davon aus, dass nicht unsere Ziele und Bedürfnisse im Widerspruch stehen, sondern nur die Art, wie wir sie zu realisieren suchen.
8. Das wechselseitige Verstehen unserer Erwartungen verpflichtet weder Sie noch mich zu deren Erfüllung. Um spätere Enttäuschungen zu vermeiden, verspreche ich Ihnen aber, klar zu sagen, welchen Ihrer Erwartungen ich zu entsprechen beabsichtige und welchen nicht. Um eine ebenso klare Stellungnahme bitte ich Sie, was meine Erwartungen betrifft.
9. Lassen Sie uns nicht gegeneinander kämpfen, sondern gemeinsam und kreativ nach Lösungen suchen, die unser beider Ziele und Bedürfnisse am besten gerecht werden.
10. Ich bin bereit, auf dem Weg zu einer Lösung in Vorleistung zu gehen. Ich bin aber nicht bereit, die alleinige Verantwortung für die Lösung zu übernehmen, außer wir kämen zu dem Ergebnis, dass dies aus unser beider Sicht der richtige Weg ist.

Abb. 13 Mutiger Umgang mit Konflikten – zehn Leitgedanken auf der Basis von Individualpsychologie und Gewaltfreier Kommunikation

►► Je besser die innere Vorbereitung, desto weniger schwierig wird das eigentliche Konfliktgespräch. Kommen Sie dabei ohne lange Umschweife zum Thema und sprechen Sie den kritischen Punkt freundlich und fest an. Statt zu schnell zu möglichen Lösungen zu springen, ist es oft besser, erst einmal die Problemlage genauer auszuleuchten. Unter Umständen müssen Sie Ihrem Mitarbeiter dabei helfen, zwischen Person und Sache zu trennen, sprich, sich nicht persönlich infrage gestellt zu fühlen, indem Sie ihm deutlich machen, dass Sie zwar mit seinem Handeln nicht einverstanden sind, ihn aber als Person schätzen. Wichtig ist, zum Abschluss des Gesprächs zu einer verbindlichen Vereinbarung zu kommen und sich nicht mit vagen Zusagen zufriedenzugeben. ◄◄

8.5 Am Ende zählt die Umsetzung

In den USA kursiert eine nette Geschichte von fünf Fröschen, die auf einem Baumstamm sitzen. Vier davon entscheiden sich, ins Wasser zu springen – wie viele bleiben übrig? Die Antwort lautet fünf. Warum? Weil Entscheiden und Handeln nicht dasselbe ist. Genau deshalb ist es nützlich, auch und gerade am Ende eines guten Gesprächs, sich klarzumachen, dass mit dem Treffen einer Vereinbarung eigentlich noch nichts passiert ist. Klar, eine Vereinbarung zu haben, ist besser, als keine Vereinbarung zu haben – aber das eigentliche Ziel ist nicht die Vereinbarung, sondern eine Verhaltensänderung, und zwar vermutlich eine dauerhafte.

Innere Vorbereitung, zweiter Akt

Viele Menschen, auch viele Führungskräfte, sind zutiefst enttäuscht, ja sogar persönlich verletzt, wenn eine getroffene Vereinbarung nicht eingehalten wurde. Sie fühlen sich im Stich gelassen, gekränkt, gedemütigt: »Dabei hatten wir doch ein gutes Gespräch! Das hätte ich wirklich nicht von ihr gedacht!« Aus dieser Enttäuschung und Kränkung entstehen Bestrafungs- und sogar Rachegedanken: »Das lasse ich mir nicht bieten! Dem werde ich es zeigen!« Oder die Versuchung, die Betreffenden indirekt spüren zu lassen, dass wir über sie – nein, Entschuldigung, über ihr Verhalten – verärgert sind.

Bei so viel Emotionen empfiehlt es sich, auf eine Methode zurückzukommen, die wir schon aus der Vorbereitung des Konfliktgesprächs kennen, nämlich *Empathie für sich selbst*. Denn solche schlechten Gefühle gehen ja nicht davon weg, dass man sie ignoriert – im Gegenteil, sie bestimmen dann erst recht das Handeln. Deshalb ist es nützlich, aufmerksam und mit Einfühlsamkeit zu registrieren, was in solch einer Situation in einem selbst vorgeht.

Vor allem wenn man dazu neigt, auf Enttäuschungen mit Ärger, Wut und Bestrafungstendenzen zu reagieren, ist es nützlich, die schmerzlichen Gefühle von Kränkung und Verletzung zu entdecken, die sich häufig hinter aggressiven Gedanken verbergen. Und dahinter das Bedürfnis, ernst genommen und respektiert zu werden – und nicht wie jemand behandelt zu werden, dem gegenüber gemachte Zusagen zu nichts verpflichten.

Empathie für uns selbst verdient es auch, wenn wir merken, dass wir überhaupt keine Lust dazu haben, eine überfällige Vereinbarung noch einmal anzusprechen und ihre Einhaltung einzufordern. Ein Vergnügen ist das ja meistens nicht, trotzdem lohnt es sich, genauer hinzuschauen, wenn wir einen Bogen darum machen. Was ist an der Sache heikel? Aus welchem Grund bzw. zu welchem Zweck vermeiden wir, auf das Thema zurückzukommen? Was ist die Sorge dahinter, was könnte passieren, wenn wir es täten?

Bei dieser Gelegenheit können wir auch wieder unseren inneren Selbstgesprächen (→ Kap. 3.3) zuhören – wie immer, ohne ihnen vorschnell zuzustimmen. Dabei können wir vom Balkon aus beobachten, welche Bewertungen wir vornehmen. Und wir können unsere Bewertungen auch, wie wir es gelernt haben, kritisch hinterfragen. Wenn wir etwa davon überzeugt sind, dass der andere seine Zusage nur zum Schein gegeben hat und überhaupt nie die Absicht hatte, die getroffene Vereinbarung einzuhalten, könnten wir uns fragen: »Welche gerichtsverwertbaren Beweise, welche harten Fakten habe ich eigentlich, die belegen, dass es tatsächlich so ist wie ich annehme?«

Abermals: eine freundliche Grundhaltung, Respekt und Akzeptanz

In diesem Fall fällt es uns vermutlich noch schwerer als beim ersten Mal, eine freundliche Grundhaltung zu entwickeln, die von Respekt und Akzeptanz getragen ist. Und dennoch ist es auch in diesem Fall sinnvoll. Denn wenn wir wütend auf den anderen losgehen, trägt dies vermutlich ebenso wenig zu einer positiven Entwicklung bei, wie wenn wir uns gegenüber Dritten über seine Unzuverlässigkeit und seinen schlechten Charakter beklagen. Auch in dieser zweiten Runde ist es sinnvoll, die Opferhaltung möglichst schnell zu verlassen und die Verantwortung für sich selbst sowie für die weitere Entwicklung zu übernehmen.

Dabei ist es hilfreich, sich klarzumachen, dass selbst Führungskräfte keinen Rechtsanspruch darauf haben, dass mit ihnen getroffene Verabredungen wort- und termingetreu eingehalten werden. Das kann man ungerecht finden, aber kaum ändern. Es ist zwar ärgerlich, wenn eine Vereinbarung nicht eingehalten wird, vor allem wenn man sich auf ihre Einhaltung verlassen hat, aber es kommt vor. Und nicht immer muss Böswilligkeit oder mangelnder Respekt dahinter stecken, wenn es dazu kommt.

Spätestens wenn Sie sich fragen, ob es bei Ihnen auch schon vorgekommen ist, dass Sie eine Vereinbarung nicht eingehalten haben, wird es Ihnen vermutlich schwer fallen, die ursprüngliche Empörung und Verärgerung aufrechtzuerhalten. Selbst wenn Sie mit einem gewissen Stolz von sich sagen können, dass das nur äußerst selten vorkommt, werden Sie doch vermutlich einräumen, dass es schon vorgekommen ist. Und dass dies nicht immer nur mit Missachtung und mangelndem Respekt gegenüber dem Adressaten zu tun hatte.

Den Verzug unverzüglich ansprechen

Aber dann hätte er uns doch wenigstens informieren können, dass er die Vereinbarung nicht einhalten kann oder wird! – Ja, hätte er. Und es wäre in der Tat besser und professioneller gewesen, wenn er das getan hätte. Aber er hat es nicht getan, warum auch immer. Auch hier sollten wir uns fragen, ob wir selbst ohne Sünde sind. Wenn ja, leben Sie da einen professionellen Standard, der nicht allgemein üblich ist. Doch selbst dann würde es nichts nützen, diesen Maßstab einfach an seine Mitarbeiter anzulegen und hinterher enttäuscht zu sein, dass sie ihm nicht genügen.

Vielleicht möchten Sie diesen Grad an Professionalität, der über das Übliche hinausgeht, in Ihrem Verantwortungsbereich verankern. Dann wäre es der erste notwendige Schritt, mit Ihren Mitarbeitern eine entsprechende Vereinbarung zu treffen. Sie bringen sich nur selbst in unnötige Schwierigkeiten, wenn Sie diese Regel einseitig zur Selbstverständlichkeit erklären und sich hinterher darüber ärgern, dass Ihre Mitarbeiter sie nicht einhalten. Die entscheidende Frage lautet also: Gibt es in Ihrem Bereich eine solche Regel, die allgemein bekannt und akzeptiert ist? Wenn ja, können Sie ihre Einhaltung nun mit Recht einfordern. Wenn nicht, sollten Sie sie besser erst einführen, bevor Sie sie einfordern.

Falls eine solche Regel in Ihrem Team existiert, wäre in der Tat gleich die zweite Frage, nachdem Sie sich nach der Umsetzung der getroffenen Vereinbarung erkundigt haben: »Und warum habe ich davon nichts erfahren?« Denn wenn diese Regel existiert, müssen Sie auf ihrer Einhaltung bestehen, damit sie nicht ihre soziale Gültigkeit verliert.

Auch beim Ansprechen einer nicht eingehaltenen Vereinbarung gilt das Prinzip »freundlich und fest«, wie auch die Leitlinie, Tat und Täter zu trennen. Denn, wie gesagt, das stillschweigende Nichteinhalten einer Vereinbarung ist nicht in Ordnung, aber das macht den »Täter« nicht zu einem schlechten und verdammungswürdigen Menschen.

Hindernisse verstehen und Vereinbarung bekräftigen

Vielmehr gilt es in einer solchen Situation, zum einen die Hindernisse zu verstehen, die der Einhaltung im Weg standen und die Vereinbarung, sie zweitens, falls nötig, anzupassen oder zu modifizieren, und drittens, dem Betreffenden deutlich zu machen, dass er im Verzug ist und eine »Lieferverpflichtung« hat.

Nichts wäre verkehrter als ihn jetzt aus der Verantwortung zu entlassen: Damit würden die Mitarbeiter lernen, dass sie getroffene Vereinbarungen ganz leicht wieder loswerden können, indem sie sie einfach nicht einhalten. Deshalb kommt die Entbindung von einer einmal übernommenen Aufgabe nur in den seltensten Fällen in Betracht, nämlich nur dann, wenn der Mitarbeiter oder die Mitarbeiterin sie bei realistischer Betrachtung weder so noch in veränderter Form erfüllen kann.

Wenn Sie einen Mitarbeiter an eine nicht eingehaltene Vereinbarung erinnern, werden Sie in den meisten Fällen nicht viel sagen müssen: In der Regel wird der Mitarbeiter von sich aus eine ausführliche Erklärung dafür geben, vermutlich mit spürbarem Unbehagen. Denn den wenigsten Mitarbeitern macht es Vergnügen, von ihren Vorgesetzten an ein solches Versäumnis erinnert zu werden.

Selbst wenn Sie diese Erklärungen im Verdacht haben, bloße Ausreden zu sein, lohnt es sich, dabei genau hinzuhören. Die entscheidende Frage ist, ob dabei ein Hindernis zum Vorschein kommt, das die Einhaltung der Vereinbarung auch für die Zukunft infrage stellt, gleich ob es auf einer inhaltlichen oder einer persönlichen Ebene liegt. Sofern dies nicht der Fall ist, können Sie das Gespräch kurz halten und mit dem Mitarbeiter oder der Mitarbeiterin unmittelbar eine »Nachfrist« vereinbaren: »Bis wann kann ich mit diesen Unterlagen rechnen?« Und, falls die Antwort nicht eindeutig ist, eventuell noch einmal nachfragen: »Kann ich mich darauf verlassen?«

Falls dagegen ein ernsthaftes Hindernis sichtbar geworden ist, muss es auf den Tisch – ganz gleich ob es auf der inhaltlichen Seite oder im Persönlichen liegt. Dann muss zuerst geklärt werden, wo genau das Problem liegt, und dann muss die Vereinbarung so angepasst oder modifiziert werden, dass sie den neuen Erkenntnissen gerecht wird. Doch auch in diesem Falle sollte der Mitarbeiter nicht aus der Pflicht entlassen werden, die er übernommen hat.

Eine Reputation für Beharrlichkeit und Konsequenz aufbauen

In der Nichteinhaltung einer Vereinbarung schwingt häufig ein Feedback mit, das Sie hören sollten, auch wenn es unangenehm ist. Dieses Feedback lautet: »Vielleicht komme ich damit ja bei ihm durch.« Wenn Ihnen dieses Feedback nicht gefällt, liegt es in Ihrer Hand, diese Einschätzung zu ändern. Dafür ist keinerlei Härte oder Aggressivität erforderlich, sondern lediglich Beharrlichkeit und Konsequenz.

Wenn Sie bei getroffenen Vereinbarungen am Ball bleiben und keine Ruhe geben, bis sie umgesetzt sind, spricht sich das ziemlich schnell herum. Desgleichen, wenn Sie bekannt dafür sind, niemandem eine Aufgabe abzunehmen, bloß weil er sie nicht erledigt hat. Und wenn sich das erst einmal herumgesprochen hat, wird ihr Leben als Vorgesetzter deutlich einfacher: Dann gehen die Versuche, einer getroffenen Vereinbarung durch Nichtumsetzung zu entgehen, deutlich zurück, und zwar einfach wegen erwiesener Aussichtslosigkeit und weil die

Mitarbeiter sich die Peinlichkeit ersparen wollen, mehrfach von Ihnen auf nicht eingehaltene Zusagen angesprochen zu werden.

Es liegt also zum guten Teil in Ihren eigenen Händen, wie viel Sie sich mit nicht eingehaltenen Vereinbarungen herumschlagen müssen. Genau wie niemand zum zweiten und dritten Mal in eine gesperrte Straße hineinfährt, wenn er weiß, dass es da kein Durchkommen gibt, werden Ihre Mitarbeiter und Kollegen ihre Zeit auch nicht mit nutzlosen Versuchen verschwenden, bei Ihnen durchzukommen, wenn dies bekanntermaßen nicht funktioniert.

Mittel zur Durchsetzung

Aber was kann man als Vorgesetzter machen, wenn manche Mitarbeiter überhaupt nicht daran denken, sich an getroffene Vereinbarungen zu halten, und sich darin auch durch wiederholtes Nachfassen nicht beirren lassen? Ein zentrales Problem vieler Führungskräfte ist, dass sie sich gegenüber renitenten Mitarbeitern im Grunde ihres Herzens ohnmächtig fühlen. Ähnlich wie manche Gewerkschafter nur die Alternativen »klein beigeben« versus »Generalstreik« kennen, fallen solchen Führungskräften als Druckmittel nur arbeitsrechtliche Sanktionen von Abmahnung bis fristloser Kündigung ein. Und weil sie wissen oder ahnen, dass die Personalabteilung (und der Betriebsrat) solchen Sanktionen nur in extremen Fällen zustimmen wird, fühlen sie sich machtlos und mit ihren Führungsproblemen alleine gelassen.

Was ihnen dabei in aller Regel nicht auffällt, ist, dass sie dabei in den Kategorien eines Machtkampfs (→ Kap. 2.3) denken. Auch wenn sie das so nicht aussprechen würden, lautet ihre Frage im Klartext: Mit welchen Mitteln kann ich widerspenstige Mitarbeiter notfalls gegen ihren Willen zwingen, meinen Anweisungen zu gehorchen? Doch das eigentliche Problem ist nicht der Mangel an Sanktionsmöglichkeiten, sondern ihre Befürchtung, ohne solche Sanktionen den eigenen Führungsaufgaben nicht gerecht werden zu können – oder zumindest nicht verhindern zu können, dass ihnen einige Mitarbeiter auf der Nase herumtanzen.

Aber das ist ein Missverständnis ihrer Führungsrolle: Was ihnen vorschwebt, ist nicht Führung, sondern Zwang. Und diese latente Drohung überschattet ihre Führung auch dann, wenn sie nicht von Zwangsmaßnahmen Gebrauch machen. Jedes Konfliktgespräch, das unter der stillschweigenden Drohung von arbeitsrechtlichen Sanktionen stattfindet, findet eben nicht auf der Basis von Akzeptanz und Gleichwertigkeit statt, sondern allenfalls auf der Basis von simulierter Gleichwertigkeit.

Doch die im Hintergrund stehende Drohung ist nicht die Lösung, sondern das Problem: Gerade sie verleitet manche Mitarbeiter dazu, ihre Vorgesetzten dazu zu provozieren, die Maske des Biedermanns fallenzulassen und »ihr wahres Gesicht zu zeigen«. Mit anderen Worten, gerade die verzweifelte Suche nach einem »letzten Mittel« führt dazu, dass sie von diesem Mittel Gebrauch machen müssen – oder daran scheitern. Letztlich trägt gerade die Angst davor, in einem Machtkampf ohnmächtig zu sein, dazu bei, diesen Machtkampf herbeizuführen.

Die Macht der Missbilligung

In Wirklichkeit ist der wichtigste Einflussfaktor auf das Verhalten Ihrer Mitarbeiter ein völlig anderer: Es ist eine gute Beziehung. Je mehr ein Mitarbeiter seinen Vorgesetzten schätzt, desto wichtiger ist ihm auch, dass dieser Vorgesetzte eine gute Meinung von ihm hat und mit seiner Arbeit zufrieden ist. Und desto mehr wird er infolgedessen sein Verhalten an den Erwartungen dieses Vorgesetzten ausrichten, jedenfalls sofern ihm diese Erwartungen erstens klar sind und ihm zweitens erfüllbar erscheinen.

Doch selbst wenn das Verhältnis nicht so gut ist, weiß jeder Mitarbeiter auch ohne Drohkulisse, dass er einen Arbeitsvertrag unterschrieben hat und einem Vorgesetzten zugeordnet ist, mit dem er irgendwie auskommen muss, gleich ob er von ihm begeistert ist oder nicht. Die allerwenigsten Mitarbeiter wollen daher auf die Dauer im Unfrieden mit ihrem Vorgesetzten leben. Das heißt nicht automatisch, dass sie ihm »aufs Wort folgen«, aber es heißt zumindest, dass sie herauszufinden versuchen, worauf ihr Vorgesetzter wirklich Wert legt, und ihr Handeln zumindest im Groben danach ausrichten. Und zwar ganz einfach deshalb, weil sie nicht ständig Ärger und Diskussionen haben wollen.

Neben der Qualität der Beziehungen liegt der größte Einfluss des Vorgesetzten daher in der Klarheit und Nachvollziehbarkeit seiner Erwartungen, in der Deutlichkeit seines Feedbacks (→ Kap. 6.5) und in einem ermutigenden Führungsstil. Je besser die Mitarbeiter verstehen, was der oder die Vorgesetzte von ihnen erwartet, in welchem Umfang sie diesen Erwartungen gerecht werden und was sie tun können, um sich weiter zu verbessern, desto eher ist es ihnen möglich, »gute« Mitarbeiter zu sein, und desto mehr werden sie zugleich ihren Vorgesetzten schätzen. Denn es lässt sich einfach besser arbeiten, wenn man weiß, woran man ist, als wenn man in der Luft hängt und oft nur zu erraten versucht, worauf es dem Chef oder der Chefin dieses Mal ankommt.

Dabei spielt auch das klare Benennen dessen, was aus Sicht des Vorgesetzten nicht in Ordnung ist, eine wichtige Rolle. Das verträgt sich nicht nur mit ermutigender Führung, es gehört untrennbar dazu. Denn für die Mitarbeiter ist es sehr viel leichter, mit dem Wissen zurechtzukommen, was ihrem Vorgesetzten missfällt, als darüber im Unklaren zu sein und über Andeutungen und nonverbale Reaktionen zu rätseln. Die allermeisten Führungskräfte unterschätzen völlig den Einfluss, den sie durch die »Macht der Missbilligung« ausüben. Dabei wirkt soziale Missbilligung, wie die psychologische Forschung gezeigt hat, sogar stärker und nachhaltiger als finanzielle Sanktionen (Nelissen/Mulder 2013).

►► Auch wenn es ärgerlich ist, wenn getroffene Vereinbarungen nicht eingehalten werden, es kommt vor. Und es ist weniger ein moralisches als ein praktisches Problem. Wichtig ist, die Nichteinhaltung frühzeitig und direkt anzusprechen – und dies, genau wie im Konfliktgespräch, freundlich und fest zu tun. Dafür ist eine einfühlsame innere Vorbereitung nützlich, besonders wenn man merkt, dass man gekränkt, ärgerlich oder wütend ist.
Die Nichteinhaltung von Vereinbarungen ist häufig auch ein indirektes Feedback, dass die Mitarbeiter die Hoffnung haben, damit durchzukommen. Es liegt daher im Interesse einer jeden Führungskraft, sich einen Ruf für Beharrlichkeit und Konsequenz aufzubauen. Wichtig ist deshalb auch, im Gespräch zwar die Gründe für die Nichteinhaltung zu klären, die Verantwortung für die Umsetzung aber bei dem Mitarbeiter zu belassen. Das entscheidende Mittel zur Durchsetzung sind nicht Sanktionsdrohungen, sondern eine gute Beziehung sowie die »Macht der Missbilligung«, das heißt der Mut, klar anzusprechen, was nicht in Ordnung ist. ◄◄

Übung: Selbsteinschätzung Ihrer Konfliktfähigkeit

Was könnten Sie noch verbessern, und was machen Sie bereits gut bei den folgenden Elementen Ihrer Konfliktfähigkeit und Konfliktbereitschaft? Halten Sie Ihre Antworten auf die folgenden Fragen am besten schriftlich fest. Wenn Sie wollen, können Sie für eine erste Einschätzung eine Skala von 0 bis 10 verwenden; wichtig ist aber, auch in Worten festzuhalten, was Sie gut machen und wo es noch Veredelungspotenzial gibt.

- Mut und Bereitschaft, Störungen und Konflikte gegenüber deren Auslöser frühzeitig und offen anzusprechen
- Bereitschaft, Störungen, die ich nicht anspreche, ohne Klagen oder Beschwerden gegenüber Dritten zu ertragen
- innere Vorbereitung und Einstimmung auf schwierige Gespräche
- Empathie für sich selbst
- wohlwollende Selbstbeobachtung »vom Balkon aus«
- »Tat und Täter trennen« / zwischen Person und Sache unterscheiden
- Entwickeln einer freundlichen Grundhaltung auf der Basis von Gleichwertigkeit, Akzeptanz und Respekt
- partnerschaftliches Ansprechen des Problems ohne Angriffe, Vorwürfe oder Beschuldigungen
- sachliches Ansprechen des Problems ohne Aufbauschen, Übertreibungen und Dramatisieren
- Bereitschaft und Fähigkeit, die Sichtweise des anderen zu verstehen und gelten zu lassen / Verstehen, ohne einverstanden sein zu müssen
- Fähigkeit und Bereitschaft, das »Problem hinter dem Problem« zu erforschen und zu verstehen
- Klärung der Erwartungen aller Beteiligten
- zielorientiertes statt reaktives Gesprächsverhalten
- Treffen einer klaren und verbindlichen Vereinbarung
- Nachhalten der getroffenen Vereinbarung
- unverzügliches, aber freundliches Ansprechen der Nichteinhaltung
- Ausleuchten von Hindernissen und Problemen

- Bekräftigen bzw. Anpassen der Vereinbarung
- Nutzen der »Macht der Missbilligung«
- erworbene Reputation für Beharrlichkeit und Konsequenz
- eigene Zugänglichkeit für Kritik

Halten Sie sowohl fest, was Ihre Stärken sind, auf die Sie bauen können, als auch, wo Sie noch Schwächen haben. Wenn Sie wollen, wählen Sie ein oder zwei Punkte aus, an denen Sie sich in den nächsten Monaten gezielt verbessern möchten. Legen Sie dazu möglichst konkret und nachprüfbar fest, was Sie künftig anders machen wollen, und wie Sie dazu vorgehen werden. Falls Sie dabei ein Gefühl von Mutlosigkeit spüren sollten, einen lähmenden Anflug von Antriebslosigkeit, zwingen Sie sich nicht zu diesem Schritt, sondern greifen Sie stattdessen auf unsere bewährte Frage zurück: »Einmal angenommen, ich wäre mutiger, was würde ich dann tun? Was wäre dann mein nächster Schritt?«

8.6 Die eigene Konfliktfähigkeit trainieren

Die Bereitschaft und Fähigkeit, Konflikte konstruktiv zu klären und dabei in sinnvoller Weise mit eigenen und fremden Emotionen umzugehen, ist trainierbar. Die leise Hoffnung, dass man dies ab einem bestimmten Alter nicht mehr lernen könnte und deshalb auch nicht mehr lernen müsse, ist verständlich, aber nicht gerechtfertigt. Und da die Bewältigung von Konflikten zum Kerngeschäft der Führung gehört, muss es unvermeidlich auch ein Bestandteil von mutiger Führung sein, den eigenen Umgang mit Konflikten auf ein professionelles Niveau zu bringen und ihn auf diesem Niveau zu halten.

Üben, Feedback und Selbstreflexion

Aber wie trainiert man seine Konfliktfähigkeit? Sicherlich nicht, indem man Konflikten nach Möglichkeit aus dem Weg geht. Aber es reicht auch nicht, sich anstehenden Konflikten mutig zu stellen – vielmehr muss es dazu kommen, aus dem Umgang mit Konflikten auch einen systematischen Lernprozess zu machen. Denn die Häufigkeit, mit der man seine Lieblingsfehler wiederholt hat, macht noch keine positive Entwicklung aus. Unter Umständen ist dafür auch das »Entlernen« falscher Angewohnheiten erforderlich.

Zum Lernen gehört, wie bei anderen praktischen Fähigkeiten auch, neben dem Üben vor allem Feedback und Selbstreflexion: Man muss dafür erkennen, was man falsch, aber auch, was man richtig gemacht hat, und daraus Schlussfolgerungen für das nächste Mal ableiten. So kommt man Schritt für Schritt voran – und aus der Summe vieler kleiner Schritte kann über die Zeit eine große Bewegung werden. Die Zehntausend-Stunden-Regel muss uns dabei nicht schrecken: Für diejenigen, die Führung zu ihrem Beruf gemacht haben, ist das durchaus keine unrealistische Zahl.

Der kritische Engpass beim Training der eigenen Konfliktfähigkeit ist für Führungskräfte in der Regel nicht ein Mangel an Konflikten, sondern ein Mangel an Feedback und Reflexion. Denn eine wirkliche Weiterentwicklung der eigenen Konfliktfähigkeit ist kaum im Alleingang möglich, weil jeder Mensch der Gefangene seiner eigenen Wahrnehmung und seiner »privaten Logik« ist, das heißt, seiner subjektiven Bewertungs- und Erklärungsmodelle. Wer subjektiv sehr schnell eine Störung der Gleichwertigkeit zu seinen Ungunsten empfindet, also das Gefühl hat, unterlegen, angegriffen oder in die Ecke gedrängt zu sein, wird immer nach Handlungsmöglichkeiten suchen, sich in eine überlegene Position zu bringen. Damit jedoch wählt er zwangsläufig Handlungsstrategien, die konfliktverschärfend und eskalierend wirken.

Vor allem am Anfang ist man dabei auf ein qualifiziertes Feedback angewiesen, weil es einem sonst kaum möglich ist, aus seiner eigenen tendenziösen Sicht auf die Welt und auf andere Menschen auszubrechen. Die Teilnahme an Seminaren, die Nutzung von Coachings, die Reflexion mit Kollegen, all das sind Methoden, die helfen können, einen vollständigeren Blick für das eigene Konfliktverhalten zu gewinnen, die eigenen blinden Flecken auszuleuchten und die eigenen Strategien gezielt weiterzuentwickeln.

Dagegen bringt es nicht viel, einfach nur am konkreten Konfliktverhalten anzusetzen und in Trainings alternative Verhaltensweisen oder -strategien einzuüben. Denn das eigentliche Problem ist nicht unser Verhalten, sondern unsere Wahrnehmung und Deutung der Situation.

Letztlich geht es um die eigene Person

Was die Weiterentwicklung der eigenen Konfliktfähigkeit so anspruchsvoll macht, ist, dass es hier nicht primär um das Erlernen von Techniken und Methoden geht, sondern um die eigene Persönlichkeit und deren Weiterentwicklung. Denn im Kern geht es dabei darum, wie wir mit sozialem Stress umgehen: Zum einen darum, wie wir – innerlich und äußerlich – reagieren, wenn wir kritisiert, gerügt oder angegriffen werden, zum anderen darum, wie wir – innerlich wie äußerlich – reagieren, wenn andere sich nicht so verhalten wie es unseren Erwartungen entspricht.

Der Knackpunkt sind dabei unsere inneren Reaktionen. Denn unser äußeres Verhalten ist die Folge davon, wie wir die Situation wahrnehmen und interpretieren. Wenn wir eine Kritik als ein grundsätzliches Infragestellen unserer Person oder als Bedrohung unseres Zugehörigkeitsgefühls (→ Kap. 2.2) empfinden, dann ist es kein Wunder, wenn wir darauf sehr viel heftiger reagieren, als wenn wir sie als einen unangenehmen und vielleicht ein wenig peinlichen, aber im Grunde nützlichen Hinweis auf eine Verbesserungsmöglichkeit verstehen.

Da helfen auch keine Techniken und Methoden: Wenn sich jemand grundlegend infrage gestellt sieht, in seiner sozialen Akzeptanz bedroht fühlt oder sonst an einem wunden Punkt erwischt wird, sind alle eingeübten Tools und Gesprächsmodelle vergessen, und der Betreffende handelt zwar ausgesprochen authentisch, aber nicht unbedingt auf eine Weise, die zu einem konstruktiven Gesprächsverlauf beiträgt. Deshalb greift das Training von Techniken und Instrumenten hier zu kurz; der Lernprozess muss, so wie unsere Überlegungen zur inneren Vorbereitung (→ Kap. 8.3), an der eigenen Wahrnehmung und Bewertung der Situation – und damit letztlich an der eigenen Persönlichkeit – ansetzen.

Manche Menschen gehen eher gelassen und selbstbewusst mit Konfliktsituationen um und lassen sich auch durch Vorwürfe, Angriffe und Entwertungen nicht so leicht davon abbringen, auf der Basis von Akzeptanz und Gleichwertigkeit mit ihrem Gegenüber zu verhandeln. Andere sind sozusagen notorisch in der Defensive; sie fühlen sich sehr leicht angegriffen oder infrage gestellt, und sie antworten darauf mit ihren persönlichen Überkompensationsmustern: patzig, beleidigt, wütend, entschuldigend, rechtfertigend …

Klar, dass es sich mit den gelasseneren Zeitgenossen angenehmer streitet: Keineswegs, weil sie nachgiebiger sind – sie können im Gegenteil in der Sache knallhart sein –, aber weil sehr viel weniger die Gefahr besteht, dass der Konflikt »aus dem Ruder läuft« und sich statt in Richtung auf eine annehmbare Lösung zu einer nutzlosen Konflikteskalation entwickelt.

Die eigenen »roten Knöpfe« kennenlernen

Allerdings hat wohl jeder Mensch seine wunden Punkte, an denen er sich besonders leicht infrage gestellt fühlt und wo er infolgedessen spontan dazu neigt, besonders heftig zu reagieren. Beispielsweise kann jemand vielleicht mit den meisten Arten von Kritik gut umgehen, reagiert aber speziell auf versteckte Schuldzuweisungen äußerst allergisch und setzt sich dort ungewöhnlich scharf und aggressiv zur Wehr.

Oftmals kennt die Umgebung diese »roten Knöpfe« besser als der oder die Betreffende selbst – und umschifft sie nach Möglichkeit, nutzt sie aber zuweilen auch aus, um ihn bzw. sie gezielt zu provozieren. Diese roten Knöpfe sind nichts anderes als spezifische Empfindlichkeiten oder Verletzlichkeiten, die in aller Regel auf persönliche Altlasten zurückgehen, die aus der eigenen Lebensgeschichte übrig geblieben sind. Solche Überempfindlichkeiten ähneln einer nicht verheilten Wunde: Hier tut schon der kleinste Druck sehr viel mehr weh als an anderen Stellen, und entsprechend empfindlich reagiert der Betreffende.

Wer seine Konfliktfähigkeit verbessern will, kommt daher nicht um ein Stück persönliche Vergangenheitsbewältigung herum. Er muss sich mit seinen persönlichen Konfliktmustern und Verletzlichkeiten auseinandersetzen: sie zunächst einmal erkennen und dann ihrer Vorgeschichte nachspüren. Häufig gehen sie zurück auf schlechte Erfahrungen, die wir in früheren Lebensjahren gemacht, und Entscheidungen, die wir daraufhin getroffen hat.

Das Bewusstmachen dieser Vorgeschichte hilft, diese Entscheidungen zu erkennen, zu überprüfen und gegebenenfalls zu korrigieren. So erinnerte sich ein Manager, der bekannt dafür war, überaus heftig auf Kritik und Unterbrechungen zu reagieren, im Zuge eines Konfliktseminars wieder daran, dass er als Schulkind immer von seinen Mitschülern gemobbt und herumgeschubst worden war: »Irgendwann habe ich mich dann entschlossen, mir nichts mehr gefallen zu lassen und jeden sofort zu packen, der mir dumm kommt.« Diese Entscheidung hatte er seitdem so konsequent durchgezogen, dass nun tatsächlich alle, die ihn kannten, äußerst vorsichtig mit ihm umgingen – allerdings um den Preis, dass er sich damit auch in unzählige überflüssige Konflikte verhedderte.

Destruktive Muster überwinden

Zu dieser Vergangenheitsbewältigung zählt auch, destruktive Muster im eigenen Denken und Handeln zu erkennen und sich von ihnen zu lösen. Solche destruktiven Muster können nicht nur in offen oder verdeckt entwertenden Durchsetzungsstrategien liegen, sondern auch in übertrieben defensivem Verhalten – von Überempfindlichkeit über Konfliktscheu und Harmoniestreben bis hin zu unangemessener Nachgiebigkeit oder der »stillen Sabotage«, das heißt, dem Nicht-Umsetzen von Vereinbarungen, gegen die man heimliche Vorbehalte hat.

Je besser wir unsere »roten Knöpfe« kennen und sie durchgearbeitet haben, desto besser sind wir dazu in der Lage, gelassen und konstruktiv mit Konflikten umzugehen, und zwar auch mit Konfliktpartnern, die sich unangemessen und destruktiv verhalten. Denn wenn destruktives Verhalten nicht in gleicher Münze heimgezahlt wird, kann daraus auch keine Eskalation mehr entstehen. Ein beharrlich konstruktives Verhalten entlastet das Verhältnis zu den Konfliktpartnern und ermutigt sie so schrittweise zu konstruktivem Verhalten.

Im Grunde ist der konstruktive Umgang mit Konflikten ja gar nicht so schwer: Er liegt in der Essenz darin, seinen Konfliktpartnern auf der Basis von Akzeptanz und Gleichwertigkeit zu begegnen, sich also weder über sie zu stellen noch unter sie, und das Problem auf dieser Basis freundlich und offen anzusprechen. Das ist so lange relativ leicht, wie die persönliche Beziehung zwischen den Beteiligten gut ist und keine aktuelle Verärgerung, Kränkung oder Enttäuschung vorliegt.

Schwieriger wird es, wenn das Verhältnis zu der anderen Seite entweder generell angespannt oder durch eine akute Enttäuschung belastet ist. Dann ist die Verlockung groß, die ganze Gleichwertigkeit zu vergessen, sich stattdessen in den Kampfmodus zu begeben und zum Angriff oder zur Vergeltung überzugehen. Im Grunde stehen wir in solchen Fällen vor einer ganz simplen

Alternative: Wollen wir uns abreagieren und den anderen bestrafen, demütigen oder sonst wie schlecht aussehen lassen, oder wollen wir trotz der bestehenden Verstimmungen (bzw. gerade ihretwegen) aktiv zu einer positiven Entwicklung beitragen?

Beides zusammen geht nicht: Wir müssen uns entweder für das eine oder für das andere entscheiden. Oft ahnen wir das in unserem Innersten auch, wollen es uns aber wegen der angestauten Verstimmung nicht eingestehen, weil wir unseren »schönen Ingrimm« nicht hergeben wollen. Der Versuch, emotionale Entlastung und konstruktive Konfliktklärung zu verbinden, geht aber in aller Regel schief. Die konstruktiven Ansätze bleiben unwirksam, und das Ganze wird de facto zum Einstieg in die Eskalation.

Was, wenn der andere nicht mitspielt?

Wenn der andere nicht mitspielt, wird es überhaupt erst spannend. Denn eine Methodik, die nur dann funktioniert, wenn die andere Seite sich genau nach Drehbuch verhält, hätte wohl nicht viele Anwendungsfälle. Ein entscheidender Punkt an konstruktivem Konfliktverhalten ist daher, dass wir damit Schluss machen, unser eigenes Handeln von dem vorausgegangenen Verhalten des Konfliktpartners abhängig zu machen.

Solange wir uns nur reaktiv verhalten, geraten wir bei destruktivem Verhalten der anderen Seite unweigerlich in die Rille zu einer Eskalation. Nur wenn wir konsequent nach unserem eigenen konstruktiven Verständnis agieren, wenn wir uns auch durch etliche destruktive Querschüsse nicht davon abbringen lassen, den anderen zu akzeptieren und ihn als gleichwertigen Partner zu behandeln, dann haben wir bei schwierigen Konfliktpartnern eine Chance.

Trotzdem wäre es den Mund zu voll genommen, wenn wir behaupten würden, dass sich durch konstruktives und gleichwertiges Verhalten alle Konflikte der Welt in Luft auflösen ließen. Auch bei konsequent konstruktivem Handeln kann es sein, dass man manchmal an einem besonders harten Brocken scheitert. Oder dass der andere es doch irgendwie geschafft hat, einen der eigenen roten Knöpfe auszulösen.

Konstruktives Vorgehen liefert keine Erfolgsgarantie, aber es erhöht die Erfolgswahrscheinlichkeit – und zwar erheblich. Das ist im zwischenmenschlichen Bereich, wo es ja nie eine hundertprozentige Sicherheit gibt, das Maximum des Erreichbaren. Am Ende werden wir auf diese Weise mehr Konflikte rasch und positiv bewältigen als über Machtkämpfe und aggressive Auseinandersetzungen. Dieses »Mehr« entscheidet letztlich über die Produktivität und damit den Erfolg einer Führungskraft, eines Projektleiters und natürlich auch eines Top Managers: Eine höhere Konfliktfähigkeit wird zum persönlichen Wettbewerbsvorteil.

►► Einen mutigen und konstruktiven Umgang mit Konflikten kann man lernen – und man muss ihn lernen, gerade als Führungskraft. Dabei ist es nicht damit getan, irgendwelche Techniken und Methoden einzuüben, denn unsere Reaktion auf soziale Stresssituationen ist maßgeblich davon bestimmt, wie wir die Situation wahrnehmen und interpretieren. Wer seine Konfliktfähigkeit verbessern will, muss sich daher mit seinen persönlichen Konfliktmustern und Verletzlichkeiten auseinandersetzen. Nur in dem Ausmaß, wie wir lernen, Konfliktsituationen anders zu »lesen«, sind wir auch dazu bereit und in der Lage, anders mit ihnen umzugehen. ◄◄

Teil III: Eine ermutigende Führungskultur aufbauen

Wenn es einem Unternehmen gelingt, nicht bloß einzelne Inseln der Ermutigung zu besitzen, sondern flächendeckend eine ermutigende Führungskultur aufzubauen, potenziert sich der Nutzen. Es verschafft sich damit einen verteidigungsfähigen Wettbewerbsvorteil, das heißt, einen Vorsprung, den Wettbewerber nicht ohne Weiteres einholen können. Eine mutigere Unternehmenskultur ist nicht nur effizienter und kundenorientierter, weil sie weniger Reibungsverluste produziert und verantwortungsbereiter ist, sie ist auch innovativer, anpassungsfähiger und viel eher willens, sich auf Veränderungen einzulassen.

Das Fundament für den Aufbau einer ermutigenden Führungskultur muss, wie für jede Kulturveränderung, ein tragfähiger Konsens im Top Management sein, getragen von einem übereinstimmenden Bild des strategischen Nutzens für das eigene Geschäft. Zweitens muss das Zielbild einer ermutigenden Führungskultur klar beschrieben und mit beobachtbaren Indikatoren hinterlegt sein, damit die Führungskräfte Klarheit haben, was von ihnen erwartet wird. Diese Indikatoren sollten dann auch zur Grundlage einer Neuausrichtung von Führungsinstrumenten, Steuerungs- und Human-Resources-Systemen wie Leistungsbeurteilungen und Auswahlkriterien werden. Zusätzlich müssen die Führungskräfte in ermutigender Führung geschult werden. Dafür empfiehlt sich ein Top-down kaskadierendes Vorgehen, bei dem für einen unmittelbaren Transfer in die Führungspraxis gesorgt wird.

Um eine dauerhafte Kulturveränderung zu erreichen, muss das gewünschte Führungsverhalten konsequent nachgehalten werden. Ein wichtiges Controlling-Instrument hierfür ist eine regelmäßige Vorgesetztenbeurteilung, deren Ergebnisse nicht nur mit den jeweiligen Mitarbeiterinnen und Mitarbeitern besprochen, sondern auch mit dem bzw. der nächsthöheren Vorgesetzten nachgearbeitet werden müssen. Zugleich sollte den Vorgesetzten und ihren Teams aber auch möglichst viel Selbststeuerung und Selbstcontrolling ermöglicht werden, damit sie in die Veränderung hin zu einer ermutigenden Führung einbezogen sind und sie aktiv mitgestalten können.

9 Der Nutzen einer mutigen Führungskultur

Der Nutzen ermutigender Führung potenziert sich, wenn nicht nur einzelne Führungskräfte in ihrem Verantwortungsbereich mutig und ermutigend führen, sondern es gelingt, im ganzen Haus eine ermutigende Führungskultur aufzubauen. Denn dann gibt es dort nicht mehr nur einzelne Inseln der Ermutigung, die vom rauen Wind des normalen Führungsalltags umtost werden, sondern es herrscht im ganzen Haus ein Grundklima, das zwar fordernd ist, aber zugleich auch fördernd und unterstützend.

In solch einem Klima kann sich niemand auf die faule Haut legen – was im Übrigen auch die allerwenigsten Mitarbeiter wollen –, aber man muss auch nicht ständig auf der Hut sein, in irgendwelche offenen Messer zu laufen. Vor allem aber wird man dazu angeregt, sich immer wieder an neue Herausforderungen heranzuwagen, statt in der sicheren Routine zu verharren. Dadurch entwickeln sich nicht nur Individuen weiter, sondern auch das Unternehmen insgesamt, weil es in einem solchen Umfeld sehr viel leichter ist, sich mit Veränderungen im Markt auseinanderzusetzen und Dinge auszuprobieren, von denen man noch nicht weiß, ob sie funktionieren werden.

9.1 Eine ermutigende Führungskultur als Wettbewerbsvorteil

Eine ermutigende Führungskultur macht Unternehmen in jeder Hinsicht »leichtgängiger«: Es entstehen weniger Reibungsverluste, weil Erwartungen rascher geklärt und Konflikte bereinigt werden. Sie macht es leichter, zu Fehlern zu stehen und die richtigen Schlussfolgerungen aus ihnen zu ziehen, und sie macht Mut zu neuen Ideen und deren Weiterentwicklung. Auf diese Weise entsteht nicht nur ein wesentlich angenehmeres Arbeitsklima, sondern auch eine höhere Produktivität: Die Mitarbeiter aller Ebenen müssen weniger Zeit und Energie darauf verwenden, sich abzusichern, man kann ungeschützt reden und auch mal »spinnen«, ohne Angst haben zu müssen, sich lächerlich zu machen, und vor allem: Man arbeitet wirklich zusammen statt gegeneinander.

Eine ermutigende Führungskultur erweitert sowohl den wirtschaftlichen als auch den menschlichen Nutzen ermutigender Führung (→ Kap. 5) von einzelnen »Inseln der Ermutigung« auf das Gesamtunternehmen:

- nachhaltig steigende Leistung pro Mitarbeiter ohne Dauerstress und massiven Druck
- schnellere Klärung von Konflikten sowohl intern als auch mit Kunden und Lieferanten

- höherer interner »Wirkungsgrad« durch geringere Reibungsverluste
- Konzentration auf das Wesentliche und Effektivität statt bloßer Effizienz
- verbesserte Lern- und Anpassungsfähigkeit an veränderte Marktbedingungen; Erkennen und Nutzen neuer Chancen, die sich aus sich verändernden Spielregeln ergeben
- Bereitschaft, sich auf Veränderungen einzulassen und sie aktiv mitzugestalten
- höherer Innovationsgrad und mehr erfolgreiche, weil zu Ende gedachte Innovationen
- höheres Ansehen bei Kunden, Lieferanten und anderen Stakeholdern (weil die Zusammenarbeit angenehm und leichtgängig ist)
- persönliche Weiterentwicklung der Mitarbeiter aller Ebenen sowie bessere Ausschöpfung der eigenen Möglichkeiten und Potenziale

Es klingt fast zu schön, um wahr zu sein, wenn wir behaupten, dass das Arbeiten in einem solchen Umfeld auch noch mehr Spaß macht und befriedigender ist – aber das ist nur die logische Konsequenz. Denn wenn alle an einem Strang ziehen und sich gegenseitig unterstützen und ermutigen, dann lässt sich kaum verhindern, dass nicht nur bessere Ergebnisse zustande kommen, sondern die Zusammenarbeit auch mehr Freude macht und mehr »Lebensqualität in der Arbeit« bietet. Bessere Ergebnisse wiederum führen fast unvermeidlich zu mehr Stolz und Zufriedenheit – ein Zirkel, der sich tatsächlich positiv verstärkt.

Zugleich strahlt ein solches Unternehmen auch positiv auf die Umgebung ab: Sowohl für Kunden als auch für Lieferanten ist die Zusammenarbeit mit einem mutigen Unternehmen nicht nur angenehmer, weil sie weniger von defensivem oder aggressivem Verhalten geprägt ist, sondern auch effizienter und produktiver. Gerade bei komplexeren Aufträgen und Dienstleistungen spielt die Reibungslosigkeit, mit der Dinge geklärt werden, sowie die Verlässlichkeit getroffener Absprachen eine erhebliche Rolle sowohl für das Klima der Zusammenarbeit als auch für ihre Kosten.

Und schließlich gehen von mutigen Unternehmen auch Impulse zur Weiterentwicklung auf die Umgebung aus, weil mutige Menschen und Teams auch ihr Umfeld fordern und zu Verbesserungen anregen, statt sich einfach damit abzufinden, dass die Dinge so sind wie sie sind. Das gilt sowohl für Geschäftspartner als auch für sonstige Stakeholder, gleich ob es die Kommune betrifft, in der die Firma angesiedelt ist, oder den mutigen und offenen Umgang mit den unterschiedlichsten Interessengruppen.

Ein schwer imitierbarer Vorteil

Die Wettbewerbsvorteile einer ermutigenden Kultur sind, wie man es in der Strategie nennt, »verteidigungsfähig«. Das heißt, sie sind nicht so ohne Weiteres aufzuholen oder zu imitieren: Ein mutiges Unternehmen braucht weniger

Mitarbeiter, um die gleiche Arbeit zu leisten – das heißt, es hat im Vergleich zu Wettbewerbern, die einen schlechteren »Wirkungsgrad« haben, Ressourcen frei für bessere Kundenbetreuung, aber auch für Innovationen und für die Weiterentwicklung des Geschäfts. Auf diese Weise nährt der Erfolg den Erfolg – und der wachsende Erfolg wirkt natürlich als Ermutigung zurück auf alle, die daran mitgewirkt haben.

Aber warum soll es so schwierig sein, eine ermutigende Führungskultur nachzuahmen, wo doch das Rezept dafür hiermit sogar in Buchform vorliegt? Aus dem gleichen Grund, aus dem es so lange gedauert hat, bis europäische und amerikanische Unternehmen die japanischen Methoden von Qualitätsmanagement über Toyota Production System bis Lean Management so weit begriffen hatten, dass sie sie für ihr Geschäft umsetzen konnten. Auch hier waren alle erforderlichen Informationen lange verfügbar, bevor sie zögernd adaptiert wurden. Das eigentliche Hindernis lag auch hier nicht in der Zugänglichkeit des Know-hows, sondern in der Zugänglichkeit der Köpfe.

Genau wie man Lean Management oder eine Fehlerkultur nicht einführen kann, indem man sie in der Geschäftsleitung beschließt und dann an die »Arbeitsebene« delegiert, so lässt sich auch eine ermutigende Führungskultur nicht per Vorstandsbeschluss einführen. Dies erfordert eine längere und intensive Auseinandersetzung über alle Führungsebenen hinweg. Und vor allem bei den oberen Ebenen reicht es nicht, wenn sie das Konzept nur »durchwinken«, ohne sich für die Details zu interessieren: Sie müssen es so tief durchdrungen haben, dass sie dazu in der Lage sind, es anderen überzeugend zu erklären – und sie sollten dazu nicht nur in der Lage sein, sondern auch willens.

Bei vielen anderen Vorhaben liegen die strategischen Eintrittsbarrieren nur darin, dass man ziemlich viel Geld in die Hand nehmen muss, um den Schritt in einen neuen Markt oder ein neues »Geschäftsmodell« zu machen. Aber das kann man ja tun, sofern man das nötige Kleingeld hat. Spötter könnten daher sagen: Die Eintrittsbarriere zu einer ermutigenden Führungskultur ist deutlich höher, denn sie liegt in etwas, was man sich auch mit viel Geld nicht kaufen kann, nämlich in der Bereitschaft des Top Managements, erhebliche Zeit, Energie und Beharrlichkeit in deren Aufbau zu investieren.

Aus diesem Grund ist auch die Konsensbildung im Top Management (→ Kap. 10.2) ein so unverzichtbarer erster Schritt. Letztlich ist sie der Schlüssel zur Veränderung der Führungskultur. Denn nur wenn der Vorstand bzw. die Geschäftsführung weiß, worauf sie sich einlässt, und sich einig über den Nutzen dieser Anstrengung ist, wird sie ein derartiges Vorhaben nicht nur starten, sondern auch die nötige Beharrlichkeit aufbieten, um es zu einem erfolgreichen Abschluss zu bringen.

►► Der Aufbau einer ermutigenden Führungskultur hat das Potenzial zu einem dauerhaften Wettbewerbsvorteil, weil das Unternehmen dadurch in jeder Hinsicht »leichtgängiger« wird, sowohl effizienter und produktiver als auch lern- und anpassungsfähiger. Das ist nicht ohne Weiteres imitierbar, weil die erfolgreiche Implementierung eine intensive und ernsthafte Auseinandersetzung des Top Managements mit dem Thema ermutigende Führung voraussetzt. ◄◄

9.2 Mut und Veränderungsbereitschaft

Eine der häufigsten Fragen von Vorständen und Geschäftsführern zum Thema Change Management ist: »Unsere Leute tun sich so unglaublich schwer mit Veränderungen. Schon das kleinste Change-Vorhaben löst riesige Diskussionen, Ängste und Befürchtungen aus, und natürlich ruft es immer sofort den Betriebsrat auf den Plan. Kann man irgendetwas tun, um die Veränderungsbereitschaft unserer Mitarbeiter und Führungskräfte zu erhöhen?« Nach alledem, was Sie bislang gelesen haben, kennen Sie die Antwort. Sie lautet schlicht: »Ermutigen Sie sie.«

Ängstliche und mutige Unternehmen

Denn das eigentliche Problem sind ja nicht die Veränderungen, es sind die Erwartungen und Befürchtungen, die Führungskräfte, Mitarbeiter und Betriebsräte mit ihnen verbinden. Zwei Befürchtungen spielen dabei eine besonders große Rolle: Zum einen die Angst, dass durch die bevorstehenden Veränderung alles (noch) schlechter und schwieriger wird – von erschwerten Arbeitsbedingungen über höhere Belastungen bis zu der Sorge, den veränderten Anforderungen nicht gewachsen zu sein. Zum anderen die Befürchtung, dass die ganzen Anstrengungen letztlich für die Katz sind, weil bei dem großen Vorhaben am Ende doch nichts herauskommt.

Mutige Unternehmen unterscheiden sich von ängstlichen in genau diesen beiden Aspekten: Sie gehen zum einen davon aus, dass das Management Veränderungsvorhaben, die es begonnen hat, auch zu Ende führen wird – jedenfalls sofern es nicht wichtige Gründe gibt, von dem eingeschlagenen Weg abzuweichen. Zum anderen stellen sie sich den Veränderungen, die da auf sie zukommen, mit Gelassenheit und Selbstvertrauen.

Doch um echt zu sein und nicht nur vorgespiegelt, müssen Gelassenheit und Selbstvertrauen eine reale Grundlage haben, nämlich die innere Überzeugung, auch mit veränderten Anforderungen, Rahmenbedingungen und sozialen Konstellationen zurechtkommen zu können. Aus gutem Grund ist die Angst vor Veränderungen umso größer, je mehr Zweifel Menschen an ihrer Lern-

und Entwicklungsfähigkeit haben. Wenn jemand seit 20 Jahren die gleichen Aufgaben mit derselben Software bearbeitet, dann ist es durchaus verständlich, wenn ihm jede drohende Veränderung größte Angst macht. Denn sie könnte ihn mit Anforderungen konfrontieren, denen er – wenigstens in seiner Phantasie – nicht mehr gewachsen ist.

Wenn also ganze Unternehmen oder weite Teile der Belegschaft auf die Ankündigung von Veränderungen mit großer Aufgeregtheit oder gar unterschwelliger Panik reagieren, legt das die Vermutung nahe, dass ihr Vertrauen in ihre Fähigkeit, mit Veränderungen zurechtzukommen, nicht sehr ausgeprägt ist. Das kann daran liegen, dass dieses Unternehmen in der Vergangenheit tatsächlich sehr wenig an Veränderung erlebt hat und sozusagen kollektiv eingerostet ist.

Entwertungstendenzen im Management

Es kann aber auch damit zusammenhängen, wie das Management über die Belegschaft denkt und bei Veränderungsvorhaben mit ihr umgeht. Gerade Top Manager, die keine sehr hohe Meinung von ihrer Belegschaft haben, neigen oft dazu, ihre Mitarbeiter und Führungskräfte durch pauschalisierende und »vernichtende« Kritik noch weiter zu verunsichern.

Wenn etwa ein neuer Vorstandsvorsitzender nach ein paar Wochen vor versammelter Führungsmannschaft das Urteil äußert, die bestehende Unternehmenskultur sei völlig unbrauchbar und müsse sich von Grund auf ändern, dann ist das natürlich alles andere als eine Ermutigung. Abgesehen davon, dass eine derart pauschale Kritik der Realität kaum gerecht wird, sofern das Unternehmen (noch) aus eigener Kraft lebensfähig ist, entwertet er damit pauschal die Arbeit sämtlicher Führungskräfte und bringt sie gegen sich auf.

Nicht nur individuell, sondern auch im Kollektiv haben Menschen ein sehr sensibles Gespür dafür, ob sie von ihren obersten Chefs, so wie sie sind, respektiert und akzeptiert sind oder ob sie ihnen » nicht gut genug« sind. Und ähnlich wie zwischen Eltern und pubertierenden Kindern (→ Kap. 4.2) kann auch zwischen Vorständen und ihrer Belegschaft ein »Beziehungsabriss« eintreten, der kaum noch überbrückbar ist und zur Folge hat, dass sie kaum noch einen Einfluss auf ihre Mannschaft haben: Wenn die Mitarbeiter und Führungskräfte erst einmal das Gefühl haben, dass der Vorstand ohnehin mit nichts zufrieden ist und an allem etwas auszusetzen hat, dann lassen sie sich auch nichts mehr sagen, sondern »schalten auf Durchzug«.

Genau wie die Ermutigung von Individuen nur auf der Basis von Akzeptanz und Respekt möglich ist, gilt dies auch bei Organisationen: Wenn man kein gutes Haar an ihnen lässt, ist man auch kaum dazu in der Lage, sie weiterzuentwickeln und zu ermutigen. Es ist daher eine gute Übung, bevor man überhaupt die Diskussion über eine Veränderung eröffnet, sich erst einmal alleine oder im kleinsten Kreis Gedanken darüber zu machen, welche Stärken und bewahrenswerten Merkmale das Unternehmen besitzt. Auch wenn sie am Anfang vielleicht ähnlich schwer zu entdecken sind wie bei einem schwierigen Mitarbeiter (→ Kap. 6.8): Es muss aber ja irgendwelche Gründe geben, weshalb diese Firma (immer noch) existiert und (immer noch) nicht insolvent ist.

Entmutigende Begründung von Veränderungsvorhaben

Besonders groß ist die Gefahr einer unbeabsichtigten Entmutigung beim Start von Veränderungsvorhaben. Denn Veränderungen müssen ja begründet werden, und die naheliegendste Art, dies zu tun, ist, Mängel, Unzulänglichkeiten und Bedrohungen aufzuzeigen – und die Diagnose »sicherheitshalber« noch ein bisschen zu dramatisieren. Über die vielen Dinge, die gut und in Ordnung sind, lohnt es sich in diesem Zusammenhang nicht zu reden, denn die geben ja keine Begründung für Veränderungen her. In dieser Gefahr einer Überbetonung der Schwächen sind besonders neue Vorstände und externe Berater, die mit der Vorgeschichte nicht verbunden sind. Doch mit dem Unternehmen entwertet man natürlich auch diejenigen, die für die gegenwärtige Situation mitverantwortlich sind.

So verständlich das ist, so fatal ist die Wirkung. Das pointierte Brandmarken der Schwächen ist ja nicht deshalb entmutigend, weil die meisten Kritikpunkte unzutreffend wären, sondern weil sie im Kern zutreffend sind. Zugleich vermittelt dieser einseitig negative Fokus den Führungskräften und Mitarbeitern aber ein negatives Gesamtbild von ihrem Unternehmen – und selbst wenn damit keine Entmutigung beabsichtigt ist, entfaltet es doch genau diese Wirkung. Das gilt selbst dann, wenn sich manche im Stillen über die einseitige Darstellung ärgern oder ausdrücklich protestieren und darauf hinweisen, dass das Unternehmen nicht so schlecht ist, wie es hier gemacht wird.

Es ist deshalb wichtig, bei der Begründung von Veränderungsvorhaben darauf zu achten, das Unternehmen nicht schlechtzureden. Natürlich muss der Bedarf für Veränderungen erklärt werden, denn wenn es kein Problem gäbe, bräuchte man auch keine Lösung dafür. Es ist deshalb notwendig, »das Problem zu verkaufen«, um die Mitarbeiter und Führungskräfte vom Bestehen eines Handlungsbedarfs zu überzeugen, aber dabei die Relation zu wahren und die Gesamtsituation nicht schlechter darzustellen als sie ist – oder sie durch die Weglassung positiver Aspekte so erscheinen zu lassen.

Die spezifische Benennung von Schwachpunkten ist weniger problematisch. Trotzdem ist oft eine gute Alternative, sie nicht selbst vorzutragen, sondern eine interne Projektgruppe mit einer Stärken-Schwächen-Analyse zu beauftragen. Wenn die Mitarbeiter auf diese Weise feststellen, wie angreifbar ihr Unternehmen ist, kann das zwar auch ein Schock sein, aber dieser Schock ist per se nicht entmutigend. Er wäre es nur, wenn er mit einer negativen Bewertung der eigenen Fähigkeit, die Bedrohung abzuwenden, verbunden würde. Wenn das Top Management hingegen seine Zuversicht zum Ausdruck bringt, dass das Unternehmen diese Veränderungen erfolgreich bewältigen wird, kann auch eine kritische Bilanz im Resultat ermutigend sein.

Wenn neben den Schwachpunkten auch die Stärken genannt werden, ist es auch leichter, die Unterstützung der langjährigen Mitarbeiter und Führungskräfte für das Change-Vorhaben zu gewinnen. Denn die sperren sich gegen Veränderungen häufig nicht deshalb, weil sie notorische Bremser und Blockierer sind und jegliche Neuerung ablehnen, sondern weil sie gegen die pauschale Entwertung ihres Unternehmens und damit ihrer eigenen Arbeit rebellieren – und weil sie oft auch die Befürchtung haben, es solle so viel auf den Kopf gestellt werden, dass die Funktionsfähigkeit des Unternehmens in Gefahr käme.

Change-Prozesse ermutigend gestalten

Besonders gefordert ist eine ermutigende Führung, wenn es darum geht, mit einem nicht sehr mutigen Unternehmen größere Veränderungen zu realisieren. Gerade in der Phase, in der die Führungskräfte und Mitarbeiter den vorhandenen Handlungsdruck erkennen, ist es wichtig, sie nicht zusätzlich zu verunsichern, sondern ihnen Mut zu machen. Dazu darf man die Bedrohungen nicht verharmlosen, und es nützt auch nichts, über die Chancen zu reden, die in der Veränderung liegen. Vielmehr muss man ihre Zuversicht stärken, diese Veränderungen erfolgreich bewältigen zu können: »Wir schaffen das schon irgendwie!«

Das kann man zum Beispiel tun, indem man auf vorhandene Stärken aufmerksam macht, aber auch, indem man frühere erfolgreich bewältigte Veränderungen in Erinnerung ruft. Das beseitigt die Bedrohlichkeit der bevorstehenden zwar nicht, aber es stärkt die Zuversicht, sie bewältigen zu können: »Unser Vorstand traut uns das jedenfalls zu!« Auch ein schlüssiges Konzept für den Veränderungsprozess, eine kompetente Besetzung der Projektleitung und die entschlossene Führung des Vorhabens durch das Top Management wirken ermutigend, weil all dies die Zuversicht stärkt, dass das Unterfangen von Erfolg gekrönt sein wird.

Ein sensibles Thema bei der ermutigenden Gestaltung von Veränderungen ist der Einsatz externer Berater. Vielerorts herrscht mittlerweile eine ausgeprägte »Beratermüdigkeit«. Sie hat nicht allein mit dem Auftreten mancher Angehöriger dieser Zunft zu tun, sondern auch und vor allem damit, dass der übermäßige Einsatz von Beratern prinzipiell eine entmutigende Wirkung auf Mitarbeiter und Führungskräfte hat: Er vermittelt ihnen indirekt das Feedback, dass das Top Management die Problemlösungskompetenz der eigenen Mannschaft als gering einschätzt – und damit auch ihre Fähigkeiten generell, und damit letztlich deren Wettbewerbstauglichkeit. Diese implizite Entwertung und Entmutigung ist es, die viele Mitarbeiter und Führungskräfte inzwischen allergisch auf Berater reagieren lässt.

Trotzdem kann der Einsatz von Beratern sinnvoll sein, wenn es im eigenen Hause an Know-how und/oder an Ressourcen fehlt. Dafür haben Mitarbeiter und Führungskräfte durchaus ein Gespür – auch wenn die spontanen Reaktionen aufgrund der Vorerfahrungen oft beinahe reflektorisch abwehrend sind. Damit der Einsatz von Beratern nicht zu einer Entmutigung wird, muss er offen und nachvollziehbar erklärt werden. Zugleich muss die Vorgehensweise so angelegt werden, dass die Mitarbeiter ihre Erfahrungen und Kenntnisse in die Ausgestaltung der Veränderung einbringen können. Der beste Weg dazu ist oft ein »Change Coaching«, bei dem erfahrene Berater nur eine anleitende und ermutigende Rolle haben, die Veränderungen aber im Wesentlichen von innen, nämlich durch ein Projektteam ausgearbeitet und realisiert werden.[20]

Einbeziehung und schnelle Erfolge machen Mut

Ermutigend ist weiterhin die intensive Einbeziehung der Mitarbeiter und Führungskräfte in den Veränderungsprozess, vor allem, wenn sie alle Gruppierungen des Unternehmens einschließt und nicht nur die »Überflieger« oder »jungen Wilden«, die Veränderungen beinahe schon per Definition positiv gegenüberstehen. Wenn auch langjährige und vermeintlich konservative Mitarbeiter und Führungskräfte einbezogen werden, beweist das Vertrauen und macht Mut – vor allem wenn die Betreffenden im Unternehmen ein hohes Ansehen als Sachkundige und konstruktiv-kritische Geister genießen.

Zugleich verändert ihre Einbeziehung auch ihre Haltung: Oft ist es schon nach wenigen Wochen Projektarbeit kaum mehr möglich zu sagen, wer eigentlich die »Konservativen« und wer die »Progressiven« waren. Einbeziehung heißt aber keineswegs, dass es ins Belieben der Mitwirkenden gestellt wird, ob und in welchem Ausmaß Veränderungen vorgenommen werden oder wie viel Zeit sich das Projekt mit seiner Arbeit lässt. Ermutigung heißt, das Projektteam nicht zu schonen, sondern es zu fordern – allerdings »mit Maß und Ziel«, das heißt, ohne unrealistische Zielvorgaben zu machen, an denen es nur scheitern kann.

Gerade in eher mutlosen Unternehmen ist weiterhin wichtig, sich bei Veränderungsprojekten nicht zu viel auf einmal vorzunehmen, sondern sie so anzulegen, dass sie rasch erste Erfolge erzielen können. Gerade in einem Umfeld, in dem ständig latente Zweifel an den eigenen Fähigkeiten schwelen, ist nichts ermutigender als sichtbare Resultate. Schnelle Erfolge kommen aber nicht von selbst – dafür muss man das Projekt so konzipieren, dass sie überhaupt möglich sind. Das Gleiche gilt für das Einplanen realistischer Zwischenziele. Ideal ist,

20 Wie dies praktisch gehen kann, beschreibt der Artikel *Change Coaching: Effektives Change Management von innen.* http://www.umsetzungsberatung.de/veraenderungsstrategie/change-coaching.php

wenn sie so angelegt sind, dass an solchen Meilensteinen nicht bloß beschriebenes Papier bzw. bunte Folien vorgezeigt werden, sondern wenn darüber hinaus etwas Greifbares entschieden und zeitnah umgesetzt wird.

Beherzter Umgang mit Krisen

Es ist ein abgegriffenes Sprichwort, dass eine Krise zugleich auch eine Chance ist – doch nirgendwo gilt es mehr, als dann, wenn ein Veränderungsprojekt in einem mutlosen Unternehmen in eine Krise gerät. Sowohl die Mitglieder des Projektteams als auch sämtliche internen Beobachter »wissen« dann schon, was kommt: Alle rechnen fest damit, dass das Projekt nun abgebrochen wird oder, noch wahrscheinlicher, weil auch ein Projektabbruch ein Stück Mut erfordern würde, dass es »in aller Stille beerdigt« wird.

Das eröffnet einem mutigen Top Management die Chance, diese Erwartungen im positiven Sinne zu enttäuschen. Wenn der Vorstand das in Not geratene Projekt nicht im Regen stehen lässt, sondern sich dahinter stellt und seinen Teil dazu beiträgt, die Krise zu bewältigen, dann ist das für die meisten Beteiligten eine ganz neue Erfahrung: Dass eine Krise nicht in Vorwürfen, Schuldzuweisungen und Abstrafungen enden muss, sondern dass man solch eine Herausforderung auch gemeinsam bewältigen und ein Projekt durch sie hindurch zum Erfolg führen kann, ist für alle Beteiligten ein ungeheuer ermutigendes Erlebnis. Auch wenn sie dies, je nach Grad ihrer Entmutigung, möglicherweise mehrfach erleben müssen, um für möglich halten zu können, dass das keine einmalige Ausnahme war, sondern die – künftige – Regel.

Solche Erfahrungen machen Hoffnung für die Zukunft, weil sie zeigen, dass es auch anders geht – und diese ermutigende Erfahrung lässt sich nicht rückgängig machen. Das heißt, das nächste Change-Vorhaben startet bereits mit etwas mehr Zuversicht, und wenn es ebenfalls erfolgreich realisiert wird, steigen Zuversicht und Selbstvertrauen weiter. Eine Kette erfolgreich realisierter Veränderungsprojekte samt gemeinsam bestandener Krisen verwandelt so ein mutloses Unternehmen im Laufe der Zeit Schritt für Schritt in eine immer mutigere Kultur, die neue Herausforderungen mit mehr Gelassenheit und Zuversicht angeht.

►► Wenn sich Unternehmen schwertun mit Veränderungen, ist das in aller Regel eine Frage mangelnden Mutes: Sie fürchten sich sowohl vor den drohenden Veränderungen als auch vor dem Weg dorthin. In solchen Fällen kommt es besonders darauf an, Veränderungsprozesse so zu gestalten, dass sie für die Mitarbeiter und Führungskräfte zu einer ermutigenden Erfahrung werden. ◄◄

9.3 Darf man ermutigende Führung zur Pflicht machen?

Der entscheidende Unterschied zwischen dem individuellen Erlernen ermutigender Führung und dem Aufbau einer ermutigenden Führungskultur liegt im Ausmaß der Freiwilligkeit: Solange sich die einzelne Führungskraft für sich entscheidet, ermutigende Führung zu erlernen, bewegen wir uns im Bereich reiner Freiwilligkeit. Freiwillige Entscheidungen können, wenigstens vom Grundsatz her, jederzeit aufgegeben oder widerrufen werden. Falls dagegen der Vorstand oder die Geschäftsführung entscheidet, eine ermutigende Führungskultur einzuführen, dann setzen sie damit eine Direktive, die sämtliche Führungskräfte des Unternehmens auf ermutigende Führung verpflichtet. Das heißt, ermutigende Führung ist dann nicht mehr eine freiwillige Entscheidung, sie wird zur »Dienstpflicht«.

Dienstpflicht zur Ermutigung?

So auf den Punkte gebracht, wird die Brisanz des Vorhabens sichtbar: Kann man Führungskräfte denn dazu verpflichten, in einer bestimmten Weise zu führen? Kann und darf man von ihnen verlangen, mit ihren Mitarbeitern in einer vom Unternehmen festgelegten Weise umzugehen? Kann und darf man systematisch nachhalten, ob sie dies auch tatsächlich tun, und so einen beträchtlichen Anpassungsdruck auf sie ausüben?

Diese Fragen müssen gestellt und beantwortet werden, denn sie stehen ausgesprochen oder unausgesprochen immer im Raum, wenn es um eine Veränderung der Führungskultur geht. Denn an dieser Stelle empfinden etliche Führungskräfte bis hinauf ins Top Management ein diffuses Unbehagen. Zugespitzt lautet die Frage: Darf ein Unternehmen seinen Führungskräften vorschreiben, wie sie zu führen haben? Oder würde man damit in unangemessener, ethisch fragwürdiger Weise in deren persönliche Entscheidungs- und Handlungsfreiheit eingreifen?

Was für eine seltsame Frage das ist, wird sichtbar, wenn man sie verallgemeinert. Auch Führungskräfte sind ja Mitarbeiter. Also lautet die verallgemeinerte Frage: Darf ein Unternehmen seinen Mitarbeitern vorschreiben, wie sie zu arbeiten haben? Darf es zum Beispiel die Einhaltung bestimmter Arbeitsprozesse oder Sicherheitsvorschriften fordern? Darf es ihnen vorschreiben, wie sie Kunden zu behandeln haben und welche Grundsätze dafür gelten? Oder würde man damit in unangemessener, ethisch fragwürdiger Weise in ihre persönliche Entscheidungs- und Handlungsfreiheit eingreifen?

Ist Führung Privatsache?

Wenn man die Frage in dieser verallgemeinerten Form stellt, gibt es kaum jemanden, der hier ein ethisches oder sonst wie geartetes Problem sieht. Natürlich kann man Mitarbeitern Vorgaben machen, welche Arbeitsabläufe, Sicherheitsvorschriften und anderen Richtlinien einzuhalten sind. In vielen Fällen muss man es sogar, um festgelegte Qualitätsstandards zu erreichen, Kundenanforderungen zu erfüllen oder um externen Zertifizierungen gerecht zu werden. Zwar sollten diese Vorgaben natürlich sinnvoll sein, doch vom Grundsatz her würde wohl niemand ernsthaft in Zweifel ziehen, dass Unternehmen berechtigt sind, Mitarbeitern Vorgaben für ihre Arbeit zu machen.

Stellt sich also die Frage, weshalb das ausgerechnet für Führungskräfte nicht gelten sollte. Führungskräfte sind ja nicht *irgendwelche* Mitarbeiter, sondern solche, die im Unternehmen besondere Verantwortung tragen: nicht nur besondere Verantwortung für Resultate, sondern auch besondere Verantwortung für Mitarbeiter. Demnach sollten die Anforderungen an das Handeln von Führungskräften wohl nicht geringer, sondern eher strenger sein: Bei ihnen sollte das Unternehmen eher noch stärker als bei den »einfachen Mitarbeitern« darauf achten, ob und wie gut sie ihre Arbeit machen.

Trotzdem sind manche Führungskräfte der Meinung, ihr Führungsstil sei ihre Privatsache und gehe das Unternehmen ebenso wenig an wie ihr Intimleben. Entsprechend indigniert reagieren sie auf diesbezügliche Vorgaben und deren Durchsetzung. Aber dass diese Haltung existiert, beweist nicht, dass sie legitim ist – es weckt eher den Verdacht, dass hier Standes- oder Kastenprivilegien verteidigt werden sollen.

Viele Führungskräfte haben sich bequem damit eingerichtet, dass niemand überprüft, wie gut sie ihre Führungsarbeit eigentlich machen, solange sie nur ihre Ziele erreichen – und sie leiten daraus einen Anspruch für die Zukunft ab. Dieser Anspruch, in ihrem Führungsstil in Ruhe gelassen zu werden, wird zuweilen auch mit sehr polemischen Argumenten verteidigt, wie etwa, das sei ja »wie in einer Sekte«, oder, es könne doch nicht darum gehen, die gesamte Führung »gleichzuschalten«. Doch ein nachvollziehbarer Grund, weshalb ein Unternehmen zwar allen übrigen Mitarbeitern Vorgaben machen dürfe, wie sie ihre Arbeit machen, nur Führungskräften nicht, ergibt sich daraus nicht.

Ein legitimer Anspruch

Wenn man diese Frage aus dem Bereich von Stimmungen und Verstimmungen herauslösen und sie möglichst sachbezogen beantworten möchte, muss man die Frage stellen: Gibt es ein ethisches Prinzip, wonach die Art, wie Führungskräfte mit ihren Mitarbeitern umgehen, zur Privatsphäre der beteiligten Personen zählt, sodass es indiskret oder unangemessen wäre, wenn sich das Unternehmen hier einmischen würde?

Es geht hier, wohlgemerkt, nicht darum, in die einzelnen Gespräche einzudringen, die Vorgesetzte mit ihren Mitarbeitern führen, indem man sie etwa beobachten oder gar aufzeichnen wollte. Diese Gespräche sollen selbstverständlich vertraulich bleiben, solange dies von allen Beteiligten so gewünscht ist. Es geht lediglich darum, bestimmte Zielvorstellungen für den Umgang von Vorgesetzten mit ihren Mitarbeitern vorzugeben und dessen Einhaltung systematisch nachzuhalten, etwa indem man die Mitarbeiter in regelmäßigen Abständen fragt, ob sie von ihren Vorgesetzten so geführt werden, wie es der definierten Führungskultur entspricht.

Ein ethisches Prinzip, das solche Vorgaben und ihr Controlling verbieten oder fragwürdig erscheinen lassen würde, ist nicht ersichtlich. Man könnte im Gegenteil sogar argumentieren, es liege im Interesse der Mitarbeiter und Betriebsräte, dass ein solches Zielbild vorgegeben und mit einiger Sorgfalt nachgehalten wird, um sie als den schwächeren Partner vor willkürlichem oder unangemessenem Verhalten ihrer Vorgesetzten zu schützen.

In jedem Fall aber liegt es im Interesse des Unternehmens: Wer seine Führungskultur weiterentwickeln will, kann dabei nicht ausschließlich auf Freiwilligkeit setzen. Er muss konsequent nachhalten, ob die Führungskräfte die angestrebte Kultur umsetzen und wie erfolgreich sie dies tun. Denn nur dann ist man dazu in der Lage, Führungskräfte zu erkennen, bei denen es an der Umsetzung hapert, auf sie einzuwirken und, wenn nötig, Konsequenzen zu ziehen. Letzten Endes sind die Ernsthaftigkeit und Beharrlichkeit, mit der das ermutigende Führungsverhalten nachgehalten wird, ein zentraler Hebel zur Kulturveränderung – und zugleich das entscheidende Signal an die Mitarbeiter und vor allem an die Führungskräfte, dass die Sache wirklich ernst gemeint ist.

►► Auch wenn es bei manchen Führungskräften zu einem gewissen Grummeln führen mag, es gibt keinen Grund, weshalb man zwar allen anderen Mitarbeitern Vorgaben machen dürfte, wie sie zu arbeiten haben, nur ihnen nicht: Das Unternehmen hat auch und besonders bei Führungskräften ein legitimes Interesse daran, dass sie ihre Arbeit im vom Unternehmen gewünschten Sinne machen, und deshalb auch das Recht, die Einhaltung dieser Vorgaben nachzuhalten. ◄◄

10 Wie man eine Kultur verändert[21]

Unternehmenskultur wird immer noch häufig als »Personalthema« gesehen, so als ob es dabei nur um Werte, Wertschätzung, Mitarbeiterzufriedenheit und andere »Soft Issues« ginge. Aber das ist eine einseitige und verengte Betrachtungsweise, die den Großteil des Potenzials übersieht, das in diesem Thema steckt: In Wirklichkeit geht es bei der Kultur ebenso sehr um Wertschöpfung wie um Wertschätzung.

Zwar hat Unternehmenskultur natürlich viel mit Personal zu tun, schließlich betrifft sie sowohl den Umgang der Führungskräfte mit ihren Mitarbeitern als auch den untereinander. Trotzdem ist Kultur nicht in erster Linie ein Personalthema: Sie ist ein Business-Thema, genauer ein Kernelement der strategischen Unternehmensführung. Denn die entscheidende Frage ist nicht: Was für eine Kultur hätten wir denn gern, um uns möglichst wohl zu fühlen? Vielmehr lautet die zentrale Frage: Was für eine Kultur benötigen wir, um in unserem Geschäft (noch) erfolgreich(er) zu sein? Und speziell: Welche Führungskultur brauchen wir, um möglichst viel von dem Potenzial unserer Mitarbeiter und Führungskräfte zum Nutzen des Geschäfts zu mobilisieren?

10.1 Von der Strategie zur Führungskultur

Zwischen der Strategie eines Unternehmens und seiner Kultur besteht ein viel engerer Zusammenhang als den meisten Top Managern bewusst ist – und zwar in beiden Richtungen. »Culture eats strategy for breakfast«, hat Peter Drucker schon vor vielen Jahren festgestellt: Viele hochfliegende strategische Konzepte zerschellen schlicht an der vorhandenen Kultur. Ob es dem Management gefällt oder nicht, die vorhandene Kultur setzt Restriktionen für das, was an Strategie in einem Unternehmen umsetzbar ist: Man kann aus einem furchtsamen »Follower«, der sich immer an den erfolgreichen Konzepten der Konkurrenz orientiert, nicht ohne Weiteres einen mutigen Innovationsführer machen.

Umgekehrt ist die Kultur eine wesentliche Erfolgskomponente für die Wettbewerbsstrategie. Eine Strategie legt ja fest, auf welche Märkte, Kunden, Produkte und Dienstleistungen ein Unternehmen seine Kräfte konzentrieren will, um im Wettbewerb erfolgreich zu sein. Dazu muss es bestimmte *Fähigkeiten*

---

21 Dies ist eine kompakte Einführung in die Logik und Methodik der Kulturveränderung. Wesentlich ausführlicher und mit mehr technischen und methodischen Erläuterungen ist dieses Thema in *Culture Change* dargestellt (Berner 2012).

entwickeln, die den Konkurrenten überlegen sind. Und dafür wiederum ist es nicht nur notwendig, die Strukturen sowie die Prozesse und Systeme entsprechend auszurichten, sondern es muss auch erreicht werden, dass die Mitarbeiter und Führungskräfte sich strategiekonform verhalten, dass sich also die Kultur entsprechend ausrichtet. Nur unter dieser Voraussetzung erwacht die Strategie zum Leben und wird zur gelebten Praxis.

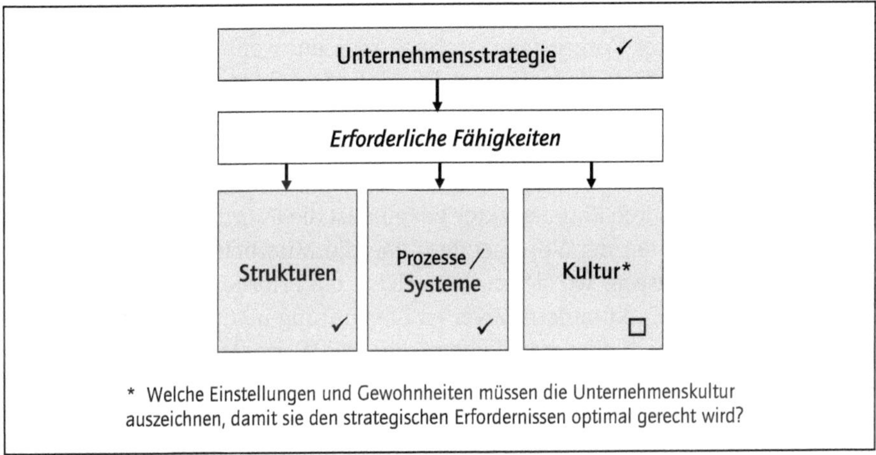

Abb. 14 Welche Kultur ist erforderlich, um geschäftlich erfolgreich zu sein (Berner 2012, S. 136)

Mit solch einer strategischen Perspektive an das Thema Unternehmenskultur heranzugehen, ist noch ungebräuchlich, aber wichtiger denn je. Denn je vergleichbarer Produkte und Dienstleistungen sind, desto entscheidender ist die Kultur. Desto wichtiger wird für den Kunden zum Beispiel, wie er von seinen Lieferanten nach dem Kauf behandelt wird: Fühlt sich der Vertrieb auch nach dem Vertragsabschluss noch für seine Zufriedenheit verantwortlich oder zuckt er nur noch die Achseln? Kann man die angebotene Hotline erreichen, und bekommt man dort Auskünfte, mit denen man etwas anfangen kann? Übernehmen die Mitarbeiter bei Fehlern und Reklamationen Verantwortung oder erklären sie nur wortreich, weshalb sie auch nichts dafür können, und verweisen auf andere Abteilungen?

Einen engen Zusammenhang gibt es auch zwischen der Unternehmenskultur und den Kosten sowie der Produktivität, aber auch damit, wie innovativ, zukunftsorientiert und anpassungsfähig ein Unternehmen ist. So bestimmt die Kultur maßgeblich mit, wie effizient die Zusammenarbeit ist und wie viele Reibungsverluste sie belasten, welcher Teil der aufgewendeten Arbeitszeit also tatsächlich in Wertschöpfung für den Kunden umgesetzt wird und welcher Anteil als nutzlose »Abwärme« durch den Kamin geht. Sie beeinflusst, wie mit Fehlern umgegangen wird, aber auch, ob Mitarbeiter es wagen, neue Ideen einzubringen und ob innovative Ideen von anderen aufgegriffen und weiterentwickelt werden.

Die Schlüsselrolle der Führungskultur

Wie sich die Mitarbeiter wiederum gegenüber den Kunden verhalten und wie reibungslos und effizient sie intern zusammenarbeiten, ist maßgeblich davon bestimmt, wie sie geführt werden. Wenn etwa die Mitarbeiter in einem Kaufhaus mit einem Rüffel ihrer Vorgesetzten rechnen müssen, wenn die Regale nicht ordentlich gepflegt sind, ist die logische Folge, dass sie sich im Zweifelsfall eher mit dem Einräumen von Regalen beschäftigen als mit der Betreuung von Kunden. Und wenn der Chef größten Wert auf die individuelle Leistung legt, werden sie klugerweise mehr ihre Einzelleistung »verkaufen« als zum Teamerfolg beitragen.

Mehr als jeder andere Einflussfaktor beeinflusst die Führungskultur, das heißt das typische Verhalten der Vorgesetzten, wie die Mitarbeiter agieren: Was sie tun, was sie unterlassen, wo sie im Zweifelsfall die Prioritäten setzen und worum sie sich eher nicht kümmern. Zwar ist die Führung natürlich nicht der einzige Einflussfaktor: Auch die persönlichen Ziele und Werte der Mitarbeiter spielen eine Rolle, ihre Vorlieben und Abneigungen, die Erwartungen der Kollegen und die ungeschriebenen Spielregeln der Abteilung, gesellschaftliche Trends und Entwicklungen und vieles andere mehr. Trotzdem besagen viele übereinstimmende Forschungsbefunde: Der direkte Vorgesetzte ist mit seinem Verhalten der stärkste aller Einflussfaktoren.

Das gilt auch, wenn die Mitarbeiter nicht immer genau das tun, was die Vorgesetzten von ihnen wollen. Nicht immer lassen sich deren Erwartungen genau wie gewünscht umsetzen; manchmal kommt auch etwas dazwischen, oder die bestehenden Rahmenbedingungen legen pragmatisch ein anderes Vorgehen nahe. Und zuweilen kollidieren auch die Vorstellungen der Mitarbeiter mit denen ihrer Chefs. Insofern ist es keine Überraschung, dass Mitarbeiter nicht *exakt* den Wünschen ihrer Vorgesetzten folgen. Trotzdem geben sich die meisten große Mühe, den Erwartungen ihrer Vorgesetzten zumindest im Großen und Ganzen gerecht zu werden. Und zwar einfach aus zwei Gründen: Zum einen, weil sie keinen Ärger wollen, zum anderen, weil sie möchten, dass ihr Chef mit ihnen zufrieden ist und sie und ihre Arbeit schätzt.

Wenn es Ihnen also gelingt, die Führungskultur Ihres Unternehmens neu auszurichten und zu erreichen, dass Ihre Führungskräfte real anders führen, verändern Sie damit indirekt auch das Verhalten Ihrer Mitarbeiter – und zwar nicht erst langfristig, sondern ziemlich rasch. Die Mitarbeiter bekommen es ziemlich schnell mit, wenn sich die Regeln geändert haben, und passen ihr Verhalten entsprechend an. Ziel muss daher eine durchgängige Ausrichtung des Führungsverhalten auf Ermutigung sein – und zwar flächendeckend und dauerhaft.

►► Es ist sinnvoll, Unternehmenskultur nicht als reines HR-Thema zu verstehen, sondern als Business-Thema. Denn sie bestimmt maßgeblich, wie sich Mitarbeiter sowohl unternehmensintern als auch gegenüber den Kunden verhalten, und sie kann Unternehmensstrategien sowohl scheitern lassen als auch wirkungsvoll unterstützen. Das Verhalten der Mitarbeiter wiederum ist maßgeblich von der Führung bestimmt, deshalb ist die Führungskultur ein entscheidender Hebel, um die Unternehmenskultur strategiekonform auszurichten. ◄◄

10.2 Wie man eine (Führungs-) Kultur verändert

Das gängige Vorgehen, um die Führungskultur neu auszurichten, wäre wohl, ein Leitbild oder Führungsgrundsätze zu formulieren, die eine ermutigende Führungskultur mit ebenso wohlgesetzten wie eindringlichen Worten beschreiben. Danach würde man vermutlich einigen Aufwand treiben, um dieses Leitbild im Unternehmen zu verankern: Eine Managementtagung mit wohldurchdachter Dramaturgie, eindringliche Ansprachen und Appelle, feierliche Unterschriften und säkulare Gelübde, Bildberichte im Intranet und der Werkszeitung, ein bedeutungsschweres Interview des Vorstandsvorsitzenden, kaskadierende Workshops über alle Bereiche und Führungsebenen hinweg, Kaffeetassen und Kugelschreiber, Poster, die im ganzen Unternehmen aushängen, Erinnerungskärtchen, Anstecker …

Zynismus statt Kulturveränderung

Das Problem ist nur: Gleich wie viel Aufwand man dabei treibt, solche Leitbilder und Führungsgrundsätze verändern das praktische Führungsverhalten nicht – sie verschärfen nur die Maßstäbe, an denen es gemessen wird.

Deshalb gehen sie in aller Regel nach hinten los. Statt die Kultur zu verändern, bewirken Leitbilder und Führungsgrundsätze meist nur einen Anstieg der Unzufriedenheit mit der bestehenden Führung, mit wachsendem Zynismus und Sarkasmus: Jetzt, wo schwarz auf weiß dokumentiert ist, wie im Unternehmen *eigentlich* geführt werden sollte, wird nur umso deutlicher sichtbar, wie wenig das gelebte Führungsverhalten dem Ideal entspricht. Und umso stärker fällt auch auf, dass es immer wieder dieselben Führungskräfte sind, die gegen die Regeln verstoßen, ohne dass dies irgendwelche erkennbaren Konsequenzen für sie hat.

Um eine Kultur wirklich zu verändern, ist es notwendig, dafür zu sorgen, dass es für die Adressaten ausreichend starke Gründe gibt, sich an das beschriebene Zielbild zu halten. Dazu muss man die Umsetzung konsequent nachhalten und sich, wenn nötig, mit denjenigen auseinandersetzen, die sich nicht an die Vorgaben halten. Dass diese Auseinandersetzung meist unterbleibt, ist wohl der häufigste Grund, weshalb Kulturveränderungen scheitern.

Die drei Schlüssel zur Kulturveränderung

Trotz ihrer hohen Misserfolgsrate sind Kulturveränderungen eigentlich kein Hexenwerk. Genau wie jedes andere Projekt brauchen sie erstens ein klares Ziel, das sich an der Strategie des Unternehmens ausrichtet und einen überzeugenden geschäftlichen Nutzen verspricht, zweitens ein schlüssiges Veränderungskonzept, aus dem hervorgeht, auf welche Weise, das heißt, mit welchem systematischen Vorgehen der Zielzustand herbeigeführt werden soll, und drittens eine enge Verzahnung von inhaltlichem und sozialem Prozess, damit die Adressaten auf dem Weg »mitgenommen« werden und den Sinn des Vorhabens teilen, statt bloß mit neuen Anforderungen konfrontiert zu werden.

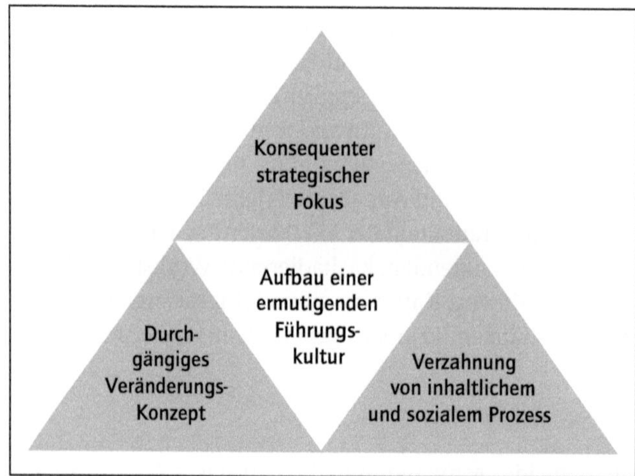

Abb. 15 Die drei Schlüssel zum Erfolg einer Kulturveränderung

An jedem einzelnen dieser Punkte kann die Kulturveränderung scheitern: Wenn die angestrebten Veränderungsziele keinen strategischen Nutzen haben oder das Top Management von diesem Nutzen nicht hinreichend überzeugt ist, wird es die Veränderung höchstwahrscheinlich nicht mit der nötigen Konsequenz durchsetzen. Wenn es an einem durchgängigen Veränderungskonzept fehlt, wird das Vorhaben nach einem eindrucksvollen Start eher früher als später versanden. Und wenn es an der Verzahnung von inhaltlichem und sozialem Prozess fehlt, wird es sehr schwer, die Führungsmannschaft, an der die Erarbeitung vorbeigegangen ist, trotzdem in Bewegung zu bringen.

Geht man eine Ebene tiefer, lassen sich folgende Erfolgsbedingungen für die nachhaltige Einführung einer ermutigenden Führungskultur formulieren:

- klare strategische Logik (»Business Case«)
- Konzentration auf die spielentscheidenden Verhaltensmuster
- überzeugendes Plausibelmachen des Nutzens (menschlich wie ökonomisch)

- übereinstimmendes Verständnis im Management, was mit ermutigender Führung konkret gemeint ist
- Aufbau der erforderlichen Kenntnisse und Fähigkeiten in der Führungsmannschaft
- Selbstreflexion der eigenen Verhaltenstendenzen (unter Normalbedingungen/unter Druck)
- Analyse und Anpassung der Rahmenbedingungen des Handelns
- beharrliches Einfordern ermutigender Führung von oben
- geeignete Feedback-Mechanismen
- geeignetes Mess- und Controllingsystem
- konsistente Anreize und Sanktionen
- Anpassung sämtlicher Führungsinstrumente und HR-Prozesse
- Integration in Routineprozesse

All dies erfordert einen starken Konsens im Top Management, der getragen sein muss von der gemeinsamen Überzeugung, dadurch das Geschäft entscheidend weiterbringen zu können, sowie ein schlüssiges, stringentes Vorgehen mit einer durchgängigen Logik von der Zielbestimmung über die praktische Einführung bis zur konsequenten Fortführung im »Normalbetrieb«. Beides sehen wir uns im Folgenden genauer an.

►► Um eine ermutigende Führungskultur zu implementieren, nützt es wenig, alle Führungskräfte mit einer aufwendigen Dramaturgie auf ein »Leitbild ermutigende Führung« einzuschwören. Viel wichtiger ist, dafür zu sorgen, dass die Führungskräfte ausreichend starke Gründe haben, ihr Verhalten zu ändern – wofür ein systematisches Nachhalten wichtiger ist als feierliche Schwüre. Die drei Schlüssel zu einer Veränderung der Führungskultur sind ein konsequenter strategischer Fokus, ein durchgängiges Veränderungskonzept und eine enge Verzahnung von inhaltlichem und sozialem Prozess. ◄◄

10.3 Einen tragfähigen Zielkonsens in der Geschäftsleitung herbeiführen

Die meisten Anläufe zur Kulturveränderung scheitern schlicht daran, dass die geforderten Verhaltensänderungen trotz aller feierlichen Schwüre im Ernstfall nicht eingefordert und durchgesetzt werden. Kulturveränderungen sind aber immer auch eine Machtfrage: Sie stehen und fallen mit der Bereitschaft der Geschäftsleitung, die festgelegten Regeln auch gegenüber den Leistungsträgern und Platzhirschen im Management durchzusetzen – auch und gerade gegenüber jenen, die als unverzichtbar oder sakrosankt gelten und daher immer etwas gleicher sind als alle anderen.

Die häufigste Klage, wenn Kulturprojekte in Bedrängnis kommen, ist, dass der Vorstand bzw. die Geschäftsführung sie nicht »vorlebt« und sie vor allem nicht mit dem nötigen Nachdruck von denjenigen Führungskräften einfordert, die sich – wieder einmal – nicht an die Regeln halten. Häufig sind es ja immer die Gleichen, die unbeeindruckt von den getroffenen Vereinbarungen einfach so weitermachen wie bisher – und damit durchkommen. Damit geben sie nicht nur ein schlechtes Beispiel für alle anderen, sondern untergraben die Glaubwürdigkeit des gesamten Vorhabens. Insider können meist mit hoher Treffsicherheit vorhersagen, wer diese »erfolgreichen Regelignoranten« sein werden.

Die wahren Ursachen der verbreiteten Halbherzigkeit

Die Klagen über das halbherzige Verhalten des Top Managements sind auch in den meisten Fällen berechtigt – nur die Erklärungen dafür greifen zu kurz. Der tiefere Grund, weshalb es Vorstände und Geschäftsführer im entscheidenden Moment an der entschiedenen Unterstützung der Führungskultur mangeln lassen, ist in aller Regel, dass sie in ihrem tiefsten Inneren selbst nicht restlos von deren Unabdingbarkeit überzeugt sind. Ja, sie haben diesen Zielen seinerzeit zugestimmt, und, doch, sie stehen grundsätzlich auch weiterhin dazu – aber so wichtig, dass sie gegenüber ihren wichtigsten Mitarbeitern auf ihrer Einhaltung bestehen und dafür notfalls auch einen Konflikt eingehen würden, sind sie ihnen dann auch wieder nicht.

Genau hier liegt der springende Punkt: Zur Durchsetzung der neuen Führungskultur gegenüber den Leistungsträgern wird das Top Management nur dann bereit sein, wenn es deren Einhaltung für den künftigen geschäftlichen Erfolg als unerlässlich ansieht. Denn Vorstände und Geschäftsführer werden ja nicht für die Durchsetzung irgendwelcher gut gemeinter Führungsgrundsätze bezahlt; sie werden daran gemessen, ob sie das Geschäft voranbringen. Deshalb wäre es äußerst unklug von ihnen, wenn sie ohne Not jene Personen verprellen würden, auf deren Unterstützung sie für ihren eigenen Erfolg angewiesen sind.

Jede Kulturveränderung – und letztlich generell jede Regelung – steht und fällt aber mit der Entschlossenheit, sie auch gegenüber denjenigen durchzusetzen, die sich nicht freiwillig an sie halten. Welch durchschlagende Wirkung diese Entschlossenheit hat, sieht man, wenn Top Manager konsequent und unerbittlich Regeln durchsetzen, die in ihren Augen tatsächlich unverzichtbar sind. Wenn es etwa um Compliance geht oder um börsenrechtliche Regeln, deren Missachtung den Vorstand selbst in Schwierigkeiten bringen und im schlimmsten Fall den Kopf kosten kann, dann zögern sie keine Minute, selbst absoluten Leistungsträgern die gelbe Karte zu zeigen oder sich sogar Knall auf Fall von ihnen zu trennen. Und siehe da: Die Botschaft kommt sofort an – und die flächendeckende Umsetzung der geforderten Kulturveränderung ist nur noch eine Frage von Stunden.

Eine halbherzige Umsetzung ist deshalb in der Regel nicht die Folge von Nachlässigkeit – sie ist die logische und unvermeidliche Folge, wenn der Konsens im Top Management nicht tragfähig genug ist, weil er nicht sorgfältig genug erarbeitet wurde. Denn wenn die Mitglieder der Geschäftsleitung von dem strategischen Nutzen nicht überzeugt sind, dann *dürfen* sie deswegen im Grunde gar keinen Konflikt mit Schlüsselpersonen riskieren. Also kommt die Kulturveränderung ins Wanken, sobald die anfänglichen Bekenntnisse verklungen sind und die ersten ernsthaften Auseinandersetzungen anstehen.

Daraus folgt im Umkehrschluss: Solange die Bereitschaft zu deren Durchsetzung nicht gesichert ist, ist es ein grober Managementfehler, überhaupt irgendwelche Regeln aufzustellen und zu verkünden. Denn das wird zwangsläufig zum Eigentor: Man weckt falsche Hoffnungen, erzeugt Enttäuschung und Verwirrung und beschädigt damit letztlich die eigene Glaubwürdigkeit. Der eigentliche Fehler liegt aber nicht darin, dass die Geschäftsleitung die formulierten Regeln nicht durchsetzt, sondern darin, dass sie die Verkündung von Regeln *zugelassen* hat, die sie vorhersehbar – und vernünftigerweise! – nicht durchsetzen wird.

Deshalb liegt hier auch der einzige mögliche Schutz vor einem Flopp, vor einer halbherzigen oder versandenden Umsetzung: Nur wenn man gar nicht erst startet, was ohnehin keine Aussicht auf Erfolg hat, kann man sich und seiner Mannschaft die Enttäuschung, Frustration und Entmutigung ersparen, die zwangsläufig die Folge einer gescheiterten Kulturveränderung sind.

Belastbarer Konsens erforderlich

Weil jede Kulturveränderung mit der Bereitschaft zur Durchsetzung steht und fällt, muss sie zwingend damit beginnen, einen belastbaren Konsens im Top Management herzustellen – und zwar einen, der stark genug sein muss, um auch durch Widerstände und Konflikte mit Leistungsträgern zu tragen. Wenn ein solcher Konsens nicht zu erzielen ist, dann ist es klüger, die Finger ganz von der Sache zu lassen. Dann ist entweder der geschäftliche Nutzen nicht groß genug, oder die Zeit – oder die Geschäftsleitung – ist dafür noch nicht reif.

Deshalb muss auch dringend vor Schnellschüssen gewarnt werden. Gerade bei einem Thema wie ermutigende Führung ist die Gefahr groß, dass einige Mitglieder der Geschäftsleitung voller Begeisterung vorpreschen, ohne ihre Kollegen wirklich »ins Boot geholt« zu haben. Das rächt sich später, wenn dieser Konsens dringend gebraucht würde, um Durststrecken, Widerstände und Konflikte mit einer unerschütterlichen gemeinsamen Linie durchzustehen. Widerstehen Sie deshalb der Verlockung eines »Blitzstarts«: Dieses Rad ist schlicht zu groß, um es als einzelnes Mitglied des Vorstands oder der Geschäftsführung alleine drehen zu können.

Was man dagegen sehr wohl machen kann, ist, eine ermutigende Führungskultur nur in einzelnen Geschäfts- oder Funktionsbereichen einzuführen, beispielsweise nur in einer Sparte eines Unternehmens oder, wie in unserem Pilotprojekt (→ Interview Kap. 11) nur im Vertrieb. Dann muss der Konsens im Management-Team dieser Sparte erarbeitet werden. Die Nachbarbereiche sollten im Bilde sein und in den Grundzügen Bescheid wissen, müssen aber nicht voll in den Konsens eingebunden sein. Eine Sonderrolle spielt der Personalbereich, weil dessen Unterstützung spätestens bei der Umsetzung benötigt wird. Deshalb sollte er von Anfang an stärker involviert werden. Ähnliches gilt auch für den Betriebsrat[22].

»Prolog im Himmel«

Um einen tragfähigen Konsens in der Geschäftsleitung herbeizuführen, braucht die Einführung einer ermutigenden Führungskultur – wie jede Kulturveränderung – einen ausreichenden Vorlauf: den »Prolog im Himmel«. Am besten bereiten Sie solch ein Vorhaben mit einer intensiven Debatte im Vorstand bzw. der Geschäftsführung vor, bei der Sie gemeinsam prüfen und klären, ob die Investition in den Aufbau einer ermutigenden Führungskultur für Ihr Geschäft einen überzeugenden geschäftlichen Nutzen verspricht.

Als Leitlinie für die Diskussion können Sie dabei genau jene Fragen nutzen, mit denen wir uns schon früher beschäftigt haben – nur dass Sie diese Fragen jetzt auf das eigene Geschäft beziehen:

Wenn Ihre Führungskräfte und Mitarbeiter mutiger wären, welchen Nutzen hätte das

- im Vertrieb und Verkauf?
- bei der Betreuung von Kunden?
- für das Gewinnen und erfolgreiche Abwickeln besonders anspruchsvoller Aufträge?
- für den Umgang mit neuartigen Herausforderungen?
- in der Zusammenarbeit zwischen Bereichen und Abteilungen?
- für die rasche und konstruktive Klärung von Konflikten?
- beim Umgang mit unbefriedigenden Leistungen?
- für die Bewältigung bevorstehender organisatorischer oder technischer Veränderungen?
- …?

22 Nach deutschem Recht ist zwar eine Kulturveränderung selbst nicht mitbestimmungspflichtig, wohl aber etliche Maßnahmen, die mit ziemlicher Sicherheit im Zuge ihrer Implementierung anfallen werden, wie zum Beispiel Schulungsprogramme (§ 99 Betriebsverfassungsgesetz), Veränderungen von Beurteilungs- (§ 87 I BetrVG) und Anreizsystemen (§ 94 BetrVG), Kriterien der Führungskräfteauwahl (§ 95 BetrVG), Führungsgrundsätze und Spielregeln (§ 87 I BetrVG). Es ist daher ratsam, den Betriebsrat nicht erst dann anzusprechen, wenn es um Betriebsvereinbarungen zu diesen konkreten Maßnahmen geht, sondern ihn frühzeitig über das gesamte Vorhaben zu informieren und ihn möglicherweise auch einzubeziehen.

Arbeiten Sie in dieser Diskussion so klar und sauber wie möglich heraus, ob und inwiefern eine ermutigende Führungskultur für Ihr konkretes Geschäft einen substanziellen Nutzen und idealerweise einen strategischen Wettbewerbsvorteil bringt. Nur, wenn alle oder jedenfalls die allermeisten Mitglieder des Gremiums von diesem Nutzen überzeugt sind, werden Sie ein solches Vorhaben durchhalten – und nur wenn Sie es mit ziemlicher Sicherheit durchhalten werden, sollten Sie es überhaupt beginnen.

Am besten versuchen Sie, den Nutzen einer ermutigenden Führungskultur zu beziffern. Dafür müssen Sie natürlich ein paar Annahmen machen – aber das müssen Sie für jede andere Planung auch. Versuchen Sie, den Nutzen mit vergleichbarer (Un-) Genauigkeit wie bei einer Investitionsrechnung abzuschätzen, denn letztlich geht es hier um nichts anderes. Wie bei jeder Planung muss man dabei zwangsläufig mit »gegriffenen Zahlen« arbeiten – und wie sonst auch, geht es nicht um die Frage, ob diese Zahlen *richtig* sind, weil das in der Gegenwart überhaupt nicht entscheidbar ist. Vielmehr geht es allein darum, ob sie und die dahinter stehenden Annahmen vernünftig und die erwarteten Ergebnisse plausibel sind.

Erste Operationalisierung von Zielen und Nutzen

Es erleichtert die Diskussion und Konsensbildung, wenn man in der Geschäftsleitung nicht nur allgemein über den erwarteten Nutzen einer ermutigenden Führungskultur spricht, sondern konkretisiert, welche nachprüfbaren Ergebnisse damit erreicht werden sollen und an welchen beobachtbaren Indikatoren sich dies festmachen würde. Das verbessert die Qualität des Konsens', weil die Gesprächsteilnehmer dann nicht mehr Beliebiges in den Begriff »ermutigende Führungskultur« hineinprojizieren können, sondern sich auf ein gemeinsames Zielbild verständigen müssen.

Hier ein Beispiel aus einem realen Projekt, wie eine solche Indikatorenliste für den Aufbau einer ermutigenden Führungskultur aussehen kann (siehe Abbildung 16).

Das ist natürlich noch keine sehr spezifische Operationalisierung der ermutigenden Führungskultur – die wird erst etwas später im Projekt erarbeitet –, es ist ein Zielbild auf Top-Management-Ebene. Trotzdem hilft eine solche erste grobe Operationalisierung, sowohl falsche Erwartungen als auch ungerechtfertigte Befürchtungen zu zerstreuen, und vor allem hilft sie, den Nutzen einer ermutigenden Führungskultur konkreter abzuschätzen. Auf diese Weise kann sie auch dazu beitragen, die Zustimmung derer zu gewinnen, die einem solchen Vorhaben zunächst skeptisch gegenüberstanden.

Hohe Zustimmung der Mitarbeiter / Führungskräfte zu Aussagen wie:	Starke Ablehnung der Mitarbeiter / Führungskräfte von Aussagen wie:
• Ich habe mich in der Zusammenarbeit mit meinem Chef persönlich und beruflich weiterentwickelt • Ich erziele heute Ergebnisse, die ich mir noch vor einer Weile nicht zugetraut hätte • Mein Chef scheint mir manchmal mehr zuzutrauen als ich mir selber • Ich gehe aus Gesprächen mit meinem Chef oft mit mehr Optimismus und Selbstvertrauen heraus als ich hineingegangen bin • Manche Mitarbeiter, die als schwach oder mittelmäßig galten, erbringen unter diesem Chef Leistungen, die ihnen niemand zugetraut hätte – und es macht ihnen auch noch Spaß	• Bei unserem Chef kann man machen und leisten, so viel man will, es ist ihm nie gut genug • Unserem Chef ist egal, wie wir unsere Zahlen bringen, Hauptsache, wir bringen sie • Unser Chef belastet die Leistungsträger immer mehr, weil er sich an die Schwach- und Minderleister nicht herantraut • Wenn unser Chef mit jemanden unzufrieden ist, zermürbt er ihn so lange, bis er von selbst aufgibt

Abb. 16 Indikatoren für die erfolgreiche Verankerung einer ermutigenden Führungskultur in einer großen Vertriebsorganisation

Rationaler und emotionaler Konsens erforderlich

Nicht in jeder einzelnen dieser Fragen, aber zumindest zu dem insgesamt zu erwartenden Nutzen muss sowohl ein rationaler als auch ein emotionaler Konsens im Vorstand bzw. der Geschäftsführung erreicht werden. Das heißt, am Schluss sollte dort nicht nur ein starkes Gefühl von Übereinstimmung und ein gemeinsames Wollen erreicht sein *(emotionaler Konsens)*, sondern die Mitglieder der Geschäftsleitung sollten auch dazu in der Lage sein, sowohl die Gründe für und gegen ihre Entscheidung anzugeben als auch die Kriterien ihrer Abwägung *(rationaler Konsens)*.

Diese doppelte Konsensbildung ist mehr als eine intellektuelle Gymnastikübung: Sie ist das notwendige Fundament des Vorhabens. Denn die Begeisterung eines emotionalen Konsens' ist zwar eine starke Energiequelle, hat aber nur eine begrenzte Halbwertszeit: Sie reicht, um einen dynamischen Aufbruch zu befeuern, verflüchtigt sich aber zunehmend, wenn der Weg länger und steiniger wird. Irgendwann kann man sich dann nicht mehr erinnern, wieso man damals eigentlich so begeistert war – und genau das ist dann der Moment, wo man auf den rationalen Konsens angewiesen ist.

Im Gegensatz dazu ist ein rationaler Konsens keine starke Energiequelle: Man kann glasklar erkannt haben, was zu tun ist, ohne die geringste Motivation zu verspüren, es zu tun (»Ich sollte wirklich mehr Sport machen!«). Dafür liefert ein rationaler Konsens den entscheidenden Grund, an der Sache auch dann dranzubleiben, wenn der emotionale Konsens verflogen ist und man keinerlei Lust mehr hat, das Vorhaben weiter zu verfolgen. Darüber hinaus ist die rationale Begründung von großem Nutzen, um Außenstehenden – wie dem Aufsichtsrat oder den nachgeordneten Führungsebenen – zu erklären, weshalb man sich für ein solches Vorhaben entschieden hat.

Wozu überhaupt diese Fragen?

Vielleicht überrascht es Sie, dass wir uns so ausführlich mit all diesen Fragen beschäftigen, wo wir doch das ganze Buch schon argumentieren, dass eine ermutigende Führungskultur das Zeug zu einem strategischen Wettbewerbsvorteil hat. Müssten wir da nicht so überzeugt von unserer Sache sein, dass sich diese Fragen für uns überhaupt nicht mehr stellen?

Wir sind in der Tat fest überzeugt sowohl von der ermutigenden Führung als auch von ihrem strategischen und unternehmerischen Potenzial. Trotzdem dürfen weder wir noch Sie die Frage nach dem tatsächlichen Potenzial für *Ihr* Geschäft überspringen, zumal wir uns vor der Antwort nicht fürchten müssen. Denn am Ende müssen nicht wir von der Sache überzeugt sein, sondern Sie – wobei das »Sie« hier im Plural zu verstehen ist: Nicht nur Sie als Person, sondern Ihr gesamtes Management-Team. Und dafür muss diesen Nutzen jedes einzelne Mitglied Ihres Teams nachvollziehen können.

Nur wenn Sie und Ihre Kollegen den Nutzen einer ermutigenden Führungskultur für Ihr eigenes Geschäft mit Sorgfalt geprüft haben, können Sie sich sicher sein, damit tatsächlich das Richtige für Ihr Unternehmen zu tun. Solch ein Vorhaben ist schlicht zu groß für eine rasche Entscheidung; es erfordert einen längeren Denk- und Abwägungsprozess. Die unerschütterliche Gewissheit, das Richtige zu tun, werden Sie spätestens dann brauchen, wenn bei der Umsetzung die Widerstände zunehmen und im Management eine Diskussion darüber ausbricht, ob das Durchsetzen der Vorgaben tatsächlich einen Konflikt mit wichtigen Leistungsträgern wert ist.

Dann macht es sich bezahlt, wenn Sie sich vor Projektstart die Mühe gemacht haben, gemeinsam den Nutzen einer ermutigenden Führungskultur zu analysieren und die rationalen Gründe dafür festzuhalten. Auch wenn dieser Schritt in der anfänglichen Begeisterung überflüssig erscheint, raten wir Ihnen dringend dazu, ihn zu machen. Denn wie gesagt: Ein emotionaler Konsens (»Tolle Sache, das machen wir!«) ist ein flüchtig' Ding. Wenn einem der Gegenwind ins Gesicht bläst, ist es oft schwer, sich daran zu erinnern, warum man vor ein paar Monaten so begeistert von der Idee war, eine ermutigende Führungskultur aufzubauen.

►► Den Aufbau einer ermutigenden Führungskultur werden Sie – wie jede andere Kulturveränderung – höchstwahrscheinlich nur dann durchhalten, wenn er von einer klaren strategischen Logik getragen ist, die deren Nutzen für Ihr Geschäft präzise bestimmt. Anderenfalls werden Sie bei Widerständen und Konflikten vermutlich nicht mit der notwendigen Beharrlichkeit und dem nötigen Konsens an der Sache dranbleiben. Deshalb muss der erste Schritt zu einer solchen Kulturveränderung ein »Prolog im Himmel« sein, in dem Sie mit Ihrem Management-Team sowohl einen rationalen als auch einen emotionalen Konsens erarbeiten. ◄◄

10.4 Starke Gründe für eine Neuausrichtung des Führungsverhaltens schaffen

Mit diesem Konsens in Ihrem Management-Team sind Sie mit Ihrem Vorhaben schon weiter als Sie denken – und vor allem weiter, als die meisten Kulturprojekte jemals kommen. Am Ziel sind Sie damit natürlich noch nicht, aber Sie haben die bestmögliche Basis für alles Weitere.

Die nächste große Frage lautet nun: Und warum sollten sich unsere Führungskräfte so verhalten, wie Sie es von ihnen möchten? Aus welchen vernünftigen Gründen sollten sie ihren Führungsstil in Richtung auf eine ermutigende Führung umstellen? Die allermeisten Ihrer Führungskräfte sind ja vermutlich völlig im Reinen mit ihrem heutigen Führungsstil: Sie führen genau so, wie es aus ihrer subjektiven Sicht, nach ihrem Menschenbild und vor dem Hintergrund ihrer eigenen Ziele für sie Sinn ergibt. Daran werden sie nicht unbedingt etwas ändern, bloß weil das Top Management ein neues Zielbild verkündet hat. Was also sollte sie – aus ihrer subjektiven Perspektive! – dazu veranlassen, etwas anders zu machen?

Die Gründe für eine Verhaltensänderung

Solange es auf diese Frage keine überzeugende Antwort gibt, war die ganze bisherige Arbeit umsonst. Zwar ist es möglich und sogar wahrscheinlich, dass Ihre Führungskräfte manche Elemente der ermutigenden Führung übernehmen werden, wenn sie ihnen gut und überzeugend vorgestellt werden und sie darin intensiv geschult werden. Doch es ist äußerst unwahrscheinlich, dass auf der Basis weitgehender Freiwilligkeit eine flächendeckende Veränderung hin zu ermutigender Führung eintritt – und noch unwahrscheinlicher ist, dass ausgerechnet jene Führungskräfte, bei denen der Verbesserungsbedarf am größten ist, in sich gehen und als ermutigende Führungskräfte wieder herauskommen.

Dies ist die zweite große Hürde, an der viele Kulturveränderungen scheitern: Dass es aus der subjektiven Perspektive der betroffenen Führungskräfte keine ausreichend starken Gründe für eine Verhaltensänderung gibt. Ob sie sich an die gesetzten Regeln halten oder nicht, das hat schlicht keine Konsequenzen für sie.

Aber was könnten starke Gründe für eine Verhaltensänderung sein? Diese Gründe sind letztlich die gleichen wie die, die Mitarbeiter und Führungskräfte dazu veranlassen, sich anzustrengen, um vorgegebene Ziele zu erreichen, übernommene Aufträge abzuarbeiten oder sich in Projekten zu engagieren: Es ist schlicht das Bewusstsein, dass diese Dinge vom eigenen Vorgesetzten und vom Unternehmen erwartet, nachgehalten und mit einiger Beharrlichkeit eingefordert werden, unter Umständen unterstützt durch diverse Mess- und Controllingsysteme. Und natürlich auch das Wissen, dass die Qualität ihrer Arbeit Einfluss auf ihr Ansehen, auf die Beurteilung ihrer Leistung und damit letztlich auf ihre Karriere hat.

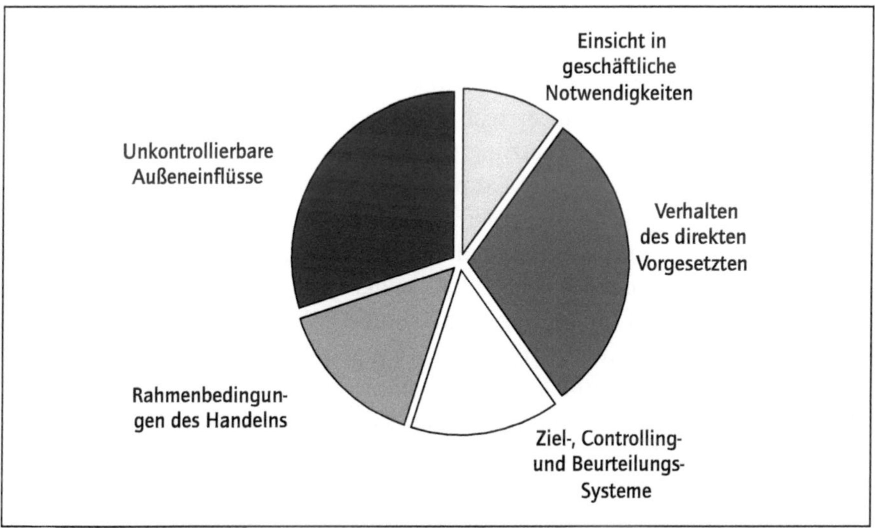

Abb. 17 Stringente Ausrichtung aller beeinflussbaren Einflussfaktoren auf eine ermutigende Führungskultur (nach Berner 2012)

Wenn Sie wollen, dass die Führungskräfte aller Ebenen ihr Verhalten an der ermutigenden Führungskultur ausrichten, müssen Sie also nur das Gleiche tun, was Sie sonst auch tun, wenn Sie wollen, dass bestimmte Ziele erreicht oder Aufgaben erledigt werden: Sie müssen Ihren Führungskräften erstens ihre Erwartungen deutlich machen und ihnen zweitens die geschäftliche Notwendigkeit der Veränderung erklären. Drittens müssen Sie die Rahmenbedingungen so gestalten, dass die Umsetzung Ihrer Erwartungen möglich und sinnvoll ist, und Sie müssen dies viertens mit der nötigen Beharrlichkeit nachhalten.

Dabei sollten Sie sich fünftens der Tatsache bewusst sein, dass auf das Verhalten der Führungskräfte nicht nur Sie bzw. das Unternehmen mit seinen Forderungen einwirken, sondern auch eine große Zahl von anderen Dingen, die außerhalb Ihrer Kontrolle liegen. Das reicht von der Persönlichkeitsstruktur der einzelnen Führungskraft über die Vorgeschichte, die sie mit ihren Mitarbeitern hat, bis hin zu gesellschaftlichen Trends und Entwicklungen. Angesichts dieser Vielzahl unkontrollierbarer Außeneinflüsse dürfen Sie das Thema nicht zu locker angehen, wenn Sie etwas bewirken wollen: Nur wenn Sie Ihre Einflussmöglichkeiten bündeln und sie mit Nachdruck und Beharrlichkeit einsetzen, haben Sie die Chance, einen ausreichend starken und dauerhaften Einfluss auf ihr Führungsverhalten auszuüben.

Top-down-Implementierung

Der stärkste Einflussfaktor auf das Verhalten von Führungskräften sind die Erwartungen und Forderungen ihres direkten Vorgesetzten: Nicht, was er redet und predigt, sondern worauf er real achtet und Wert legt. Deshalb spielt die Führungskaskade für die Umsetzung der ermutigenden Führung eine entscheidende Rolle: Das Verhalten der Gruppenleiter- und Meisterebene ist maßgeblich von den Erwartungen und Forderungen ihrer Abteilungsleiter bestimmt, das Verhalten der Abteilungsleiter durch die Bereichsleiter, und das der Bereichsleiter durch den Vorstand oder die Geschäftsführung.

Die Einführung und Umsetzung ermutigender Führung funktioniert daher am besten, wenn sie konsequent *Top-down* vorangetrieben wird – was im Klartext heißt: Sie kommt dann und nur dann voran, wenn die Geschäftsleitung das Thema zu ihrer eigenen Sache macht und sich konsequent und beharrlich dahinterklemmt. Der Versuch, die Verantwortung für die Umsetzung an ein Projekt oder an den Personalbereich zu übertragen, ist deren sicherer Tod, denn auf den obersten Ebenen sind mit Sicherheit einige Manager, die sich weder vom Personalbereich noch von einem Projekt vorschreiben lassen, was sie zu tun und wie sie zu führen haben.

Synchronisierung der Führungsinstrumente und Personalsysteme

Unbedingt erforderlich ist in diesem Zusammenhang auch, sämtliche Führungsinstrumente, Steuerungssysteme und Personalprozesse daraufhin zu überprüfen, ob sie eine ermutigende Führungskultur unterstützen oder ob sie ihr eher im Wege stehen. Denn die Prozesse und Systeme stellen einen wesentlichen Teil der Rahmenbedingungen dar, vor deren Hintergrund Führungskräfte handeln. Vor allem in größeren Unternehmen herrscht hier häufig ein buntes, »historisch gewachsenes« Durcheinander, das unter Umständen völlig widersprüchliche Anreize für die Führungskräfte setzt.

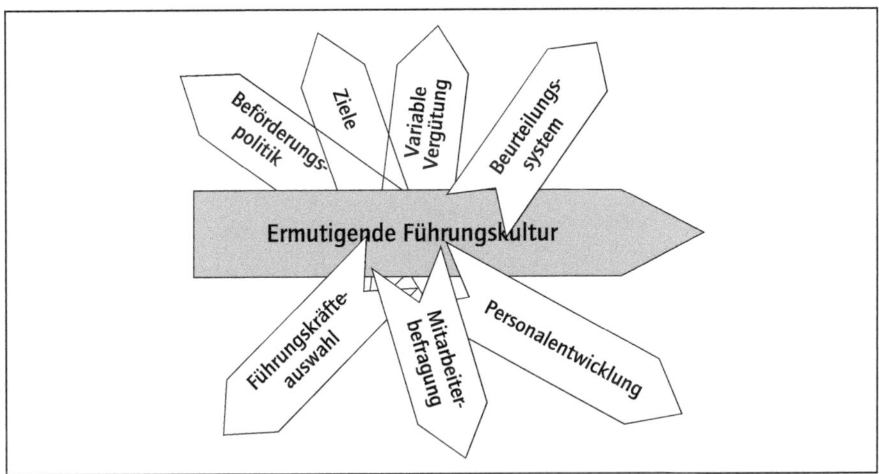

Abb. 18 Vor allem in Großunternehmen geht von den verschiedenen Führungsinstrumenten, Steuerungssystemen und Personalprozessen ein Potpourri konkurrierender und zum Teil widersprüchlicher Einflüsse und Anreize aus

Wenn beispielsweise die getroffenen Zielvereinbarungen oder die Kriterien, nach denen die variable Vergütung vergeben wird, einen ganz anderen Führungsstil sinnvoll machen als ermutigend zu führen, und das Beurteilungssystem ebenfalls auf ganz andere Kriterien Wert legt, dann wird der Aufbau einer ermutigenden Führungskultur nur schwer vorankommen. Desgleichen, wenn regelmäßige Mitarbeiterbefragungen durchgeführt werden, bei denen de facto die Mitarbeiterzufriedenheit über allem anderen steht: Dann werden sich die Vorgesetzten sehr genau überlegen, ob sie es sich leisten können, die Mitarbeiter auch mal zu fordern oder gar verwöhnten Tendenzen entgegenzutreten.

Besonders kritisch ist in diesem Zusammenhang die Beförderungspolitik. Wenn Führungskräfte in höhere Positionen befördert werden, die als lebendes Gegenbeispiel für ermutigende Führung gelten, und sei es auch nur, um eine empfindliche Vakanz zu schließen, beschädigt dies die Glaubwürdigkeit des gesamten Unterfangens – im schlimmsten Fall so schwer, dass es sich davon nicht mehr erholt.

Ähnlich wichtig sind die Auswahlkriterien bei der Einstellung von Führungskräften. De facto hat die Führungskräfteauswahl oft eine rückschrittliche Wirkung, weil sich darin die alte Welt selbst reproduziert: Führungskräfte, die ein traditionelles Rollenverständnis haben, wählen Führungskräfte aus, die zu ihnen passen, weil sie ähnlich denken wie sie. Auf der anderen Seite ist die Führungskräfteauswahl eine große Chance, den Aufbau einer ermutigenden Führungskultur zu unterstützen und zu beschleunigen: Dafür muss man gezielt Führungskräfte auswählen und einstellen, deren Haltung und Menschenbild dazu passen.

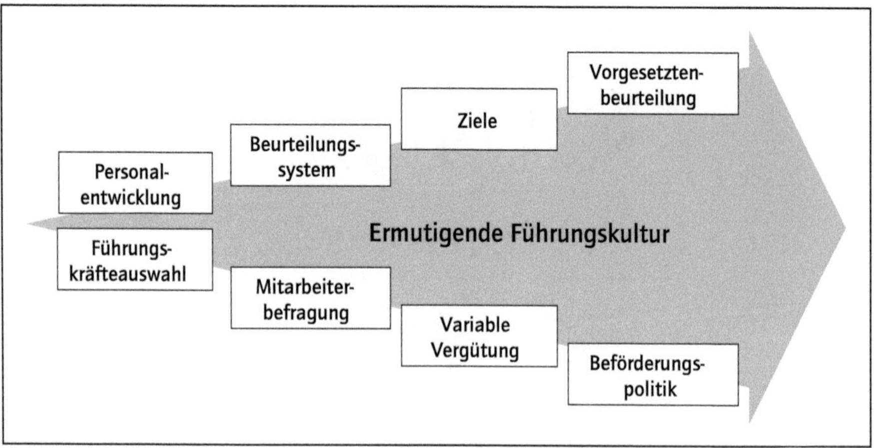

Abb. 19 Die Führungsinstrumente und HR-Systeme in Einklang mit der ermutigenden Führungskultur bringen

Übernahme in Zielvereinbarungen und Beurteilungssystem

Unverzichtbar ist weiterhin, die Umsetzung der ermutigenden Führung auch in das Zielvereinbarungssystem und die Leistungsbeurteilungen aufzunehmen. Das wird bei manchen Führungskräften vermutlich auf Unbehagen und Widerstand stoßen. Sie werden möglicherweise argumentieren, die Einführung einer ermutigenden Führungskultur müsse doch von Vertrauen getragen sein und dürfe nicht mit dem »entmutigenden« Ausdruck von Misstrauen belastet werden, den ein Controlling ja darstelle.

Aber das ist ein allzu durchsichtiges Argument. Genauso wenig, wie irgendjemand auf die Idee käme, bei Vertriebs-, Produktions- oder Kostenzielen auf ein Controlling zu verzichten, weil das als Ausdruck von Misstrauen verstanden werden könnte, so wenig kommt dies bei ernst gemeinten kulturellen Zielen in Betracht. Hier muss man sich vor faulen Kompromissen hüten, denn an solchen Weichenstellungen entscheidet sich letztlich, ob die ganze Kulturveränderung wirklich ernst gemeint ist oder ob sie doch nur »Spaß« ist.

Aus guten Gründen hat es sich in der Wirtschaft eingebürgert, all die Dinge, auf die es wirklich ankommt, mit einem Controlling nachzuhalten. Der Versuch, dieses Nachhalten mit moralisierenden Einwänden abzubiegen, ist letztlich nichts anderes als der Versuch, einer ernsthaften Umsetzung im letzten Moment doch noch zu entwischen.

Klare Erwartungen an das Führungsverhalten

Für die Anpassung der Führungsinstrumente und Personalsysteme ist es nützlich, die erste grobe Operationalisierung der ermutigenden Führungskultur, die die Geschäftsleitung in ihrem »Prolog im Himmel« vorgenommen hat, weiter auszudifferenzieren. Gleich ob es um die Führungskräfteauswahl geht oder um eine Leistungs- oder eine Vorgesetztenbeurteilung: Für all diese Zwecke muss man konkret angeben können, was genau die Erwartungen an Vorgesetzte sind und woran man erkennen kann, ob sie erfüllt sind.

Eine präzisere Beschreibung des erwünschten Führungsverhaltens ist aber auch von großem Nutzen, um den Führungskräften selbst eine klare Orientierung darüber zu geben, was genau die an sie gerichteten Erwartungen sind. Schließlich müssen sämtliche Führungskräfte wissen (und verstehen), was künftig von ihnen erwartet wird, um es umsetzen zu können – und um hier wirklich Klarheit zu schaffen, sollten diese Erwartungen so nachprüfbar beschrieben sein, dass man ihre Erfüllung ohne große Diskussionen und sophistische Auslegungsdebatten feststellen kann.

Solange es nur um die Überschrift »Ermutigende Führung« geht, ist es in der Regel leicht, einen breiten Konsens zu erzielen – leider aber auch ziemlich folgenlos. Wer sollte schon etwas gegen eine ermutigende Führungskultur haben? Und wer würde es wagen, gegen einen so gut und edel klingenden Leitbegriff Vorbehalte vorzubringen? So lange man auf einer so abstrakten Ebene bleibt, besteht die Gefahr, dass alle sofort unterschreiben – und dass diese Unterschriften bedeutungslos sind, weil sie keinerlei Konsequenzen für das praktische Verhalten haben.

Erfahrungsgemäß sind Führungskräfte recht kreativ, wenn es darum geht, ihr aktuelles Führungsverhalten in ausreichender Übereinstimmung mit der jeweils geforderten Führungskultur zu sehen, um für sich selbst keinen nennenswerten Korrekturbedarf zu entdecken. Wer also mehr möchte als einen folgenlosen Scheinkonsens auf »Buzzword-Ebene«, muss konkret werden und auf der Ebene beobachtbarer Indikatoren beschreiben, welches Führungsverhalten künftig erwartet wird und welche Ergebnisse damit erreicht werden sollen.

Von Schlagworten zu beobachtbaren Indikatoren

Als Indikatoren bezeichnet man Sachverhalte, die – wenigstens prinzipiell – beobachtbar sind. Das können sichtbare Verhaltensweisen des Vorgesetzten sein (*Input-Indikatoren*), aber auch die Ergebnisse dieses Verhaltens bei den Mitarbeitern (*Output-Indikatoren*). Ein Input-Indikator wäre beispielsweise: »Die Führungskraft sagt den Mitarbeitern klar, was sie von ihnen erwartet«; ein Output-Indikator wäre: »Die Mitarbeiter können angeben, was ihr Vorgesetzter von ihnen erwartet«. Der erste Indikator beschreibt eine beobachtbare Aktivität, der zweite ein nachprüfbares Ergebnis.

Als zweckmäßig hat es sich erwiesen, Input- und Output-Indikatoren zu mischen: Die Input-Indikatoren geben den Vorgesetzten Hinweise, was sie tun können und sollen, um in ihrem Bereich zu einer ermutigenden Führungskultur beizutragen, und sie sagen zugleich den Mitarbeitern, welches Verhalten sie von ihren Vorgesetzten erwarten können. Die Output-Indikatoren machen deutlich, worauf es ankommt und was letztlich erreicht werden soll. Denn am Ende geht es um Resultate: Nicht bloß darum, dass die Vorgesetzten die verlangte »Gymnastik« machen, sondern darum, dass die Mitarbeiter aller Ebenen die Führungskultur tatsächlich als ermutigend erleben.

Um deutlich zu machen, welches Führungsverhalten künftig nicht mehr vorkommen sollte und welche Ergebnisse nicht mehr gewünscht sind, ist es ratsam, neben den »positiven« Indikatoren auch »negative« zu formulieren. Theoretisch ließe sich dies durch entsprechende Umformulierung natürlich vermeiden, praktisch zeigt sich aber, dass markante Negativ-Indikatoren einen hohen Signalwert sowohl für die Mitarbeiter als auch für die Führungskräfte haben.

Um den Führungskräften größtmögliche Klarheit zu geben, was von ihnen erwartet wird und was damit erreicht werden soll, ist es sinnvoll, für die wichtigsten Dimensionen bzw. Teilaspekte ermutigender Führung (→ Kapitel 6) jeweils eigene *Indikatorenlisten* zu erstellen:

- ein ermutigendes Teamklima schaffen
- klare Orientierung vermitteln / klare Ziele und Erwartungen
- deutliches und ermutigendes Feedback geben
- Sinn und Zweck der Tätigkeit vermitteln / Mitverantwortung für das Ganze lehren
- Mitarbeiter weiterentwickeln / beim Überwinden von Durststrecken helfen
- offenen Umgang mit Fehlern und Kritik vorleben und einfordern
- nach kontinuierlicher Verbesserung streben
- für konstruktive Zusammenarbeit mit anderen Bereichen und Abteilungen sorgen

Diese Indikatoren sind zum Teil übergreifend und allgemeingültig, zum Teil müssen sie bereichs- und unternehmensspezifisch festgelegt werden. Die Indikatoren für ein ermutigendes Teamklima lassen sich zum Beispiel unmittelbar aus den Beschreibungen der indirekten Ermutigung (→ Kapitel 4.4) ableiten; manche anderen müssen auf die spezifische Situation und die eigene Bedarfslage zugeschnitten werden. Denn bei der Führung eines Vertriebs sieht manches anders aus als in der Produktion oder der Verwaltung, desgleichen sieht die Führung eines hochstandardisierten Massengeschäfts anders aus als die eines Geschäfts, in dem Produkte oder Dienstleistungen maßgeschneidert für den einzelnen Auftrag erstellt werden.

Hier ein Beispiel aus einem realen Projekt, wie solch eine Indikatorenliste aussehen kann:

Beispiel: Indikatorenliste

Deutliches und ermutigendes Feedback	
schließt ein: • überprüft die Zielerreichung gemeinsam mit dem Mitarbeiter in geeigneten, abgesprochenen Abständen • gibt Anerkennung und Kritik in unmittelbarem Zusammenhang und richtet sie an direkten Adressaten (persönliches Gespräch) • benennt unbefriedigende Leistungen klar und unmissverständlich • Anerkennung und Kritik sind sachbezogen • äußert Anerkennung und Kritik als seine Wahrnehmung, statt »Besitz der objektiven Wahrheit« in Anspruch zu nehmen • spricht Konflikte offen an und schafft dadurch die Basis für Teamarbeit (kein Hinnehmen von unterschwelligen Konflikten) • geht bei unbefriedigenden Leistungen gemeinsam mit dem Mitarbeiter/der Mitarbeiterin den Ursachen nach und entwickelt mit ihm/ihr einen Weg zur Verbesserung • differenziert bei variablen Gehaltsanteilen nach Leistung • Mitarbeiter wissen, wo sie stehen und ob ihre Leistung aus Sicht der Führungskraft in Ordnung ist • Adressaten empfinden Feedback als fair, hilfreich und ermutigend	**schließt aus:** • »keine Kritik ist Lob genug« • Kritik erst am Jahresende • Aufsparen von Kritik für den »Tag der Abrechnung« • alles über einen Kamm scheren • Pauschalurteile (»Guter Mann« vs. »Pfeife« / »Schwachleister«) • Vermeiden deutlicher Stellungnahme • Prognosen aus einem statischen Menschenbild (»Dafür sind sie ungeeignet«; »Das schaffen Sie nie!«) • Delegieren von Kritik (»Sagen Sie ihm mal ...«) • persönliche Entwertungen • Kritik per E-Mail / Kritik mit breitem »CC« • Gleichverteilung variabler Gehaltsanteile

Wenn Sie diese Liste lesen, werden Sie möglicherweise bei dem einen oder anderen Indikator stutzen und sich fragen, ob er wirklich eine geeignete Beschreibung für eine ermutigende Führungskultur bzw. für ein deutliches und ermutigendes Feedback ist. Möglicherweise werden Sie sogar einzelne Indikatoren für ungeeignet oder völlig unbrauchbar halten.

Indikatoren lösen wichtige Diskussionen aus

Genau das ist der Fortschritt, den diese Indikatoren gegenüber der unangreifbaren Überschrift »Deutliches und ermutigendes Feedback« haben: Gegen dieses hehre Ideal kann man kaum argumentieren; vielmehr kann man im konkreten Handeln sehr unterschiedliche Verhaltensweisen unter seinem großen Hut unterbringen. Über die konkreten Indikatoren dagegen kann, sollte, ja muss man streiten. Das heißt, erst die Indikatoren ermöglichen – und erzwingen – eine wirkliche Verständigung darüber, was mit einer ermutigenden Führungskultur konkret gemeint ist und was damit definitiv ausgeschlossen werden soll.

Wichtig ist, dass die Indikatoren wirklich beobachtbar sind bzw. sich mit unseren fünf Sinnen wahrnehmen lassen. Dazu dürfen sie keine Bewertungen (»unfreundlich«, »frech«, »arrogant«) oder Abwägungen (»so oft wie nötig«, »bei Bedarf«) enthalten. Ein guter Anhaltspunkt für die Formulierung von Indikatoren ist die *Marsmännchen-Regel:* Stellen Sie sich vor, die Überprüfung der Indikatoren sollte durch ein Marsmännchen erfolgen, das zwar sehr gut sehen, hören und beobachten kann, aber mit den Deutungs- und Interpretationsregeln unserer irdischen Kultur in keiner Weise vertraut ist. Mit »so oft wie nötig« könnte unser Marsmännchen daher nichts anfangen, weil es nicht weiß, woran man erkennt, wie oft nötig ist; »mindestens einmal im Monat« würde es dagegen mühelos verstehen.

Der entscheidende Nutzen der Indikatorenbildung liegt darin, dass durch sie Bewertungsprobleme, die unterschiedliche Auslegungen ermöglichen und zu entsprechend kontroversen Diskussionen führen können, in Beobachtungsprobleme verwandelt werden, welche in der Regel keinen großen Auslegungsspielraum lassen. Einigen Interpretationsspielraum enthält beispielsweise die Frage, ob sich ein Vorgesetzter gegenüber seinem Mitarbeiter »wertschätzend« verhält, wenn er nebenher auf sein Smartphone schaut. Falls ein Indikator für Wertschätzung aber lautet »keine Nebenbeschäftigungen bei Gesprächen mit Mitarbeitern«, braucht man nur hinschauen, ob er sich nebenher mit anderen Dingen beschäftigt oder nicht.

►► Eine Schlüsselfrage bei der Einführung einer ermutigenden Führungskultur ist, aus welchen Gründen die Führungskräfte aller Ebenen ihren Führungsstil in der gewünschten Weise umstellen sollten. Wer sich nicht auf ihre Einsicht alleine verlassen will, muss erstens dafür sorgen, dass die Vorgesetzten dies Top-down von ihren nachgeordneten Führungskräften einfordern, dass zweitens die Umsetzung nachgehalten wird und dass drittens auch die Rahmenbedingungen entsprechend angepasst werden, insbesondere die Führungsinstrumente und HR-Systeme.
Dafür ist eine detailliertere Operationalisierung der ermutigenden Führungskultur erforderlich, die auch für Klärung der Erwartungen an die Führungskräfte von großem Nutzen ist. Diese Indikatoren müssen unter Umständen bereichs- und funktionsspezifisch angepasst werden. ◄◄

10.5 Trainingsprogramm ermutigende Führung

Nicht für jede Kulturveränderung ist ein umfangreiches Schulungsprogramm erforderlich, aber bei der Einführung ermutigender Führung ist es unabdingbar. Denn was mit Ermutigung und ermutigender Führung gemeint ist und was ihre theoretischen und praktischen Grundlagen sind, das können sich Führungskräfte nicht selbst zusammenreimen, das muss man ihnen durch ein systematisches Qualifizierungsprogramm beibringen.

Beispiel für ein Schulungskonzept

Eine Grobstruktur, wie das Wissen des ersten und zweiten Teils dieses Buches in ein zehnstufiges Schulungsprogramm gegliedert und um Übungen, Selbstreflexion und sofortige praktische Umsetzungsschritte angereichert werden kann, zeigt das folgende Beispiel aus einer großen Vertriebsorganisation:

Trainingsprogramm Ermutigende Führung

10 Trainingseinheiten à 0,5 Tage

Nr.	Trainingseinheit	Form
1	Ermutigung	Gruppentraining
2	Zugehörigkeitsgefühl	Gruppentraining
3	Ermutigung und Fremdakzeptanz	Gruppentraining
4	Umsetzung Ermutigung (in realer Vertriebssituation)	Einzeltraining
5	Erwartung / Enttäuschung / Konflikt / Machtkampf I	Gruppentraining
6	Erwartung / Enttäuschung / Konflikt / Machtkampf II	Einzeltraining
7	Selbstermutigung	Einzeltraining
8	Teamgeist und Leistung	Gruppentraining
9	Transfersicherung/Rückfall-Management	Gruppentraining
10	Verankerung Ermutigender Führung (in realer Vertriebssituation)	Einzeltraining

Verzahnung des Trainings mit wichtigen Vertriebsführungssituationen
Rasche Übertragung auf den Führungsalltag

Abb. 20 Ein zehnstufiges vertriebsnahes Trainingsprogramm zur nachhaltigen Verankerung ermutigender Führung

Bewusst werden hier Gruppen- und Einzeltrainings gemischt eingesetzt, um die in der Gruppe erarbeiteten Erkenntnisse regelmäßig im Einzelcoaching zu vertiefen und mit starkem Bezug auf die eigene Führungssituation nachzuarbeiten. Die zeit- und kostenaufwändige Beschränkung auf halbtägige dezentrale Trainingseinheiten wurde gewählt, um die sofortige Verzahnung mit der täglichen Führungspraxis herzustellen.

Natürlich könnte man die Schulungen auch stärker bündeln und das Programm zum Beispiel in drei oder vier längeren Schulungseinheiten zusammenfassen. Wir haben uns bewusst für die kürzeren Einheiten entschieden, weil wir der Meinung waren, dass erstens die Reflexion des eigenen Führungsstils, Menschenbilds und letztlich der eigenen Persönlichkeit von einer höheren Zahl kürzerer Einheiten profitieren würde und weil es zweitens kaum möglich wäre, die vollen Inhalte eines mehrtägigen Seminars im Kopf zu behalten und in die eigene Führungspraxis umzusetzen.

Angesichts zahlreicher Themen, die »ans Eingemachte gehen«, haben die Teilnehmer in diesem Programm so viel nachzudenken und zu überlegen, dass in längeren Einheiten wohl zu viele Inhalte verloren gingen und in der praktischen Anwendung gar nicht ankämen. Außerdem verlängert eine höhere Zahl von Trainingseinheiten sowohl die »Einwirkungsdauer« des Programms als auch die Häufigkeit, mit der sich die Teilnehmer mit der Materie beschäftigen. Das bewirkt fast zwangsläufig eine intensivere Auseinandersetzung. Beides sollte der Wirksamkeit des Programms zugutekommen.

Kaskadierender Rollout

Um die Wirksamkeit zu optimieren, ist sinnvoll, ein solches Trainingsprogramm gestaffelt nach Ebenen und zeitversetzt durchzuführen, beginnend mit dem Vorstand und seiner direkten Berichtsebene. Auf diese Weise wird sichergestellt, dass die jeweils höheren Ebenen einen gewissen Wissens- und Erfahrungsvorsprung vor ihren »Direct Reports« haben. Dadurch können sie besser nachvollziehen, womit die sich derzeit beschäftigen, und zugleich gibt es ihnen die Möglichkeit, die jeweiligen Trainingsinhalte gleich in der praktischen Führungsarbeit »abzuholen« und so ins Tagesgeschäft zu integrieren.

Diese Nacharbeit hat einen großen Nutzen für den Lerntransfer: Wenn es in den Schulungen beispielsweise gerade um das Zugehörigkeitsgefühl ging, dann ist es ein wichtiger Schritt zur Umsetzung, wenn der Vorgesetzte dieses Thema in seiner nächsten Besprechung mit den Teilnehmern aufgreift und mit ihnen zum Beispiel darüber spricht, wie sie das Zugehörigkeitsgefühl ihrer nachgeordneten Mitarbeiter oder Führungskräfte einschätzen, aber auch, wie zugehörig sie sich selbst zu seinem Führungsteam erleben und wie sich dies über die Zeit entwickelt hat.

Diese Nacharbeit in den realen Führungsteams bringt die Trainingsinhalte vom Seminarraum in die gemeinsame Führungspraxis. Sie sollte daher ein integraler Part des Trainingsprogramms sein, der von den Trainern gemeinsam mit den jeweiligen Vorgesetzten in ihren jeweiligen Trainingseinheiten vorbereitet wird. Keine Frage, die Koordination ist ein bisschen komplex und erfordert eine gute Planung, damit die Hierarchiehöheren in ihren Schulungen jeweils rechtzeitig auf die bevorstehenden Inhalte ihrer Mitarbeiter vorbereitet werden. Doch der Aufwand lohnt sich. Denn wenn die Begriffe und Konzepte aus dem Seminar gleich in den folgenden Tagen in die alltäglichen Führungsrunden einziehen, schlagen sie am besten Wurzeln – anderenfalls sind sie nach ein paar Wochen wieder vergessen.

Wenn das Top Management als Erstes in das Trainingsprogramm einsteigt, hat das noch einen weiteren Vorteil: Dann ist die Frage der Freiwilligkeit bzw. der »Zwangsverpflichtung« viel weniger ein Thema. Wenn die höheren Ebenen, beginnend mit dem Vorstand und seiner direkten Berichtsebene, vollzählig an dem Programm teilgenommen haben, wird keine mittlere Führungskraft ernsthaft die Frage stellen, ob sie sich wegen dringender anderer Termine oder mangelndem Interesse aus dem Programm ausklinken kann.

Weit mehr als ein Trainingsprogramm

Wenn der Rollout auf diese oder ähnliche Weise angegangen wird, dann ist er schon dadurch weit mehr als eines jener vielen Schulungsprogramme, die eine Führungskraft im Laufe ihrer Karriere über sich ergehen lassen muss: Dann hat er bereits den Charakter eines gemeinsamen Aufbruchs zu einem neuen Führungsverständnis.

Dieser Impetus wird noch verstärkt, wenn schon das Trainingsprogramm verschränkt wird mit den ersten systematischen Umsetzungsschritten. Beispielsweise ist es überlegenswert, noch während der laufenden Schulungen oder kurz danach eine *Baseline-Vorgesetztenbeurteilung* (→ Kap. 10.7) durchzuführen, also eine erste Standortbestimmung, die den Vorgesetzten ein Feedback vermittelt, wo sie in ihrer Führung heute stehen. Sie könnte als Input für die letzten Einheiten des Trainingsprogramms dienen, um abzuleiten, wo die Teilnehmer in ihrem Führungsverhalten den größten Handlungsbedarf haben – und damit auch das größte Potenzial für Verbesserungen.

Eine – allerdings anspruchsvolle – Alternative zu einer schriftlichen, zentral ausgewerteten Befragung könnte sein, mündliche Interviews mit den eigenen Mitarbeitern zu machen oder einen moderierten Workshop mit ihnen durchzuführen, um sich ein Feedback zum eigenen Führungsverhalten zu holen und von ihnen Ansatzpunkte für Verbesserungen zu erfragen. Eine solche Übung kann durchaus auch eine »Hausaufgabe« im zweiten Teil des Schulungsprogramms sein, die dort gemeinsam vorbereitet und später ausgewertet wird.

Leichter durchzuführen, weil mehr auf die Teamsituation insgesamt zugeschnitten als auf das eigene Führungsverhalten, ist die Arbeit mit dem »Leistungsdreieck«, wie sie im folgenden Abschnitt beschrieben ist.

►► Zur Einführung einer ermutigenden Führungskultur ist ein umfassendes Schulungsprogramm erforderlich. Es sollte top-down ausgerollt werden: Dann haben die jeweils Hierarchiehöheren bereits einen Wissens- und Erfahrungsvorsprung und können die Inhalte, die ihre nachgeordneten Führungskräfte gerade in den Schulungen behandelt haben, unmittelbar in der Praxis nacharbeiten. Auf diese Weise und durch eine Vielzahl von Umsetzungssaufgaben wird der Transfer vom Seminarraum in die Praxis sichergestellt. ◄◄

10.6 Verzahnung von inhaltlichem und sozialem Prozess

Zumindest in kleineren und mittleren Unternehmen ist es möglich und ausgesprochen empfehlenswert, die Führungskräfte aller Ebenen in die Operationalisierung der ermutigenden Führung (→ Kap. 10.4) einzubeziehen. Dafür sollten sie das Schulungsprogramm schon absolviert haben, damit sie mit den Grundgedanken der ermutigenden Führung vertraut sind – sonst besteht die Gefahr, dass bei dieser Diskussion ein freies Assoziieren über das Stichwort »ermutigende Führung« stattfindet, das mit einem wilden Gemisch sinnvoller und fragwürdiger Operationalisierungen endet.

Einbeziehung der Führungskräfte in die Operationalisierung

Der Vorteil dieser Einbeziehung ist erstens, dass die gefundenen Operationalisierungen dann sehr nahe an der Arbeitswirklichkeit der betreffenden Organisation und an ihrer Sprache sind. Zweitens ist es für viele Führungskräfte eine große Überraschung, wie schwer sie sich tun, auf einer beobachtbaren Ebene zu beschreiben, was für ein Führungsverhalten sie eigentlich anstrebenswert finden – und wie unterschiedlich die Sichtweisen sind, die bei dieser Diskussion zutage treten: »Das hätte ich nie gedacht, dass wir so unterschiedliche Vorstellungen von Führung haben«, ist ein häufiger Kommentar, und: »Diese Diskussion hätten wir schon viel früher führen müssen.«

Drittens stellen wir immer fest, dass solche Operationalisierungen eine erstaunlich starke handlungsleitende Wirkung haben. Obwohl sich an den Anreizen und Rahmenbedingungen eigentlich noch gar nichts geändert hat, überdenken viele Führungskräfte in einem solchen Prozess ihren eigenen Führungsstil und richten ihn stärker an den gemeinsam erarbeiteten Indikatoren aus. Es ist schwer zu sagen, wie dauerhaft diese Neuorientierung ist, deshalb würden wir uns nicht alleine auf sie verlassen. Aber ganz offensichtlich sind sehr viele Führungskräfte ernsthaft darum bemüht, gute Führungsarbeit zu machen, und übernehmen die gewonnenen Erkenntnisse daher ohne langes Zögern in ihr Führungsverhalten.

In größeren Organisationen ist es kaum möglich, *alle* Führungskräfte in die Operationalisierung einzubeziehen, aber das sollte nicht daran hindern, zumindest eine Auswahl daran zu beteiligen. Da der Rollout Top-down erfolgt, liegt es nahe, vor allem die oberen Führungsebenen – zum Beispiel im Rahmen einer Managementtagung – an dieser Operationalisierung zu beteiligen. Das führt zu einer ungleich intensiveren Auseinandersetzung mit der Materie, was sich im weiteren Verlauf bezahlt macht: Je besser sie verstanden haben, worauf es wirklich ankommt, desto wirkungsvoller sind sie dazu in der Lage, es in ihrem Verantwortungsbereich umzusetzen und auch ihren nachgeordneten Führungskräften zu vermitteln.

Doch auch in größeren Unternehmen muss man den mittleren und unteren Führungsebenen die festgelegten Indikatoren nicht einfach vorgeben; stattdessen kann man sie gemeinsam mit ihnen auf den eigenen Bereich zuschneiden. Sie sollten dabei zwar nicht von dem gesteckten Rahmen abweichen, weil es sonst zum Beispiel kaum noch möglich ist, eine Vorgesetztenbeurteilung anhand einheitlicher Kriterien durchzuführen. Aber man kann die festgelegten Indikatoren in jedem Bereich mit den dortigen Führungskräften durchgehen und gemeinsam mit ihnen überprüfen, ob sie für ihr Aufgabengebiet passen oder ob sie umformuliert, ergänzt oder durch sinnentsprechende Indikatoren ersetzt werden sollten. Das bewirkt eine bessere Durchdringung der Operationalisierungen als wenn man sie einfach nur gemeinsam durchgeht und abnickt, und erhöht so auch deren Verbindlichkeit.

Vom Fremdcontrolling zum Selbstcontrolling

Auch wenn ein regelmäßiges Controlling der Führungskultur zum Beispiel durch eine Vorgesetztenbeurteilung unabdingbar ist, sollte dieses »Fremdcontrolling« nach Möglichkeit durch ein Selbstcontrolling jeder einzelnen Organisationseinheit ergänzt werden. Ein bewährtes Instrument dazu ist das *Leistungsdreieck*. Es bringt drei zentrale Dimensionen der ermutigenden Führung in eine grafische Form, mit der man gut arbeiten kann.

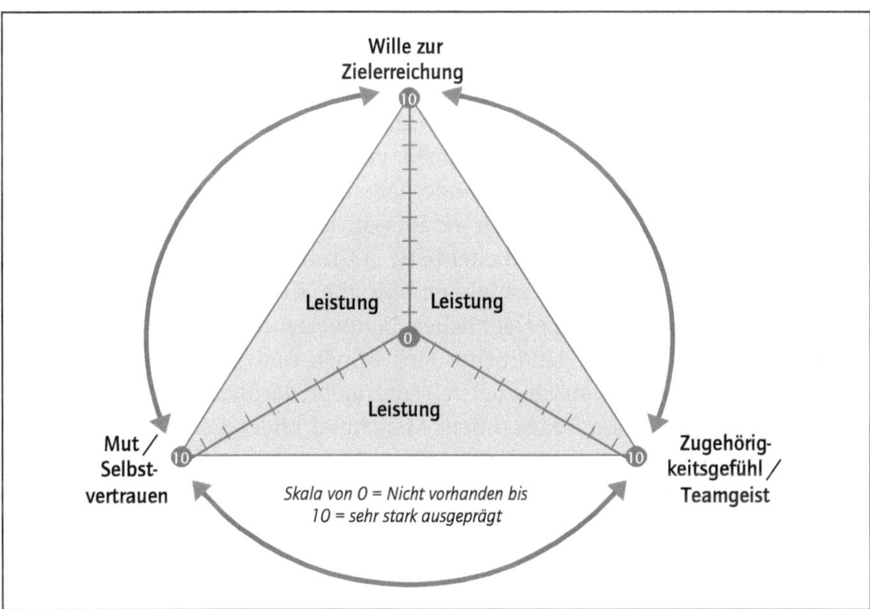

Abb. 21 Das Leistungsdreieck als Instrument des Selbstcontrolling

Das Leistungsdreieck kann sowohl für die Einzelarbeit verwendet werden, wenn der einzelne Vorgesetzte die innere Verfassung seines Teams analysiert, als auch als Grundlage für eine produktive Diskussion mit diesem Team dienen. Und schließlich kann es auch als Grundlage für Gespräche zwischen einer Führungskraft und ihrem Vorgesetzten genutzt werden.

Gleich ob alleine oder gemeinsam mit dem Team, die Reflexion bewegt sich, wie in der nachfolgenden Übung beschrieben, immer von einer Bestandsaufnahme (die man im Team zum Beispiel mit Klebepunkten machen kann) über das Nachdenken über die Gründe und Ursachen der gegenwärtigen Situation hin zu konkreten Maßnahmen und Verabredungen.

Moderator, nicht Richter

Bei der Diskussion im Team übernimmt der Vorgesetzte eine Moderationsrolle. Seine primäre Aufgabe ist dann nicht, selbst Einschätzungen und Erklärungen abzugeben, sondern die Mitarbeiter nach ihren Einschätzungen und Erklärungen zu fragen und sie zu einer gemeinsamen Reflexion anzuregen. Das heißt nicht, dass er mit seiner eigenen Meinung hinter dem Berg halten muss, aber er sollte sie erst einbringen, nachdem sich die Teammitglieder geäußert haben, und er sollte sie nicht als »Schiedsspruch« äußern, sondern als eine Meinung unter anderen.

Wenn dabei im Team unterschiedliche Meinungen zutage treten, sollte der Vorgesetzte nicht versuchen, zu klären, wer Recht und wer Unrecht hat, sondern nachfragen, aufgrund welcher Erfahrungen und Bewertungen diese unterschiedlichen Meinungen zustande kommen. eine seiner Frage könnte daher zum Beispiel sein: »Einige aus unserer Runde haben diesen Aspekt sehr hoch / sehr niedrig bewertet. Was hat Sie dazu veranlasst, hier eine so hohe / so niedrige Punktzahl zu geben?« Jeder Mitarbeiter hatte ja Gründe, weshalb er so gepunktet hat wie er es getan hat, und es ist lohnend für alle, sie in Erfahrung zu bringen.

Wenn die Fragen nach den persönlichen Sichtweisen von spürbarem Interesse getragen sind, werden die Mitarbeiter sich öffnen und ihre Gründe erläutern – und durch diesen Austausch zugleich viel mehr darüber erfahren, wie ihre Kollegen die Situation im Team sehen. Manchmal bildet sich auf diese Weise eine zunehmende Übereinstimmung heraus; es ist aber nicht notwendig, auf einen hundertprozentigen Konsens zu kommen, oft kann man auch einfach unterschiedliche Sichtweisen nebeneinander stehen lassen.

Einigkeit sollte hingegen über die Maßnahmen erzielt werden, die aus dem Gespräch abzuleiten sind. Das heißt, es sollte mit konkreten Verabredungen enden, die bei einem nächsten Gespräch ein paar Wochen später aufgegriffen und überprüft werden.

Solche Gespräche sollten am Anfang im Abstand von etwa sechs bis acht Wochen geführt werden; später kann man auf einen Quartalsabstand wechseln. Ein zentrales Nachhalten der *Inhalte* dieser Gespräche sollte nicht erfolgen, wohl aber empfiehlt es sich nachzuhalten, *ob* diese Gespräche stattgefunden haben und wie lange sie gedauert haben. (Die letzte Frage dient dazu, zu verhindern, dass sie nur als Drei-Minuten-Anhängsel an andere Besprechungen hintendran geklebt werden.)

►► Bei der Implementierung einer ermutigenden Führungskultur ist es wichtig, nach sinnvollen Möglichkeiten zu suchen, wie die Führungskräfte aller Ebenen an der Ausgestaltung und an einem Selbstcontrolling beteiligt werden können. Denn die Akzeptanz ist ungleich höher, wenn die Führungskräfte daran intensiv mitgewirkt haben, als wenn ihnen das fertige Programm übergestülpt wurde.
Neben dem möglichst umgehenden Praxistransfer des Schulungsprogramms kann dies zum Beispiel durch ihre Mitwirkung bei der Formulierung der Indikatoren bzw. bei deren Anpassung an den eigenen Verantwortungsbereich geschehen. Wichtig ist auch, den Vorgesetzten und ihren Teams konkrete Möglichkeiten anzubieten, wie sie ihren Umsetzungsstand selbst überprüfen und weiterentwickeln können, wie zum Beispiel das Leistungsdreieck oder ähnliche Umsetzungshilfen. ◄◄

Übung: Arbeiten mit dem Leistungsdreieck

Die folgenden Fragen können Sie sowohl nutzen, um sich selbst ein Bild von dem internen Klima Ihres Teams zu machen, als auch, um das Teamklima mit Ihrem Vorgesetzten zu diskutieren oder um den aktuellen Stand mit Ihrem Team zu besprechen und daraus Ansätze zur Verbesserung abzuleiten.
Beantworten Sie die folgenden Fragen (a) alleine, (b) im Gespräch mit Ihrem Vorgesetzten, (c) im Gespräch mit Ihrem Team:

1. Wo steht Ihr/unser Team derzeit? Schätzen Sie das Team ein anhand der Dimensionen Zugehörigkeitsgefühl/Teamgeist, Mut/Selbstvertrauen und Wille zur Zielerreichung (jeweils auf der Zehnerskala der Dreiecksachsen; im Team mit Klebepunkten).
2. Verbinden Sie die drei Punkte zum derzeitigen Leistungsdreieck Ihres Teams (im Team verwenden Sie auf jeder Achse den ungefähren Mittelpunkt der Punktewolke).
3. Erarbeiten Sie für jeden der drei Bereiche positive und negative Einflussfaktoren bezogen auf Ihr Team.
4. Überlegen bzw. diskutieren Sie: Welche der genannten Einflussfaktoren stellen den größten Hebel dar bzw. haben den stärksten positiven Einfluss? (Priorisierung)
5. Legen Sie fest: An welchen der ausgewählten Hebel wollen Sie arbeiten?
6. Welche konkreten Maßnahmen leiten Sie für sich und Ihr Team ab?

10.7 Einen Regelkreis der Führungskultur aufbauen

Beim Controlling der ermutigenden Führungskultur steht die Geschäftsleitung unweigerlich vor einem Problem: Sie hat keinen direkten Einblick, wie ihre nachgeordneten Ebenen ihre Mitarbeiter führen. Und es könnte in grobe Fehleinschätzungen münden, sich alleine auf sporadische Eindrücke, gelegentliche Gespräche mit Mitarbeitern oder auf die Hinweise des Betriebsrats zu verlassen. Deshalb muss sie, um sich eine verlässliche Informationsbasis zu verschaffen, in irgendeiner Form ein Controlling für die Führungskultur aufbauen.

Am besten eignet sich dazu wohl eine regelmäßig stattfindende Beurteilung der Vorgesetzten durch ihre Mitarbeiter.

Eine maßgeschneiderte Vorgesetztenbeurteilung

Damit sie die ermutigende Führungskultur wirklich unterstützt und nicht konterkariert, muss sich diese Vorgesetztenbeurteilung an genau den Kriterien orientieren, die Sie als Operationalisierung der ermutigenden Führungskultur festgelegt haben – und an nichts sonst. Die Verwendung eines Instruments, das irgendwelche anderen Kriterien zugrunde legt, würde unweigerlich verwässern, worauf es wirklich ankommt und was tatsächlich erreicht werden soll. Das wäre in zweifacher Hinsicht fatal: Zum einen würde man auf diese Weise sowohl bei den Führungskräften als auch bei den Mitarbeitern Verwirrung stiften, weil plötzlich Dinge abgefragt werden, die mit ermutigender Führung gar nichts zu tun haben. Zum anderen würde sich die Aussagekraft der Ergebnisse verschlechtern, weil die Befunde zur ermutigenden Führung kontaminiert wären mit irgendwelchen anderen Kriterien.

Es wäre daher ein fataler Fehler, für die Vorgesetztenbeurteilung einfach auf irgendein Instrument »von der Stange« zurückzugreifen, das zufällig verfügbar ist oder Ihnen gerade angeboten wurde. Zwar werden Ihnen die Anbieter Stein und Bein schwören, dass ihr Instrument ganz ähnliche Kriterien abfragt und außerdem »beliebig an Ihre Vorstellungen angepasst werden« und »jede gewünschte Zusatzauswertung liefern« kann. Doch in der Realität verschwinden die Zusatzauswertungen im Anhang, und im Mittelpunkt stehen, einfach weil die Instrumente technisch so aufgebaut ist, die vordefinierten Standardkriterien und Dimensionen des jeweiligen Anbieters.

Mit der Verwendung eines ungeeigneten Instrumentes, das nicht zu 100 Prozent auf eine ermutigende Führungskultur zugeschnitten ist, würden Sie daher Ihre Investitionen in den Aufbau einer ermutigenden Führungskultur weitgehend zunichte machen: Wenn Sie etwas anderes nachhalten als Sie erreichen möchten, brauchen Sie sich nicht wundern, wenn Sie auch etwas ganz anderes bekommen. Das ist, wie wenn Sie im Vertrieb die Profitabilität der hereingenommenen Aufträge erhöhen möchten, den Außendienst aber ausschließlich am Umsatz messen: Auf diese Weise erreichen Sie mit Sicherheit keine Profitabilitätssteigerung – ganz im Gegenteil.

... oder 360-Grad-Beurteilung?

Überlegenswert könnte sein, die Vorgesetztenbeurteilung zu erweitern zu einer *360-Grad-Beurteilung*. Allerdings sollte man das nicht bloß deshalb machen, weil es umfassender ist und irgendwie »moderner« wirkt. Das entscheidende Kriterium ist vielmehr, ob Ihr Vorhaben in erster Linie darauf zielt, die

Führung »von oben nach unten«, also innerhalb der klassischen Hierarchie ermutigender zu gestalten, oder ob es Ihnen gleichgewichtig auch darum geht, die Zusammenarbeit zwischen den Bereichen und Abteilungen zu verbessern.

Falls das Letztere Ihr Ziel ist, ist die Erweiterung zu einer 360-Grad-Beurteilung sinnvoll. Wenn es Ihnen dagegen vorrangig um ermutigende Führung innerhalb der Hierarchie geht, ist die Beschränkung auf eine reine Vorgesetztenbeurteilung »von unten nach oben« die weitaus bessere Lösung, weil sie sich aufs Wesentliche konzentriert und zudem einfacher durchzuführen ist.

Auch bei 360-Grad-Beurteilungen empfiehlt sich eine gewisse Skepsis gegenüber der Faszination allumfassender Lösungen. Denn auch hier besteht die Gefahr einer Verwässerung dessen, was eigentlich erreicht werden soll. So anstrebenswert es ist, wenn die ermutigende Führung auch das Verhältnis zwischen Bereichen und Abteilungen verbessert, in erster Linie ist das Ziel meist eine Verbesserung der Führung innerhalb der Hierarchie. Und wenn dies das primäre Ziel ist, tun Sie gut daran, die Erhebung auch darauf zu beschränken. Eine breitere Perspektive hätte nur dann einen Nutzen, wenn sie nicht den Blick auf das primäre Ziel verstellt.

Auswertungsgespräche mit Mitarbeitern und Vorgesetzten

Ebenso wichtig wie die Vorgesetztenbeurteilung selbst ist, was hinterher mit ihr geschieht. Wichtig ist zum einen ein Gespräch zwischen dem jeweiligen Vorgesetzten und seinen Mitarbeitern über die Ergebnisse. Denn die aggregierten Zahlenwerte, die in der Auswertung wiedergegeben werden, sind ja in aller Regel nicht selbsterklärend; sie bedürfen der Erläuterung, damit der oder die Vorgesetzte mit dem Feedback etwas anfangen kann. Das eigentlich Spannende ist ja, aus welchen Gründen die Mitarbeiter so geantwortet haben, wie sie geantwortet haben. Nur mit dieser Zusatzinformation kann der Vorgesetzte herauszufinden, was er bereits gut macht und was er tun könnte, um sich weiter zu verbessern.

Das erfordert ein möglichst offenes Gespräch. Aber das ist leichter gefordert als umgesetzt, denn bei solchen Gesprächen stehen meist alle Beteiligten unter einer gewissen Anspannung und wären heilfroh, wenn sie die Sache bald hinter sich hätten – jedenfalls wenn die Ergebnisse nicht mustergültig ausgefallen sind. Ihr übereinstimmendes Interesse, die Stresssituation rasch hinter sich zu bringen, lässt es verlockend erscheinen, nur oberflächlich ein bisschen über die kritischen Punkte zu reden und das Gespräch dann möglichst rasch zu beenden, statt die fraglichen Themen so gut auszuleuchten, dass es dem oder der Vorgesetzten sowie dem Team möglich ist, die richtigen Schlussfolgerungen aus ihnen zu ziehen.

Deshalb ist eine überlegenswerte Option, diese Auswertungsgespräche von einem geeigneten Moderator oder Coach begleiten zu lassen – am besten von einem, der dann gleich mit dem Vorgesetzten weiter an seinem Lernprozess arbeitet. Er hätte dann die Aufgabe, für ein entspannte(re)s Gesprächsklima zu sorgen, darauf zu achten, dass das Gespräch ermutigend verläuft und sich nicht ausschließlich an den Schwachpunkten festbeißt, aber auch dafür zu sorgen, dass kritische Punkte ohne unterschwellige Vorwürfe oder Angriffe so genau untersucht werden, bis wirklich klar ist, wo das Problem liegt und wie es gelöst werden kann.

Transparenz nach oben

Doch nicht nur mit den Mitarbeitern sollte ein offenes Gespräch über die Ergebnisse stattfinden, sondern auch mit dem Chef der beurteilten Vorgesetzten. Was zugleich heißt: Die Ergebnisse der Vorgesetztenbeurteilung sollten nicht nur gegenüber der betroffenen Führungskraft selbst und ihren Mitarbeitern offengelegt werden, sondern auch gegenüber deren Vorgesetzten.

Das ist notwendig, um Klarheit darüber zu bekommen, wie gut die einzelnen Vorgesetzten ihre Arbeit machen, wie ermutigend sie bereits führen und wo sie sich noch verbessern müssen. Das mag manchen Führungskräften unangenehm sein, doch es gibt keinen Grund, diese Beurteilung zum persönlichen Intimbereich der jeweiligen Führungskraft zu erklären, der dessen Vorgesetzte nichts angeht. Schließlich werden Führungskräfte vom Unternehmen dafür bezahlt, ihre Mitarbeiter auf eine sinnvolle und ermutigende Weise zu führen. Wenn Unternehmen bei jedem Produktions- und Vertriebsmitarbeiter dessen Leistung nachhalten, wäre es kaum zu begründen, ausgerechnet die am besten bezahlten Mitarbeiter von der Transparenz auszunehmen.

Zumal diese Transparenz zwingend erforderlich ist, um die ermutigende Führungskultur installieren und verankern zu können. Denn wenn das Top Management nicht regelmäßig und zeitnah erfährt, wie die Umsetzung der Kulturveränderung vorankommt und wo es noch klemmt, kann es auch nicht intervenieren. Und wenn es bei den Führungskräften, die alles andere als ermutigend führen, nicht interveniert, kommt in der Belegschaft rasch der Verdacht auf, dass das mit der Einführung einer ermutigenden Führungskultur doch nicht so ernst gemeint ist und dass einige Vorgesetzte – und darunter ausgerechnet die »schlimmsten« – doch ungehindert so weitermachen können wie bisher.

Damit aber wäre die Ernsthaftigkeit und Glaubwürdigkeit des gesamten Vorhabens infrage gestellt. Deshalb ist hier auch kein Kompromiss möglich: Wenn die Geschäftsleitung auf diese Transparenz verzichtet oder sie nennenswert einschränkt, verzichtet sie letztlich darauf, tatsächlich flächendeckend eine ermutigende Führungskultur aufzubauen, und toleriert, dass in ihrem Unternehmen zumindest einzelne Inseln entmutigender Führung fortbestehen.

Wobei solche »Einzelfälle« mehr als ein quantitativ vernachlässigbarer Schönheitsfehler sind: Sie stellen das Vorhaben insgesamt infrage. Denn es wird kaum gelingen, die Mitarbeiter, die von einer solch fragwürdigen Führung betroffen sind, davon zu überzeugen, dass sie leider Pech gehabt haben, das Vorhaben aber trotzdem ernst gemeint und der Geschäftsleitung ein großes Anliegen ist. Und auch der großen Zahl derer, die dies unweigerlich mitbekommen, wird dies kaum zu vermitteln sein.

Das muss auch der Betriebsrat verstehen, der möglicherweise auf einen Schutz der betroffenen Führungskräfte und/oder ihrer Mitarbeiter drängt: Je höher er die Hürden für die Transparenz macht, desto leichter macht er es fragwürdigen Vorgesetzten, sich hinter diesen Hürden zu verstecken. Wenn er beispielsweise darauf besteht, dass die Ergebnisse erst ab einer Mindestzahl von fünf Beurteilungen pro Vorgesetztem ausgewertet werden dürfen, dann müssen es die betreffenden Kandidaten nur schaffen, so viel Mitarbeiter von einer Beantwortung abzuhalten, dass sie unter diese Zahl kommen – und damit »in Sicherheit« sind.

Gezielte Interventionen – konsequent und ermutigend

Die Interventionen, die durch die Transparenz ermöglicht werden, müssen dann auch konsequent erfolgen – und zwar in einer unterstützenden, nicht in einer strafenden Weise. Gerade am Beginn der Einführung einer ermutigenden Führungskultur ist ja realistischerweise nicht zu erwarten, dass alle oder doch die meisten Führungskräfte bereits nahe am Ideal der ermutigenden Führung sind. Selbst wenn sie ein intensives Schulungsprogramm durchlaufen haben, wird die Vorgesetztenbeurteilung neben manchen Stärken auch etliche Schwachpunkte ans Licht bringen – und das ist gut so. Denn erst indem diese Schwachpunkte transparent werden, eröffnet sich die Möglichkeit, gezielt an ihrer Verbesserung zu arbeiten.

Deshalb sollte die Botschaft an die Führungskräfte auch sein: Es muss sich niemand Sorgen machen, wenn bei ihm Schwachpunkte sichtbar werden – selbst dann nicht, wenn diese Schwachpunkte gravierend und »großflächig« sind. Die einzige Konsequenz, die das für ihn haben wird, ist die nachdrückliche Erwartung, sich an die Arbeit zu machen, um bei der nächsten Vorgesetztenbeurteilung erkennbare Verbesserungen vorweisen zu können. Sorgen müsste man sich nur machen, wenn sich an diesen Schwachpunkten nicht ändert.

Dabei ist es sinnvoll, jeder Führungskraft selbst die Wahl zu lassen, wie sie vorgeht: Ob sie auf Schulungen und/oder ein Coaching zurückgreift oder ob sie sich einfach auf eigene Faust oder zusammen mit ihren Mitarbeitern an die Arbeit macht. Denn am Ende zählen Resultate, nicht Pflichtübungen. Wenn jemand die angebotenen Seminare und Coachings nutzt, um sich zu verbessern: wunderbar! Wenn ein anderer darauf verzichtet, sich aber ebenfalls erkennbar verbessert: genauso gut. Wenn jemand dagegen die Angebote in Anspruch genommen, sich aber nicht nennenswert verbessert hat, dann taugt seine Teilnahme nicht als

Alibi oder als Ersatz für mangelnde Bewegung. Denn wie gesagt: Am Ende zählen Resultate, nicht Ersatzhandlungen.

Einen Qualitätszirkel der ermutigenden Führung aufbauen

Trotzdem sollten auch Führungskräfte, die sich mit der Umstellung auf ermutigende Führung zunächst schwer tun, eine zweite Chance bekommen – und wenn nötig, auch noch eine dritte, jedenfalls solange, wie sie sich erkennbar bemühen, ihren Führungsstil neu auszurichten. Was hingegen nicht hingenommen werden darf, ist die Verweigerung einer Umstellung und ein störrisches Weitermachen wie bisher.

Das sind genau die Fälle, in denen die Entschiedenheit und Konsequenz der Geschäftsleitung gefragt ist: Sie muss den betreffenden Führungskräften verdeutlichen, dass sie nur die Wahl haben, entweder ihre Führung so auszurichten, wie vom Unternehmen gewünscht, oder ihre Karriere anderswo weiterzuverfolgen. Wobei die Erfahrung zeigt: Sofern die Geschäftsleitung erkennbar entschlossen ist, sind solche Fälle erstaunlich selten.

Nimmt man das Schulungsprogramm, die Vorgesetztenbeurteilung, die korrigierenden Interventionen sowie die flankierenden Maßnahmen zusammen, entsteht ein Regelkreis, nämlich der *Qualitätszirkel Ermutigende Führungskultur*. Seine einzelnen Bausteine können prinzipiell auch anders gestaltet werden und

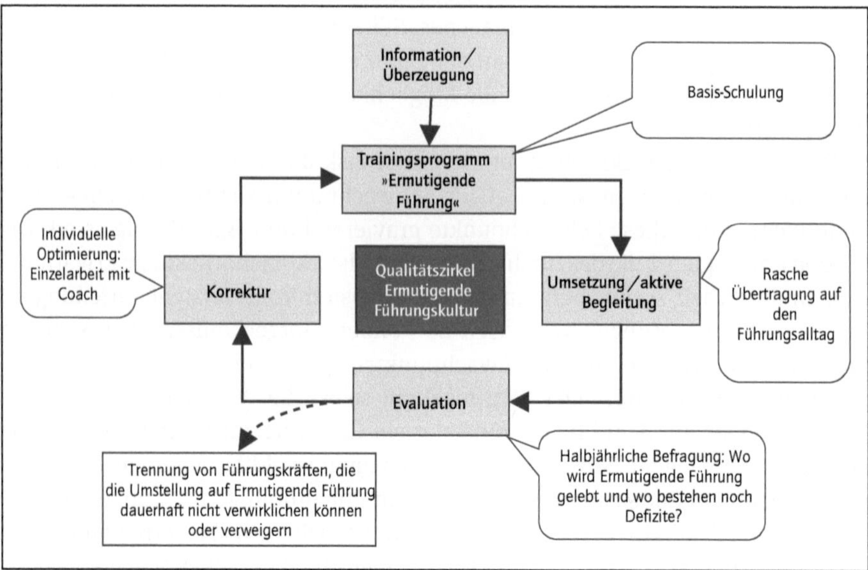

Abb. 22 Das Trainingsprogramm *Ermutigende Führung* muss eingebettet sein in einen Regelkreis, der die Umsetzung nachhält und stabilisiert

bieten reichlich Spielraum für innovative Ideen; entscheidend ist, das Programm wirklich als Regelkreis anzulegen. Im Grunde handelt es sich dabei um einen klassischen *PDCA-Cycle*, wie er aus dem Qualitätsmanagement bekannt ist, mit den vier Schritten »Plan«, »Do«, »Check«, »Act«.

Mut zum Klartext

Die meisten Diskussionen zu dieser Grafik löst erfahrungsgemäß das Kästchen unten links aus, also die »Trennung von Führungskräften, die die Umstellung auf ermutigende Führung dauerhaft nicht verwirklichen können oder verweigern«. Oft wird von wohlmeinenden Managern, Personalern oder Betriebsräten empfohlen, dieses Kästchen wegzulassen, um keine Unruhe auszulösen. Man müsse das natürlich in der Praxis genau so praktizieren, heißt es oft verschwörerisch, aber man solle es besser nicht so »knallhart« darstellen.

Aber das wäre genau das falsche Signal. Diese Option muss beim Namen genannt werden, um von Anfang an deutlich zu machen, dass das Vorhaben ernst gemeint ist. Selbstverständlich sollte dies mit der Botschaft verbunden werden, dass dies nicht die bevorzugte Option ist – weshalb der Pfeil ja auch gestrichelt ist –, dass das Unternehmen vielmehr auf Entwicklung setzt und nicht auf Selektion. Trotzdem muss von Anfang an klar sein: Das Unternehmen *verlangt* von seinen Führungskräften die Umstellung auf ermutigende Führung, und wer dazu nicht bereit oder in der Lage ist, hat in der Firma keinen Platz mehr.

Die Wirkung dieser klaren Ansage ist paradox: Sie löst keineswegs Panik und Entsetzen aus, sondern im Gegenteil – Klarheit. Gerade die Tatsache, dass diese Option von vornherein benannt wird, führt dazu, dass man relativ selten von ihr Gebrauch machen muss. Ließe man das ominöse Kästchen weg, würde dies bei manchen Führungskräften möglicherweise die Hoffnung wecken, sie könnten auch mit ihrer bisherigen Art der Führung weiter durchkommen, wenn sie sich nur geschickt genug durchlavieren. Infolgedessen wäre man viel häufiger gezwungen, ihnen mit Konsequenzen zu drohen oder sich tatsächlich von ihnen zu trennen. Die klare Ansage sorgt für klare Verhältnisse – und reduziert deutlich die Verlockung, es darauf ankommen zu lassen.

Trotzdem bewirkt erfahrungsgemäß jede Kulturveränderung, dass sich manche Führungskräfte und Mitarbeiter mit den veränderten Spielregeln nicht mehr wohl fühlen und sich daher früher oder später dazu entscheiden, das Unternehmen zu verlassen. Das lässt sich weder verhindern, noch sollte man es bedauern: Es ist eine notwendige Bereinigung und eine ebenso unvermeidliche wie unproblematische Begleiterscheinung jeder Kulturveränderung, zumal sie in aller Regel keine nennenswerten Zahlen betrifft. Auch wenn solche Abgänge zuweilen theatralisch inszeniert werden, ist es letztlich für alle Beteiligten besser, wenn einige Führungskräfte gehen, die mit der neuen Welt nichts anzufangen wissen, als wenn sie bleiben. Deshalb löst dies normalerweise auch keine große Unruhe aus.

Und wie lange muss man diesen Regelkreis durchlaufen, bis die ermutigende Führungskultur unumkehrbar im Unternehmen verankert ist? Beim Qualitätsmanagement würde diese Frage vermutlich niemand stellen, weil die Antwort offensichtlich ist, und beim Kosten-Controlling erst recht nicht: Wann kann man das Kosten-Controlling einstellen, weil das Kostenbewusstsein unumkehrbar im Unternehmen verankert ist? Allein diese Frage würde bei den meisten Managern Kopfschütteln und Erheiterung auslösen. Nachgehalten müssen Dinge werden, solange sie relevant sind – und das gilt selbstverständlich auch für ermutigende Führung.

►► Um eine ermutigende Führungskultur fest und dauerhaft im Unternehmen zu verankern, muss ein »Qualitätszirkel Ermutigende Führung« aufgebaut werden, ein Regelkreis, der einem PDCA-Cycle im Qualitätsmanagement ähnelt. Das heißt, die Umsetzung der ermutigenden Führung muss regelmäßig mit einer genau darauf zugeschnittenen Vorgesetztenbeurteilung nachgehalten werden; die Ergebnisse müssen mit Mitarbeitern und Vorgesetzten besprochen werden, um bei Bedarf Maßnahmen zur Optimierung der Führung abzuleiten. Mit einigem zeitlichen Abstand muss sodann die nächste Vorgesetztenbeurteilung folgen. ◄◄

Teil IV: Ermutigende Führung in der Praxis

Drei Interviews mit Praktikern der Ermutigung geben Einblick, wie sie ihre Führungsrolle verstehen – und zeigen die Spannbreite ermutigender Führung auf.
Ausgerechnet in der schwierigsten Zeit der Commerzbank, als die Finanzmarktkrise, die Übernahme der Dresdner Bank und diverse Altlasten ihr Überleben in Gefahr brachten, setzte Gustav Holtkemper als Bereichsvorstand Wealth Management auf ermutigende Führung und leistete mit seinem Bereich einen wesentlichen Beitrag zur Zukunftssicherung der Bank. Ein »Selbstgänger« war das sicherlich nicht: Angesichts des angeschlagenen öffentlichen Images der Bank war es nicht leicht, vermögende Privatkunden davon zu überzeugen, ihr Geld der Commerzbank anzuvertrauen. Doch Holtkemper und seinem Führungsteam gelang es nicht nur, das Geschäft zu stabilisieren, sondern es substanziell auszubauen.
Eher intuitiv ist der Zugang von Volker Kronseder, dem langjährigen Vorstandsvorsitzenden der KRONES AG, zur ermutigenden Führung: Sie entspricht einfach seinem Naturell – und dem, was er durch das Vorbild seines Vaters gelernt und an differenzierten Schlüssen daraus abgeleitet hat. Er ist kein Kontrollfreak, sondern lässt seinen Mitarbeitern Freiräume – und vor allem regt er mit seiner Begeisterung für Technik und Innovation zur permanenten Weiterentwicklung an. Sein Wirken erkennt man am besten an seinem »sozialen Echo«: Zu ihm kommen die Leute mit Vorschlägen, Fragen und Ideen – und er macht ihnen Mut für den nächsten Schritt. Unter seiner Führung von 1996 bis 2015 hat der Weltmarkt- und Technologieführer, wie KRONES sich stolz nennt, sein Geschäft mehr als vervierfacht.
Vielleicht noch mehr als Wirtschaftsunternehmen bedürfen Non-Profit-Organisationen der Ermutigung, besonders solche, die stark auf ehrenamtliches, also freiwilliges Engagement setzen. Insofern besteht die Aufgabe des Vorsitzenden eines solchen Verbandes im Grunde aus permanenter Ermutigung – und genau so versteht Prof. Dr. Hubert Weiger seine Rolle. Der Vorsitzende des größten europäischen Umweltverbandes BUND e.V. ist permanent unterwegs, um den Aktiven eines eher skeptischen und erfolgsvergessenen Verbandes Mut zu machen, ihre Arbeit zu würdigen und im direkten Gespräch einen Konsens herbeizuführen. Das Gespräch mit ihm zeigt, dass nicht nur direkte Impulse ermutigend wirken, sondern auch Präsenz, Anerkennung, kluge Strategien – und die Fähigkeit zu feiern.

11 Gustav Holtkemper, Commerzbank AG: »Die Mitarbeiter sollen sich trauen, sich auf neue Wege einzulassen«

Ermutigende Führung unter erschwerten Rahmenbedingungen

Gustav Holtkemper ist seit 2006 Bereichsvorstand im Privatkundenvertrieb der Commerzbank. Nach der Übernahme der Dresdner Bank übernahm er 2009 die Verantwortung für den Bereich Wealth Management, also das Geschäft mit vermögenden Privatkunden. Trotz widrigster Rahmenbedingungen mit Finanzmarktkrise, Integration der Dresdner Bank, Altlasten sowie der Teilverstaatlichung wurde dieser Bereich von Anfang an zu einem Wachstumstreiber für die Commerzbank und trug zu ihrer Stabilisierung bei. Das Wealth Management wuchs in diesem Zeitraum kräftig und kontinuierlich.

Im Zuge der Neustrukturierung des Commerzbank-Vertriebs übernahm Holtkemper 2015 die Verantwortung für den Bereich Private Kunden in der Vertriebsregion West / Nordrhein-Westfalen. Er ist damit für 17 Niederlassungen, 330 Filialen sowie über 2 500 Mitarbeiter verantwortlich.

Holtkemper war Mitglied des Management Boards, das 2007 unter dem damaligen Privatkundenvorstand Dr. Achim Kassow das Programm *Ermutigende Führung* entwickeln ließ. Trotz der einschneidenden Veränderungen hielt er an diesem Konzept fest und setzte es in seinem neuen Verantwortungsbereich um. Nach sechs Jahren praktischer Bewährung in seinem Verantwortungsbereich ist er derjenige Top Manager, der über die umfassendste Erfahrung mit der praktischen Umsetzung einer ermutigenden Führungskultur verfügt und ihren Nutzen beispielhaft belegt.

Herr Holtkemper, wir hatten Mitte 2008 gerade das Programm Ermutigende Führung fertiggestellt, da kam die Finanzmarktkrise, zugleich die Übernahme der Dresdner Bank samt ihrer Altlasten, außerdem die völlige Umstrukturierung des Commerzbank-Vertriebs. Was hat Sie in diesem extrem schwierigen Umfeld dazu bewogen, an dem Konzept Ermutigende Führung festzuhalten?

Es war die tiefe Überzeugung, dass die ermutigende Führung gerade in solchen Situationen hilft, voranzukommen und strukturiert Themen zu erarbeiten. Denn am Ende geht es da ja um eine Grundhaltung, nicht um eine Verfahrenstechnik, wie ich kurzfristig etwas bewege.

Gerade in solchen Umwälzungsphasen braucht man eine stabile, optimistische Grundhaltung, die Selbstvertrauen erzeugt und es auch spiegelt. Denn Mitarbeiter sollen sich trauen, sich auf neue Wege einzulassen, an ihre Stärken zu glauben und an ihnen auch festzuhalten, sie sollen einfach den Mut haben, das Geschäft nach vorne zu tragen. Am Ende wird dadurch Kreativität freigesetzt.

Zudem werden so auch Potenziale genutzt, die sonst durch die schwierige Situation vielleicht zurückgehalten würden, weil die Menschen dann irgendwann anfangen, Scheuklappen aufzusetzen. Insofern ist es gerade in solchen Situationen wichtig, das Team zu ermutigen, Verantwortung zu übernehmen. Das geht nur in einem relativ angstfreien Umfeld. Und da trägt ermutigende Führung nachhaltig dazu bei, dass Ängste beherrschbar bleiben und Menschen sich nicht darin verfangen.

Wie schwierig war es, in derart rauen Zeiten an solch einem vermeintlich »weichen« Programm festzuhalten? Hätte man da nicht eher irgendwelche knallharten Verkaufsprogramme erwartet?

Das war eine Zeit, wo in der Bankindustrie erkannt worden ist, dass man mit Hardselling-Methoden nicht mehr weiterkommt, dass man da in eine neue Ära hineinkommen muss. Diese Erkenntnis traf damit zusammen, dass wir seit 2009 die Grundhaltung im Vertrieb verändert haben. Ja, es war nicht immer einfach, aber am Ende hat sich die neue Einstellung durchgesetzt. Voraussetzung war aber auch, dass ich den Freiraum in unserem Management-Team hatte, auf diese Weise arbeiten zu dürfen.

Natürlich hat es im Umfeld auch Menschen gegeben, die dieser Führungseinstellung kritisch gegenüberstanden und gesagt haben, mit so einem Programm werdet ihr die Veränderung nicht hinbekommen. Aber ich habe daran geglaubt. Es ist ja ein Prinzip der Commerzbank, dass das Management diese Freiheiten erhält. Man muss sich über das Ziel einig sein, aber dann hat das Management relativ viele Gestaltungsfreiräume. Ich habe sie genutzt und konnte das Programm trotz einer Menge Skepsis im Umfeld zum Erfolg führen.

Ganz am Anfang waren Sie skeptisch, was ermutigende Führung betrifft. Was hat Sie letztlich davon überzeugt?

Skeptisch zu sein, heißt ja nicht, gegen etwas zu sein. Unter Skepsis verstehe ich, Dinge sehr nachhaltig zu hinterfragen, bevor ich eine Überzeugung zu meiner eigenen mache. Dann kann ich sie auch mit Kraft nach vorne tragen. Ich habe eine große Mannschaft zu führen, daher muss ich schon sicher sein, das ein solches Thema trägt. Deswegen habe ich das Programm schon sehr detailliert hinterfragt und wollte einfach überzeugt sein.

Am Ende ist es so, dass wir damit einen Weg in die Zukunft gefunden und uns damit neu aufgestellt haben. Wir haben weniger nach hinten geschaut, weniger defizitorientiert gearbeitet, sondern den Blick potenzialorientiert nach vorne gerichtet. Das ist ja das Wesen der ermutigenden Führung: Man orientiert sich an den Potenzialen, nicht an den Defiziten. In dieser Zeit, in der sich Banking komplett neu ausgerichtet hat, war es extrem wichtig, nicht in der Vergangenheit zu verharren, sondern nach vorne zu schauen.

Obwohl das Image der Bank zeitweilig schwer angeschlagen war und vermögende Privatkunden wohl nicht in hellen Scharen zur Commerzbank drängten, hat sich Ihr Verantwortungsbereich, das Wealth Management, trotz der Krise sehr gut entwickelt. Wie haben Sie das geschafft?

Es gab ein paar gute Voraussetzungen. Zum einen war ein gutes Team am Start, eine erstklassige Mannschaft, die aus dem Mix von Dresdner Bank und Commerzbank entstanden ist. Zum anderen gab es ein prima Zusammenspiel zwischen Stab und Vertrieb. Die Stäbe haben das geliefert, was wir brauchten, und wir im Vertrieb haben die Themen konsequent umgesetzt.

Ausschlaggebend war dabei, dass wir uns in dieser Veränderungsphase wirklich die Kundenorientierung zu eigen gemacht haben. Wir haben den Kunden erst einmal zugehört und sie gefragt, was sie brauchen. Daran angelehnt haben wir die Leistungspalette der Bank angepasst.

Hinzu kommt, dass bei der Fusion von Dresdner Bank und Commerzbank nur etwa fünf Prozent Kunden in beiden Häusern verankert waren. Das war wirklich eine gute Voraussetzung, um Wachstum zu generieren. In diesem Bewusstsein sind wir angetreten – und haben es realisiert. Entscheidend war aber auch, dass uns der Vorstand vertraut hat und wir kein Personal abbauen mussten. In der Fusion haben wir die Mannschaften schlicht addiert. Die Reserven, die darin lagen, durften wir in Wachstum investieren.

Die Situation wiederholte sich 2013, als die Bank die Arbeitsplätze noch einmal um 5 200 verringert hat. Wir hatten bewiesen, dass wir für Wachstum stehen und Jahr für Jahr in einer ordentlichen Dimension neue Geschäfte generieren. Der Vorstand hat uns vertraut. Daher mussten wir in dieser Zeit erneut kein Personal abbauen. Das hat ein sehr positives Signal an die Mannschaft gesendet und Selbstvertrauen erzeugt: Wir sind auf dem richtigen Weg, wir haben gute Arbeit abgeliefert. Das hat Dynamik freigesetzt. Damit haben wir in der gesamten Zeit Jahr für Jahr ein ordentliches Wachstum hingelegt.

Welchen Beitrag hat die ermutigende Führung zum Erfolg Ihres Bereichs geleistet?

Das ist schwer messbar. Das ist so wie mit der Werbung. Jeder ist überzeugt davon, dass Werbung und Marketing helfen, voranzukommen. Aber wenn Sie messen wollen, wie viel Prozent eines Wachstums tatsächlich durch Werbung generiert wurde, dann kann man immer trefflich darüber streiten. Ich glaube, dass die neue Führungskultur auf jeden Fall mit die Basis dafür war, erfolgreich zu sein. Sie hat die Haltung und Überzeugung gefördert: Wir können das! Denn durch ermutigende Führung ist Selbstbewusstsein erzeugt worden. Insofern war einfach der Mut da, voranzugehen, neue Wege zu betreten, sich neu auszurichten und Dinge auszuprobieren, von denen man nicht wusste, ob sie funktionieren. Insofern hat die ermutigende Führung auf jeden Fall einen Beitrag zu unserem Wachstum geliefert.

Können Sie eingrenzen, wodurch sie diesen Beitrag geleistet hat?

Da gibt es einige Essentials. Das eine ist das grundsätzliche Vertrauen, dass jeder sein Bestes gibt. Dass wir in einer Organisation unterwegs sind, wo ich erst einmal das Grundvertrauen in jeden Mitarbeiter habe: Der will das, der kann auch viele Dinge, und insofern wird er mit seinen Stärken daran arbeiten, das Geschäft nach vorne zu bringen. Insofern unterstelle ich einen gemeinsamen Willen, Ziele zu erreichen. Ein weiteres Thema ist, dass eben durch dieses Zutrauen Selbstbewusstsein gestärkt wird. Am Ende entsteht dadurch ein Zugehörigkeitsgefühl in der Mannschaft. Auf der anderen Seite gibt es dann auch das Gefühl, gut aufgehoben zu sein, auch wenn mal etwas danebengeht.

Man muss ja eines sehen: Im Wealth Management haben wir Mitarbeiter, die durchschnittlich etwas älter sind als die in der Gesamtbank. Es ist zwar die gesamte Alterspyramide abgedeckt, aber der Durchschnitt ist etwas höher. Wenn Sie einen Menschen, der 25 Jahre lang im Wealth Management Kunden betreut hat, ermutigen wollen, neue Wege zu gehen, dann ist das für den schon ein anspruchsvolles Unterfangen. Es ist dann schon eine Menge Selbstbewusstsein und auch die Akzeptanz der Gruppe notwendig, um neue Wege zu gehen. Und es verlangt Mut, in der Gruppe zu berichten: Das habe ich versucht, das ist danebengegangen, das möchte ich euch allen mitteilen, damit ihr nicht denselben Fehler macht. Und trotzdem nehme ich wieder Anlauf – mit dem Selbstbewusstsein heranzugehen, dass die Gruppe das so akzeptiert.

Neue Wege zu gehen, ist ein ganz wichtiges Thema, um Wachstum zu generieren. Besonders wenn sich das Umfeld nachhaltig verändert. Wir wissen doch alle nicht im Detail, wie eine Multikanalbank 2020 aussieht. Insofern werden wir viele neue Wege probieren müssen. Da ist es in meinen Augen ganz essenziell, den Mut zu haben, über Ergebnisse ganz offen zu reflektieren.

Nach mehr als sechs Jahren ermutigender Führung sind Sie wohl derjenige Top Manager, der die meiste Erfahrung überhaupt mit ermutigender Führung als systematischem Programm hat. Was ist ihre Wahrnehmung: Sind Mitarbeiter und Führungskräfte mutiger geworden diesen fünf Jahren?

Ich bin sicher, dass sie mutiger geworden sind und dass sie sich heute an Herausforderungen wagen, an die wir uns vor fünf oder sechs Jahren nicht herangewagt haben.

Die Commerzbank befindet sich heute in einer völlig anderen Verfassung. Daher gehen wir natürlich viel selbstbewusster an solche Dinge heran. Insofern sind die Gründe für unser Wachstum multikausal, aber die ermutigende Führung hat sicherlich ihren Anteil daran.

Wenn eine Ihrer Führungskräfte gute Ergebnisse bringt, welche Rolle spielt es dann, ob er oder sie ermutigend führt oder nicht?

Ich denke, wenn jemand ermutigend führt, erarbeitet er auf Sicht bessere Ergebnisse. Wenn jemand nicht ermutigend führt, kann er im Zweifel kurzfristig bessere Ergebnisse haben. Mittelfristig gesehen, glaube ich jedoch, wird der, der ermutigend führt, immer bessere Ergebnisse bringen. Da ich immer für langfristige Aufgaben und für nachhaltige Erfolge eintrete, ist es mir wichtig, dafür die Basis zu legen.

Und wenn jemand keine guten Ergebnisse bringt, welche Rolle spielt es dann, ob er oder sie ermutigend führt oder nicht?

... dann wird er sich auf Dauer nicht halten können. Wenn eine Führungskraft aber vorübergehend einmal keine guten Ergebnisse bringt, dann hilft ihr die ermutigende Führung durch ihre Vorgesetzten, nicht zu verkrampfen und zuversichtlicher an die Dinge heranzugehen. Und das sollte sich dann auch auf die Mitarbeiter übertragen.

Woran merken Sie überhaupt bzw. wie bringen Sie in Erfahrung, wie Ihre nachgeordneten Führungskräfte tatsächlich führen? Sie sind ja bei den allermeisten Gesprächen nicht dabei ...

Nun gut, am Ende ist das eine Frage von hierarchieübergreifender Kommunikation: Ich rede nicht nur mit meiner nächsten Führungsebene, sondern habe mit allen Führungsebenen einen regelmäßigen Kontakt. Ich bin mit den Menschen im Gespräch: Das bedeutet, ich besuche unsere Filialen und Standorte, gehe zu den Teams und rede sowohl mit ihnen als auch mit den Einzelnen. Diese Kontakte pflege ich fortlaufend. Inzwischen kenne ich nach diesen sechs Jahren von den 700 bis 800 Mitarbeitern im Wealth Management Vertrieb sicherlich 600 mit Namen. Kontinuierliche Kommunikation hilft auf jeden Fall.

Auf Unternehmensebene ist es hilfreich, in Umfragen die Mitarbeiterzufriedenheit abzufragen und zu ergründen, woran sie ihre Zufriedenheit oder auch Unzufriedenheit festmachen. In der Commerzbank befragen wir unsere Mitarbeiter in regelmäßigen Abständen; und da geht es dann auch um die Zufriedenheit bezüglich der Führung durch Vorgesetzte.

Sie entnehmen dann aus diesen Mitarbeiterbefragungen das Feedback über die Führung?

Ja, auf jeden Fall. Aber genauso wichtig ist das direkte Gespräch. Da stelle ich viele Fragen: Wie kommen Sie mit ihrem Chef zurecht, wie erleben Sie ihn? Lebt er das vor, was er von Ihnen fordert, ist er ein Role Model oder ist er das nicht? Wie ist das tägliche Miteinander ...? Wenn Mitarbeiter mir das schildern und auch Vertrauen fassen, weil man sie kennt, dann merkt man sehr schnell, was wo funktioniert und wo es Herausforderungen gibt.

Und wenn Sie irgendwo den Eindruck haben, dass es dort nicht sonderlich ermutigend zugeht?

... dann ist es mir wichtig, das schlicht zu thematisieren. Wir haben mit allen Führungskräften Workshop-Reihen gemacht, wo wir das Prinzip der ermutigenden Führung diskutiert haben. Dabei haben wir uns auch klar darauf verständigt, dass uns das wichtig ist. Und wenn ich irgendwo den Eindruck habe, dass nicht so geführt wird, dann thematisiere ich das.

Eine offene Kommunikation ist da sehr hilfreich. Ich sage auch den Mitarbeitern, was ich von meinen Führungskräften erwarte. Vielleicht nimmt er sich dann auch mal ein Herz, um dem Chef zu sagen, was da in einer Gesprächsrunde dargestellt worden ist, und dass man sich daran gern halten möchte.

Wie groß ist nach Ihrer Erfahrung die Bereitschaft von Führungskräften, sich auf ermutigende Führung einzulassen?

Das ist unterschiedlich. Am Anfang war die Skepsis sicherlich größer, im Laufe der Zeit ist sie zurückgegangen. Sie haben gesehen, dass sie einen Beitrag zu unserem Erfolg liefert.

Was haben Sie an den Mess- und Controllingsystemen im Commerzbank-Vertrieb geändert? Und haben Sie das Vergütungssystem des Vertriebs verändert?

Die Bank hat im Privatkundenbereich insgesamt eine Menge verändert. Wir haben ein neues Vertriebsmanagement eingeführt, das von mehr Vertrauen geprägt ist. Das bedeutet: weniger Monitorings, Aktivitäten-Planung anstelle defizitorientierter Diskussion, mehr Team- und weniger Einzelziele. Wir haben alle Zahlen, die wir brauchen, ohne aber in der Detailliertheit jeden Krümel zu zählen, wie wir das in der Vergangenheit einmal gemacht haben.

Wir haben unser Ziel- und das Vergütungssystem weiterentwickelt. So sind heute 30 Prozent der variablen Vergütung abhängig von der Qualität des Geschäftes. Die machen wir an der Zufriedenheit des Kunden fest, und am Ende mache ich sie auch fest an der Zufriedenheit des Mitarbeiters. Insofern haben wir viel verändert: Die Controllings haben sich verändert, die Zielvereinbarungen haben sich verändert – das ist am Ende mit die Basis dafür, dass das Vertriebsmanagement funktioniert.

Als wir damals unsere Erhebung machten, haben die Leute ziemlich gestöhnt über das Vertriebscontrolling. Wie ist die Situation heute?

Ich glaube, tendenziell wird über das Controlling weniger negativ geredet. Es gibt natürlich immer Stimmen, die sagen, wir sind einem zu starken Controlling ausgesetzt, die Wochenziele sind manchen Mitarbeitern natürlich immer zu hoch – das ist ganz normal, dass darüber Diskussion aufkommen. Aber es wird zusammen mit den Gremien darauf geachtet, dass sich das Controlling streng nach den Spielregeln des neuen Vertriebsmanagements richtet. Insofern hat sich die Welt da schon verändert, und das ist gut so.

Als wir dem Betriebsrat vor sieben Jahren das Konzept Ermutigende Führung vorgestellt haben, war er interessiert, aber sehr skeptisch, was die Umsetzung betrifft. Was ist heute seine Haltung?

Ich glaube, dass der Betriebsrat dazu heute eine andere Haltung hat. Er hat ja daran mitgearbeitet, das neue Vertriebsmanagement zu entwickeln. Daher leben wir heute in einer Welt, die von beiden Seiten so gewollt wurde. Insofern gibt es eine andere Grundhaltung dazu, und die Gremien begleiten das sehr positiv.

Letztendlich habe ich im Wealth Management in den letzten sechs Jahren nie eine wirklich kritische Diskussion oder einen nennenswerten Konflikt mit den Gremien, die Mitarbeiter vertreten, gehabt. An dieser Front war es ganz ruhig. Das hat zum einen viel damit zu tun, dass wir uns an die Spielregeln halten, zum anderen bin ich auch überzeugt, dass es mit dem Führungsstil zusammenhängt, also wie die Menschen miteinander umgehen – und ermutigende Führung ist eben die Basis dafür gewesen.

… was ja auch bemerkenswert ist in dieser gewaltigen Umbruchsphase!

Ja, klar – was aber im Umfeld auch immer wieder Skepsis erzeugt hat, so nach dem Motto: Führt ihr straff genug, holt ihr raus aus dem Laden, was da drin ist? Hier beschwert sich ja keiner, ihr müsst den Druck erhöhen, ihr seid nicht nah genug an der Grenze der Belastbarkeit … – solche Diskussionen habe ich gehabt. Wealth Management wurde als Wellness-Banking beschrieben, da ist alles ein bisschen gemütlicher, da ist nicht so viel Druck – ja, von wegen! Wir haben das Wachstum bringen müssen, und wir haben es gebracht.

Ist es nach Ihrer Erfahrung möglich, Führungskräfte und Mitarbeiter so nachhaltig zu ermutigen, dass sie tatsächlich stärker werden und dauerhaft anders handeln?

Grundsätzlich ja, nur wird sich nicht jeder verändern. Aber ich glaube, dass mit dieser Führungskultur der Anteil derer, die bereit sind, sich zu verändern und wirklich an sich zu arbeiten, sehr viel größer ist als ohne sie. Es gibt viel weniger Blockaden und innere Kündigungen. Manch einen holt man auch wieder aus seinem Schneckenhaus heraus, in das er hineingekrochen ist. Bei manchen zündet es nach drei Monaten, bei anderen vielleicht erst nach drei Jahren. Ich denke jedoch, dass man unter dem Strich mindestens zwei Drittel der Mannschaft damit bewegen kann.

Nach sieben Jahren Erfahrung mit solch einem Programm: Welche Tipps würden Sie Vorständen geben, die ermutigende Führungskultur in ihrem Unternehmen einführen wollen?

Ich würde sie ermuntern wollen, dass sie sich darauf einlassen. Dass sie die Bereitschaft zeigen, einen ersten Schritt zu gehen. Sie sollten sich mit dem Thema auseinandersetzen, es dann vorleben. Und dann einfach den nächsten Kreis, also die Vorstandskollegen mit hereinnehmen. Wenn dann die Kollegen von der Grundhaltung her überzeugt sind und es vielleicht erste gute Beispiele gibt, sollte das Thema auf die nächste Ebene getragen werden.

Ich glaube, man darf da nicht zu akademisch herangehen. Man muss einfach zeigen, dass man diese Führungskultur lebt, dass man diese Haltung verinnerlicht hat. Dann wirkt sie mit der Zeit. Man muss sich damit dauerhaft auseinandersetzen und dann den Kreis derjenigen, die überzeugt sind, immer größer ziehen.

Gibt es Fehler, die man sich dabei ersparen sollte?

Klar, in Stresssituationen wieder in alte Verhaltensmuster zurückzufallen. Also, dann nicht zu fragen, wie kommen wir aus dem Defizit raus, welche Aktivitäten sind erforderlich, sondern ausschließlich Gründe für diese Defizite zu suchen und dann zu diskutieren.

Was sind noch Fehler? Wenn man nicht klar und deutlich genug kommuniziert, was man erwartet. Man muss den Menschen sagen, was man von ihnen erwartet – auch in puncto Verhalten. Verhaltensänderung ist extrem schwer. Meiner Meinung nach erwarten Mitarbeiter von Führungskräften, dass sie Erwartungen offen und klar ansprechen.

Am Ende ist das eine Frage von Leadership. Die Mitarbeiter, die Führungskräfte, die Mannschaft wollen Leadership. Die wollen einen Chef, der stark ist, die wollen einen Chef, der klar sagt, was er von ihnen erwartet. Ob sie sich dann danach ausrichten, ist eine andere Frage. Aber wenn ich nicht sage, wo ich hin will, kann ich nicht erwarten, dass sie sich in die Richtung bewegen. Insofern gilt auch beim Thema Führung: Klare Kommunikation, was ich von Menschen erwarte – umgekehrt ausgedrückt, der Fehler wäre, nicht klar zu sein.

Wichtig ist es auch, nicht zu schwanken, wenn es einmal eng wird: Diese Führung dann durchzuhalten, eine feste Einstellung zu haben, eine sattelfeste Argumentation, die man in die Mannschaft trägt.

Welche Rolle spielt ein Trainingsprogramm ermutigende Führung?

Ich denke, es ist wichtig, sich mit dem Thema intensiv zu beschäftigen. Denn sonst findet man nicht die Zeit, darüber nachzudenken. Da muss man sich aus dem Tagesgeschäft herausnehmen und sich mal zwei Tage, möglichst in einer anderen Umgebung, die Zeit nehmen, sich mit den Dingen auseinanderzusetzen.

Welche Rolle spielt die Entschiedenheit und Geschlossenheit des obersten Managements bei solch einem Thema?

Ich glaube, dass das substanziell ist. Wir haben es im Wealth Management geschafft, dass alle Gebietsfilialleiter und ich geschlossen hinter dem System gestanden haben. Die gesamte Führungsmannschaft hat es geschlossen auch in die nächsten Ebenen, in jede einzelne Einheit, getragen und es selbst mit nach vorne gebracht. Das war am Ende ein entscheidender Faktor.

Sie haben am Anfang auch viel Zeit in Teambuilding investiert …

Ja. Wir haben uns einmal zwei Tage an die Ostsee gesetzt und das gesamte Programm einmal durchgearbeitet …

… so richtig mit Trainer?

Ja, so richtig mit Training. Wir haben komplett durchdacht, was wir den nächsten Ebenen erzählen wollen, was wir von denen erwarten, und haben auch zum Beispiel über Rollenspiele einfach mal probiert, damit umzugehen. Man muss sich ja in die Situationen hineindenken, sich damit befassen, und dann noch einmal darüber nachdenken, bevor wir dann auf den Weg gegangen sind.

Und die Gebietsfilialleiter haben den gleichen Schritt dann mit ihrer Mannschaft gemacht?

Genau. Ich bin das mit dem Top Management angegangen, dann haben die das mit ihren Führungsmannschaften durchgeführt, und danach haben die Führungskräfte das mit ihren Teammitgliedern erarbeitet. Dafür haben wir spezielle Trainings aufgesetzt, die dann durch die gesamte Organisation gegangen sind. Das war ein Zeitraum von anderthalb, zwei Jahren, bis es in jeder Verästelung angekommen ist. Am Ende ist das ganz sauber kaskadenförmig durch die gesamte Organisation geleitet worden.

Darüber hinaus haben wir immer wieder Refresher gesetzt. Das heißt, wir haben nach vier, fünf Monaten wieder eine Schleife gezogen, um sich, und sei es auch nur für zwei Stunden, hinzusetzen und zu diskutieren, wo wir denn eigentlich mit der ermutigenden Führung stehen. Sich in solchen regelmäßigen Gesprächsrunden mit den Mitarbeitern, aber auch mit den Führungskräften immer wieder auseinanderzusetzen – ich glaube, das hat entscheidend geholfen.

Welches Ausmaß an Follow-Up braucht das Thema? Reicht es, darüber in Führungsbesprechungen regelmäßig zu reden, oder muss man auch Schulungen auffrischen?

Doch, ich glaube schon, dass man sich, zumindest in einer größeren Organisation, drei Jahre intensiv damit beschäftigen muss. Wenn Sie es nicht immer wieder angehen, entwickeln sich irgendwann eigenständige Strukturen oder es fallen einige zurück in alte Verhaltensweisen.

Das heißt auch, es nützt nichts, es an eine Trainingsabteilung zu delegieren, da muss man selber mit Fleisch und Blut dahinter stehen.

Klar. Man braucht jemanden, der als Trainer zur Verfügung steht. Aber man muss es auch selbst leben, man muss selbst die Dinge hinterfragen und muss nah dran sein. Wenn ich selbst dieses Thema nicht immer wieder auch in meinen Gesprächen mit Mitarbeitern und Führungskräften auf den Tisch gehoben hätte, dann wäre es versickert. Dann hätten wir das nicht in das tägliche Miteinander überführen können. Insofern steht und fällt das Thema mit einem guten Training, aber auch damit, dass die Führungsmannschaft es selbst lebt und immer wieder anspricht.

Welche Rolle spielt dabei das Nachhalten von ermutigender Führung?

Das spielt schon eine große Rolle – wobei Sie das nicht statistisch nachhalten können: Sie müssen dranbleiben, Sie müssen sie hinterfragen, Sie müssen sie regelmäßig thematisieren – das ist ja Nachhalten in diesem Sinne. Sie müssen mit Mitarbeitern hierarchieübergreifend reden, um zu schauen, wie ist das Thema angekommen, ist da etwas angekommen, was hat sich in Bewegung gesetzt oder was ist auch eingeschlafen.

Was hat sich an Ihrem persönlichen Führungsstil geändert, seit Sie sich mit ermutigender Führung befassen?

Ich schenke erst mal grundsätzlich Vertrauen. Ich vertraue jedem, er hat meine volle Unterstützung, und ich stehe mit aller Kraft und meinem – symbolisch gesprochen – breiten Rücken dahinter, bis er mir bewiesen hat, dass er das Vertrauen nicht verdient.

Mein Führungsstil ist heute von der Überzeugung bestimmt, in einer Vertrauensorganisation zu arbeiten, diese auch zu prägen, und dieses Vertrauen erst einmal jedem entgegen zu bringen.

… bis ihnen jemand beweist, dass er das Vertrauen nicht verdient. Wann wäre das der Fall?

Am Ende geht es um das Geschäft. Wer nachhaltig kein Geschäft bringt, verliert irgendwann das Vertrauen. Ein Vertrieb muss Leistung zeigen. Aber als Führungskraft kann man sich das Vertrauen auch verderben, indem man mit Menschen nicht so umgeht, wie wir das hier einfordern. Wenn es da nachhaltige Beschwerden gibt und die Organisation das hochspült, dann schwindet das Vertrauen auch irgendwann.

Das heißt, wenn jemand führt wie die Axt im Walde, kommt er damit auf die Dauer nicht durch?

Der hält sich maximal drei Jahre – maximal! Ich habe da verschiedene Beispiele vor Augen: Menschen, die kurzfristig enorm erfolgreich waren und dann nach zwei Jahren versucht haben, die nächsthöhere Aufgabe zu erreichen. Wo wir gesagt haben, nein, Sie bleiben da mal drei bis fünf Jahre, und dann sehen wir weiter. Und dann war es nicht nur einmal so, dass das System bald danach in sich zusammengebrochen ist. Dann sind sie von ganz erfolgreich plötzlich ganz erfolglos geworden.

Was wird aus der ermutigenden Führungskultur im Wealth Management, wenn sich nun die Strukturen, Zuständigkeiten und Zuordnungen im Commerzbank-Vertrieb verändern?

Da es eine Frage der Haltung ist, glaube ich daran, dass die Prinzipien so fest verankert sind, dass sie sich fest etabliert haben. Zumindest bei der Mannschaft, die diese Führungskultur in den letzten fünf, sechs Jahre wirklich verinnerlicht hat.

Was nehmen Sie mit in Ihr neues Aufgabengebiet? Ähnliches?

Ja. Ich bin davon überzeugt, dass dieser Führungsstil und die Haltung zu diesem Thema mit dazu beigetragen haben, dass wir über viele Jahre erfolgreich waren. Und insofern ist das ein Thema, das ich weiter vorantreiben werde. Ich bin davon überzeugt, dass es der richtige Weg ist, und deswegen werde ich an diesen Prinzipien auch festhalten.

Wie gehen Sie selber mit Momenten der Entmutigung um?

Mit guten Gesprächen, mit Ablenkung, mit Sport, mit Literatur, Regeneration – ja gut, und dann mit einem neuen Anlauf. Man muss halt, wenn man entmutigt ist, wieder Mut finden.

Wer oder was ermutigt eigentlich Sie?

Erfolg! Die tiefe Überzeugung, dass Optimismus hilft, nach vorne zu kommen. Dass jemand, der optimistisch herangeht, auch Erfolge einfahren wird. Wer pessimistisch herangeht, der produziert seinen eigenen Misserfolg. Ja, und letztendlich ermutigt mich eben auch der Erfolg der Mitarbeiter. Am Ende ist unsere Aufgabe als Management, Mitarbeiter zum Erfolg zu führen. Zu sehen, wie andere erfolgreich sind, motiviert ungemein.

12 Volker Kronseder, KRONES AG: »Ich freue mich, wenn die Mitarbeiter erfolgreich sind«

Wie ein Hidden Champion von einer intuitiv ermutigenden Führung profitiert

Die KRONES AG in Neutraubling bei Regensburg ist ein klassischer »Hidden Champion«, einer jener bärenstarken Mittelständler, denen Deutschland seinen Exporterfolg und Wohlstand verdankt. 1951 von Hermann Kronseder gegründet, machte KRONES 2014 als Weltmarkt- und Technologieführer für Getränkeabfüllmaschinen knapp drei Milliarden Euro Umsatz und beschäftigte weltweit über 12 600 Mitarbeiter – mit steigender Tendenz.

1996 übernahm der Wirtschaftsingenieur Volker Kronseder als ältester Sohn des Gründers den Vorstandsvorsitz und führte das Unternehmen von damals rund 700 Millionen zur heutigen Größe. Ende 2015 gibt Kronseder den Vorstandsvorsitz an Christoph Klenk weiter, ein »KRONES-Eigengewächs«, dessen Karriere von der Entwicklung über den Vertrieb zum Finanzvorstand verlief – ein Werdegang, der erkennen lässt, dass Kronseder und KRONES den Mut zu unkonventionellen Wegen haben.

Kronseder ist kein Mann großer Worte, er ist ein bodenständiger Pragmatiker mit einer ansteckenden Liebe zur Technik und Begeisterung für Innovationen, der seinen Mitarbeitern und Führungskräften Mut macht, eigene Wege zu gehen. Nicht das »große Ego«, das alle Erfolge für sich vereinnahmt, eher der Motivator und Inspirator, der – fast ein bisschen erstaunt – registriert, wie sich das Unternehmen unter seiner intuitiv ermutigenden Führung entwickelt hat. Und der dabei, wie er betont, »auf dem Boden bleibt«.

Herr Kronseder, als wir uns kennengelernt haben, haben Sie mich als Erstes auf einen Rundgang durch das Werk mitgenommen. Sie machen diesen Rundgang an jedem Arbeitstag, an dem Sie in Neutraubling sind. Warum?

Das steht schon in der Tradition von meinem Vater. Ich habe von ihm einiges gelernt, was ich machen möchte – und auch Dinge, die ich anders machen wollte. Insofern war das eine gute Lehrzeit: Ich habe gesehen, was für ein Vorteil die Information aus erster Hand ist. Wenn man in einem großen Unternehmen an der Spitze steht, kriegt man ja Informationen von unten gefiltert nach oben, und die kann ich dann immer leicht, wenn ich vor Ort bin, hinterfragen und mit Mitarbeitern reden. Da kriegt man nochmal ein anderes Bild vermittelt und kann das abgleichen mit dem, was man so hört. Manche Dinge hört man ja oben gar nicht, aber die sehe ich dann unten, und das ist wichtig.

Wie zum Beispiel?

Wir haben gerade die Lagerlogistik auf einen Externen umgestellt, und da krieg ich halt gleich die Fehlauslagerungen gezeigt. Und damit war ich schneller informiert als viele oben im Management.

Was passiert bei diesen Rundgängen? Worauf achten Sie, was erleben Sie, was erfahren Sie dabei?

Erstens geht es um Sichtbarkeit. Die Mitarbeiter sollen ihren Chef ruhig mal sehen. Ich rede mit denen gerne, lasse mich auch ansprechen, und ich baue dadurch Vertrauen auf, das spricht sich auch herum, und ich erfahre da was. Das zweite ist sicherlich: Um Vertrauen aufzubauen und auch zu motivieren. Der Mitarbeiter freut sich, wenn der Vorstandsvorsitzende mit ihm spricht und er ihm etwas sagen kann, vielleicht sogar der Anstoß war, dass sich etwas ändert. Ich denke, es ist wichtig, dass man einen Rückhalt an der Basis hat und nicht im Elfenbeinturm verhungert.

Die Leute kommen da auch mal voller Stolz zu Ihnen hin und zeigen Ihnen, was sie gemacht haben. Das heißt ja auch, man kann den Chef ansprechen, der interessiert sich dafür und kann etwas damit anfangen …

Ja, genau. Die Technik interessiert mich; ich frage die Mitarbeiter oft, wenn mir etwas unklar ist, sei es jetzt in der Produktion oder auch in der Montage. Ich gehe ja nicht nur in der Produktion herum, sondern auch in der Entwicklung, in der Patentabteilung, in der Personalabteilung. Da spreche ich hautnah mit den Mitarbeitern und bekomme Entwicklungen schnell mit.

Aber trotzdem, eine Stunde oder mehr am Tag, das sind 20 Stunden im Monat – das ist doch ein enormer Zeitaufwand für einen Vorstandsvorsitzenden!

An manchen Tagen kann es sogar sein, dass ich am Nachmittag nochmal gehe. Also, diese 20 Stunden kommen mit Sicherheit zusammen. Klar, ich schaffe nicht mehr das Gesamtunternehmen. Wir haben ja vier weitere Außenwerke; da komme ich wenigstens zweimal zur Betriebsversammlung, und dann gehe ich auch durch den Betrieb. Ins Werk Nittenau fahre ich ab und zu mal mit dem Motorradl hinter und schaue nach, was die so machen. Aber nach Rosenheim komme ich leider schon nicht mehr so oft. Und nach Flensburg erst recht …

Sie haben einen völlig anderen Führungsstil als ihr Vater, der die Firma 1951 gegründet hat. Wie würden Sie den Führungsstil Ihres Vaters beschreiben und wie Ihren eigenen?

Naja, der Führungsstil ist gar nicht so anders. Was ich gerade beschrieben habe, im Betrieb herumgehen, mit den Leuten reden und damit eine Vertrauensbasis bei den Mitarbeitern schaffen, das hat der Vater auch gemacht. Es ist eher die Art, wie die Führung ausgeübt wird, aber auch die Art der Entscheidungsfindung

– das ist anders. Der Vater ist in einer Zeit aufgewachsen, in der klare hierarchische Strukturen üblich waren, und war geprägt von dieser Zeit. Das war die Aufbauzeit nach dem Krieg. Da unterscheide ich mich natürlich. Ich bin später aufgewachsen. Ich habe viel vom Vater gelernt, aber ich habe auch gelernt, was ich unbedingt anders machen wollte.

Was waren diese Dinge, wo Sie entschieden haben, es anders zu machen?

Ganz einfach die Mitarbeiterführung, wie man wichtige Entscheidungen herbeiführt, aber auch das Delegieren: Dass man Mitarbeitern etwas zutraut, dass die eine Ausbildung haben, dass die Persönlichkeiten sind, dass die Ideen haben. Warum soll man das nicht nutzen? Die leiten große Fußballvereine in der Freizeit, Frauen haben auch einen Riesen-Job zu Hause und managen dann noch den Familienbetrieb. Die können ja was, denen kann man doch etwas zutrauen, und auf deren Meinung muss man doch hören! Und dann finde ich, dass Entscheidungen, die man mit mehreren Menschen bespricht und abwägt, am Ende bessere Entscheidungen sind, als Einzelentscheidungen, die man aus dem Bauch heraus trifft.

Das heißt, Sie geben den Leuten mehr Vertrauensvorschuss?

Ja. Die kosten ja alle einen Haufen Geld, die verdienen viel, wir suchen sie sorgfältig aus. Dafür, dass die nur Befehlsempfänger sind, dafür sind mir die zu teuer. Deshalb meine ich, es steckt sehr viel mehr Potenzial in den Mitarbeitern, in allen Bereichen, man muss die nur machen lassen. Vertrauen ist gut, aber natürlich muss auch Kontrolle da sein. Dafür haben wir heute Controlling-Systeme, die für Transparenz sorgen, damit nichts aus dem Ruder läuft.

Gibt es irgendwelche Leitsätze oder Leitgedanken, an denen Sie sich in der Führung orientieren?

Mein Credo ist: Bleib auf dem Boden! Fange nicht an zu schweben, lass dich von Erfolgen nicht dazu verleiten, arrogant zu werden, größenwahnsinnig zu werden. Bleib auf dem Boden – damit fahre ich am allerbesten.

Wie bleibt man auf dem Boden in so einer Position?

Indem man sich nicht verleiten lässt, übermütig zu werden. Das hängt sicherlich auch mit der Persönlichkeit zusammen. Zum Beispiel werde ich manchmal gefragt, ob ich stolz bin. Stolz ist für mich überhaupt keine Kategorie, damit kann ich nichts anfangen. Natürlich freu ich mich, wenn es gut läuft, aber das Wort Stolz ist keine Denkkategorie für mich. Am Boden zu bleiben heißt zum Beispiel, dass man sich zwar Ziele setzt, aber dabei geht es nicht um Höhenflüge, sondern nur darum, die nächste Stufe zu erreichen. Und wenn ich die erreicht habe, dann kann wieder den nächsten Schritt machen, aber ich versuche nicht, nach den Sternen zu greifen. Und das hat sich so bewährt.

Ist zwischen dem »Auf dem Boden bleiben« und Ihren Werksrundgängen eine Verbindung?

Natürlich, klar. Ich bin hier nicht der große Macker, den keiner ansprechen kann. Das gibt es ja, so Geschichten von Vorständen im Ruhrgebiet, die eigene Aufzüge haben, die nur mit einem speziellen Schlüssel zu öffnen sind, damit man nur ja keine Mitarbeiter trifft, oder einen Helikopter-Landeplatz mit direktem Zugang ins Büro. Die fühlen sich zu wichtig, als dass sie noch mit einem normalen Menschen reden. Das ist ein Denken, das mir zutiefst zuwider ist. Zur Bodenhaftung zählt sicher auch, dass ich noch mit normalen Menschen reden kann.

Sie gelten als jemand, der sich etwas sagen lässt, zu dem man auch mit einer von der Ihren abweichenden Meinung hingehen kann …

Mir gefällt der Spruch von Adenauer gut: Es kann mich niemand daran hindern, von Tag zu Tag klüger zu werden. Wenn ich neue Erkenntnisse habe, die zu einer anderen Einschätzung führen, habe ich überhaupt kein Problem, sie aufzunehmen und zu sehen: »Da bist du vielleicht doch nicht ganz richtig gelegen.«

Ich hab schon meine Ideen, die stelle ich aber zur Diskussion und sage: Was meint ihr denn, lässt sich so etwas verwirklichen? Ich habe mich früher sogar zu leicht von Ideen abbringen lassen, habe aber im Laufe der Jahre gelernt, so leicht musst du nicht aufgeben, vielleicht ist es gar nicht so schlecht, es wird einfach nur abgewimmelt. Aber letztendlich muss es sachliche Argumente dafür geben, in eine Richtung zu gehen. Selbst wenn dies nicht meine Meinung ist, dann freue ich mich genauso, freue mich, dass der Mitarbeiter eine bessere Meinung hat. Und selbst wenn es ein kleiner Mitarbeiter ist, der eine gute Idee hat …

Die Leute merken, dass Sie nicht Recht haben müssen?

Genau. Im Gegenteil, ich ermuntere die Leute ja sogar: Bitte sag deine Meinung. Viele trauen sich ja nichts dagegen zu sagen, weil ich der Vorstandsvorsitzende bin. Das ist für mich das Schlimmste, wenn ich merke, der ist eigentlich anderer Meinung, traut sich's aber nicht sagen. Rausprügeln kann ich ihm seine Meinung ja nicht, aber … – naja, aber der größte Teil traut sich schon.

In so einer Organisation, da spielt natürlich die erste Ebene eine wichtige Rolle. Wir machen ja eine Menge Führungsseminare, um unsere Führungskultur, Kritikfähigkeit usw. in alle Bereiche auszurollen. Trotzdem ist da sicherlich die eine oder andere Führungskraft, die es nicht ganz so macht. Und wenn einer von deren Mitarbeitern mir etwas sagen würde, was er anders machen würde, dann hätte er vielleicht ein Problem.

Aber gut, da scheue ich mich trotzdem nicht, die Mitarbeiter zu fragen, und versuche zu erfahren, was sie wirklich meinen. Ich gehe da nicht den hierarchischen Weg, was sicherlich so mancher in der ersten Ebene nicht gerne sieht. Oder auch weiter unten. Wenn ich zum Mitarbeiter gehe, kommt gleich der

Meister dahergewieselt und will wissen, was ich da mit dem zu reden habe. Ich rede dann trotzdem mit dem Mitarbeiter und nicht mit ihm. Aber die Leute kennen mich schon und wissen, dass da noch niemandem der Kopf rasiert worden ist, weil mir ein Mitarbeiter etwas gesagt hat – das klappt eigentlich ganz gut.

Wie ist es, wenn auf den mittleren Ebenen jemand ist, der ganz anders führt als es Ihrem Verständnis entspricht, wo die Mitarbeiter dann vorsichtig werden, ist das für Sie auch akzeptabel?

Nein, nein. Das ist ein Kandidat, bei dem Handlungsbedarf besteht. Der geht dann ins Coaching oder ins Führungskräfteseminar – einmal, zweimal, und wenn es beim dritten Mal immer noch nicht besser geworden ist, dann werden auch Konsequenzen gezogen. Ich will nicht behaupten, dass wir jeden erwischen, aber wir haben Mechanismen in HR aufgebaut, sodass wir über Kompetenzen und Personal-Qualitätsmanagement schon unsere paar Pappenheimer erkennen und das rausbringen.

Machen Sie da auch Mitarbeiterbefragungen?

Nein, machen wir nicht, weil ich, ehrlich gesagt, nicht übermäßig viel davon halte. Denn eigentlich weiß ich, wie die Mannschaft tickt. Da ist zum Beispiel ein gutes Verhältnis zum Betriebsrat tausendmal mehr wert als eine Mitarbeiterbefragung. Wissen Sie, solche Befragungen werden dazu hergenommen, auch wenn es den Leuten eigentlich gut geht, einfach mal einen reinzuhauen. Die Stimmungslage im Unternehmen kriegen wir durch direkte Gespräche und durch den Betriebsrat mit.

Was wir machen, ist eine Evaluierung der Führungskräfte. Führungskräfte werden von ihren Mitarbeitern geratet. Das war für mich immer schon eine Selbstverständlichkeit. Denen, die mich direkt kennen, sage ich, ich will nicht jeden Tag Kritik von euch hören, aber einmal im Monat dürft ihr schon etwas sagen. Einmal im Jahr bieten wir so etwas an. Wir zwingen keine Führungskraft dazu, manche haben ein Problem damit, aber es wird eigentlich relativ gut angenommen.

Und wie geht es danach weiter? Wird das dann mit den Betreffenden diskutiert?

Ja, dort wo Handlungsbedarf erkennbar wird, bietet HR etwas an. Oder man sagt ihm selber, was zu machen ist. Das läuft eigentlich ganz gut.

Wie würden Sie die KRONES Unternehmens- und Führungskultur beschreiben?

Dass alle Mitarbeiter an einem Strang ziehen, möglichst wenig Reibungsverluste, eine möglichst flache Hierarchie, auch wenn aufgrund der Größe des Unternehmens heute manche Notwendigkeiten da sind. Auch im Vorstand haben wir einen sehr kooperativen Geist, durchaus mit Kontroversen, aber ohne

Machtspielchen, Tricks, persönliche Fouls. Unsere Führungskräfte werden nicht nur nach fachlicher Qualifikation, sondern auch nach sozialer und persönlicher Kompetenz ausgesucht: dass sie teamfähig sind, dass sie eben solche Spielchen nicht machen. Und das ist uns so weit ganz gut gelungen.

Ist es überhaupt möglich, dass in einem Vorstand ein ermutigendes Klima herrscht, oder bringt es die Position und Rollenverteilung mit sich, dass im Grunde doch jeder Einzelkämpfer ist?

Nein, ich denke, die strategischen Themen liegen jeweils offen auf dem Tisch, und die Handlungsfelder obliegen dem zuständigen Vorstand. Wir haben ein Controlling, das relativ klar sieht, wie die Dinge laufen – und das ist auch ein gewisses Rollenspiel. Der Finanz-Guy muss den Bad Guy spielen, da hilft alles nichts. Der muss auch mal übers Ziel hinausschießen, um das zu erreichen, was wir alle miteinander wollen. Und dieses »Good Cop – Bad Cop«-Spiel funktioniert insgesamt sehr gut.

Oder wenn der Vertriebsvorstand für Kundenanliegen kämpft, dann ist schon genügend Energie und Temperament im Spiel. Das kann dann schon einmal funken, aber trotzdem hat man das Gefühl, bei allen Kontroversen spielen wir auf das gleiche Tor. Da sind keine persönlichen Animositäten im Spiel, auch wenn schon mal ein hartes Wort gesprochen wird und auch mal einer schräg schaut. Aber das ist nicht persönlich gemeint, das ist Teil des Rollenspiels, um gemeinsam den Erfolg zu generieren. Wir machen uns Zielvorgaben, wir machen die Planung jedes Jahr, wir machen uns Gedanken, wo wir gemeinsam hinwollen – und dann sollte es da möglichst auch hingehen.

Sie sind bekannt dafür, dass sie Führungskräften und Mitarbeitern große Freiräume lassen. Macht Ihnen keine Sorge, dass die Freiheiten auch missbraucht werden kann?

Ehrlich gesagt, ich weiß gar nicht, ob die so große Freiheiten haben. Die sind in einen Planungsprozess eingebunden, es gibt viele Vorschriften, die haben Aufgaben zu erledigen, ... Wenn gemeint ist, dass ich ihm seine Kreativität lasse, seine Führungsfähigkeit, seine Fähigkeit, Dinge zu managen – klar, die lasse ich ihm natürlich, ich schreibe ihm das nicht vor. Natürlich möchte ich auch, dass sie im Rahmen dessen handeln, was an Führungsverständnis im Unternehmen gilt, es geht nicht, dass jemand seinen Bereich nach Gutsherrenart führt. In diesem Rahmen hat er die Freiheit und soll seine Kreativität, seine Fähigkeiten einbringen. Ich denke nicht, dass das zu viel Freiheit ist, im Gegenteil, das ist die Freiheit, die er braucht. Die Leute haben ihre Ziele, aber ich lasse ihnen die Freiheit, wie sie dort hinkommen.

Wie gehen Sie, wie geht man bei KRONES mit Fehlern um?

Ich lobe jeden, der seinen Fehler zugibt, und reiße niemandem den Kopf runter. Einen Fehler zu machen, ist menschlich. Ihn zu erkennen, ist schon mal sehr lobenswert. Und dann auch noch das Zugeständnis, ihn nicht wieder machen zu wollen, das ist für mich perfekt. Der wird von mir sehr gelobt. Nun ist es leider so, auch wenn ich es lange nicht glauben wollte, leider gibt es sehr viele Menschen, die würden sich lieber rausschmeißen lassen als einen Fehler zuzugeben. Darunter auch Menschen, die ich sehr schätze, aber sie können Fehler nicht zugeben. Sie haben einfach ein Selbstbild, das keinen Fehler zulässt. Aber die Fehlerkultur kann man, glaube ich, nur sehr schwer oder gar nicht ändern.

Manche Leute haben wohl die Vorstellung, perfekt sein zu müssen, und das heißt für sie, keine Fehler machen. Die Gegenposition dazu ist, ein Stück Frieden mit der eigenen Unzulänglichkeit zu machen und zu wissen, man wird nicht immer überall perfekt sein.

Ja, das ist meine Erkenntnis auch. Sicher, wenn ich mich selbst bei der Nase nehme, gibt es Dinge – ich bin grundsätzlich gerne bereit, über mich selbst zu lachen und auch einen Witz über mich zu machen und auch zu erkennen, Mensch, da hast du einen Fehler gemacht, und den zuzugeben. Ich hab dann aber mal so in mich geforscht, es gibt ein paar Themen, wo ich, ehrlich gesagt, auch nicht gerne zugeben würde, da hast du einen Fehler gemacht.

Wie wirken sich die Freiräume, die Sie da lassen, im Positiven aus?

Gut! Wir erreichen im Großen und Ganzen unsere Ziele, und die Stimmung in der ganzen Mannschaft und die Motivation ist insgesamt o.k. Aber so groß ist der Freiraum auch wieder nicht. Wenn jemand seine Ziele erreicht, dann ist er sicherlich größer, aber immer auch im Rahmen dessen, was an Ziel und an Erwartungshaltung da ist.

Welche Rolle spielt der Mut von Führungskräften und Mitarbeitern in ihrem Geschäft?

Naja, wenn man immer zaghaft ist, sich nichts traut, dann wird man auch nicht erfolgreich sein. Viele Entscheidungen erfordern Mut, einen gewissen unternehmerischen Mut – mutig schon, aber nicht tollkühn.

In welchen Situationen ist Mut besonders gefordert?

Das kann auf Projektebene sein, es kann eine Entscheidung sein, wenn ich große Investitionen tätige, mache ich die an diesem Standort oder nicht, in einen neuen Markt zu gehen, in Entwicklungen zu gehen, wo man nicht weiß, ob das ein Erfolg wird, die teuer sind – da sind schnell mal zig Millionen verbraten. Das sind Entscheidungen, wo man nicht weiß, wird es erfolgreich.

Letztendlich erfordert jeder Mitarbeiteraufbau Mut. Bei der heutigen Gesetzgebung ist es ja schwierig, Mitarbeiter loszuwerden. Wenn ich jemanden einstelle, muss ich den Mut haben, auf eine Geschäftsentwicklung zu vertrauen, in der ich ihn später auch beschäftigen kann. Das sind schon Entscheidungen, die einen gewissen Mut und Vertrauen in die eigenen Fähigkeiten voraussetzen.

Sind Mitarbeiter und Führungskräfte bei KRONES mutiger als bei Wettbewerbern?

Das weiß ich nicht. Ich denke, dass die Konkurrenz manchmal mutiger ist, Dinge anzufangen, die wir uns vorher besser überlegt hätten und nicht machen würden. Bevor ich mutig bin, überlege ich erst mal, wie mutig muss ich wirklich sein. Ich versuche, die Entscheidung soweit zu durchdenken, dass ich ziemlich sicher bin, was herauskommt. Sicher bin ich dann zwar am Ende doch nicht, aber die Entscheidungen sind wohldurchdacht. Und dann brauche ich eigentlich gar nicht mehr so mutig sein. Ich muss Vertrauen darin haben, dass meine Einschätzung der Lage richtig ist.

Aber wir sind in gewisser Weise konsequent. Wenn wir etwas machen, dann ziehen wir es auch durch. Wir führen kontroverse Diskussionen, loten die Dinge aus und stellen auf diese Art und Weise im Lauf der Zeit einen Konsens her, der dann für Geschlossenheit in der Umsetzung sorgt. Aber wenn ich das getan habe, dann bin ich ja nicht mehr so mutig. Dann brauche ich nicht ins Blaue zu springen oder in ein Wasser, von dem ich nicht weiß, wie tief es ist.

Wie gehen Sie selber mit Momenten der Entmutigung um?

Ein Stück Gelassenheit. Es gibt nicht immer nur Höhepunkte, oft wechselt das täglich im Stundentakt. Und wenn ein Höhepunkt kommt, dann bleibe ich möglichst am Boden, und wenn ein Tiefpunkt kommt, muss ich auch am Boden bleiben: ein Stück Gelassenheit. Man muss das als Teil des Lebens nehmen.

Wenn Sie über die weitere Entwicklung von KRONES nachdenken, was sind Stärken die Sie unbedingt für die Zukunft bewahren wollen, was sind Schwächen, die überwunden werden sollten?

Eine Stärke ist es, dass die Familie als Hauptaktionär zu dem Unternehmen steht. Das soll weiterhin so bleiben. Das bringt ein Stück Stabilität, damit ist ein stabiler Anker da, und wir sind nicht den freien Kräften des Aktienbörsen-Daseins ausgeliefert.

Mir ist ein Anliegen, hier eine Unternehmensführung zu haben, die weiterhin richtig mit den Menschen umgeht, mit ihnen spricht, keine abgehobene Elfenbeinturm-Vorstandsriege. Die Mannschaft, die wir haben, das ist ja eine hochqualifizierte Mannschaft, die trägt etwas bei, und die muss ich ernst nehmen.

Aber natürlich ist der Führungsstil auch geprägt von persönlichen Eigenschaften. Keiner kann ein Abziehbild eines anderen sein, deshalb wird es immer Unterschiede geben. Und das sehe ich auch als Chance. Es gibt Dinge, die ich, vielleicht auch unwissentlich, nicht anpacke, und die ein anderer angeht, der in dem Bereich vielleicht mutiger ist. Das sind ja auch die Chancen, die so ein Wechsel mit sich bringt.

In welchem Ausmaß ist die Kultur heute an ihre Person gebunden? Was wird sich ändern, wenn Sie in den Aufsichtsrat wechseln, und was wird bleiben?

Dass KRONES erfolgreich ist, ist nicht meine Leistung. Das hat die Mannschaft gemacht, die auch viele Ideen eingebracht hat. Die einzige Leistung, die ich vielleicht vollbracht habe, ist, dass ich ein guter Kindergärtner bin. Dass man das Miteinander fördert, dass man ein Vorstandsteam hat, das miteinander auskommt. Das Team ist heute so, dass es ohne mich genauso geht, und ich denke, mein Nachfolger ist auch so gestrickt, dass er im Team arbeiten will und nicht als Alleinherrscher.

Das einzige ist vielleicht, dass ich im Vergleich zur patriarchalischen Führung meines Vaters, zur One-Man-Show, eine »Viel-Man-Show«, eine Team-Führung installiert habe. Dies ist auch in meiner Nachfolge gewährleistet.

Und weiter zu denken – wissen Sie, die Welt ändert sich, Globalisierung, Digitalisierung … – wer weiß, was in 10, 20 Jahren ist, was man dann für eine Führung braucht, um erfolgreich zu sein.

Sie sind jemand, der loslassen kann …

Ich bin kein Workoholic. Ich ziehe nicht jede Aufgabe auf meinem Schreibtisch, sondern sage, mach mal du, dann brauche ich es nicht machen. Und wenn er damit einen Riesenerfolg hat, habe ich auch kein Problem damit, ihm zu sagen: Gratuliere, das hast du super toll gemacht! Ich freue mich, wenn die Mitarbeiter erfolgreich sind.

13 Prof. Dr. Hubert Weiger, BUND e.V.: »Über die Feste ist ein neues Gemeinschaftsgefühl entstanden«

Ermutigende Führung im Non-Profit-Bereich

Der BUND Naturschutz in Bayern e.V (BN) ist mit über 220000 Mitgliedern der größte und älteste Landesverband des Bund für Umwelt und Naturschutz Deutschland e.V. (BUND), der insgesamt mehr als eine halbe Million Mitglieder zählt. Der BUND gilt als das Flaggschiff der deutschen Umweltbewegung, der von der Basisarbeit vor Ort über die umfassende Abdeckung naturschutzfachlicher Themen bis zur politischen Arbeit ein riesiges Spektrum abdeckt.

Hubert Weiger stieß 1973 als Zivildienstleistender zum BN, als der Verband gerade dabei war, sich aus seiner damaligen Staatsnähe zu lösen und sich von einem Honoratiorenverein zu einer flächendeckenden und politisch wie finanziell unabhängigen Basisorganisation zu entwickeln. Der promovierte Forstwirt schien als Jahrgangsbester eigentlich prädestiniert für eine Ministerialkarriere, doch zum fassungslosen Staunen von Dozenten und Ministerialen schlug er den vorgezeichneten Karriereweg aus und wurde Landesbeauftragter des BN (fachlicher Geschäftsführer) zunächst für Nordbayern, ab 1992 für den gesamten Freistaat.

Im Jahr 2002 wurde er zum 1. Vorsitzenden des BN gewählt, 2007 auch zum Vorsitzenden des BUND. Er vertritt die Anliegen des Verbandes nicht nur wortgewaltig nach außen, sondern hat den Verband neu ausgerichtet und dabei vor allem Hauptamt und Ehrenamt, also die angestellten und die freiwilligen Mitarbeiter des Verbandes, zusammengeführt. Trotz seines kämpferischen Auftretens ist er für den Verband eine zentrale Integrationsfigur, die Motivation und Ermutigung als ihre wichtigste Aufgabe versteht.

Herr Prof. Weiger, Sie führen seit vielen Jahren sowohl die hauptamtliche Organisation des BUND Naturschutz als auch die ehrenamtliche – was ist der Unterschied?

Ich habe am Anfang gedacht, es gibt einen zentralen Unterschied: Hauptamtliche sind einfacher zu führen, weil man anordnen kann, weil sie Angestellte sind, und das Ehrenamt muss man motivieren. Im Laufe der Zeit habe ich dann erkannt, dass man Hauptamtliche nicht weniger motivieren muss als Ehrenamtliche, wenn auch vielleicht mit anderen Mitteln.

Aber es gibt einen zentralen Unterschied: Ehrenamtliche kommen aus freien Stücken zum Verband. Sie haben sich entschlossen, nicht nur einen Beitrag zu zahlen, sondern sich auch persönlich engagieren. Das sind alles Akte der Freiwilligkeit. Sie treffen dann eine Auswahl, was sie vorrangig machen.

Und Hauptamtliche, die bewerben sich um einen Beruf. Sie haben natürlich auch Motivation, wollen sich auch engagieren. Aber wenn Hauptamtliche nie einen Bezug zu ehrenamtlichen Strukturen gehabt haben, tun sie sich extrem schwer damit.

Es gibt damit Hauptamtliche in zwei Kategorien: Hauptamtliche, die quasi ehrenamtlich mit Bezahlung sind und im Verhältnis zum Ehrenamt ein hohes Einfühlungsvermögen haben, und es gibt andere, für die dies ihr Beruf ist, und den machen sie halt bei uns – und dann gibt es häufig Probleme.

Wo liegen die Schwierigkeiten, wenn jemand die ehrenamtliche Arbeit nicht kennt, welche Reibungspunkte ergeben sich dann?

Er versetzt sich im Regelfall nicht in den Kopf des Ehrenamtes. Er geht davon aus, der Ehrenamtliche muss sich genauso fachkundig machen wie er selbst. Er hat häufig Schwierigkeiten, eine dienende, unterstützende Funktion anzunehmen, und sieht dies als unterhalb seines Werts, weil er denkt: Der steht in der Presse, ich habe die Arbeit gemacht, er ist bekannt und ich bin bloß der Zuarbeiter. Dieses Rollenverständnis ist ganz anders, wenn jemand das Ehrenamt kennt.

Und das ist nachträglich nicht vermittelbar?

Extrem schwer. Es ist sehr schwierig, einem neuen Referenten ganz einfache Dinge klarzumachen, wie etwa: Wenn du in einen Landkreis fährst und dort einen Termin hast mit einem Biobauern, musst du vorher die Kreisgruppe informieren. Denn wenn deren Vorsitzender hinterher von dem Biobauern erfährt, gestern war ein Referent vom Landesverband bei mir, dann fühlt er sich natürlich übergangen. Noch schlimmer ist es, wenn das in der Presse steht und er dort liest, der war gestern in meinem Gebiet.

Das ist ein langer Prozess, unseren Leuten beizubringen: Ihr erleichtert eure Arbeit, wenn ihr das ehrenamtliche Potenzial nutzt. Die wollen ja etwas machen, die engagieren sich ja nicht als Arbeitskreissprecher, um nichts zu machen. Und dann muss der Einsatz auch honoriert werden. Und die einzige Honorierung, die es in einem ehrenamtlich strukturierten Verband gibt, ist die öffentliche Anerkennung. Das heißt, die müssen dann genannt werden in der Pressemitteilung. Ob sie dann zitiert werden, ist nicht mehr unsere Verantwortung, aber wir haben die Voraussetzungen geschaffen.

Man hat ja in demokratischen Strukturen häufig eine Führungsinstanz, die mit weniger fachlicher Kompetenz ausgestattet ist als die Exekutive …

So ist es, und damit haben wir als Fachverband in der Tat ein Problem. Die wenigsten Friktionen gibt es dort, wo die Fachkompetenz des Ehrenamtes vom Hauptamt anerkannt ist. Wo sie nicht so anerkannt ist, haben wir zweierlei Probleme. Erstens, das Hauptamt sagt, ich habe doch die Fachkompetenz, warum wird das nicht so gemacht? Zweitens hat das Ehrenamt das latente Gefühl, umso mehr durchregieren zu müssen, je weniger es vom Hauptamt respektiert wird. Und das ist immer dann eine große Gefahr, wenn Konflikte nicht offen angesprochen werden.

Und da haben wir als Verband ein drittes Problem, weil wir ja ein »guter« Verband sind. Weil wir ja alle etwas Gutes wollen, spricht man bei uns besonders ungern über Verletzungen. Das wird eher über andere ausgetragen als dass man direkt sagt, wieso hast du mich nicht beteiligt, wieso hast du mich nicht angerufen etc. Da frisst man seinen Ärger in sich rein, und irgendwann eskaliert das.

Auch in der Arbeit vor Ort gibt es immer wieder Probleme, weil der Ehrenamtliche nach der Arbeit zu einem Zeitpunkt ins Büro kommt, wo der Hauptamtliche gerade geht. Und dann sitzt der Ehrenamtliche in der leeren Geschäftsstelle und hat Fragen an den Hauptamtlichen, und der ist vorher gegangen. Deshalb haben wir gesagt, ihr müsst halt vereinbaren, wann ihr euch zusammensetzt.

Kommunikationsdefizite sind, wie so häufig, Ursachen für Konflikte, und die werden oft nicht offen angesprochen. Das ist eine der schwierigen Führungsaufgaben: Der Einsatz für eine offene Kommunikation, in der man Probleme ganz offen benennt. Denn wenn man das tut, dann ergeben sich ja Lösungen.

Denn wir haben ja sehr positive Voraussetzungen. Wir haben nach wie vor ein Hauptamt mit einer hohen Motivation, und wir haben erst recht ein Ehrenamt, das schon außerordentlich mutig ist …

Was sind das eigentlich für Menschen?

Das Ehrenamt im Naturschutz ist bescheiden, es sind keine extrovertierten Menschen, es sind oft sehr kreative Menschen. Und es ist die gesamte Palette von Berufen vertreten. Häufig sind es auch künstlerisch-musisch interessierte Menschen, damit oft auch verletzliche Menschen, die sich aus Liebe zu einem Anliegen für den Naturschutz, für den Landschaftsbildschutz einsetzen. Und jetzt kommen sie plötzlich in knallharte politische Konflikte, und jetzt werden sie plötzlich attackiert, niedergemacht, haben teilweise berufliche Nachteile – da gehört schon sehr viel Mut dazu.

Meine Aufgabe sehe ich da seit Jahren oder Jahrzehnten darin, eine ehrliche Anerkennung dieser Arbeit dadurch zu geben, dass ich vor Ort bin. Also nicht, indem ich ihnen einen Brief schreibe und ihnen gratuliere, das wäre natürlich einfacher, sondern indem ich hinfahre und damit sage: Der Bund Naturschutz als Organisation für Gemeinwohl lebt von euch. Ihr seid die Basis, ihr seid die Motivation, ihr seid diejenigen, die die Natur hoch halten. Und die ganzen Erfolge, die die Politik heute auf ihre Fahnen heftet, habt ihr letztendlich im Kleinen wie im Großen auf den Weg gebracht.

Geht es vor allem um Anerkennung?

Sehr wichtig ist auch, dass man Erfolge verdeutlicht, Erfolge, die teilweise über Jahrzehnte erkämpft wurden. Deshalb ist auch der Wanderführer *Gerettete Landschaften*[23] so unheimlich wichtig, das ist so eine Art Motivationsbibel für unsere Leute. Und das Gleiche gilt für die Erfolge inhaltlicher Art, ob das Ökolandbau ist, ob es Gentechnikfreiheit ist, der Ausstieg aus Atom ist etc.

Ich war gerade gestern bei der 40-Jahrfeier einer Kreisgruppe. Die wollten erst gar keine Feier machen, aber da habe ich darauf bestanden: 40 Jahre Bund Naturschutz wird gefeiert! Und siehe da, es ging. Es waren immerhin 40, 50 Leute da, es gab Musik und Buffet, alles wunderbar organisiert, aber man musste sie erst dazu zwingen, obwohl sie unheimlich viel geleistet haben.

Aber darüber reden sie nicht, und da war meine Aufgabe nichts anderes als zu sagen, was sie alles geleistet haben. Man muss ja in diesem Verband nicht übertreiben. Aber du kannst sagen, wir haben eine tolle Basis, eine mutige Basis, eine Basis, die seit Jahrzehnten den Kopf hinhält, die steht, die auch loyal zum Gesamtverband steht, auch an wenn's hart wird, so wie zu WAA-Zeiten[24].

Viele scheinen eher in Erinnerung zu behalten, was sie nicht erreicht haben, und schnell zu vergessen, was sie erreicht haben. Haben Sie dafür eine Erklärung?

Es ist in der Tat so, dass man die Erfolge feiern muss, und wenn wir es nicht machen, dann machen's die anderen. Aber es gibt leider im Naturschutz keine Tradition, sich zu freuen über das, was erreicht worden ist. Weil die Erfolge im Regelfall ja nie 100-Prozent-Erfolge sind, findet man immer etwas, weswegen wir uns gar nicht so richtig freuen können. Das ist ein Grundfehler. Deswegen sieht man eher die Niederlagen als das, was man erreicht hat, und das Erreichte gerät unendlich rasch in Vergessenheit. Deswegen war dieses Buch so unendlich wichtig.

Das ist ja auch ein Phänomen: Nach 100 Jahren Naturschutz kommt zum ersten Mal eine Darstellung, was der Verband Positives an geretteter Landschaft hinterlassen hat. Ansonsten findet man allenfalls kleine Notizen über Erfolge. Im Gegensatz zu politischen Parteien, die immer ihre Erfolge herausstellen, gibt es im Verband eher eine Tradition der Niederlagen.

Es überwiegt der Pessimismus: Wir haben gekämpft und verloren. Oder wenn wir mal ganz ehrlich sind, die Welt können wir sowieso nicht retten, die geht unter, wir können allenfalls noch unser Gewissen beruhigen, aber angesichts der weltweiten Situation sind die Perspektiven sehr schlecht etc. Und das ist natürlich keine Motivation. Wer motiviert sich schon als Totengräber?

---

23 Wanderführer *Gerettete Landschaften – 40 Wanderungen zu bayerischen Naturschutzerfolgen*; München (Bergverlag Rother) 2013, aktualisierte Neuauflage 2015

24 Gemeint ist die jahrelange harte Auseinandersetzung um die atomare Wiederaufarbeitungsanlage (WAA) in Wackersdorf bei Schwandorf in den 1980er-Jahren. http://de.wikipedia.org/wiki/Wiederaufarbeitungsanlage_Wackersdorf

Naturschützer feiern nicht?

Das hat im Verband leider Gottes keine Tradition. Wir haben erst damit begonnen, Feste zu machen. Das Reichswaldfest 1973 war das erste richtige Fest, das jemals im Naturschutz … – und zwar ganz bewusst als ein Kampffest, aber nicht bloß als Kundgebung zur Rettung des Reichswalds, sondern als Reichswaldfest, als Fest für den Wald, der Nürnberg umspannt. Das war einer der bedrohtesten Wälder in Deutschland, jedes Jahr 300 ha Waldverlust, das ist das Doppelte der Nürnberger Altstadt, also eine riesige Fläche, die da gerodet wurde.

Und da haben wir das Reichswaldfest gemacht, als traditionelles Fest mit Blasmusik, Bier und Bratwürsten. Wir machen das jetzt seit Jahren regelmäßig, und in diesen zwei Tagen kommen in Summe immer an die 10 000 Leute. Also das ist voll! Und wir machen das Fest, auch wenn wir es als Verband organisieren und durchführen, immer mit anderen Verbänden, um allein damit schon die Breite des Spektrums zu verdeutlichen.

Dann das Hafenlohrtalfest … – ich habe damals die Strategie entwickelt, immer an den Hauptbrennpunkten Feste zu machen, weil du dann als Vorsitzender einmal im Jahr bei der Kundgebung vor Ort bist und deine Leute motivieren kannst. Und es ist positiv. Hafenlohrtalfest, Donaufest, Waldsteinfest – da haben wir immer Feste gemacht. Das hat sich inzwischen bewährt, aber es hatte keine Tradition: Naturschützer gehen doch nicht zum Biertrinken, wenn, dann demonstrieren wir …

Aber im Lauf der Zeit haben wir erkannt, dass es gut ist, sich mit dem normalen Volk zu unterhalten und klarzumachen: Unser Anliegen ist ein Anliegen, das euch ganz genauso interessieren muss.

Lassen Sie uns über die Auswirkungen von solchen Festen reden. Was ändert sich durch solche Feste gegenüber den üblichen Kundgebungen, Demonstrationen und so weiter?

Feste haben immer einen friedlicheren, harmonischen Charakter, auch wenn es dabei eine Kundgebung und Reden gibt. Das hat eine positive Botschaft, es geht nicht nur gegen etwas. Das schwingt automatisch mit, denn die Journalisten schreiben dann: Tolle Stimmung unter den Bäumen oder an der Donau. Die fangen ja die Stimmung auf. Diese Feste sind dann schon auch etwas, worauf sich die Leute freuen, es gibt die Begegnung, man weiß, einmal im Jahr gibt es dieses Fest, da treffe ich die Leute, mit denen ich früher zusammen war.

Und du erreichst Menschen, die du sonst nie erreichen würdest, die kaum je zu einer BN-Veranstaltung kommen würden. Aber unter Bäumen zu feiern und sich mit Freunden zu treffen, und dann zuzuhören und sich an der Musik zu freuen … – so erreichen wir Leute in einer ganz anderen Breite.

Und damit erreichen wir auch die Politik in einer ganz anderen Qualität. Damit machen wir der Politik klar: Achtung, aufgepasst, das ist eben nicht nur der Bund Naturschutz, sondern da gibt es auch viele andere Organisationen, und da kommen auch eure klassischen Wähler.

Ich habe schon oft erlebt, wie überrascht die Politiker sind, die das miterleben. Die haben ja alle das Vorurteil, dass wir ein wild gewordener Rabaukenhaufen sind. Und die wundern sich dann – heute nicht mehr, aber in der Vergangenheit haben sie sich immer gewundert –, wenn sie uns gesehen haben, dass wir ganz normale Leute sind und dass wir auch Manieren haben, dass wir auch mit Messer und Gabel umgehen können. Das scheint übertrieben, aber die hatten alle massive Vorurteile.

Verändern diese Feste die Kreisgruppen, die sie regelmäßig durchführen?

Ja, sie werden positiver. Über diese Feste, die inzwischen erfreulicherweise sehr viele Kreisgruppen machen – Kreisgruppenfeste, Sommerfeste, Kinderfeste usw. – ist ein neues Gemeinschaftsgefühl im Verband entstanden. Und die Kreisgruppen, die das machen, die profitieren unheimlich davon. Die haben zwar mehr Arbeit, aber sie haben auch mehr Gemeinschaft. Die Basis wird breiter, und sie haben eine andere Motivation, weil man sich eben darauf freut, den einen oder anderen wiederzusehen, sich zu treffen und Erfahrungen auszutauschen. Und sich mal nicht über die Zerstörung von irgendeiner Feuchtwiese zu ärgern, sondern sich auch mal gemeinsam an etwas Schönem zu freuen.

In ehrenamtlichen Strukturen zu arbeiten, heißt auch Pflege des Ehrenamtes. Das Ehrenamt darf nicht nach dem Motto behandelt werden, ihr seid ja sowieso motiviert, um euch brauchen wir uns nicht kümmern. Das Ehrenamt braucht Zuwendung, braucht Unterstützung, braucht die Möglichkeit Frust abzulassen, braucht Gemeinschaft. Das war im Bund Naturschutz sehr unterentwickelt. Es hat immer die Arbeit überwogen, keine Zeit für persönliche Kommunikation. Die Leute treffen sich zu Vorstandssitzungen, sagen Grüß Gott, 20 Tagesordnungspunkte, dazwischen vielleicht mal ein Essen. Und dann gehen sie wieder auseinander. Und das heißt, sie sind dann am Ende vielleicht 20 Jahre zusammen, kennen sich aber so gut wie gar nicht.

Um das Gemeinschaftsgefühl im Bund Naturschutz zu stärken, machen wir als Landesvorstand ja auch Vorstandsbereisungen – auch ein Beitrag der Anerkennungskultur: Der Landesvorstand kommt zur Kreisgruppe und schaut sich die Projekte der Kreisgruppe an. Und am Abend setzt man sich dann zusammen. Das ist eine große Motivation für die Basis.

Allein die Tatsache, dass der Landesvorstand kommt, ist schon eine Aufwertung der eigenen Arbeit. Man wird ernst genommen, man ist nicht nur eine von 76 Kreisgruppen, man wird besonders herausgestellt. Das wirkt sehr gut. Unsere Basis freut sich echt über die Anwesenheit des Vorstands, weil das für sie Anerkennung ist. Das ist Aufwertung, und damit ist auch ihr Anliegen, für das sie sich einsetzen, wesentlich gewichtiger.

Gilt das auch für die Außenwirkung?

So ist es. Der Verband wird wesentlich ernster genommen von der Politik als wir uns selbst ernst nehmen. Er wird für wesentlich besser gehalten, schlagkräftiger, als wir uns selbst sehen, auch von anderen Verbänden. Die Gewerkschaft zum Beispiel sagt, ihr könnt mobilisieren in einer Weise ... Die kennen uns von außen von den großen Demos, wo wir der Hauptträger sind, wo dann plötzlich in München 20 000 Leute gegen TTIP auf der Straße sind.

Ehrenamtliche können jederzeit damit drohen, sämtliche Funktionen niederzulegen, wenn Entscheidungen nicht in ihrem Sinne getroffen werden. Ergibt sich daraus eine gewisse Erpressbarkeit der Verbandsführung?

Ein Prinzip unserer Verbandsführung in Bayern ist ja, dass wir ein Höchstmaß an Konsens zum Ziel haben, auch wenn das manchem vielleicht schon fast zu viel ist. Aber ich habe die Erfahrung gemacht, wenn du es nicht schaffst, in solch einem Verband einen Konsens hinzubekommen, werden diejenigen, die unterlegen sind, deshalb nicht aufgeben. Ein kleiner Teil zieht sich zurück, legt nieder, schmeißt hin und wird nicht mehr gesehen, aber viele kämpfen weiter, weil sie Kampf gewohnt sind, weil sie das ja auch nach außerhalb machen.

Mutige Menschen, die wir ja brauchen und die wir wollen im Verband, die sind eben nicht nur außerhalb mutig, sondern auch innerhalb des Verbandes. Das habe ich auch lernen müssen. Der Löwe verwandelt sich eben nicht im Verband in ein Osterlamm. Damit muss man umgehen. Auch mit Menschen, die von Natur aus sehr kritisch sind, die anecken, wo sie anecken können.

Und da wir das Konsensprinzip haben, gibt es ein relativ hohes Erpressungspotenzial. Wenn ein Kreisvorsitzender sagt, wenn ihr das nicht macht, dann schmeiß ich hin, dann hat man ein riesiges Problem. Man hat ein Problem in der Öffentlichkeit, man hat ein Problem im Verband, daher versuchen wir, das durch unendlich viele Gespräche, Sitzungen einigermaßen hinzubekommen.

Ich hab aber auch lernen müssen, dass dieses Erpressungspotenzial nicht unbegrenzt sein darf, sonst wird man zum Spielball von Egoismen. Aus diesem Dilemma kommt man nur raus durch klare Regelungen und durch Transparenz: Wer bekommt wie viel Geld für was?

Häufig geht es dabei um den Ankauf von Schutzgrundstücken: Wenn ihr das Grundstück hier nicht sofort kauft, dann schmeiße ich hin. Daher braucht es Regelungen, welche Grundstücke gekauft werden, welche Hürden zu nehmen sind etc., damit du ungeeignete Projekte begründet ablehnen kannst. Und wo du dann dem Betreffenden sagen kannst, wenn du damit nicht einverstanden bist, dann hast du die Möglichkeit, in die Delegiertenversammlung zu gehen und dort eine Änderung der Richtlinien zu beantragen. Damit baue ich eine Hürde auf. Denn müsste er den Gesamtverband von der Notwendigkeit seines Anliegens überzeugen, und damit relativiert sich manches.

Und wie oft geht so ein Konflikt dann in die Delegiertenversammlung?

Selten. Ich habe allerdings auch gelernt, im Vorfeld für möglichst viel Transparenz zu sorgen. Dass man sagt: Wir haben einen Konflikt, also komme ich in eure

Kreisgruppe und rede mit euch darüber. Denn dann könnt ihr nicht über uns reden. Häufig werden da irgendwelche wilden Geschichten erzählt, die einer näheren Nachprüfung nicht standhalten, die aber allzu schön sind, weil sie die eigene Position unterstützen, auch wenn sie mit der Realität nichts zu tun haben. Und wenn man zu einem Vorstand hinfährt, dann löst sich das auf.

Ich fahre seit vielen Jahren gerade auch vorrangig zu Kreisgruppen, die mich nicht einladen, weil ich weiß, da läuft etwas. Es gibt natürlich Kreisgruppen, die mich deshalb nicht einladen, weil sie sagen, du hast so viel zu tun, und wo ich weiß, das ist ehrlich gemeint. Da komme ich dann mal zu einer Feier oder sonst einem Anlass. Aber es gibt auch Kreisgruppen, mit dem man wenig Kontakt hat – und wenn einen die nicht einladen, dann ist häufig ein Konflikt im Busch. Wenn dann aber der Vorsitzende zur Jahreshauptversammlung kommt, dann relativiert sich manches.

Also im Konflikt das Prinzip hingehen …

Hingehen! Aktives Hingehen. Und zwar nicht nur zu dem Kreisvorsitzenden allein, weil der häufig gar nicht der Konfliktträger ist. Oft ist es eher so eine Grundstimmung: Wir arbeiten so viel, und der Verband kümmert sich nicht darum … Weil wir ja auch eine außerordentliche Breite haben. Das heißt, sich durchaus bemühen, dem Erpressungspotenzial gerecht zu werden, indem man sich bemüht, Konflikte zu lösen, aber nicht unbegrenzt.

Wie ist es möglich, dass ein Verband wie der BUND, der im Vergleich zu Wirtschaftsverbänden, Politik und Verwaltung sehr wenig Personal und noch weniger Mittel hat, trotzdem eine so wirksame Arbeit für Natur und Umwelt macht?

Das Entscheidende ist, dass wir tatsächlich in allen Bereichen absolut motivierte Mitarbeiterinnen und Mitarbeiter haben, ob das jetzt im Sekretariat ist oder in den Fachbereichen. Wenn jemand heute zum BN oder zum BUND geht, trifft er ja ganz bewusst diese Entscheidung. Dazu kommt, dass wir ein unheimliches positives Reservoir im Ehrenamt haben, die ganze Bandbreite der Berufserfahrung. Die Vorruheständler zum Beispiel sind ganz wichtige Führungspersönlichkeiten für uns, denen wir gezielt die Möglichkeit geben, sich bei uns engagieren.

Mit welchen Aufgaben und Tätigkeiten verbringen Sie real die meiste Zeit? Und warum?

Die meiste Zeit verbringe ich mit Gesprächen und Telefonaten. Fast die Hälfte meiner Tätigkeit ist innen im Verband, Gespräche mit Mitarbeitern, mit Vorständen, mit Kreisvorsitzenden etc., also Dinge, die man von außen nicht wahrnimmt. Das hat deutlich zugenommen, aber wenn ich es nicht mache, dann gibt es an anderer Stelle Probleme. Bei der Größe des Verbandes ist einfach die direkte Kommunikation, die persönliche Ansprache – wenn man das mit Rundschreiben macht, reicht es nicht – unheimlich wichtig.

Aber Sie haben auch einen sehr hohen Anteil, wo Sie irgendwo vor Ort sind …

… ich bin eigentlich jeden Tag irgendwo unterwegs …

… warum investieren Sie da so viel Zeit?

Weil Naturschutzarbeit in der Fläche stattfindet. Wenn ich für den Naturschutz konkret etwas bewirken will, wenn ich Menschen erreichen will, dann muss ich raus in die Fläche. Da reicht kein Zeitungsbericht, den nehmen nur ein paar zur Kenntnis, da muss ich draußen vor Ort sein. Dann kann ich die Leute direkt erreichen, sowohl im Verhindern als auch im Motivieren für eine Sache.

Zum Beispiel der Termin morgen in Scheinfeld, das ist ein gutes Beispiel. Da haben wir einen Gemeindeangestellten in einer Marktgemeinde, und dieser kleine Kommunalangestellte, der hat eine Idee gehabt vor 20 Jahren, Hochwasserschutz in der Fläche mit sogenannten Grünbecken. Also, dass man nicht eine riesige Talsperre baut, sondern so kleine, flache Dämme, die man in der Landschaft kaum sieht, wo aber das Hochwasser drin bleibt. Damit hat er erreicht, dass die Marktgemeinde Scheinfeld hochwasserfrei geblieben ist. Und jetzt scheidet er aus dem Dienst aus, und da fahre ich morgen hin, um diese Leistung herauszustellen und ihn zu ehren. Stichwort Anerkennungskultur.

Aber ich mache das auch für mich, weil es einfach schön ist, draußen zu sein und sich selber mal zu freuen an dem, was erreicht ist. Denn sonst sehe ich die Natur ja nur noch aus dem Bahnfenster. Das heißt, das dient dann nicht nur der Motivation anderer, sondern auch der eigenen Motivation.

Mich würde interessieren, wie Sie sich selber ermutigen.

Also, für mich ist das, was ich mache, mein Leben. Auch in der Vielfalt. Ich liebe immer neue Herausforderungen. Und, was mich motiviert, sind einfach die Menschen. Idealistische Menschen, die sich für das Gemeinwohl einsetzen, mit all ihren Stärken und Schwächen, mit ihrer gesamten menschlichen Vielfalt. Das finde ich so etwas persönlich Bereicherndes, dass ich mich nicht für das Geldverdienen einsetze, nicht für die Mehrung von irgendwelchen Gütern, sondern für ein Gemeinwohlanliegen.

Und das entspricht auch meinem Naturell. Ich habe glücklicherweise einen Grundoptimismus geerbt, bin ein Stehaufmännchen. Das war ich schon als Schüler. Wenn ich in Latein mal einen Fünfer geschrieben habe, war ich natürlich tief betroffen, geknickt, aber einen Tag später ging es weiter. Dann habe ich meine Mutter und meinen Vater getröstet und gesagt, das wird schon wieder besser. Das ist ein Grundnaturell, da kann ich nur dem Herrgott danken, oder meinen Eltern, dass ich das so geerbt habe.

Das hat es mir auch ermöglicht, große Niederlagen wegzustecken, und zwar positiv zu verarbeiten, weil man erkannt hat, welche Fehler man selber gemacht hat, wo man auch Defizite gehabt hat in der eigenen Arbeit und in der Motivation anderer, und dann daraus zu lernen.

Eine meiner größten Aufgaben im Verband war ja über Jahrzehnte der Kampf gegen den Rhein-Main-Donau-Kanal. Dagegen habe ich 30 Jahre lang gekämpft. Und es war für mich eine ganz schwierige Zeit, als dann die Entscheidung kam, dass der Kanal weitergebaut wird. Da fragt man sich schon, was soll das Ganze, als nächstes werden sie die Donau zerstören und so weiter.

Rückblickend haben wir, habe sowohl ich als auch der Verband daraus die richtigen Konsequenzen gezogen für den Kampf für die niederbayerische Donau. Die 70 Kilometer heute gerettete freie Flusslandschaft Donau zwischen Straubing und Vilshofen hätten wir ohne die Niederlage beim Rhein-Main-Donau-Kanal nicht gerettet. Das waren die Erfahrungen aus der Arbeit vor Ort.

Erklären Sie uns das genauer! Wie gehen Sie mit solch einer Niederlage um, und wie leiten Sie neue Erkenntnisse daraus ab?

Indem ich mich nicht mehr in diesem Tal aufhalte, außer ich bin durch die Sache dazu gezwungen, weil das für mich mit Schmerz verbunden ist. Zumal wenn dann viele Leute sagen, schau mal her, wie schön ist das geworden, es ist alles grün, und man sieht den Kanal gar nicht. Man kann ihnen das nicht übel nehmen, sie sehen es ja nicht. Sie haben es vorher nicht gekannt, und man sieht ja nicht die Zerstörung im Fluss. Aber das ist für mich sehr schmerzlich. Das ist der persönliche Teil.

Aber die Erfahrung, die wir damals gemacht haben, war: Wir waren zu schwach vor Ort. Wir hatten nicht die Unterstützung der Menschen vor Ort für unseren Widerstand. Wir hatten zwar bundesweit über eine Million Unterschriften; das war die größte Unterschriftenaktion über Jahrzehnte hinweg; ich war in Hamburg und Bremen und habe Vorträge gehalten, Unterschriften gesammelt, das Altmühltal war überall ein Begriff. Aber wir hatten nicht die Akzeptanz der Menschen vor Ort. Das haben wir viel zu spät erkannt …

Und was haben Sie daraus abgeleitet?

Wie gesagt, wir hatten eine zu schwache Basis vor Ort. Also habe ich gesagt, wir können an der Donau nur dann etwas erreichen, wenn wir vor Ort arbeiten, wenn wir in die Gemeinden reingehen, wenn wir die Menschen vor Ort gewinnen. Und da hatten wir dann an der Donau das Glück mit dem Kreisvorsitzenden Ludwig Daas, der in dem Bürgerwiderstand gegen eine Müllverbrennungsanlage groß geworden ist, und der als Kreisvorsitzender des BN das Wissen einer erfolgreichen Bürgerinitiative eingebracht hat.

Damit hatten wir in Deggendorf plötzlich Tausende von Menschen auf der Straße für die Erhaltung der Donau. Und wir hatten plötzlich ökumenische Gebetskreise und so weiter. Das war die Erfahrung. Das heißt, ich muss über den BN raus, ich muss zum Beispiel die Kirchen gewinnen … – und dann kommen natürlich immer Glücksfälle dazu: Ein Abt Emanuel Jungclaussen, eine ganze Genealogie von Kreisvorsitzenden in Deggendorf, die alle außerordentliche Qualitäten hatten, bis heute.

Nächsten Donnerstag haben wir ja wieder Donaufest, da müssen Sie kommen! Das ist das einzige Fest, das wir gemeinsam mit einem Sportverein machen, mit der Spielvereinigung Niederalteich. Die haben nämlich an Christi Himmelfahrt, Vatertag, traditionell immer ihr Fest gemacht, und dann standen wir in Konkurrenz mit denen. Da habe ich zu dem Kreisvorsitzenden gesagt, verhandle halt mit denen! Die haben ein Zelt, wir bringen ihnen die Leute, wenn's regnet, gehen wir vom Fluss ins Zelt, füllen das Zelt, die machen einen riesigen Umsatz … – und jetzt sind wir beste Freunde. Das einzige Schutzfest eines Naturschutzverbandes mit einem Sportverein. Und wir profitieren beide davon. Die haben den Umsatz verdreifach, die haben jetzt ein riesiges Zelt, da gehen tausend Leute rein, und wir bringen die Leute her aus ganz Bayern, und wir haben das Zelt und sind gesichert vor Hagelschlag …

14 Literatur

Besonders empfehlenswerte Werke sind durch Fettdruck hervorgehoben. Zu vielen der hier aufgeführten Titel sind ausführliche Besprechungen unter www.umsetzungsberatung.de verfügbar.

Adler, Alexandra (1990): Individualpsychologie. Anleitung zur Praxis. Frankfurt (Fischer).

Adler, Alfred (1927, 2009): Erziehung zum Mut; Internationale Zeitschrift für Individualpsychologie, 5. Jg., S. 324–326. In: Datler, Wilfried/Gstach, Johannes/Wininger, Michael (Hrsg.) (2009): Studienausgabe Band 4: Schriften zur Erziehung und Erziehungsberatung 1913 - 1937.

Adler, Alfred (1897–1937, 2009): Gesellschaft und Kultur. Alfred Adler Studienausgabe Band 7. Hrsg. von Almut Bruder-Bezzel. Göttingen, Zürich (Vandenhoeck & Ruprecht).

Adler, Alfred (1907, 1977): Studie über die Minderwertigkeit von Organen. Frankfurt (Fischer).

Adler, Alfred (1920, 1974): Praxis und Theorie der Individualpsychologie. Frankfurt (Fischer).

Adler, Alfred (1927, 2007): Menschenkenntnis. Alfred Adler Studienausgabe Band 5. Hrsg. von Jürg Rüedi. Göttingen, Zürich (Vandenhoeck & Ruprecht).

Adler, Alfred (1929, 1978): Lebenskenntnis. Frankfurt (Fischer).

Adler, Alfred (1929, 1978): Der Sinn des Lebens. Frankfurt (Fischer).

Adler, Alfred (1928, 1974): Die Technik der Individualpsychologie 1. Die Kunst, eine Lebens- und Krankengeschichte zu lesen. Frankfurt (Fischer).

Adler, Alfred (1931,1979): Wozu leben wir? Frankfurt (Fischer).

Andriessens, Ella (1995): Nahziele. In: Brunner, Reinhard/Tietze, Michael (Hrsg.): Wörterbuch der Individualpsychologie. München (Ernst Reinhardt), S. 341–345.

Ansbacher, Heinz L./Ansbacher, Rowena R. (1972, 1995): Alfred Adlers Individualpsychologie. Eine systematische Darstellung seiner Lehre in Auszügen aus seinen Schriften. Reinhardt (München, Basel).

Antoch, Robert F. (1981): Von der Kommunikation zur Kooperation: Studien zur individualpsychologischen Theorie und Praxis. München (Ernst Reinhardt).

Argyris, Chris (1991): Teaching Smart People How to Learn. Harvard Business Review, May/June 1991, S. 99–109.

Argyris, Chris (1994): Good Communication That Blocks Learning. Harvard Business Review, July/August 1994, S. 77–85.

Ariely, Dan (2008): Denken hilft zwar, nützt aber nichts. Warum wir immer wieder unvernünftige Entscheidungen treffen. Droemer (München).

Axelrod, Robert (2005): Die Evolution der Kooperation, 6. Auflage. München/Wien (Oldenbourg).

Axelrod, Robert (2000): On Six Advances in Cooperation Theory. In: Analyse & Kritik 22, S. 130–151.

Bayer, Hermann (1995): Coaching-Kompetenz. Persönlichkeit und Führungspsychologie. München/Basel (Reinhardt).

Becker, Gary S. (1993): Ökonomische Erklärung menschlichen Verhaltens, 2. Auflage. Tübingen (Mohr).

Berner, Winfried (1999): So steigern Sie die Qualität Ihres Vertriebs. In: Der erfolgreiche Verkaufs-Profi, Teil 5. Planegg (WRS).

Berner, Winfried (2000): Mehr Leistung durch den Abbau innerbetrieblicher Reibungsverluste. In: Praxis Handbuch Unternehmensführung, Teil 3. Freiburg (Haufe), S. 81–108.

Berner, Winfried (2000): Praktische Strategien zur Veränderung der Unternehmenskultur. In: Praxis Handbuch Unternehmensführung, Teil 7. Freiburg (Haufe), S. 27–58.

Berner, Winfried (2011): Bleiben oder Gehen. Ihre persönliche Erfolgsstrategie bei Fusionen, Übernahmen und Umstrukturierungen, 2. überarbeitete Auflage. München (Redline).

Berner, Winfried (2002): Zur Psychologie der Fusion: Post-Merger-Integration als angewandte Sozial- und Massenpsychologie. In: Wirtschaftspsychologie, 3. Jg., 2002, S. 12–19.

Berner, Winfried (2006): Zeitmanagement im Krankenhaus: Versteckte Produktivitätsreserven. In: Deutsches Ärzteblatt, 103. Jg., 2006, H. 27, S. A 1924.

Berner, Winfried (2008): Cultural Due Diligence: Über die Unverträglichkeit von Unternehmenskulturen und ihre Gründe. In: OrganisationsEntwicklung, 27. Jg., 2008, H. 1, S. 83–91.

Berner, Winfried (2010, 2015): Change! 20 Fallstudien zu Sanierung, Turnaround, Prozessoptimierung, Reorganisation und Kulturveränderung. Stuttgart (Schäffer-Poeschel).

Berner, Winfried (2012): Culture Change. Unternehmenskultur als Wettbewerbsvorteil. Stuttgart (Schäffer-Poeschel).

Berner, Winfried (2012): Andere Märkte, andere Sitten. Branchenkulturen verstehen und in Change-Projekten nutzen. In: OrganisationsEntwicklung, 31. Jg., 2012, H. 3, S. 66–71.

Berner, Winfried/Berner, Reinhard (2002): Ineffizienz durch Zeitmanagement. In: das Krankenhaus, 94. Jg., 2002, H. 2, S. 149–151.

Blackmore, Susan (1999): The Meme Machine. Oxford (Oxford University Press).

Blumenthal, Marianne/Blumenthal, Erik (1998): Die Kunst der Ermutigung. Befreiung der besten Qualitäten in sich und anderen, 2. Auflage. Stuttgart (Horizonte).

Brachfeld, Oliver (2002): Minderwertigkeitsgefühle beim Einzelnen und in der Gemeinschaft. Berlin (Quercus).

Brandenburger, Adam M./Nalebuff, Barry J. (2008): Coopetition. Kooperativ konkurrieren. Mit der Spieltheorie zum Geschäftserfolg. Eschborn (Rieck).

Bronfenbrenner, Urie (1981): Die Ökologie der menschlichen Entwicklung. Natürliche und geplante Experimente. Stuttgart (Klett-Cotta).

Bruder-Bezzel, Almuth (1999): Geschichte der Individualpsychologie, 2. Auflage. Göttingen (Vandenhoeck & Ruprecht).

Buchanan, Mark (2000): Ubiquity. Why Catastrophes Happen. New York (Three Rivers Press).

Buss, David M. (2008): Evolutionary psychology. The New Science of the Mind, 3. Auflage. Boston u.a. (Pearson).

Carlson, Jon/Maniacci, Michael P. (Hrsg.) (2012): Alfred Adler Revisited. New York (Routledge).

Cialdini, Robert B. (2004): Die Psychologie des Überzeugens. Ein Lehrbuch für alle, die ihren Mitmenschen und sich selbst auf die Schliche kommen wollen, 3. Auflage. Bern u.a. (Huber).

Csikszentmihalyi, Mihaly (1990): Flow. Das Geheimnis des Glücks. Stuttgart (Klett-Cotta).

Csikszentmihalyi, Mihaly (2004): Flow im Beruf. Das Geheimnis des Glücks am Arbeitsplatz. Stuttgart (Klett-Cotta).

Dawkins, Richard (2006): The Selfish Gene. 30th Anniversary Edition, 3. Auflage. Oxford (Oxford University Press).

De Bono, Edward (1999): Six Thinking Hats, revised and updated edition. London (Back Bay Books).

DeMarco, Tom (2001): Spielräume. Projektmanagement jenseits von Burn-out, Stress und Effizienzwahn. München (Hanser).

DeMarco, Tom/Lister, Timothy (2003): Bärentango. Mit Risikomanagement Projekte zum Erfolg führen. Hanser (München).

Dinkmeyer, Don/Dreikurs, Rudolf (1970, 2004): Ermutigung als Lernhilfe, Neuausgabe 2004; Stuttgart (Klett-Cotta). (Orig.: Encouraging Children to Learn, 1963).

Dinkmeyer, Don/Eckstein, Daniel (1996): Leadership by Encouragement. Boca Raton u. a. (CRC Press).

Dörner, Dietrich (1989): Die Logik des Misslingens. Strategisches Denken in komplexen Situationen. Reinbek (Rowohlt).

Dreikurs, Rudolf (1933, 2002): Grundbegriffe der Individualpsychologie. Stuttgart (Klett-Cotta).

Dreikurs, Rudolf (1957, 2003): Psychologie im Klassenzimmer. Stuttgart (Klett-Cotta).

Dreikurs, Rudolf (1971): Soziale Gleichwertigkeit. Die Herausforderung unserer Zeit; Stuttgart (Klett-Cotta). (auch unter dem Titel: Selbstbewusst. Die Psychologie eines Lebensgefühls. dtv 35094).

Dreikurs, Rudolf/Grey, Loren (1968, 2005): Kinder lernen aus den Folgen. Wie man sich Schimpfen und Strafen sparen kann, 25. Auflage. Freiburg u. a. (Herder).

Dreikurs, Rudolf/Grunwald, Bernice B./Floy C. Pepper (1982, 2007): Lehrer und Schüler lösen Disziplinprobleme. Weinheim/Basel (Beltz).

Dweck, Carol (2009): Selbstbild – Wie unser Denken Erfolge oder Niederlagen bewirkt. München/Berlin (Piper) (Orig.: Mindset – How You Can Fulfil Your Potential, 2006).

Eagleman, David (2012): Inkognito Die geheimen Eigenleben unseres Gehirns. Frankfurt (Pantheon) 2013.

Eifert, Georg H./Lauterbach, Wolf (1987): Relationships Between Overt Behavior to a Fear Stimulus and Self-verbalization Measured by Different Assessment Strategies. In: Cognitive Therapy and Research, 11. Jg., 1987, H. 2 S. 169–183.

Eifert, Georg H.; McKay, Matthew; Forsyth, John P. (2006, 2103): Mit Ärger und Wut umgehen. Der achtsame Weg in ein friedliches Leben, 2. überarbeitete Auflage. Bern (Huber).

Ekman, Paul (2004): Gefühle lesen. Wie Sie Gefühle erkennen und richtig interpretieren. Heidelberg (Spektrum).

Ellis, Albert (1977): Die rational-emotive Therapie. Das innere Selbstgespräch bei seelischen Problemen und seine Veränderung. München (Pfeiffer).

Ellis, Albert (1989,2006): Training der Gefühle. Wie Sie sich hartnäckig weigern, unglücklich zu sein, Neuauflage 2006. München (mvg).

Ellis, Albert/Schwartz, Dieter/Jacobi, Petra (2004): Coach Dich! Rationales Effektivitäts-Training zur Überwindung emotionaler Blockaden. Würzburg (hemmer/wüst).

Farrelly, Frank/Brandsma, Jeffrey M. (1986, 2005): Provokative Therapie, 2. Auflage 2005. Berlin/Heidelberg/New York (Springer).

Fisher, Roger/Ury, William L. (1981, 2009): Das Harvard-Konzept. Sachgerecht verhandeln – erfolgreich verhandeln, 23. Auflage 2009. Frankfurt/New York (Campus).

Frankl, Viktor (1981): Die Sinnfrage in der Psychotherapie. München (Piper).

Frick, Jürg (2007): Die Kraft der Ermutigung. Grundlagen und Beispiele zur Hilfe und Selbsthilfe. Bern (Huber).

Furnham, Adrian (2002): Managers as Change Agents. In: Journal of Change Management, 3. Jg., 2002, H. 1, S. 21–29.

Gebauer, Annette/Groth, Torsten/Simon, Fritz B. (2004): Aus Fehlern lernen. In: Personalführung, 2004, H. 6, S. 72–80.

Gigerenzer, Gerd (2007): Bauchentscheidungen. Die Intelligenz des Unbewussten und die Macht der Intuition. München (Bertelsmann).

Gilbert, Daniel (2006): Stumbling on Happiness. New York (Knopf/Vintage).

Gladwell, Malcolm (2000): Tipping Point. Wie kleine Dinge Großes bewirken können. Berlin (Berlin).

Glasl, Friedrich (1992, 2004): Konfliktmanagement. Ein Handbuch zur Diagnose und Behandlung von Konflikten in Organisationen und ihre Berater, 8. aktualisierte und ergänzte Auflage 2004. Bern/Stuttgart (Haupt).

Grant, Adam (2013): Give and take. A revolutionary approach to success. New York (Viking).

Greene, Robert (1998): Power. Die 48 Gesetze der Macht. München/Wien (Hanser).

Graumann, Matthias; Sieger, Christoph (2004): Verdrängen extrinsische Anreize die intrinsische Motivation? Eine Übersicht über den Forschungsstand und Konsequenzen für die Gestaltung von Anreizsystemen. In: Personalführung, Jg.2004, H. 12, S. 90–97.

Hammond, Ross A./Axelrod, Robert (2006): Evolution of Contingent Altruism When Cooperation is Expensive. In: Theoretical Population Biology, 69. Jg., 2006, H. 3, S. 333–338.

Handlbauer, Bernhard (1990, 2001): Die Freud-Adler-Kontroverse, überarbeitete Neuausgabe 2001. Gießen (Psychosozial).

Hauser, Marc D. (2006): Moral Minds. How Nature Designed Our Universal Sense of Right and Wrong. New York (HarperCollins).

Herkner, Werner (2001): Lehrbuch Sozialpsychologie. Bern (Huber).

Höfner, E. Noni (2012): Glauben Sie ja nicht, wer Sie sind! Grundlagen und Fallbeispiele des Provokativen Stils, 2. Auflage. Heidelberg (Carl Auer).

Höfner, Eleonore/Schachtner, Hans-Ulrich (1995, 2013): Das wäre doch gelacht! Humor und Provokation in der Therapie, 8. Auflage 2013. Reinbek (Rowohlt).

Hofstädter, Peter R. (1957, 1976): Gruppendynamik. Kritik der Massenpsychologie. Reinbek (Rowohlt).

Hofstede, Geert (1991, 2003): Cultures and Organizations. Intercultural Cooperation and its Importance for Survival. London (Profile Books).

Holler, Ingrid (2006): Trainingsbuch Gewaltfreie Kommunikation. Abwechslungsreiche Übungen für Selbststudium, Seminare und Übungsgruppen, 2. überarbeitete und erweitere Auflage. Paderborn (Junfermann).

Holman, Peggy/Devane, Tom (Hrsg.) (1999): Change Handbook. Zukunftsorientierte Großgruppen-Methoden. Heidelberg (Carl-Auer-Systeme).

Huber, Margit (2003): Geld allein erzeugt kein Commitment. In: Personalführung, Jg. 2003, H. 11, S. 1–3.

Hugo-Becker, Annegret/Becker, Henning (1992): Psychologisches Konfliktmanagement. Menschenkenntnis – Konfliktfähigkeit – Kooperation. München (dtv).

Jansen, Stephan A./Fischer, Gabriele (2007): »Programmierte Paranoia«. Wollen wir Fehlertoleranz? Oder wollen wir nur nicht gehenkt werden, wenn wir einen Fehler machen? Brand Eins 08/2007 (kostenloser Download: www.brandeins.de).

Jiranek, Heinz/Edmüller, Andreas (2003): Konfliktmanagement. Als Führungskraft Konflikten vorbeugen, sie erkennen und lösen. Freiburg (Haufe).

Johnson, David W./Maruyama, Geoffrey/Johnson, Roger/Nelson, Deborah/Skon, Linda (1981): Effects of Cooperative, Competitive, and Individualistic Goal Structures on Achievement: A Meta-Analysis. In: Psychological Bulletin, 89. Jg., 1981, H. 1, S. 47–62.

Kahneman, Daniel (2011): Thinking, fast and slow. New York (Farrar, Strauss and Giroux).

Kahneman, Daniel/Klein, Gary (2009): Conditions for Intuitive Expertise. A Failure to Disagree. In: American Psychologist, 64. Jg., 2009, H. 6, S. 515–526.

Kanter, Rosabeth Moss (1989): When Giants Learn to Dance – Mastering the Challenges of Strategy, Management, and Careers in the 1990s. London (Unwin Hyman).

Klein, Stefan (2010): Der Sinn des Gebens. Warum Selbstlosigkeit in der Evolution siegt und wir mit Egoismus nicht weiterkommen. Fischer (Frankfurt).

Königswieser, Roswita/Exner, Alexander (1998): Systemische Intervention. Architekturen und Designs für Berater und Veränderungsmanager. Stuttgart (Klett-Cotta).
Königswieser, Roswita/Keil, Marion (Hrsg.) (2000): Das Feuer großer Gruppen. Konzepte, Designs, Praxisbeispiele für Großveranstaltungen. Stuttgart (Klett-Cotta).
Kohn, Alfie (1989): Mit vereinten Kräften. Warum Kooperation der Konkurrenz überlegen ist. Weinheim/Basel (Beltz).
Kohn, Alfie (1993): Why Incentive Plans Cannot Work. In: Harvard Business Review Sept./Oct. 1993, S. 54–63.
Kornbichler, Thomas (1996, 2007): Die Sucht, ganz oben zu sein. Psychohistorische Dimensionen von Macht und Herrschaft, Neuauflage 2007. Stuttgart (Kreuz).
Kotter, John P. (1979): Die Macht im Management. Landsberg (Moderne Industrie).
Kotter, John P. (1985): Power and Influence. Beyond Formal Authority. New York u. a. (The Free Press).
Krebs, John R./Davies, Nicholas B. (1993): An Introduction to Behavioural Ethology, 3. Auflage. Oxford (Blackwell).
Künkel, Fritz (1929): Einführung in die Charakterkunde, 17. Auflage. Stuttgart (Hirzel).
Künkel, Fritz/Künkel, Ruth (1927): Die Grundbegriffe der Individualpsychologie und ihre Anwendung in der Erziehung. Berlin (A. Hoffmann).
Laloux, Frederic (2014): Reinventing organizations: A guide to creating organizations inspired by the next stage of human consciousness. Brussels (Nelson Parker).
Lay, Rupert (1994): Führen durch das Wort. München (Langen-Müller/Herbig).
Lay, Rupert (1989): Kommunikation für Manager. Düsseldorf/München (Econ).
Levitt, Steven D./Dubner, Stephen J. (2005): Freakonomics. A Rogue Economist Explores the Hidden Side of Everything. New York (HarperCollins).
Lévy, Alfred/Mackenthun, Gerald (Hrsg.) (2002): Gestalten um Alfred Adler. Pioniere der Individualpsychologie. Würzburg (Königshausen & Neumann).
Lewis, Richard D. (1999, 2004): When Cultures Collide: Managing Successfully Across Cultures, Reprint 2004. London (Brealey).
Liker, Jeffrey K. (2007): Der Toyota-Weg. 14 Managementprinzipien des weltweit erfolgreichsten Automobilkonzerns, 2. Auflage. München (FinanzBuch).
Lipp, Ulrich/Will, Hermann (1996): Das große Workshop-Buch. Konzepte, Inszenierungen und Moderation von Klausuren, Besprechungen und Seminaren. Weinheim/Basel (Beltz).
Löhnert, Winfried (1990): Innere Kündigung. Eine Analyse aus wirtschaftspsychologischer Sicht. Frankfurt u. a. (Peter Lang).
Lord, Frederic M./Novick, Melvin R. (1968, 2008): Statistical Theories of Mental Test Scores. Reprint 2008. Charlotte, NC (Information Age Publishing).
Losoncy, Lewis E. (1977, 1987): Turning People On. How to Be an Encouraging Person. New York (Prentice Hall).
Lotter, Wolf (2007): Fehlanzeige - Irren ist menschlich. Irrsinn auch. Wer nichts versucht, wird auch nicht klug. Nur Doofe glauben, perfekt zu sein; Brand Eins 08/2007 (kostenloser Download www.brandeins.de).
Maccoby, Michael (2004): Narcissistic Leaders: The Incredible Pros, the Inevitable Cons. Harvard Business Review, Reprint 2004, S. 92–101.
Mackenthun, Gerald (2012): Gemeinschaftsgefühl. Wertpsychologie und Lebensphilosophie seit Alfred Adler. Gießen (Psychosozial).
Malik, Fredmund (2000): Führen Leisten Leben. Wirksames Management für eine neue Zeit. Stuttgart/München (DVA).
Mannhardt, Sonja (2005): Ermutigung und Selbstermutigung. CWD Jahresheft II 2005.
Martin, Roger (1993): Changing the Mind of the Corporation. Harvard Business Review, Nov./Dec. 1993, S. 81–94.
McKeen, Kevin (1985): Decisions, Decisions. In: Discover, June 1985. S. 22–31.

Meadows, Donnella H. (2008): Thinking in Systems. White River Junction (Chelsea Green Publishing).
Metzger, Wolfgang (1986): Gestaltpsychologie. Ausgewählte Werke aus den Jahren 1950 – 1982. Frankfurt (Waldemar Kramer).
Meyer, Jens-Uwe (2008): Das Edison Prinzip. Der genial einfache Weg zu erfolgreichen Ideen – Kreativ in 6 Schritten. Frankfurt (Campus).
Meyer, Wulf-Uwe (2000): Gelernte Hilflosigkeit. Grundlagen und Anwendungen in Schule und Unterricht. Bern (Huber).
Mohr, Niko/Woehe, Jens Markus (1998): Widerstand erfolgreich managen. Professionelle Kommunikation in Veränderungsprojekten. Wie aus Mitarbeitern engagierte Mitstreiter werden. Frankfurt (Campus).
Nelissen, Rob M. A./Mulder, Laetitia B. (2013): What Makes a Sanction »Stick«? The Effects of Financial and Social Sanctions on Norm Compliance. In: Social Influence, 8. Jg., 2013, H. 1, S. 70–80.
Neubauer, Michael (2002): Krisenmanagement in Projekten. Handeln, wenn Probleme eskalieren, 2. Auflage. Berlin u. a. (Springer).
Neuberger, Oswald (1983): Führen als widersprüchliches Handeln. In: Psychologie und Praxis. Zeitschrift für Arbeits- und Organisationspsychologie. 27. Jg., 1983 (N.F. 1), S. 22–32.
Neuberger, Oswald (2015): Mikropolitik und Moral in Organisationen. Herausforderung der Ordnung, 2. völlig neu bearbeitete Auflage. Stuttgart (UTB).
Neuberger, Oswald/Kompa, Ain (1987): Wir, die Firma. Der Kult um die Unternehmenskultur. Weinheim (Beltz).
Noer, David M. (1998): Die vier Lerntypen. Reaktionen auf Veränderungen im Unternehmen. Stuttgart (Klett-Cotta).
Paschen, Michael (2005): Jenseits der Persönlichkeit: Was sind die Ursachen erfolgreicher Führung? In: Wirtschaftspsychologie aktuell 3/2005, S. 47–50.
Pasztor, Susann/Gens, Klaus-Dieter (2005): Mach doch ... was du willst. Gewaltfreie Kommunikation am Arbeitsplatz. Paderborn (Junfermann).
Peace, William H. (1991): The Hard Work of Being a Soft Manager. Harvard Business Review, Nov./Dec. 1991, S. 40–47.
Pearson, Andrall E. (1992): Corporate Redemption and the Seven Deadly Sins. Harvard Business Review, May/June 1992, S. 65–75.
Pennington, Randy G. (2006): Results Rule! Build a Culture That Blows Competition Away. New York u. a. (Wiley).
Pfeffer, Jeffrey (1992): Managing with Power. Politics and Influence in Organizations. Boston (Harvard Business School Press).
Pfeffer, Jeffrey (1994): Competitive Advantage through People: Unleashing the Power of the Workforce. Boston (Harvard Business School Press).
Prentice, W. C. H. (1961, 2004): Understanding Leadership. Harvard Business Review, January 2004, S. 102–108.
Quinn, Daniel (2007): If They Give You Lined Paper Write Sideways. Hanover (Steerforth Press).
Rapoport, Anatol (1960): Kämpfe, Spiele und Debatten. Drei Konfliktmodelle. Darmstadt (Darmstädter Blätter).
Rattner, Josef (1990): Klassiker der Tiefenpsychologie. München (Psychologie Verlags Union).
Rauen, Christopher (Hrsg.) (2000): Handbuch Coaching. Göttingen/Stuttgart (Verlag für Angewandte Psychologie).
Redlich, Alexander (1997): Konflikt-Moderation. Handlungsstrategien für alle, die mit Gruppen arbeiten. Mit vier Fallbeispielen. Hamburg (Windmühle).
Reisenzein, Rainer/Debler, Wolfgang/Siemer, Matthias (1992): Der Verstehensvorgang bei scheinbar paradoxen Wirkungen von Lob und Tadel. In: Zeitschrift für experimentelle und angewandte Psychologie, 39. Jg., 1992, H. 1, S. 129–150.

Rheinberg, Falko (1988): ›Paradoxe Effekte‹ von Lob und Tadel. In: Zeitschrift für Pädagogische Psychologie, 2. Jg., 1988, H. 4, S. 223–226.

Rheinberg, Falko/Weich, K. W. (1988): Wie gefährlich ist Lob? Eine Untersuchung zum »paradoxen Effekt« von Lehrersanktionen. In: Zeitschrift für Pädagogische Psychologie, 2. Jg., 1988, H. 4, S. 227–233.

Ridley, Matt (1996): The Origins of Virtue. London (Penguin).

Rosenberg, Marshall B. (2012): Gewaltfreie Kommunikation. Eine Sprache des Lebens, 10. Auflage. Paderborn (Junfermann).

Rosenberg, Marshall B. (2013): Was deine Wut dir sagen will: überraschende Einsichten. Das verborgene Geschenk unseres Ärgers entdecken. Paderborn (Junfermann).

Rosenberg, Marshall B./Seils, Gabriele (2004): Konflikte lösen durch Gewaltfreie Kommunikation. Ein Gespräch mit Gabriele Seils. Freiburg u. a. (Herder).

Roth, Gerhard/Strüber, Nicole (2015): Wie das Gehirn die Seele macht. Stuttgart (Klett-Cotta).

Rummel, Martina/Rainer, Ludwig/Fuchs, Reinhard (2004): Alkohol im Unternehmen. Prävention und Intervention. Göttingen (Hogrefe).

Schein, Edgar H. (2000): Prozessberatung für die Organisation der Zukunft. Der Aufbau einer helfenden Beziehung. Bergisch Gladbach (EHP).

Schein, Edgar H. (2003): Organisationskultur. The Ed Schein Corporate Culture Survival Guide. Bergisch Gladbach (EHP).

Schein, Edgar H. (2010): Organizational Culture and Leadership, 4. Auflage. San Francisco (Jossey Bass).

Schein, Edgar H. (1997): Wenn das Lernen im Unternehmen wirklich gelingen soll. Harvard Business Manager 3/1997, S. 61–72.

Schneider, Wolf (2008, 2010): Der Mensch. Eine Karriere. Reinbek (Rowohlt).

Schiedek, Steffen (2003): Angst und Leistung im Rahmen der Katastrophentheorie – Untersuchungen zum optimalen Erregungsniveau bei Fallschirmspringern. Diss. Göttingen.

Schoenaker, Theo (1991, 2002): Mut tut gut. Das Encouraging-Training, 11. Auflage 2002. Bocholt (RDI-Verlag).

Schoenaker, Theo (2005): Loslassen, damit das Leben weitergeht, 3. überarbeitete und erweiterte Auflage. Bocholt (RDI-Verlag).

Schoenaker, Theo (2006): Das Leben selbst gestalten. Mut zur Unvollkommenheit. Bocholt (RDI-Verlag).

Schoenaker, Theo (2008): Wenn die Kinder aus dem Hause sind, und der Hund gestorben ist… . Lebendige Partnerschaft im Alter. Bocholt (RDI-Verlag).

Scholtes, Peter R. (1998): The Leader's Handbook. Making Things Happen, Getting Things Done. New York u. a. (McGraw-Hill).

Scholtes, Peter R./Joiner, Brian L./Streibel, Barbara (1988): The Team Handbook. How to Use Teams to Improve Quality. Madison (Joiner Associates).

Scott-Morgan, Peter B. (1994): The Unwritten Rules of the Game. Master Them, Shatter Them, and Break Through the Barriers to Organizational Change. New York u. a. (McGraw-Hill).

Seidenfuß, Josef (1995): Finalität / Kausalität. n: Brunner, Reinhard/Titze, Michael (Hrsg.): Wörterbuch der Individualpsychologie, S. 156–165.

Seligman, Martin E P. (1990, 2001): Pessimisten küsst man nicht. Optimismus kann man lernen. München/Zürich (Droemer Knaur).

Seligman, Martin E P. (1993): What You Can Change … and what You Can't. The Complete Guide to Successful Self-improvement. New York (Fawcett).

Seligman, Martin E P. (2002): Authentic Happiness. Using the New Positive Psychology to Realize Your Potential for Lasting Fulfillment. London (Nicholas Brealey).

Senge, Peter M. (1990): The Fifth Discipline. The Art & Practice of the Learning Organization. New York u. a. (Currency Doubleday).

Senge, Peter M./Kleiner, Art/Roberts, Charlotte;/oss, Richard B./Roth, George/Smith, Bryan J. (1999): The Dance of Change. Die 10 Herausforderungen tiefgreifender Veränderungen in Organisationen. Wien/Hamburg (Signum).

Siebert, Al (2005): The Resiliency Advantage. Master Change, Thrive Under Pressure, and Bounce Back From Setbacks. San Francisco (Berrett-Koehler).

Simon, Fritz B. (2010): Einführung in die Systemtheorie des Konflikts. Heidelberg (Carl Auer Systeme).

Spörrle, Matthias (2006): Irrational, rational, egal? Empirische Untersuchungen zum Beitrag der Rational-Emotiven Verhaltenstherapie nach Albert Ellis für die psychologische Grundlagenforschung. Diss. München.

Taleb, Nassim Nicholas (2005): Fooled by Randomness. The Hidden Role of Chance in Life and in the Markets. London (Penguin Random House).

Taleb, Nassim Nicholas (2008): Der Schwarze Schwan. Die Macht höchst unwahrscheinlicher Ereignisse. München (Hanser).

Thaler, Richard H. (1992): The Winner's Curse: Paradoxes and Anomalies of Economic Life. Princeton (Princeton University Press).

Thaler, Richard H./Sunstein, Cass R. (2008): Nudge. Improving Decisions About Health, Wealth, and Happiness. New Haven (Yale University Press).

Thomann, Christoph (2004): Klärungshilfe 2. Konflikte im Beruf: Methoden und Modelle klärender Gespräche bei gestörter Zusammenarbeit, 6. Auflage. Reinbek (Rowohlt).

Thomann, Christoph/Prior, Christian (2007): Klärungshilfe 3. Das Praxisbuch, 3. Auflage. Reinbek (Rowohlt).

Thomann, Christoph/Schulz von Thun, Friedemann (2011): Klärungshilfe 1. Handbuch für Therapeuten, Gesprächshelfer und Moderatoren in schwierigen Gesprächen, 6. Auflage. Reinbek (Rowohlt).

Tilk, Stefan (2009): Courage. Mehr Mut im Management, 2. Auflage. Weinheim (Wiley).

Tymister, Hans Josef (2004): Ermutigen statt kritisieren. In: Grundschule 3/2004, S. 14–17.

Tymister, Hans Josef (2005): Beratung und Lernen. In: CWD Jahresheft II.

Tichy, Noel M.; Sherman, Stratford (1993): Control Your Destiny or Someone Else Will. New York (Doubleday/Currency).

Trebesch, Karsten (Hrsg.) (2000): Organisationsentwicklung. Konzepte, Strategien, Fallstudien. Wegweisende Beiträge aus der Zeitschrift OrganisationsEntwicklung. Stuttgart (Klett-Cotta).

Trivers, Robert (2011): The Folly of Fools – The Logic of Deceit and Self-deception in Human Life. New York (Basic Books).

Trompenaars, Fons/Hampden-Turner, Charles (1997): Riding the Waves of Culture. Understanding Cultural Diversity in Business. London (Nicholas Brealey).

Ury, William (1999): The third side. Why We Fight and How We Can Stop. New York u.a. (Penguin).

Ury, William (2015): Getting to Yes With Yourself – and Other Worthy Opponents. New York (HarperCollins).

Voland, Eckart (2000): Grundriss der Soziobiologie, überarbeitete und erweiterte Auflage. Heidelberg (Spektrum Akademischer Verlag).

Voland, Eckart (2007): Die Natur des Menschen. Grundkurs Soziobiologie. München (Beck).

Wartenweiler, Frank (2003): Provozieren erwünscht – aber bitte mit Feingefühl! Instrumente der »Provocative Therapy« in der Arbeit mit Eltern und Kindern. Paderborn (Junfermann).

Weick, Karl E./Sutcliffe, Kathleen M. (2007): Managing the Unexpected. Resilient Performance in an Age of Uncertainty, 2. Auflage. Hoboken, NJ (John Wiley).

Wickler, Wolfgang/Seibt, Uta (1977): Das Prinzip Eigennutz. Ursachen und Konsequenzen sozialen Verhaltens. Hamburg (Hoffmann & Campe).

Wolf, Chris/Jiranek, Heinz (2014): Feedback. Nur was erreicht, kann auch bewegen. Göttingen (BusinessVillage).

Wottawa, Heinrich/Gluminski, Iris (1995): Psychologische Theorien für Unternehmen. Göttingen (Verlag für Angewandte Psychologie).

Wunsch, Albert (2000): Die Verwöhnungsfalle. Für eine Erziehung zu mehr Eigenverantwortlichkeit. München (Kösel).

Yang, Julia/Milliren, Alan/Blagen, Mark (2010): The Psychology of Courage. An Adlerian Handbook for Healthy Cocial Living. New York (Routledge).

Zahavi, Amotz/Zahavi, Avishag (1998): Signale der Verständigung. Das Handicap-Prinzip. Frankfurt (Insel).

Zaleznik, Abraham (1977, 2004): Managers and Leaders: Are They Different? Harvard Business Review, Reprint 2004, S. 74–81.

Zolli, Andrew/Healy, Ann Marie (2012): Resilience. Why Things Bounce Back. New York/ London (Simon & Schuster).

Register

Die Autoren

Winfried Berner ist Change-Management-Berater und Coach und besitzt über 25 Jahre praktische Erfahrung mit Kulturveränderung, Restrukturierung, Post-Merger-Integration und anderen Veränderungsprozessen. In seinen neun Jahren bei der Boston Consulting Group erkannte der Diplom-Psychologe die Umsetzung als zentralen Erfolgsfaktor der Unternehmensstrategie. Deshalb gründete er 1995 DIE UMSETZUNGSBERATUNG, die sich ausschließlich auf Veränderungsprozesse in Industrie, Dienstleistung und Verwaltung konzentriert. Seine Website www.umsetzungsberatung.de bietet die größte deutschsprachige Wissensbasis zum Thema Change Management und seinen Nachbargebieten. Sie verzeichnet jährlich rund 750 000 Besucher und etwa 2,2 Millionen Seitenaufrufe. Neben zahlreichen Fachartikeln hat er 2010 das Buch *Change! – 20 Fallstudien* (erweiterte Neuauflage 2015) und 2012 das Buch *Culture Change* veröffentlicht (beide im Schäffer-Poeschel Verlag).

Thomas Vetter ist Diplom-Volkswirt und seit 25 Jahren als Führungskraft im Privatkundenvertrieb der Commerzbank tätig. Er war als Gesamtprojektleiter unter dem Privatkundenvorstand für das Projekt »Erfolgskomponenten im Vertrieb/Ermutigende Führung« verantwortlich. Im Rahmen der Integration der Dresdner Bank übernahm er 2009 die Verantwortung als Gebietsfilialleiter im Wealth Management in Baden-Württemberg. In dieser Zeit setzte er die ermutigende Führungskultur erfolgreich um. Seit der Neustrukturierung im April 2015 ist er Niederlassungsleiter in München im Bereich Private Kunden.

Regula Hagenhoff leitet das von Theo Schoenaker gegründete Adler-Dreikurs-Institut mit Sitz bei Hildesheim. Die Schweizerin, zunächst wissenschaftliche Mitarbeiterin der philosophischen Fakultät der Universität Fribourg/Schweiz, baute zu Beginn der 1990er-Jahre in Norddeutschland zwei logopädische Praxen auf, arbeitete als Reittherapeutin und machte am Adler-Dreikurs-Institut eine Ausbildung zur individualpsychologischen Beraterin. 2005 übernahm sie das Institut und bildet seitdem in Deutschland, Österreich und der Schweiz individualpsychologische Berater, Coaches und Encouraging-Trainer aus. Sie begleitet die Personalentwicklung mittelständischer Unternehmen und Institutionen, engagiert sich daneben verbandspolitisch und publizistisch.

Dr. Meik Führing ist Principal im Competence Center Privatkunden bei der Commerz Business Consulting, der internen Unternehmensberatung der Commerzbank AG. Er verantwortet dort, neben der Leitung und Begleitung von konzernweiten Beratungsprojekten, das Topic Center Change Management & Organisationsgestaltung. Er leitete das Projektbüro des Programms »Erfolgskomponenten im Vertrieb« der Commerzbank AG, woraus das Trainingsprogramm Ermutigende Führung entstanden ist.

Davor war Meik Führing als wissenschaftlicher Mitarbeiter am BWL-Lehrstuhl an der Universität Trier im Schwerpunkt Arbeit-Personal-Organisation tätig und promovierte zum Thema Risikomanagement und Personal. Ein aktueller Beratungsschwerpunkt liegt im Change Management der Digitalisierung von Geschäftsmodellen. Dabei stellt die ermutigende Führung einen wichtigen Erfolgsfaktor dar.